KB085501

디딤돌수학 개념연산 중학 3-2

펴낸날 [초판 1쇄] 2021년 10월 4일 [초판 3쇄] 2022년 10월 4일
펴낸이 이기열
펴낸곳 (주)디딤돌 교육
주소 (03972) 서울특별시 마포구 월드컵북로 122 청원선와이즈타워
대표전화 02-3142-9000
구입문의 02-322-8451
내용문의 02-336-7918
팩시밀리 02-335-6038
홈페이지 www.didimdol.co.kr
등록번호 제10-718호
구입한 후에는 철회되지 않으며 잘못 인쇄된 책은 바꾸어 드립니다.
이 책에 실린 모든 삽화 및 편집 형태에 대한 저작권은
(주)디딤돌 교육에 있으므로 무단으로 복사 복제할 수 없습니다.
Copyright © Didimdol Co. [2204090]

1 눈으로 이해되는 개념

디딤돌수학 개념연산은 보는 즐거움이 있습니다.
핵심 개념과 연산 속 개념, 수학적 개념이
이미지로 빠르고 쉽게 이해되고, 오래 기억됩니다.

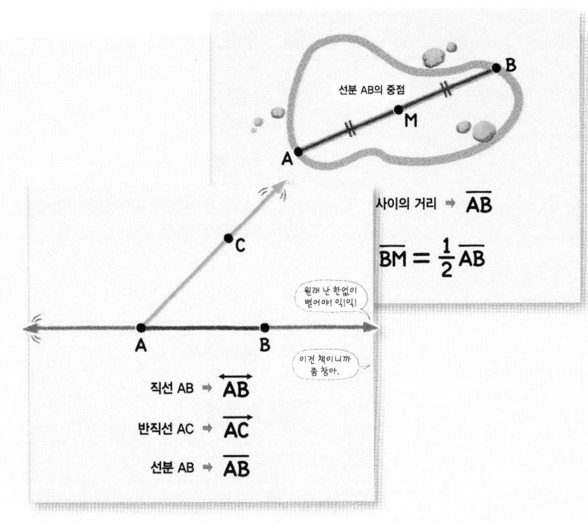

● **핵심 개념의 이미지화**
핵심 개념이 이미지로 빠르고 쉽게 이해됩니다.

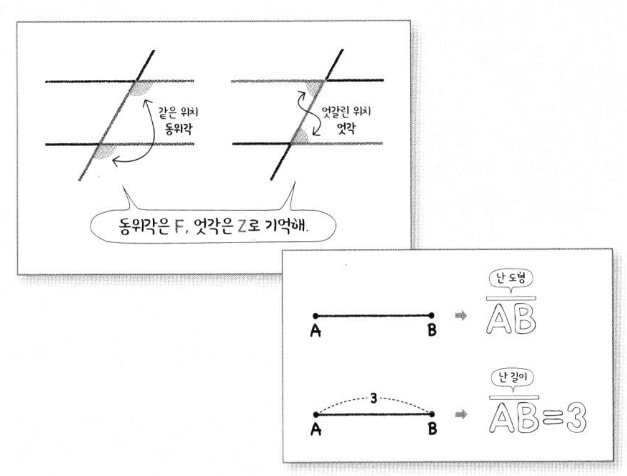

● **연산 개념의 이미지화**
연산 속에 숨어있던 개념들을 이미지로 드러내 보여줍니다.

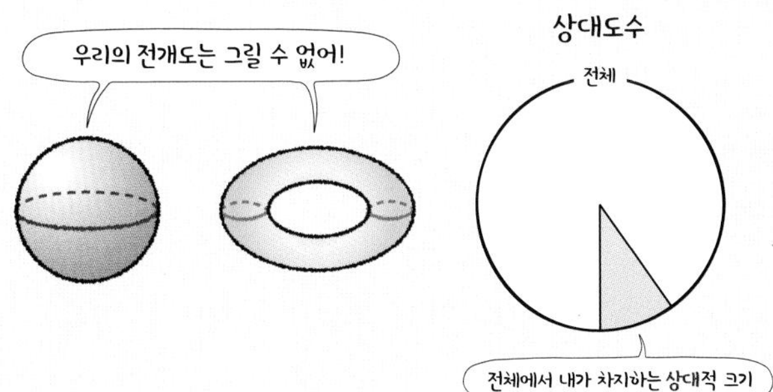

● **수학 개념의 이미지화**
개념의 수학적 의미가 간단한 이미지로 쉽게 이해됩니다.

2 손으로 익히는 개념

디딤돌수학 개념연산은 문제를 푸는 즐거움이 있습니다.
학생들에게 가장 필요한 개념을 충분한 문항과 촘촘한 단계별 구성으로
자연스럽게 이해하고 적용할 수 있게 합니다.

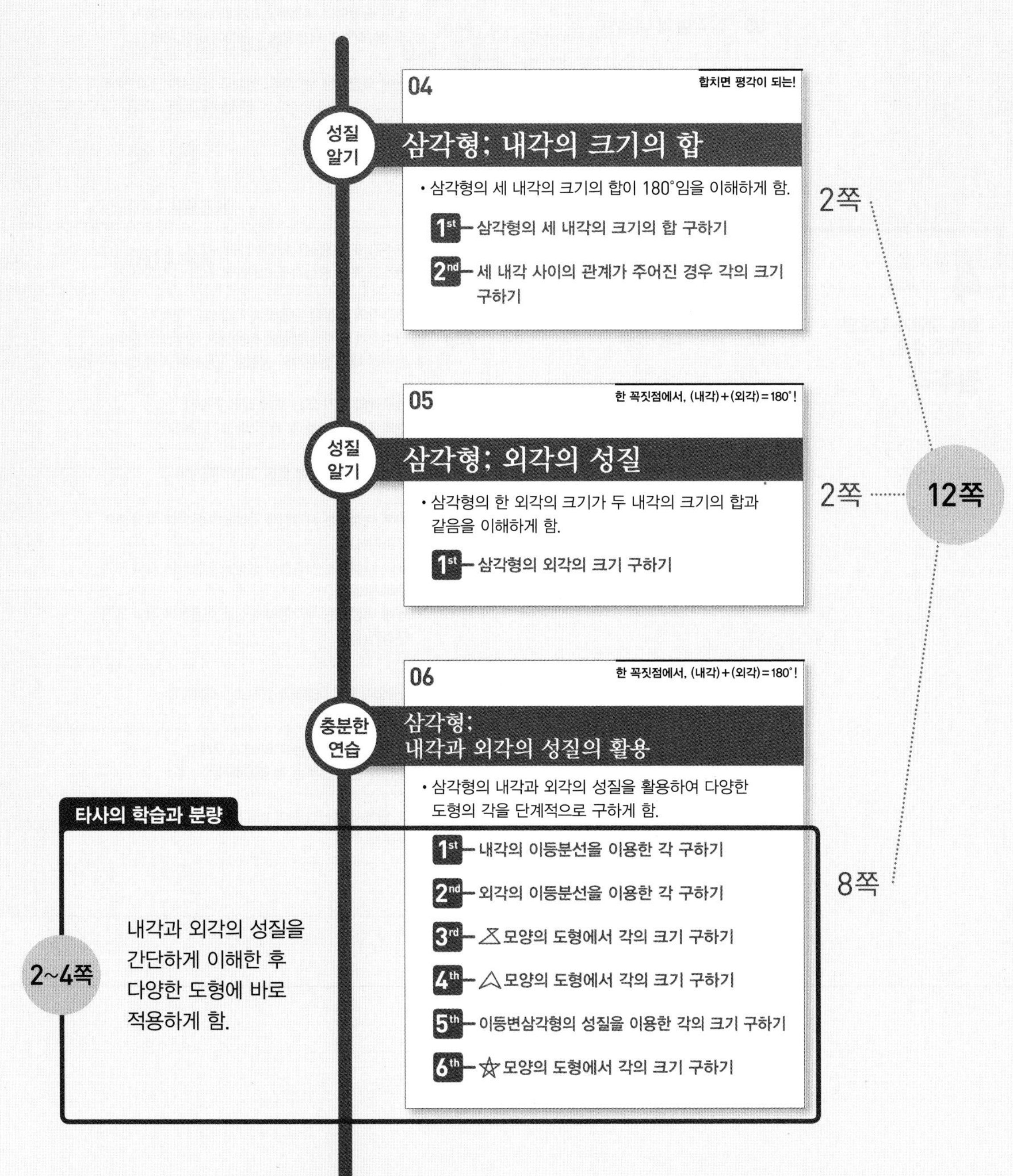

3 머리로 발견하는 개념

디딤돌수학 개념연산은 개념을 발견하는 즐거움이 있습니다.
생각을 자극하는 질문들과 추론을 통해 개념을 발견하고
개념을 연결하여 통합적 사고를 할 수 있게 합니다.

● **내가 발견한 개념**

문제를 풀다보면 실전 개념이
저절로 발견됩니다.

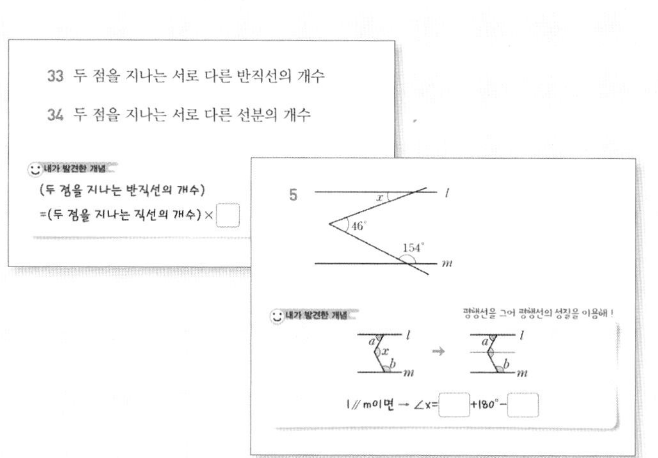

● **개념의 연결**

나열된 개념들을 서로 연결하여
통합적 사고를 할 수 있게 합니다.

▼ 학습 내용 간의 개념연결

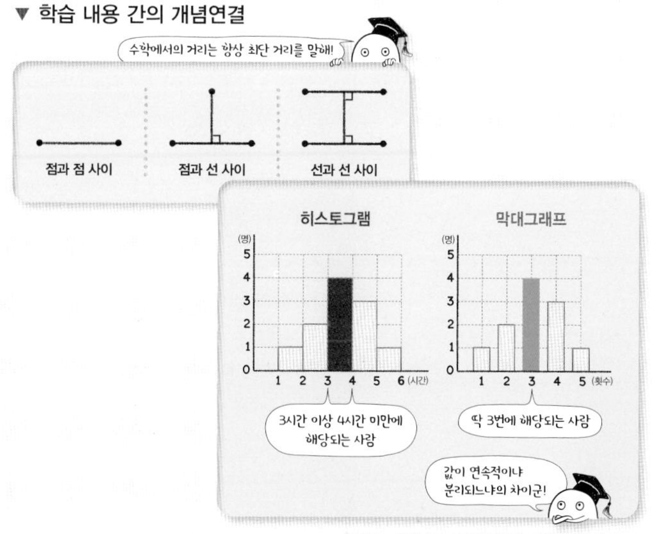

초등 · 중등 · 고등간의 개념연결 ▲

3/2 학습 계획표

I 삼각비

1 변치 않는 두 변의 길이의 비, **삼각비**

		학습 내용	공부한 날
01 삼각비	8p	1. 삼각비의 값 구하기 2. 피타고라스 정리를 이용하여 삼각비의 값 구하기	월 일
02 삼각비의 값이 주어질 때 변의 길이	10p	1. 삼각비의 값이 주어질 때 변의 길이 구하기	월 일
03 삼각비의 값이 주어질 때 다른 삼각비의 값	12p	1. 삼각비의 값이 주어질 때 다른 삼각비의 값 구하기	월 일
04 직각삼각형의 닮음과 삼각비	14p	1. 직각삼각형의 닮음을 이용하여 삼각비의 값 구하기 2. 피타고라스 정리와 닮음을 이용하여 삼각비의 값 구하기	월 일
05 입체도형에서의 삼각비의 값	18p	1. 정육면체에서의 삼각비의 값 구하기 2. 직육면체에서의 삼각비의 값 구하기	월 일
06 $30°$, $45°$, $60°$의 삼각비의 값	20p	1. $30°$, $45°$, $60°$의 삼각비의 값 구하기 2. 특수각의 삼각비를 이용하여 변의 길이 구하기 3. 삼각비를 이용하여 직선의 기울기 구하기	월 일
07 임의의 예각의 삼각비의 값	26p	1. 예각의 삼각비의 값 구하기	월 일
08 $0°$, $90°$의 삼각비의 값	28p	1. $0°$, $90°$의 삼각비의 값 구하기 2. 삼각비의 대소 관계 이해하기	월 일
09 삼각비의 표	30p	1. 삼각비의 표를 이용하여 삼각비의 값 구하기	월 일
TEST 1. 삼각비	31p		월 일

2 변치 않는 삼각비를 이용한, **삼각비의 활용**

		학습 내용	공부한 날
01 직각삼각형의 변의 길이	34p	1. 변의 길이를 삼각비로 나타내기 2. 삼각비를 이용하여 변의 길이 구하기 3. 삼각비를 이용하여 실생활 문제 해결하기	월 일
02 일반 삼각형의 변의 길이(1)	38p	1. 두 변의 길이와 그 끼인각의 크기를 알 때 변의 길이 구하기 2. 실생활 문제 해결하기	월 일
03 일반 삼각형의 변의 길이(2)	40p	1. 한 변의 길이와 그 양 끝 각의 크기를 알 때 변의 길이 구하기 2. 실생활 문제 해결하기	월 일
04 예각삼각형의 높이	42p	1. 예각이 주어진 경우의 변의 길이 구하기 2. 실생활 문제 해결하기	월 일
05 둔각삼각형의 높이	44p	1. 둔각이 주어진 경우의 변의 길이 구하기 2. 실생활 문제 해결하기	월 일
06 삼각형의 넓이	46p	1. 삼각형의 넓이 구하기 2. 삼각형의 넓이를 이용하여 변의 길이 구하기 3. 보조선을 이용하여 다각형의 넓이 구하기	월 일
07 사각형의 넓이	50p	1. 평행사변형의 넓이 구하기 2. 사각형의 넓이 구하기	월 일
TEST 2. 삼각비의 활용	53p		월 일

수학은 개념이다!

디딤돌수학

개념연산

중3/2

눈으로
손으로 개념이 발견되는 디딤돌 개념연산
머리로

이미지로 이해하고 문제를 풀다 보면
개념이 저절로 발견되는 디딤돌수학 개념연산

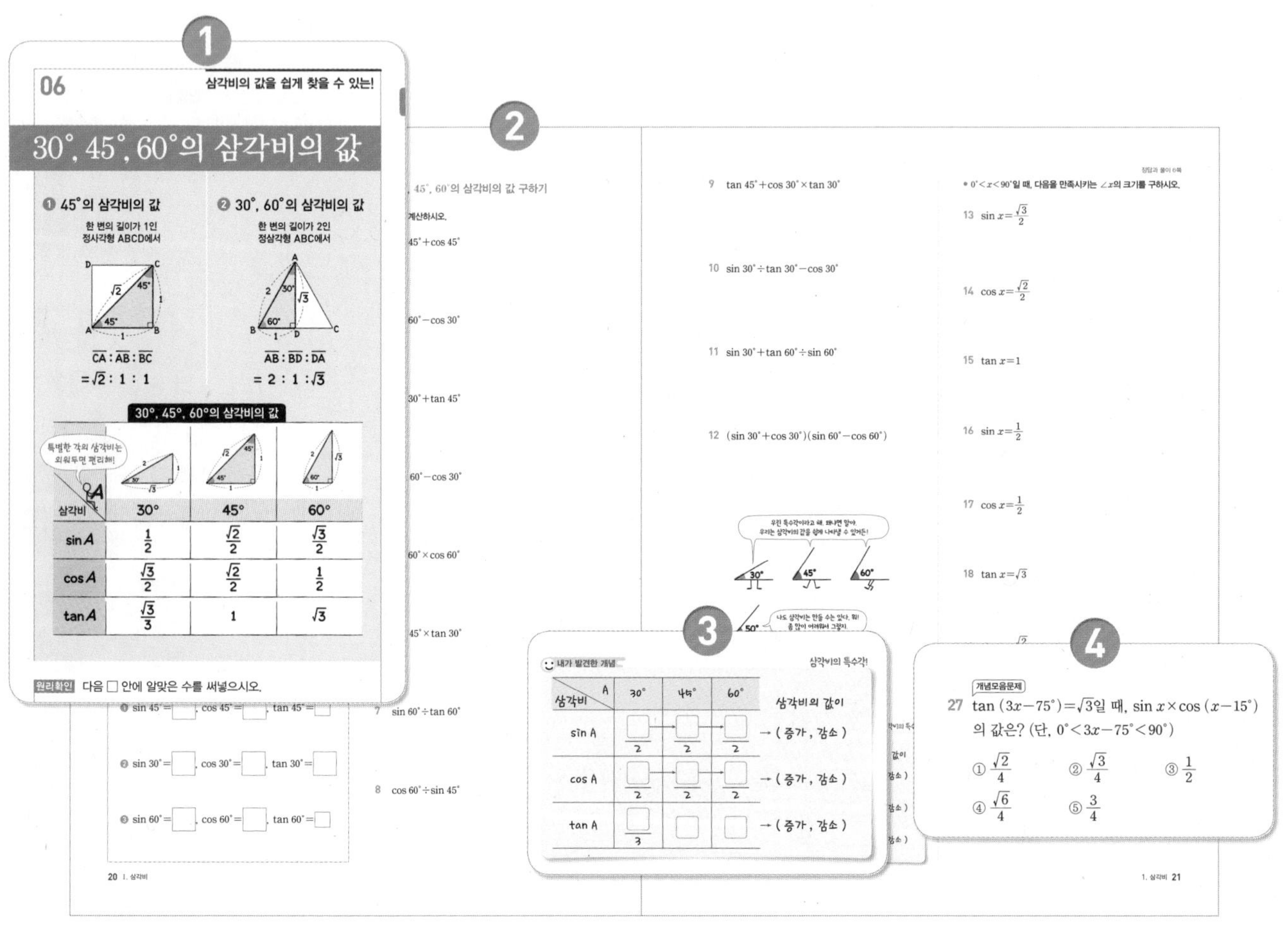

❶ 이미지로 개념 이해

핵심이 되는 개념을 이미지로
먼저 이해한 후 개념과 정의를
읽어보면 딱딱한 설명도 이해가 쏙!
원리확인 문제로 개념을
바로 적용하면 개념을 확인!

❷ 단계별·충분한 문항

문제를 풀기만 하면
저절로 실력이 높아지도록
구성된 단계별 문항!
문제를 풀기만 하면
개념이 자신의 것이 되도록
구성된 충분한 문항!

❸ 내가 발견한 개념

문제 속에 숨겨져 있는
실전 개념들을 발견해 보자!
숨겨진 보물을 찾듯이 놓치기
쉬운 실전 개념들을 내가 발견하면
흥미와 재미는 덤! 실력은 쑥!

❹ 개념모음문제

문제를 통해 이해한 개념들은
개념모음문제로 한 번에 정리!
개념의 활용과 응용력을 높이자!

발견된 개념들을 연결하여
통합적 사고를 할 수 있는 디딤돌수학 개념연산

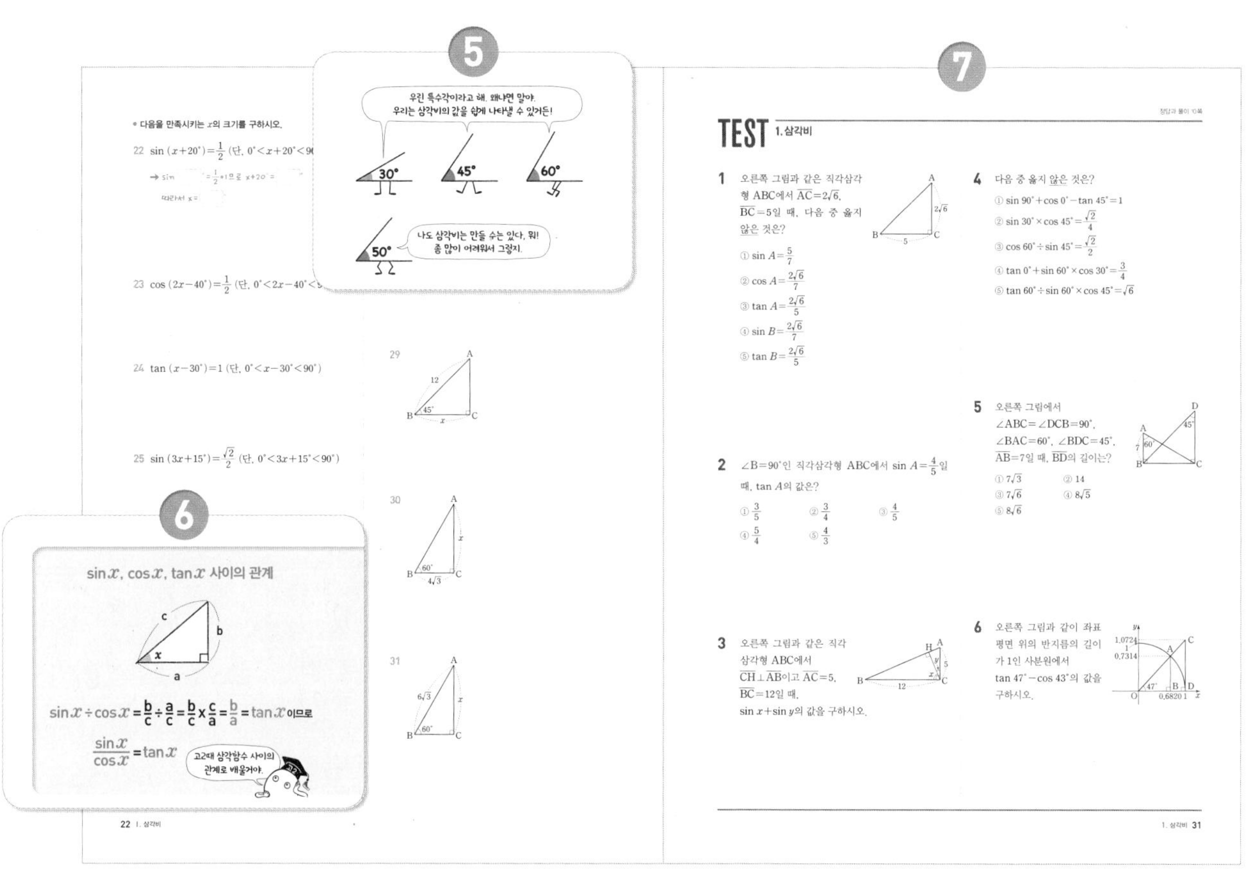

5

그림으로 보는 개념

연산속에 숨어있던 개념을
가장 적절한 이미지를 통해
눈으로 확인해 보자.
개념이 쉽게 확인되고 오래 기억되며
개념의 의미는 더 또렷이 저장!

6

개념 간의 연계

개념의 단원 안에서의 연계와
다른 단원과의 연계,
초·중·고 간의 연계를 통해
통합적 사고를 얻게 되면
흥미와 동기부여는 저절로 쭈욱~!

7

개념을 확인하는 TEST

충분한 학습을 한 후
개념의 이해 정도를 확인하여
부족한 부분이 없는지
개념을 점검해보자!

Ⅰ 삼각비

Ⅱ 원의 성질

Ⅲ 통계

두근 두근 두근

1

변치 않는 두 변의 길이의 비, 삼각비

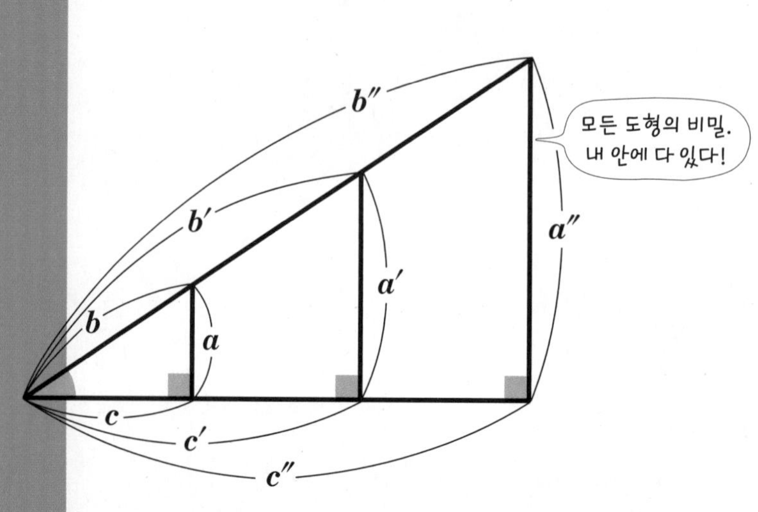

01~04 삼각비

직각삼각형에서 한 예각의 크기가 정해지면 직각삼각형의 크기와 관계없이 두 변의 길이의 비는 항상 일정해. 이때 직각삼각형의 두 변의 길이의 비를 삼각비라 하지.

$\angle B=90°$인 직각삼각형 ABC에서

❶ $\angle A$의 사인: $\sin A=\dfrac{(\text{높이})}{(\text{빗변의 길이})}$

❷ $\angle A$의 코사인: $\cos A=\dfrac{(\text{밑변의 길이})}{(\text{빗변의 길이})}$

❸ $\angle A$의 탄젠트: $\tan A=\dfrac{(\text{높이})}{(\text{밑변의 길이})}$

이 세 개를 통틀어 $\angle A$의 삼각비라 해!

직각삼각형에서 두 변의 길이의 비!

❶ 빗변의 길이와 높이

$$\sin A=\frac{(\text{높이})}{(\text{빗변의 길이})}=\frac{a}{b}$$

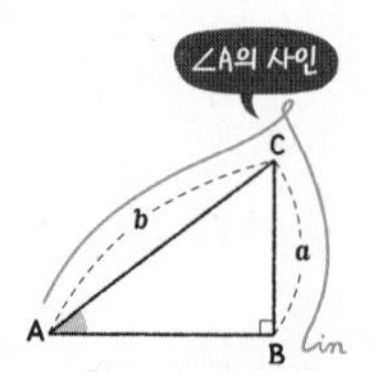

❷ 빗변의 길이와 밑변의 길이

$$\cos A=\frac{(\text{밑변의 길이})}{(\text{빗변의 길이})}=\frac{c}{b}$$

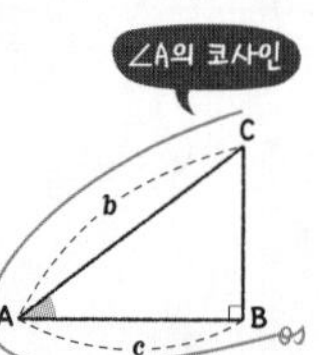

❸ 밑변의 길이와 높이

$$\tan A=\frac{(\text{높이})}{(\text{밑변의 길이})}=\frac{a}{c}$$

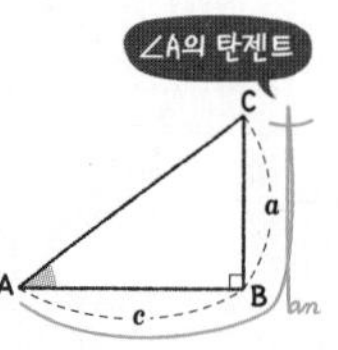

05 입체도형에서의 삼각비의 값

입체도형에서 피타고라스 정리를 이용하여 두 대각선의 길이를 구하고 두 대각선으로 이루어진 직각삼각형의 한 예각의 삼각비를 구하는 연습을 하게 될 거야! 이때 삼각비의 값이 분모에 루트가 있는 분수로 표현되면 분모를 유리화해야 하는 것을 잊지마!

삼각비를 이용한!

❶ 정육면체

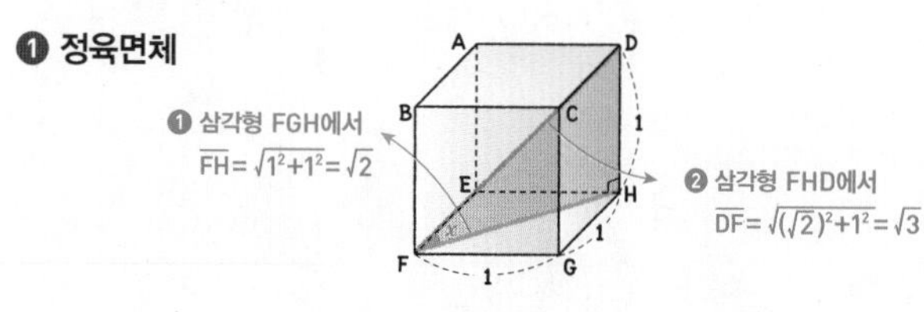

$\sin x=\frac{1}{\sqrt{3}}=\frac{\sqrt{3}}{3}$ | $\cos x=\frac{\sqrt{2}}{\sqrt{3}}=\frac{\sqrt{6}}{3}$ | $\tan x=\frac{1}{\sqrt{2}}=\frac{\sqrt{2}}{2}$

❷ 직육면체

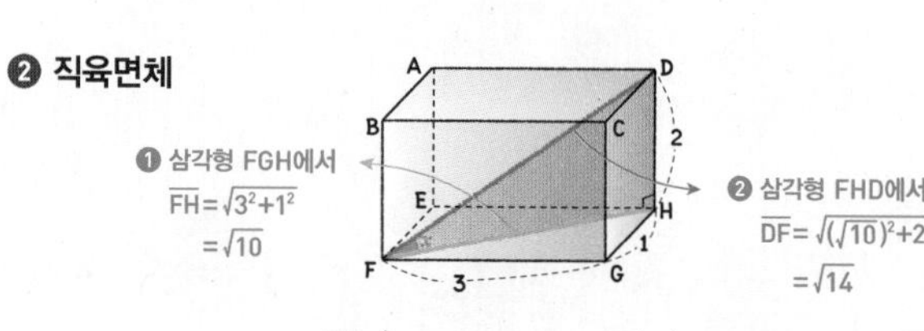

$\sin x=\frac{2}{\sqrt{14}}=\frac{\sqrt{14}}{7}$ | $\cos x=\frac{\sqrt{10}}{\sqrt{14}}=\frac{\sqrt{35}}{7}$ | $\tan x=\frac{2}{\sqrt{10}}=\frac{\sqrt{10}}{5}$

삼각비의 값을 쉽게 찾을 수 있는!

30°, 45°, 60°의 삼각비의 값

특별한 각의 삼각비는 외워두면 편리해!

삼각비 \ A	30°	45°	60°
sin A	$\frac{1}{2}$	$\frac{\sqrt{2}}{2}$	$\frac{\sqrt{3}}{2}$
cos A	$\frac{\sqrt{3}}{2}$	$\frac{\sqrt{2}}{2}$	$\frac{1}{2}$
tan A	$\frac{\sqrt{3}}{3}$	1	$\sqrt{3}$

06 30°, 45°, 60°의 삼각비의 값

직각삼각형의 한 예각의 크기가 30° 또는 45° 또는 60°일 때 삼각형의 세 변의 길이에는 일정한 비가 성립해. 이때 이 세 각에 대한 삼각비를 쉽게 구할 수 있어서 이 세 각을 특수한 각이라고도 해.

한 변의 길이가 주어진 직각삼각형에서 특수한 각의 삼각비의 값을 이용하면 나머지 두 변의 길이도 구할 수 있어!

삼각비로 표현되는 변의 길이!

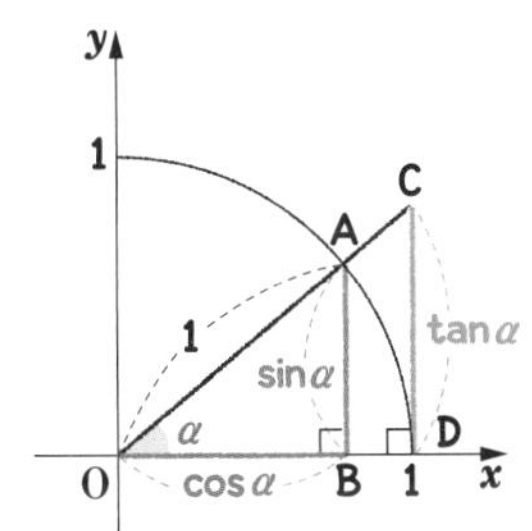

07 임의의 예각의 삼각비의 값

임의의 예각의 삼각비의 값을 어떻게 구할 수 있을까? 그건 바로 반지름의 길이가 1인 사분원 안의 직각삼각형을 이용하면 구할 수 있어.

즉 임의의 예각의 크기를 α라 하면

$\sin\alpha = \overline{AB}$, $\cos\alpha = \overline{OB}$, $\tan\alpha = \overline{CD}$

가 되어 임의의 예각의 삼각비의 값을 변의 길이만으로 간단하게 구할 수 있어!

삼각비의 값이 0 또는 1!

0°의 삼각비의 값		
	sin 0°	0
	cos 0°	1
	tan 0°	0

90°의 삼각비의 값		
	sin 90°	1
	cos 90°	0
	tan 90°	정할 수 없다.

08 0°, 90°의 삼각비의 값

이제 0°와 90°의 삼각비의 값을 알아보자.

반지름의 길이가 1인 사분원 안의 직각삼각형의 변의 길이를 이용하면 0°와 90°의 삼각비의 값을 구할 수 있어. 즉

- $\cos 0° = \sin 90° = 1$
- $\sin 0° = \tan 0° = \cos 90° = 0$
- $\tan 90°$는 한없이 커지므로 정할 수 없다.

삼각비의 표를 이용해!

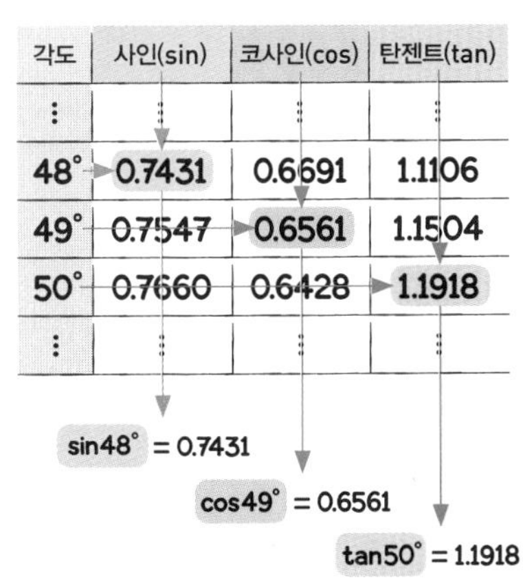

각도	사인(sin)	코사인(cos)	탄젠트(tan)
⋮	⋮	⋮	⋮
48°	0.7431	0.6691	1.1106
49°	0.7547	0.6561	1.1504
50°	0.7660	0.6428	1.1918
⋮	⋮	⋮	⋮

09 삼각비의 표

0°에서 90°까지의 삼각비의 값은 직각삼각형의 변의 길이로 나타낼 수 있는 실수야. 0°에서 90°까지 1° 단위로 삼각비의 값을 반올림하여 소수점 아래 넷째 자리까지 나타낸 표를 삼각비의 표라 해. 삼각비의 표를 보는 방법은 각도의 가로줄과 삼각비의 세로줄이 만나는 곳에 적힌 수가 그 삼각비의 값이야!

01 삼각비

직각삼각형에서 두 변의 길이의 비!

∠A에 대한 삼각비

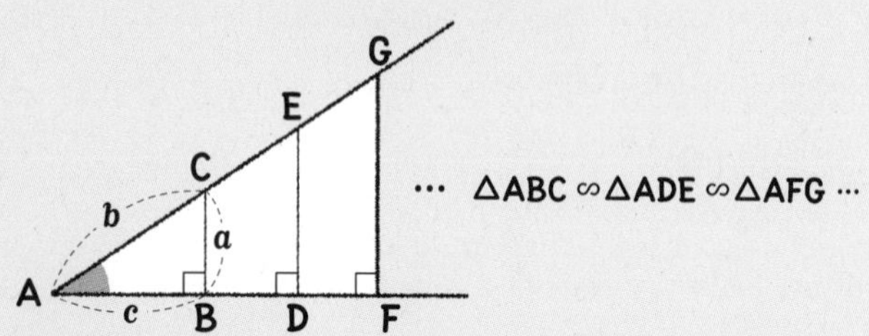

… △ABC ∽ △ADE ∽ △AFG …

❶ 빗변의 길이와 높이

$\dfrac{\overline{CB}}{\overline{AC}}=\dfrac{\overline{ED}}{\overline{AE}}=\dfrac{\overline{GF}}{\overline{AG}}=\cdots=\dfrac{a}{b}$ 로 항상 일정하다.

$\sin A=\dfrac{(\text{높이})}{(\text{빗변의 길이})}=\dfrac{a}{b}$

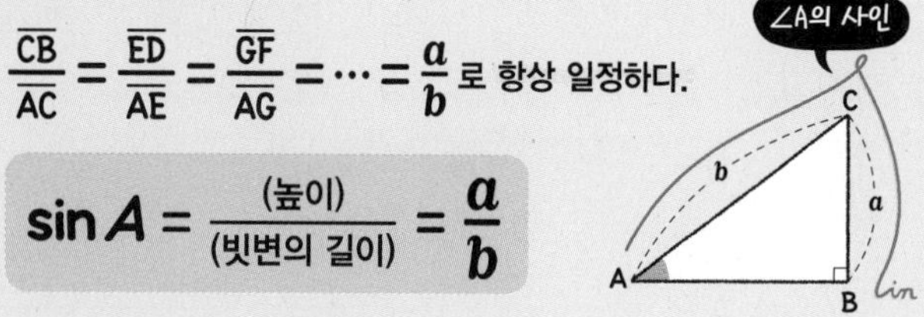

❷ 빗변의 길이와 밑변의 길이

$\dfrac{\overline{AB}}{\overline{AC}}=\dfrac{\overline{AD}}{\overline{AE}}=\dfrac{\overline{AF}}{\overline{AG}}=\cdots=\dfrac{c}{b}$ 로 항상 일정하다.

$\cos A=\dfrac{(\text{밑변의 길이})}{(\text{빗변의 길이})}=\dfrac{c}{b}$

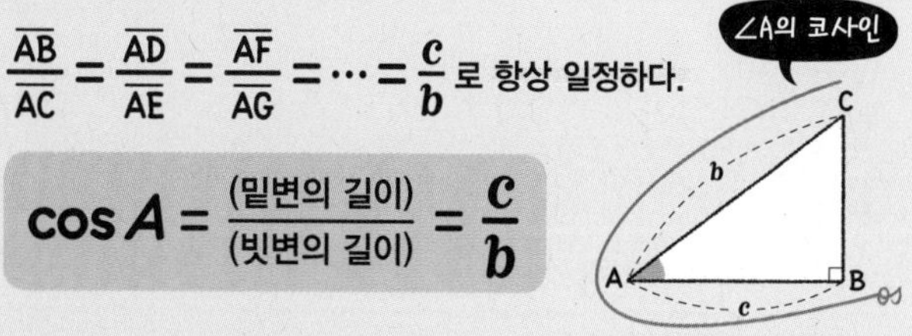

❸ 밑변의 길이와 높이

$\dfrac{\overline{BC}}{\overline{AB}}=\dfrac{\overline{DE}}{\overline{AD}}=\dfrac{\overline{FG}}{\overline{AF}}=\cdots=\dfrac{a}{c}$ 로 항상 일정하다.

$\tan A=\dfrac{(\text{높이})}{(\text{밑변의 길이})}=\dfrac{a}{c}$

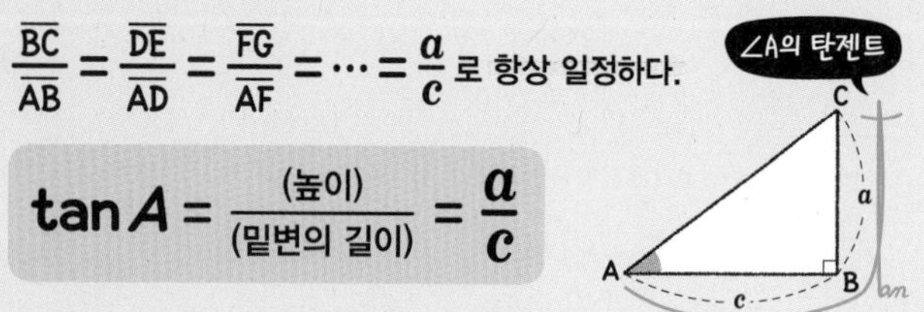

- **삼각비 :** 직각삼각형에서 두 변의 길이의 비
- ∠B=90°인 직각삼각형 ABC에서
  ① ∠A의 사인: $\sin A=\dfrac{(\text{높이})}{(\text{빗변의 길이})}$
  ② ∠A의 코사인: $\cos A=\dfrac{(\text{밑변의 길이})}{(\text{빗변의 길이})}$
  ③ ∠A의 탄젠트: $\tan A=\dfrac{(\text{높이})}{(\text{밑변의 길이})}$

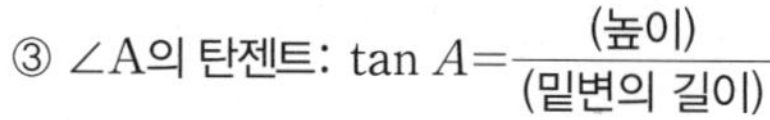

빗변, 높이, 기준각, 밑변

이때 $\sin A$, $\cos A$, $\tan A$를 통틀어 ∠A의 삼각비라 한다.

참고 sin, cos, tan는 각각 sine, cosine, tangent의 약자이다.

1st — 삼각비의 값 구하기

● 아래 그림의 직각삼각형 ABC에서 다음 삼각비의 값을 구하시오.

1 (AB=4, BC=3, AC=5, ∠B=90°)

(1) $\sin A=\dfrac{\square}{\overline{AC}}=\dfrac{\square}{5}$

(2) $\cos A=\dfrac{\square}{\overline{AC}}=\dfrac{\square}{5}$

(3) $\tan A=\dfrac{\overline{BC}}{\square}=\square$

2

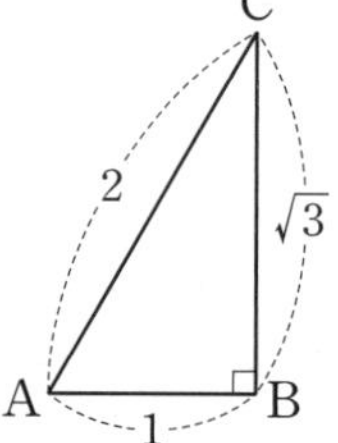

(1) $\sin A$

(2) $\cos A$

(3) $\tan A$

3

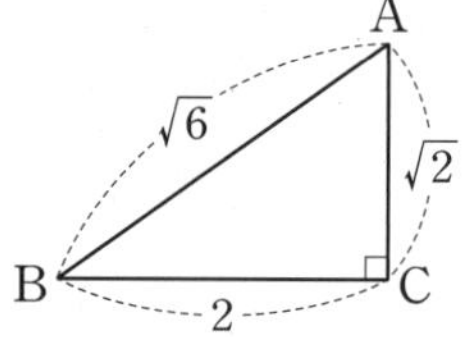

(1) $\sin B$

(2) $\cos B$

(3) $\tan B$

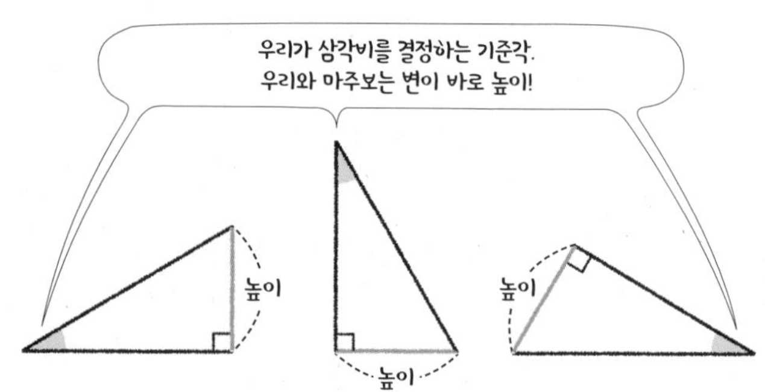

4

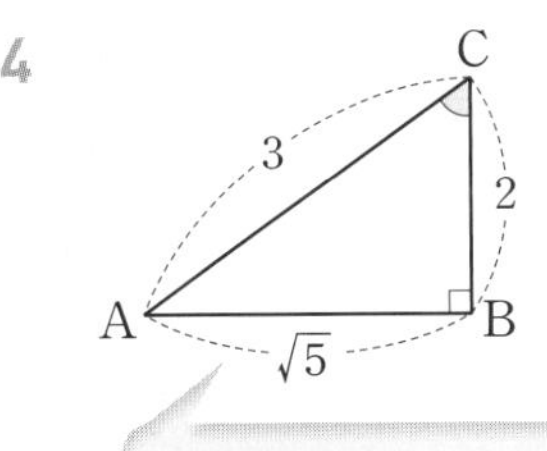

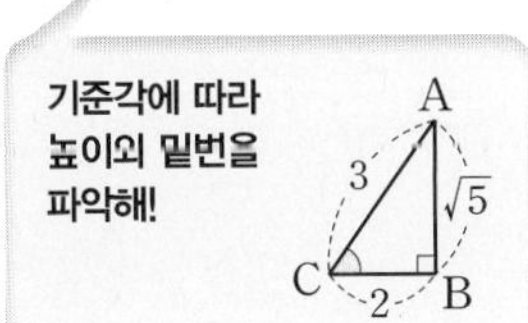

(1) $\sin C$

(2) $\cos C$

(3) $\tan C$

5

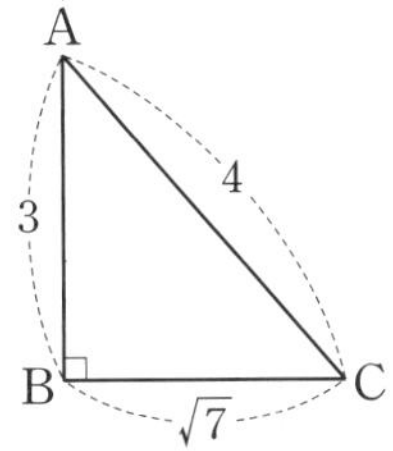

(1) $\sin A$

(2) $\cos A$

(3) $\tan A$

6

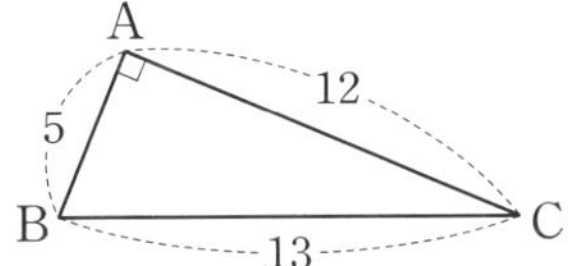

(1) $\sin B$

(2) $\cos B$

(3) $\tan B$

2nd 피타고라스 정리를 이용하여 삼각비의 값 구하기

• 아래 그림의 직각삼각형 ABC에서 다음 삼각비의 값을 구하시오.

7

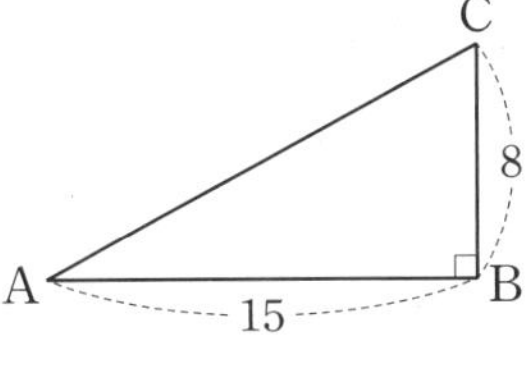

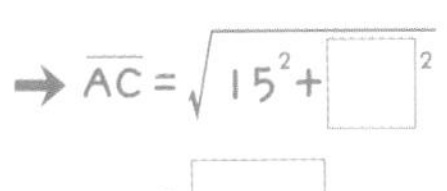

(1) $\sin A$

(2) $\cos A$

(3) $\tan A$

8

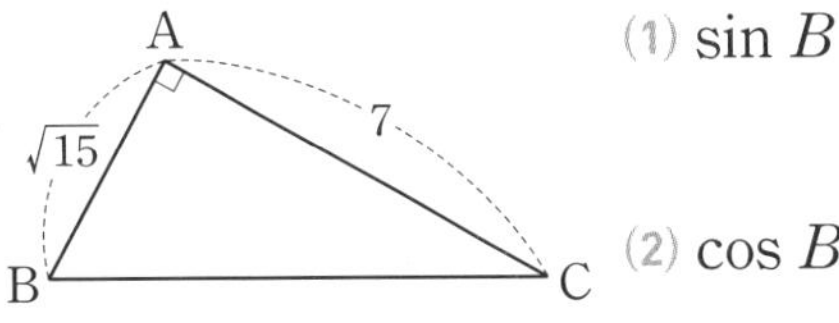

(1) $\sin B$

(2) $\cos B$

(3) $\tan B$

9

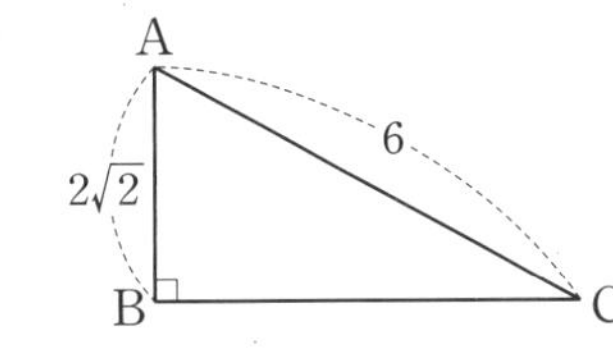

(1) $\sin C$

(2) $\cos C$

(3) $\tan C$

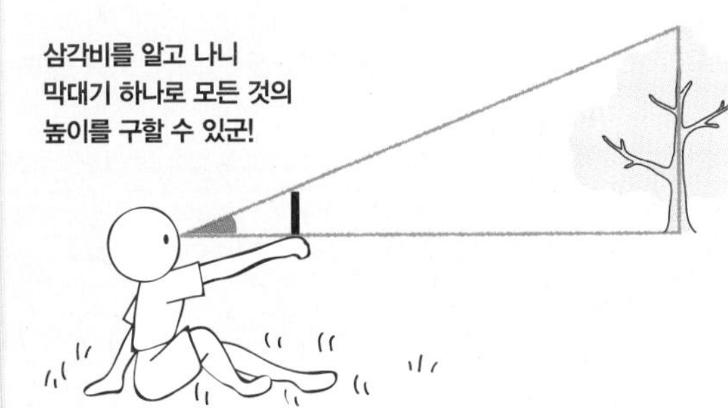

개념모음문제

10 오른쪽 그림과 같이 $\angle B=90°$인 직각삼각형 ABC에서 $\overline{AB}=6$, $\overline{AC}=10$일 때, $\sin A \times \tan C$의 값은?

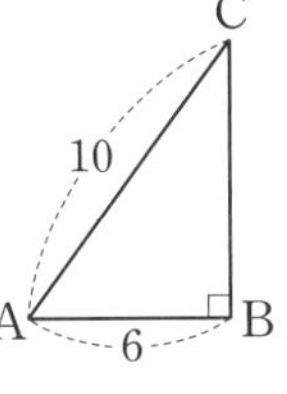

① $\frac{2}{5}$ ② $\frac{3}{5}$ ③ $\frac{3}{4}$
④ $\frac{4}{5}$ ⑤ $\frac{5}{3}$

02

삼각비를 이용한!

삼각비의 값이 주어질 때 변의 길이

$\angle B=90°$인 직각삼각형 ABC에서 $\sin A=\frac{1}{2}$일 때

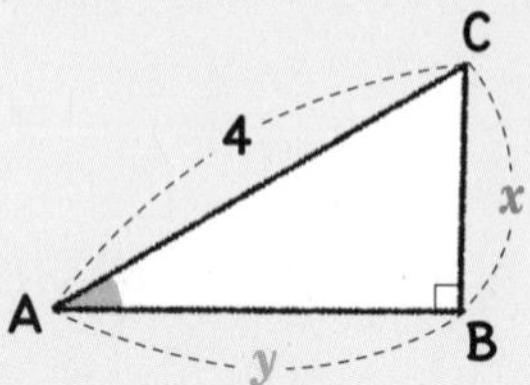

STEP 1 삼각비를 이용하여 x의 값 구하기

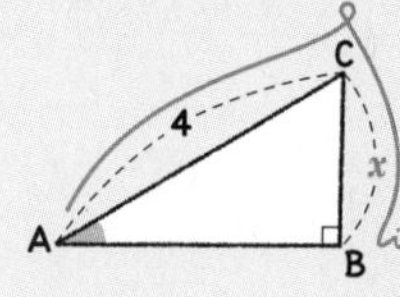

$\sin A=\frac{x}{4}=\frac{1}{2}$

$x=2$

STEP 2 피타고라스 정리를 이용하여 y의 값구하기

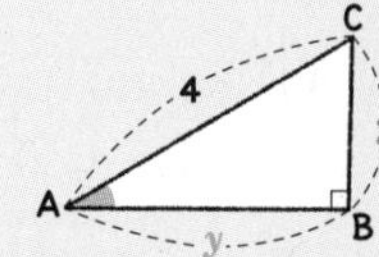

$2^2+y^2=4^2$

$y=\sqrt{4^2-2^2}=2\sqrt{3}$

• 직각삼각형에서 한 삼각비의 값과 한 변의 길이가 주어질 때 나머지 두 변의 길이를 구하는 순서

(i) 삼각비의 값을 이용하여 한 변의 길이를 구한다.

(ii) 피타고라스 정리를 이용하여 나머지 한 변의 길이를 구한다.

1st 삼각비의 값이 주어질 때 변의 길이 구하기

● 다음과 같이 삼각비의 값과 한 변의 길이가 주어진 직각삼각형 ABC에서 x의 값을 구하시오.

1

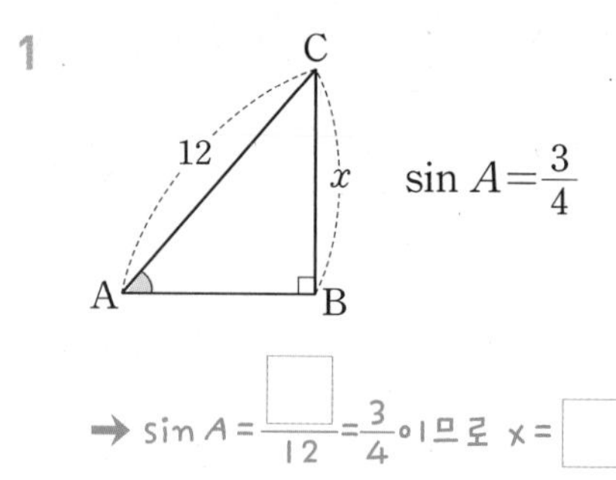

$\sin A=\frac{3}{4}$

→ $\sin A=\frac{\square}{12}=\frac{3}{4}$이므로 $x=\square$

2

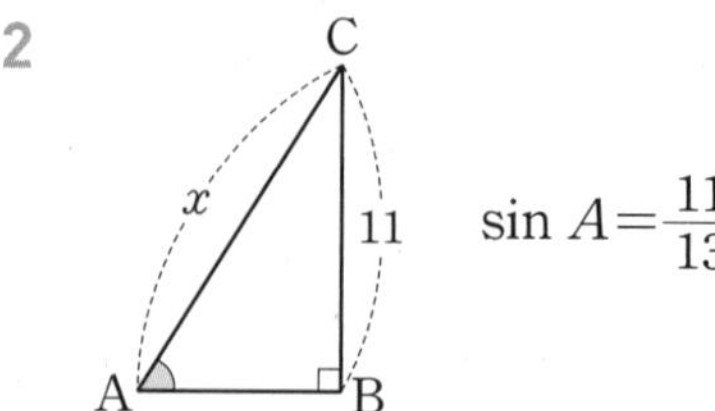

$\sin A=\frac{11}{13}$

3

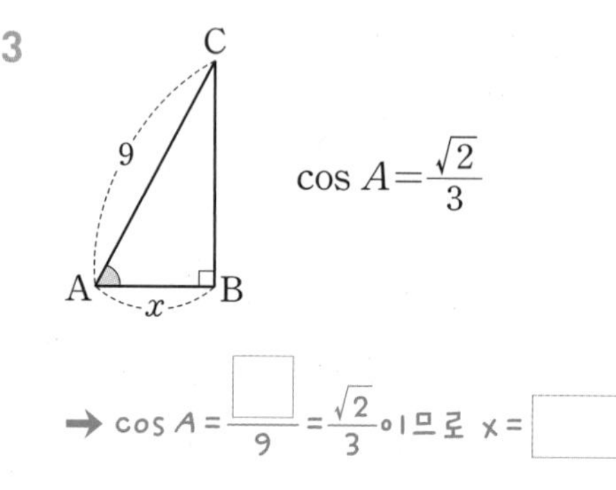

$\cos A=\frac{\sqrt{2}}{3}$

→ $\cos A=\frac{\square}{9}=\frac{\sqrt{2}}{3}$이므로 $x=\square$

4

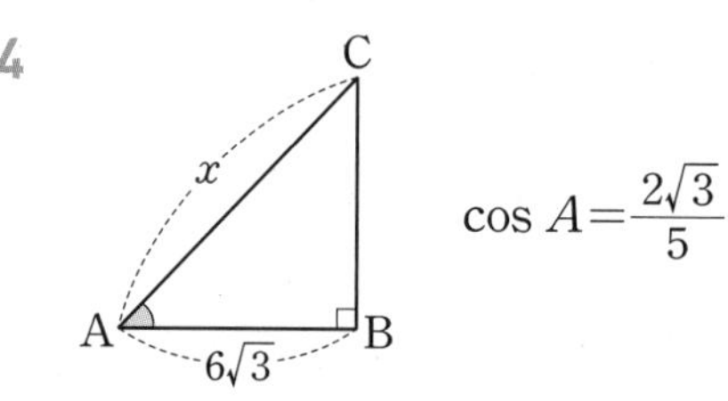

$\cos A=\frac{2\sqrt{3}}{5}$

5

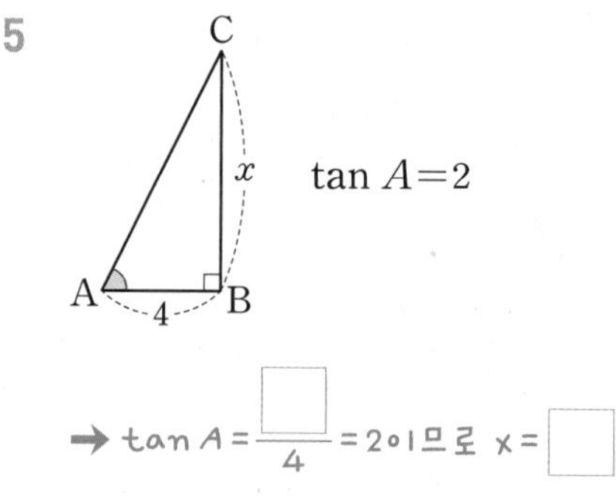

$\tan A=2$

→ $\tan A=\frac{\square}{4}=2$이므로 $x=\square$

6

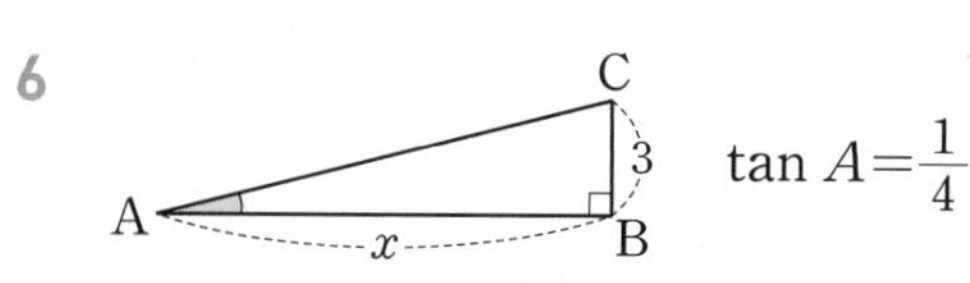

$\tan A=\frac{1}{4}$

- 다음과 같이 삼각비의 값과 한 변의 길이가 주어진 직각삼각형 ABC에서 x, y의 값을 각각 구하시오.

7 $\sin A=\frac{\sqrt{3}}{2}$

→ $\sin A=\frac{x}{\square}=\frac{\sqrt{3}}{2}$이므로 $x=\square$

피타고라스 정리에 의하여

$y=\sqrt{4^2-x^2}=\sqrt{4^2-(\square)^2}=\square$

8

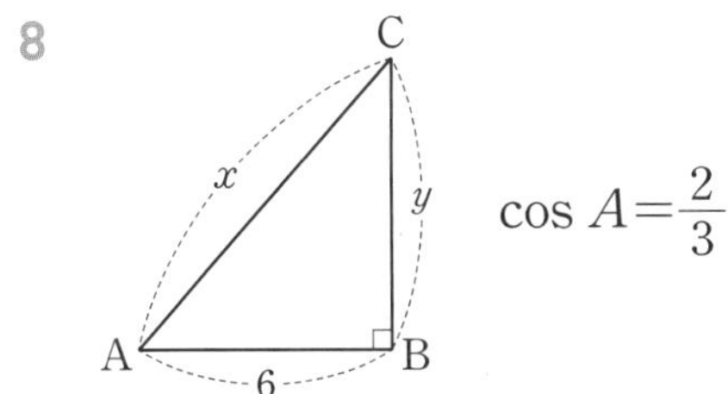

$\cos A=\frac{2}{3}$

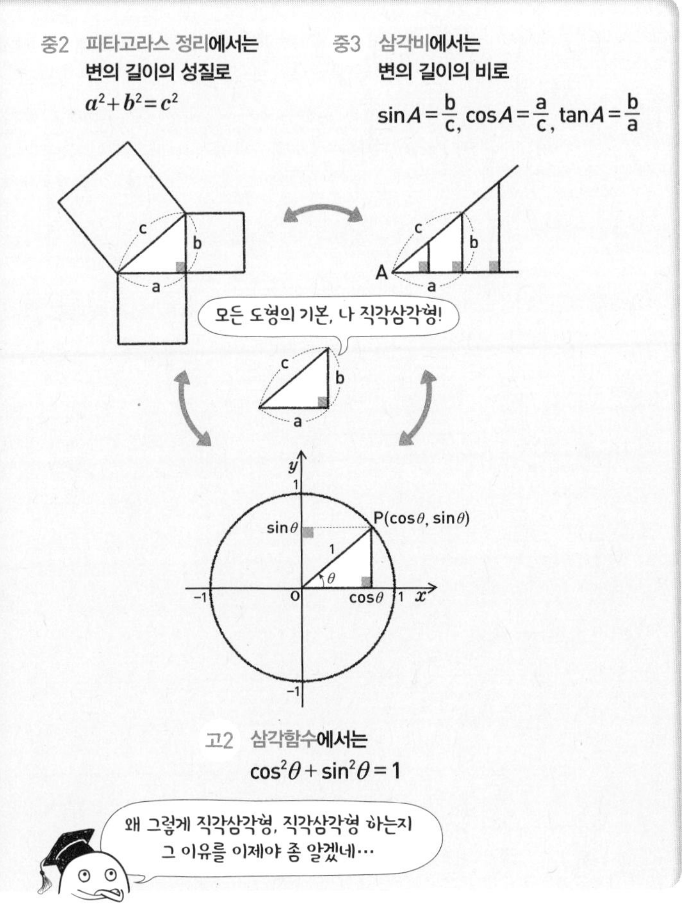

9 $\tan A=\frac{\sqrt{5}}{2}$

10

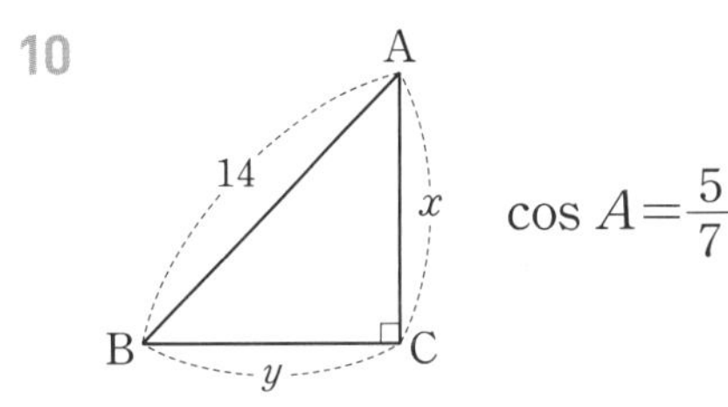

$\cos A=\frac{5}{7}$

11

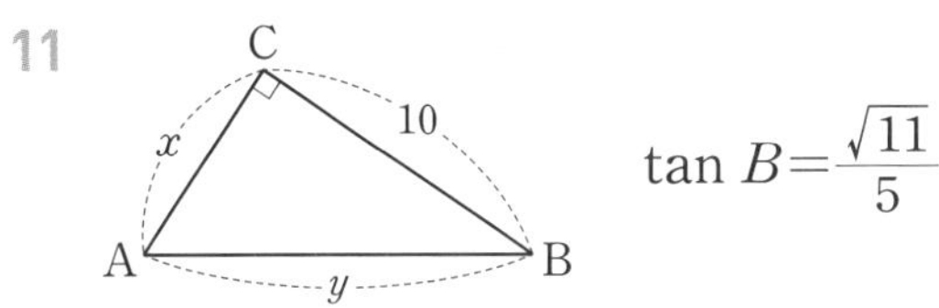

$\tan B=\frac{\sqrt{11}}{5}$

개념모음문제

12 오른쪽 그림과 같은 직각삼각형 ABC에서 $\overline{AB}=8$, $\sin A=\frac{1}{2}$일 때, △ABC의 넓이는?

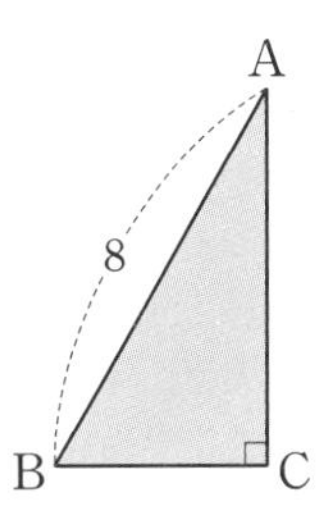

① 8 ② $8\sqrt{2}$
③ $8\sqrt{3}$ ④ 16
⑤ $16\sqrt{2}$

03

삼각비를 이용한!

삼각비의 값이 주어질 때 다른 삼각비의 값

$\angle B=90°$인 직각삼각형 ABC에서 $\sin A=\frac{3}{5}$일 때 $\cos A$, $\tan A$의 값은

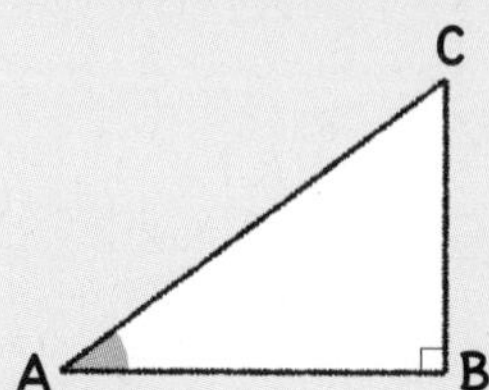

STEP 1 삼각비의 값을 만족시키는 가장 간단한 삼각형 그리기

$\sin A=\frac{3}{5}$ ➡

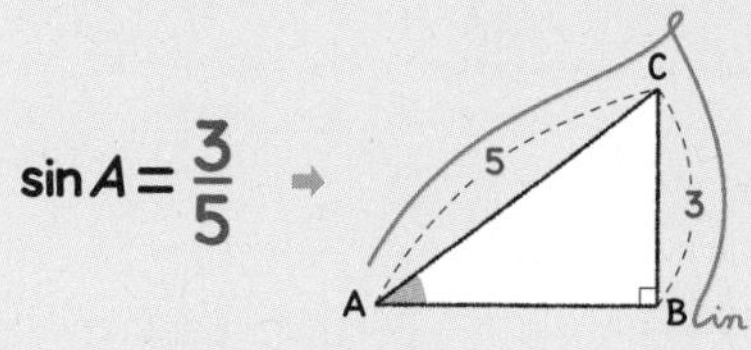

STEP 2 피타고라스 정리를 이용하기

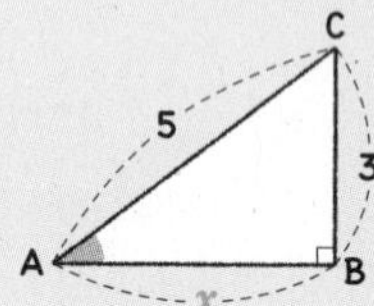

$x^2+3^2=5^2$

$x=\sqrt{5^2-3^2}=4$

STEP 3 삼각비의 값 구하기

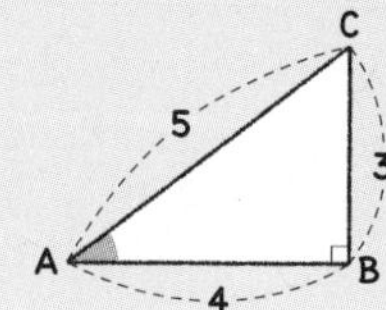

$\cos A=\frac{4}{5}$, $\tan A=\frac{3}{4}$

• 직각삼각형에서 한 삼각비의 값이 주어질 때 다른 두 삼각비의 값을 구하는 순서

(i) 주어진 삼각비의 값을 갖는 직각삼각형을 그린다.

(ii) 피타고라스 정리를 이용하여 나머지 변의 길이를 구한다.

(iii) 다른 두 삼각비의 값을 구한다.

1st 삼각비의 값이 주어질 때 다른 삼각비의 값 구하기

● $\angle B=90°$인 직각삼각형 ABC에 대하여 □ 안에 알맞은 수를 써넣으시오.

1 $\sin A=\frac{2}{3}$일 때, $\cos A$, $\tan A$의 값

(1) $\sin A=\frac{2}{3}$인 가장 간단한 직각삼각형을 그리면

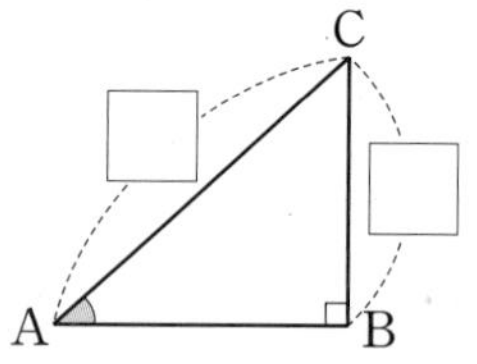

(2) $\overline{AB}=\sqrt{\square^2-\square^2}=\square$

(3) $\cos A=\frac{\overline{AB}}{\overline{AC}}=\square$

$\tan A=\frac{\overline{BC}}{\overline{AB}}=\square$

2 $\cos A=\frac{5}{13}$일 때, $\sin A$, $\tan A$의 값

(1) $\cos A=\frac{5}{13}$인 가장 간단한 직각삼각형을 그리면

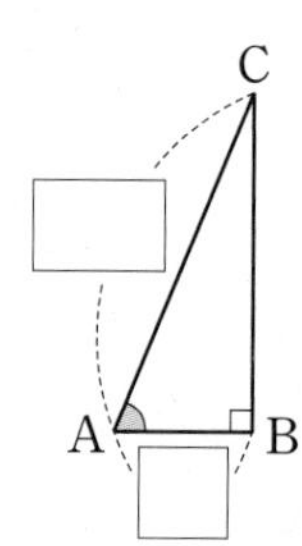

(2) $\overline{BC}=\sqrt{\square^2-\square^2}=\square$

(3) $\sin A=\frac{\overline{BC}}{\overline{AC}}=\square$

$\tan A=\frac{\overline{BC}}{\overline{AB}}=\square$

3 $\tan A=\frac{3}{2}$일 때, $\sin A$, $\cos A$의 값

(1) $\tan A=\frac{3}{2}$인 가장 간단한 직각삼각형을 그리면

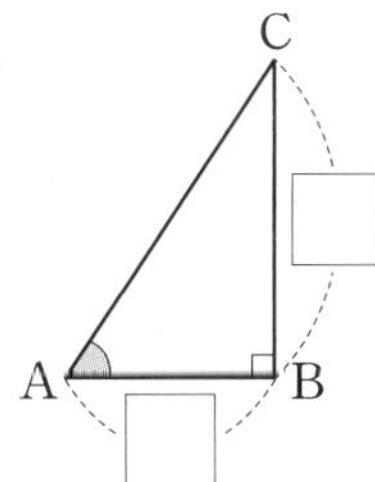

(2) $\overline{AC}=\sqrt{\square^2+\square^2}=\square$

(3) $\sin A=\frac{\overline{BC}}{\overline{AC}}=\square$

$\cos A=\frac{\overline{AB}}{\overline{AC}}=\square$

● $\angle B=90°$인 직각삼각형 ABC에 대하여 다음을 구하시오.

4 $\sin A=\frac{5}{6}$일 때, $\cos A$, $\tan A$의 값

5 $\cos A=\frac{5}{7}$일 때, $\sin A$, $\tan A$의 값

6 $\tan A=\frac{8}{15}$일 때, $\sin A$, $\cos A$의 값

7 $\sin C=\frac{\sqrt{2}}{3}$일 때, $\cos C$, $\tan C$의 값

8 $\cos C=\frac{\sqrt{5}}{4}$일 때, $\sin C$, $\tan C$의 값

9 $\tan C=\frac{\sqrt{3}}{3}$일 때, $\sin C$, $\cos C$의 값

$\sin x$, $\cos x$, $\tan x$ 사이의 관계

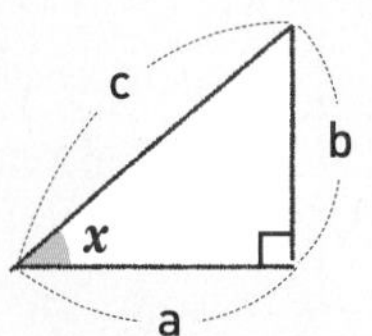

$\sin x \div \cos x=\frac{b}{c}\div\frac{a}{c}=\frac{b}{c}\times\frac{c}{a}=\frac{b}{a}=\tan x$ 이므로

$\frac{\sin x}{\cos x}=\tan x$

개념모음문제

10 $\angle B=90°$인 직각삼각형 ABC에서 $\tan A=\frac{1}{3}$일 때, $\sin A+\cos A$의 값은?

① $\frac{\sqrt{10}}{5}$ ② $\frac{3\sqrt{10}}{10}$ ③ $\frac{2\sqrt{10}}{5}$

④ $\frac{\sqrt{10}}{2}$ ⑤ $\frac{3\sqrt{10}}{5}$

04 삼각비를 이용한!

직각삼각형의 닮음과 삼각비

$\angle BAC=90°$인 직각삼각형 ABC에서 $\overline{AH}\perp\overline{BC}$일 때
$\sin x$, $\cos x$, $\tan x$의 값은

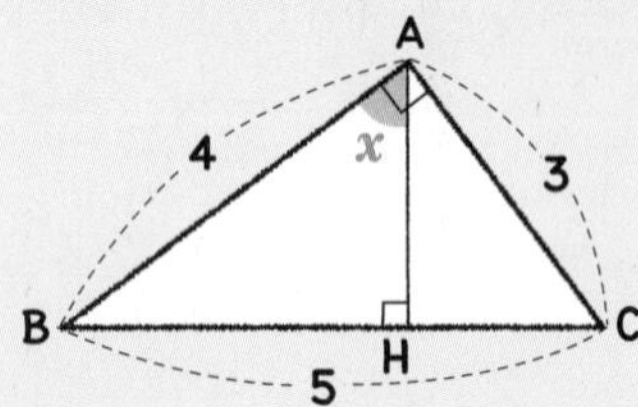

STEP 1 닮음인 삼각형에서 크기가 같은 각 찾기

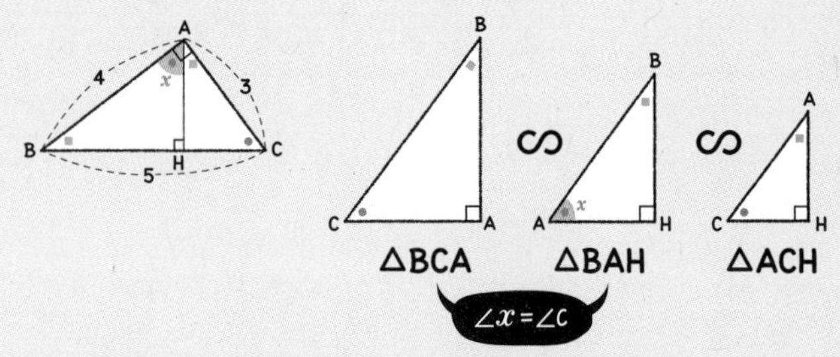

STEP 2 삼각비의 값 구하기

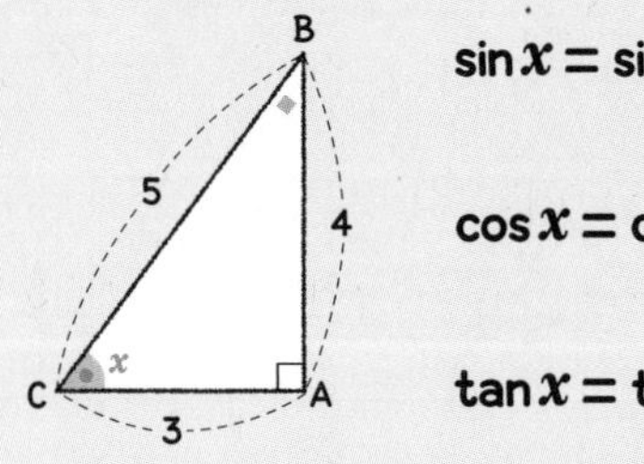

$\sin x=\sin C=\frac{4}{5}$

$\cos x=\cos C=\frac{3}{5}$

$\tan x=\tan C=\frac{4}{3}$

• 닮은 직각삼각형에서 같은 각에 대한 삼각비의 값은 같다.

• **직각삼각형의 닮음을 이용하여 삼각비의 값을 구하는 순서**

(i) 닮음인 삼각형을 찾는다.

(ii) 크기가 같은 각을 찾는다.

(iii) 삼각비의 값을 구한다.

원리확인 다음 □ 안에 알맞은 것을 써넣으시오.

❶

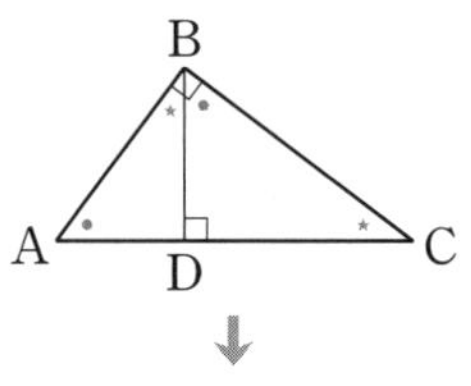

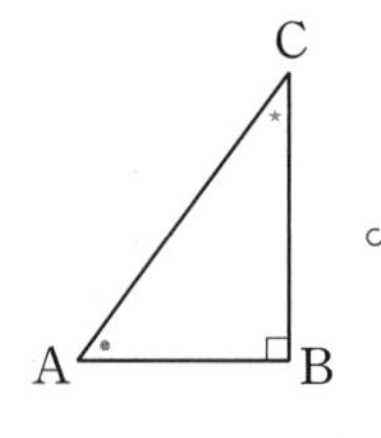

∽

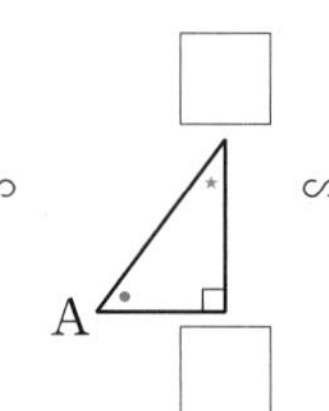

∽

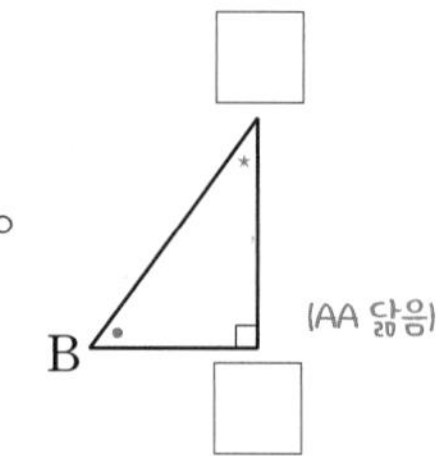

(1) $\sin A=\frac{\overline{BC}}{\overline{AC}}=\frac{\square}{\overline{AB}}=\frac{\overline{CD}}{\square}$

(2) $\cos A=\frac{\overline{AB}}{\square}=\frac{\square}{\overline{AB}}=\frac{\overline{BD}}{\square}$

(3) $\tan A=\frac{\square}{\overline{AB}}=\frac{\overline{BD}}{\square}=\frac{\square}{\overline{BD}}$

❷

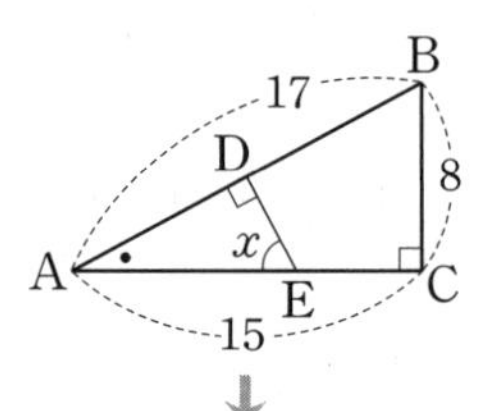

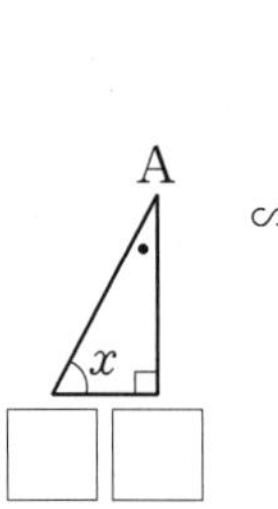

∽

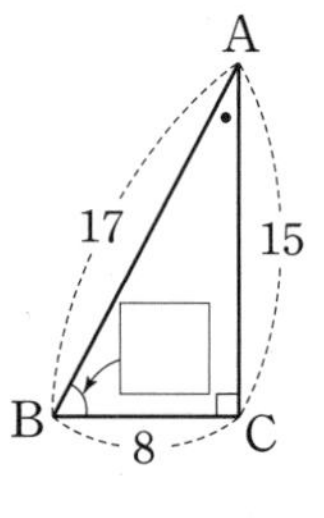

(1) $\sin x=\frac{\overline{AD}}{\square}=\frac{\square}{\overline{AB}}=\square$

(2) $\cos x=\frac{\square}{\overline{AE}}=\frac{\overline{BC}}{\square}=\square$

(3) $\tan x=\frac{\square}{\overline{DE}}=\frac{\overline{AC}}{\square}=\square$

1st 직각삼각형의 닮음을 이용하여 삼각비의 값 구하기

● 아래 그림의 직각삼각형 ABC에서 다음을 구하시오.

1

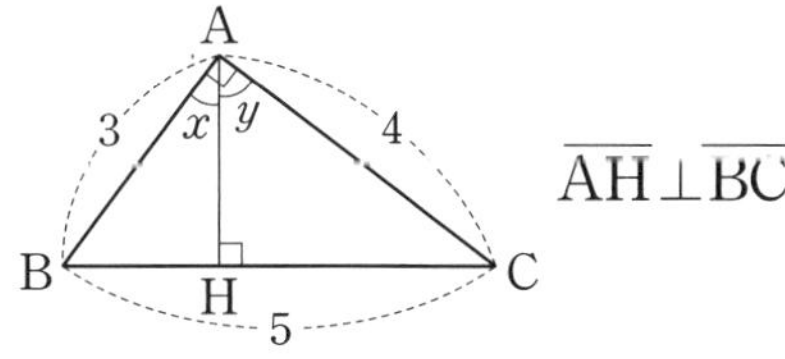

$\overline{AH} \perp \overline{BC}$

(1) $\triangle$ABC에서 $\angle x$와 크기가 같은 각

(2) $\triangle$ABC에서 $\angle y$와 크기가 같은 각

(3) $\sin x$, $\cos x$, $\tan x$의 값

(4) $\sin y$, $\cos y$, $\tan y$의 값

2

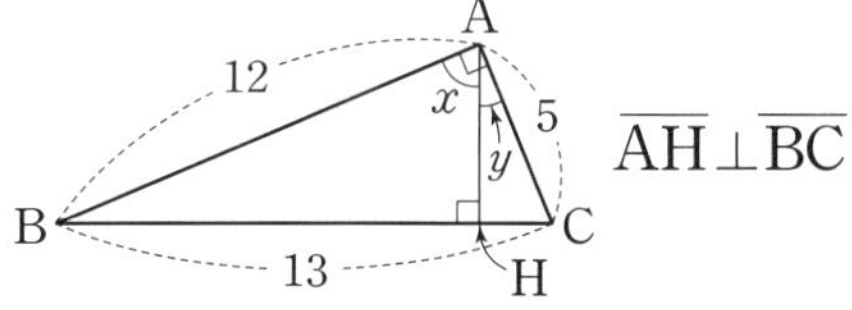

$\overline{AH} \perp \overline{BC}$

(1) $\triangle$ABC에서 $\angle x$와 크기가 같은 각

(2) $\triangle$ABC에서 $\angle y$와 크기가 같은 각

(3) $\sin x$, $\cos x$, $\tan x$의 값

(4) $\sin y$, $\cos y$, $\tan y$의 값

3

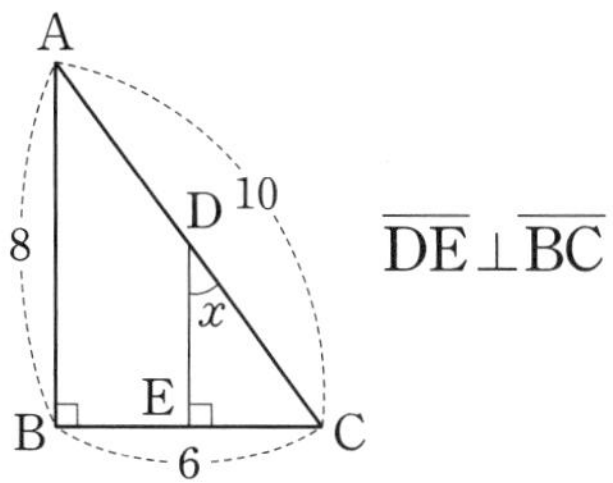

$\overline{DE} \perp \overline{BC}$

(1) $\triangle$ABC와 닮은 삼각형

(2) $\triangle$ABC에서 $\angle x$와 크기가 같은 각

(3) $\sin x$, $\cos x$, $\tan x$의 값

4

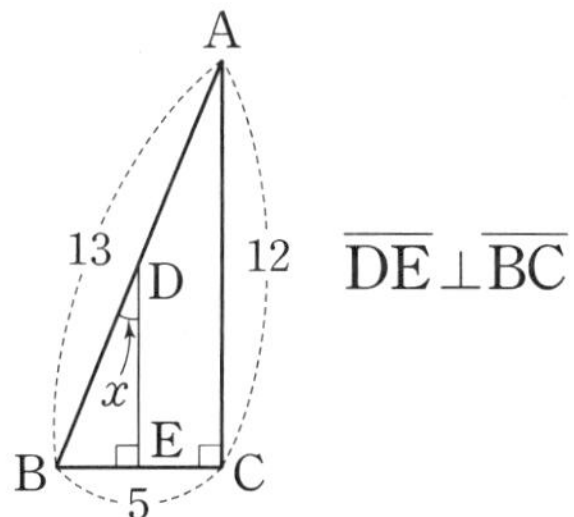

$\overline{DE} \perp \overline{BC}$

(1) $\triangle$ABC와 닮은 삼각형

(2) $\triangle$ABC에서 $\angle x$와 크기가 같은 각

(3) $\sin x$, $\cos x$, $\tan x$의 값

5

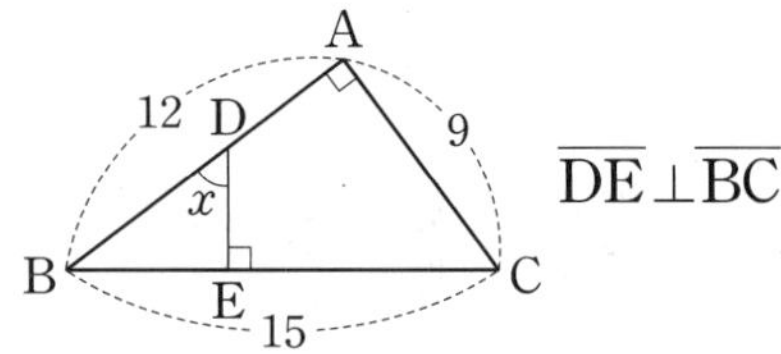

$\overline{DE}\perp\overline{BC}$

(1) △ABC와 닮은 삼각형

(2) △ABC에서 $\angle x$와 크기가 같은 각

(3) $\sin x$, $\cos x$, $\tan x$의 값

6

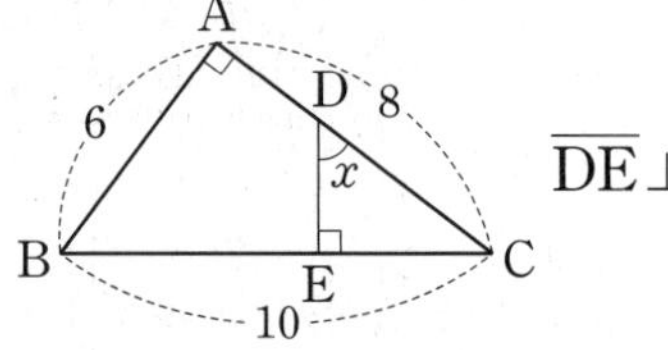

$\overline{DE}\perp\overline{BC}$

(1) △ABC와 닮은 삼각형

(2) △ABC에서 $\angle x$와 크기가 같은 각

(3) $\sin x$, $\cos x$, $\tan x$의 값

7

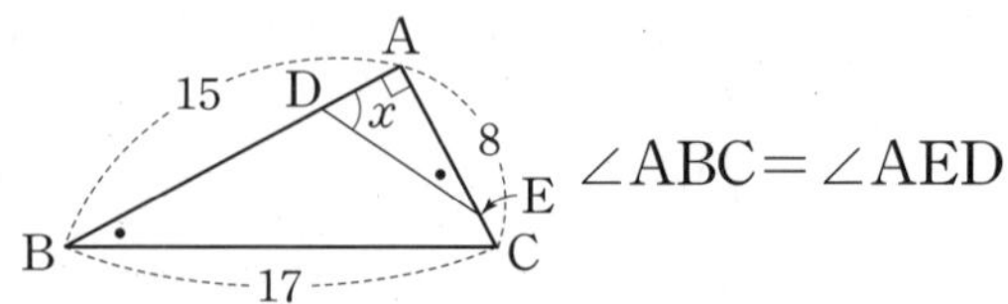

$\angle ABC=\angle AED$

(1) △ABC와 닮은 삼각형

(2) △ABC에서 $\angle x$와 크기가 같은 각

(3) $\sin x$, $\cos x$, $\tan x$의 값

8

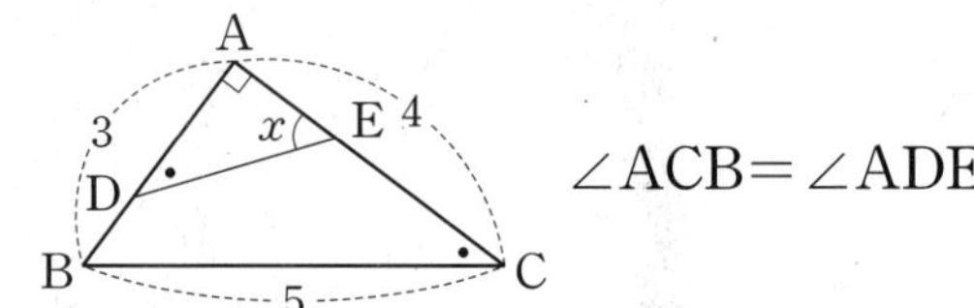

$\angle ACB=\angle ADE$

(1) △ABC와 닮은 삼각형

(2) △ABC에서 $\angle x$와 크기가 같은 각

(3) $\sin x$, $\cos x$, $\tan x$의 값

내가 발견한 개념 크기가 같은 각을 찾아봐!

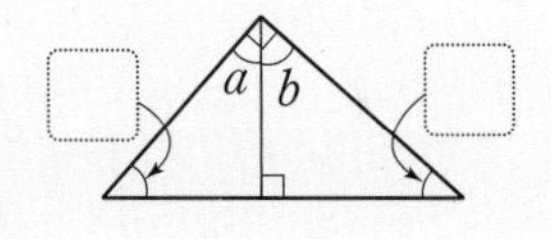

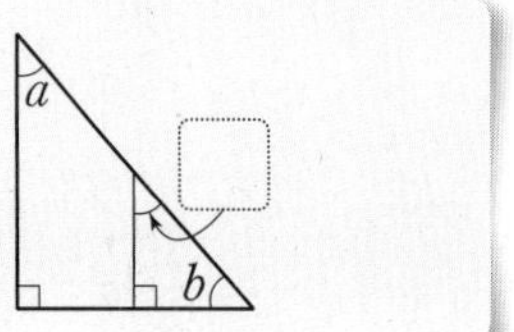

내가 발견한 개념 크기가 같은 각을 찾아봐!

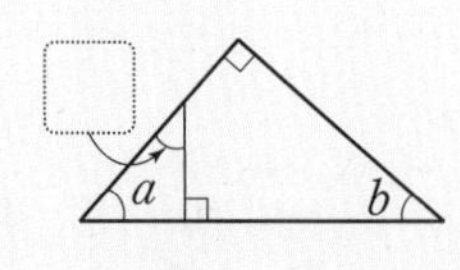

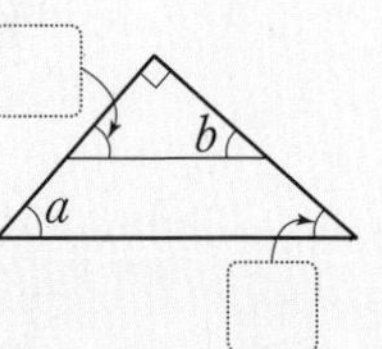

2nd 피타고라스 정리와 닮음을 이용하여 삼각비의 값 구하기

● 아래 그림의 직각삼각형 ABC에 대하여 다음 삼각비의 값을 구하시오.

9 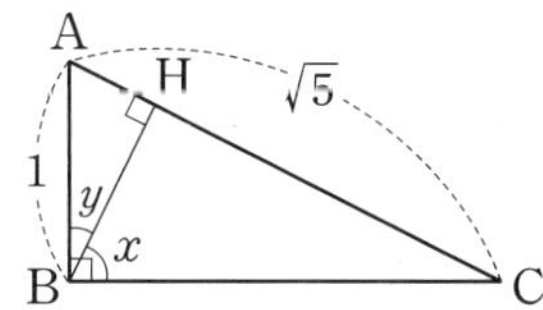

(1) $\sin x$

(2) $\cos x$

(3) $\tan x$

(4) $\sin y$

(5) $\cos y$

(6) $\tan y$

10 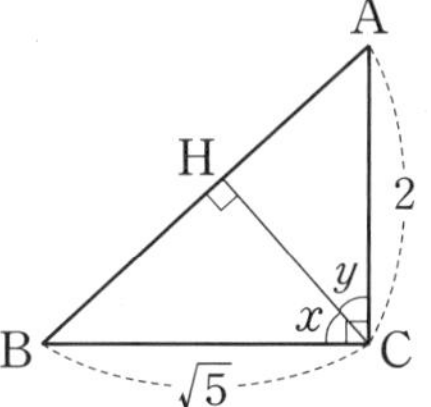

(1) $\sin x$

(2) $\cos x$

(3) $\tan x$

(4) $\sin y$

(5) $\cos y$

(6) $\tan y$

11 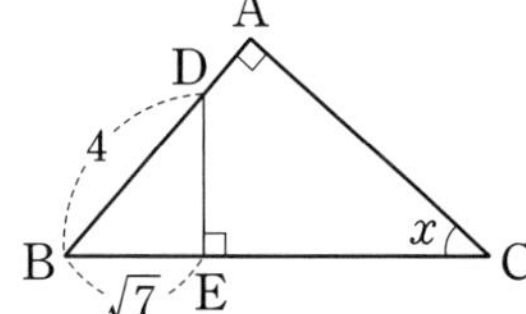

(1) $\sin x$

(2) $\cos x$

(3) $\tan x$

12 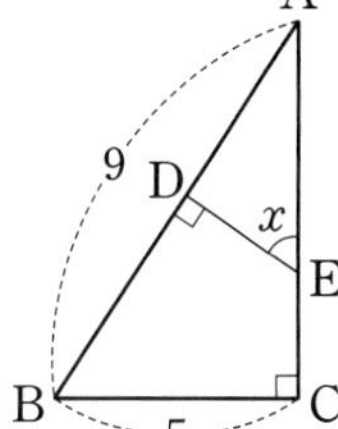

(1) $\sin x$

(2) $\cos x$

(3) $\tan x$

13 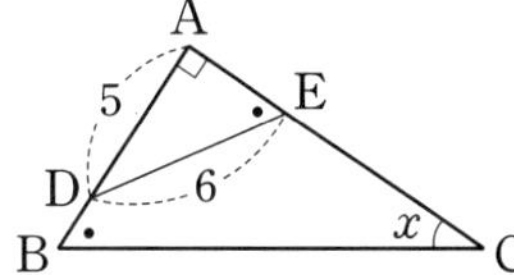

(1) $\sin x$

(2) $\cos x$

(3) $\tan x$

14 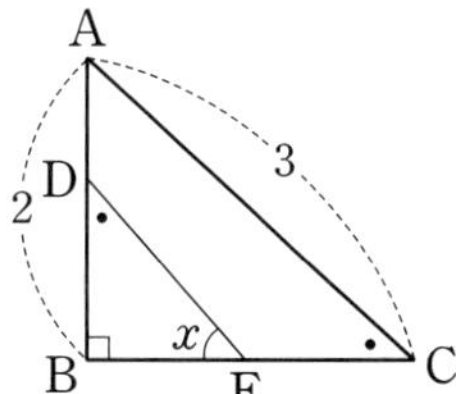

(1) $\sin x$

(2) $\cos x$

(3) $\tan x$

05 삼각비를 이용한!

입체도형에서의 삼각비의 값

❶ 정육면체

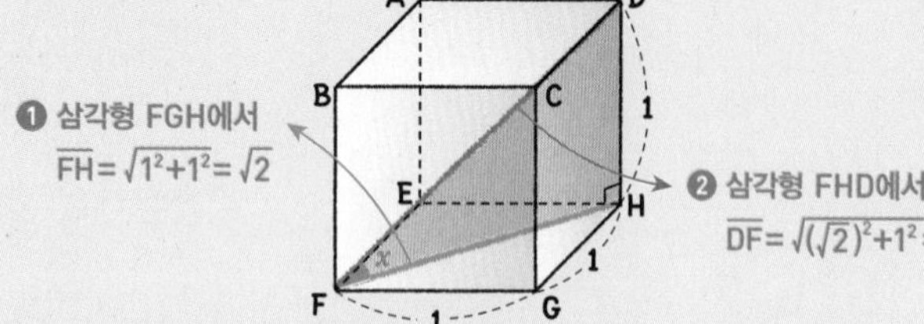

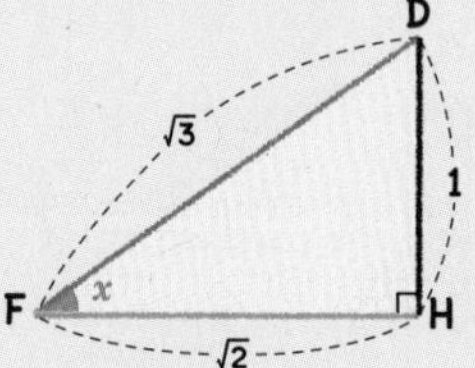

$\sin x=\frac{1}{\sqrt{3}}=\frac{\sqrt{3}}{3}$ | $\cos x=\frac{\sqrt{2}}{\sqrt{3}}=\frac{\sqrt{6}}{3}$ | $\tan x=\frac{1}{\sqrt{2}}=\frac{\sqrt{2}}{2}$

❷ 직육면체

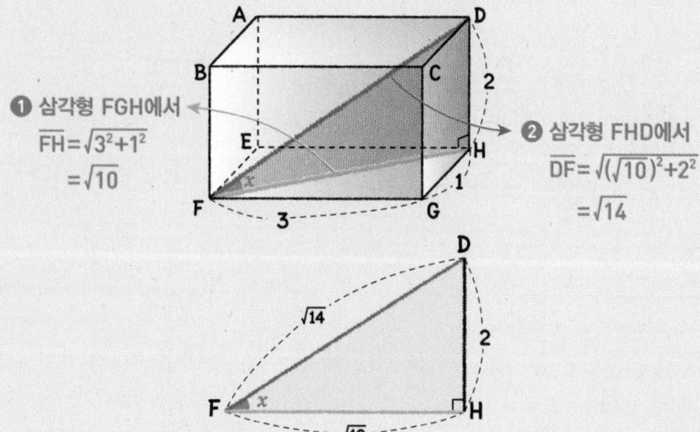

$\sin x=\frac{2}{\sqrt{14}}=\frac{\sqrt{14}}{7}$ | $\cos x=\frac{\sqrt{10}}{\sqrt{14}}=\frac{\sqrt{35}}{7}$ | $\tan x=\frac{2}{\sqrt{10}}=\frac{\sqrt{10}}{5}$

- 오른쪽 그림과 같은 직육면체에서 $\angle x$의 삼각비를 구하는 방법
  - (i) 직각삼각형 FGH에서
    $\overline{FH}=\sqrt{a^2+b^2}$
  - (ii) 직각삼각형 FHD에서
    $\overline{DF}^2=(\sqrt{a^2+b^2})^2+c^2=a^2+b^2+c^2$이므로
    $\overline{DF}=\sqrt{a^2+b^2+c^2}$
  - (iii) 직각삼각형 FHD에서 $\angle x$의 삼각비를 구한다.

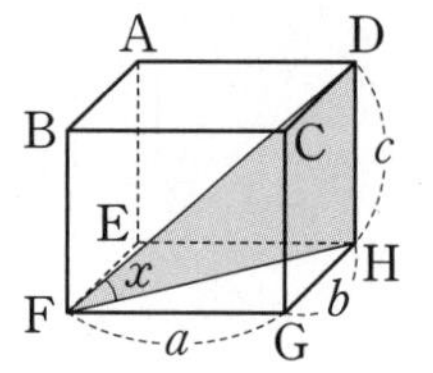

1st 정육면체에서의 삼각비의 값 구하기

● 다음 그림과 같은 정육면체에서 $\angle DFH=x$라 할 때, □ 안에 알맞은 수를 써넣으시오.

1

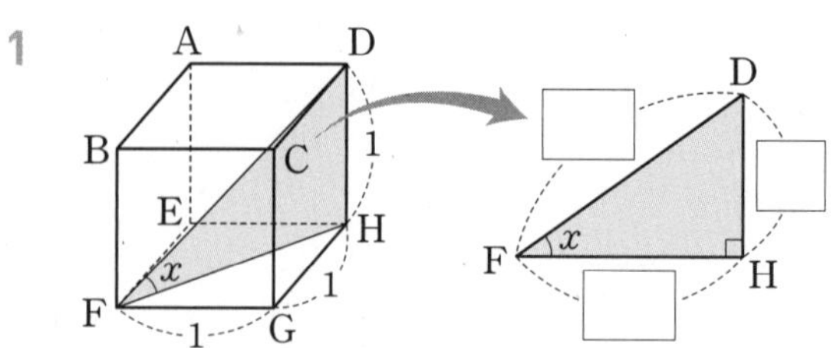

(1) $\sin x=\frac{\overline{DH}}{\overline{DF}}=\frac{\square}{\square}=\square$

(2) $\cos x=\frac{\overline{FH}}{\overline{DF}}=\frac{\square}{\square}=\square$

(3) $\tan x=\frac{\overline{DH}}{\overline{FH}}=\frac{\square}{\square}=\square$

2

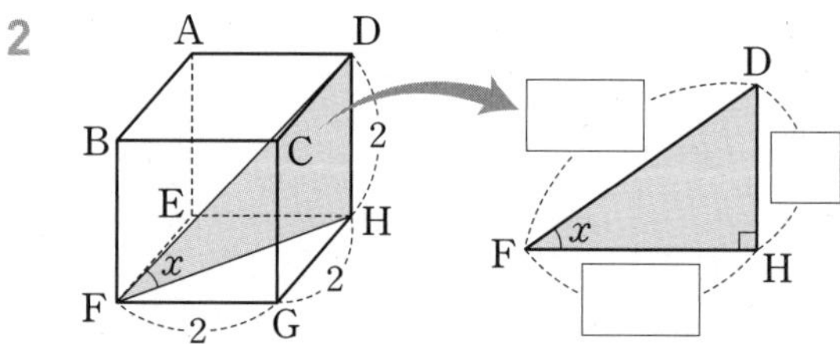

(1) $\sin x=\frac{\overline{DH}}{\overline{DF}}=\frac{\square}{\square}=\square$

(2) $\cos x=\frac{\overline{FH}}{\overline{DF}}=\frac{\square}{\square}=\square$

(3) $\tan x=\frac{\overline{DH}}{\overline{FH}}=\frac{\square}{\square}=\square$

3

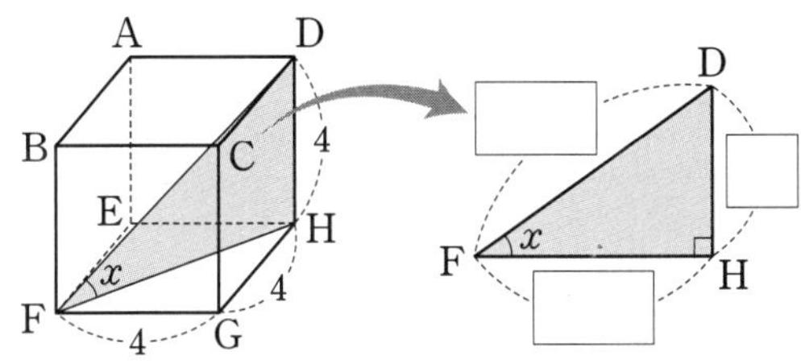

(1) $\sin x=\frac{\overline{\text{DH}}}{\overline{\text{DF}}}=\frac{\square}{\square}=\square$

(2) $\cos x=\frac{\overline{\text{FH}}}{\overline{\text{DF}}}=\frac{\square}{\square}=\square$

(3) $\tan x=\frac{\overline{\text{DH}}}{\overline{\text{FH}}}=\frac{\square}{\square}=\square$

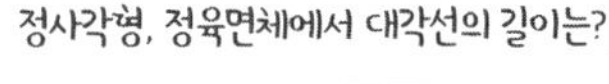

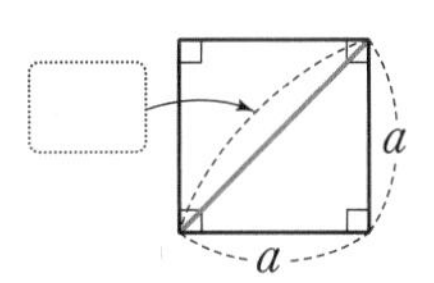

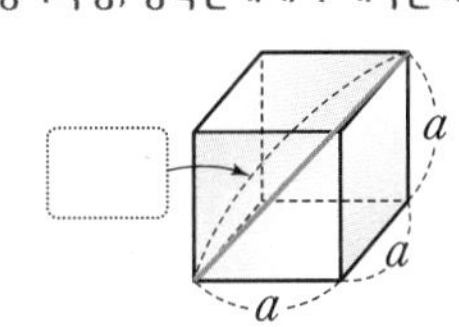

2nd 직육면체에서의 삼각비의 값 구하기

● 다음 그림과 같은 직육면체에서 ∠AGE$=x$라 할 때, □ 안에 알맞은 수를 써넣으시오.

4

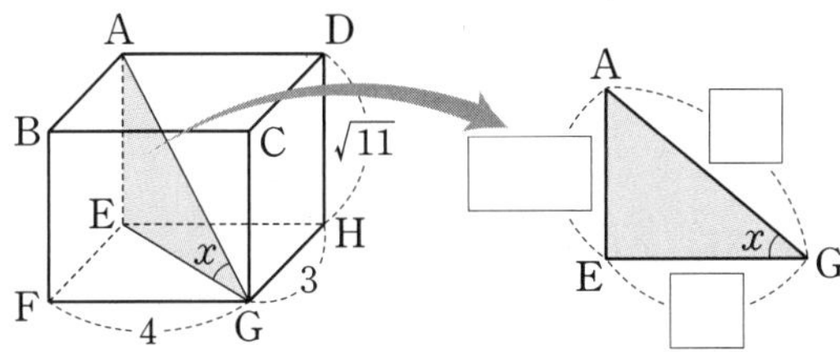

(1) $\sin x=\frac{\overline{\text{AE}}}{\overline{\text{AG}}}=\square$

(2) $\cos x=\frac{\overline{\text{EG}}}{\overline{\text{AG}}}=\square$

(3) $\tan x=\frac{\overline{\text{AE}}}{\overline{\text{EG}}}=\square$

5

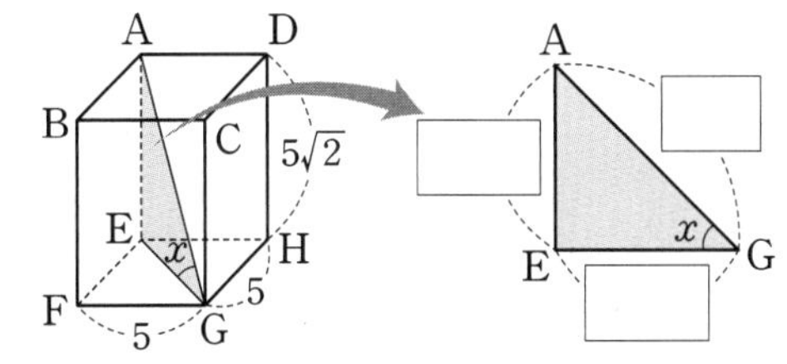

(1) $\sin x=\frac{\overline{\text{AE}}}{\overline{\text{AG}}}=\frac{\square}{\square}=\square$

(2) $\cos x=\frac{\overline{\text{EG}}}{\overline{\text{AG}}}=\frac{\square}{\square}=\square$

(3) $\tan x=\frac{\overline{\text{AE}}}{\overline{\text{EG}}}=\frac{\square}{\square}=\square$

6

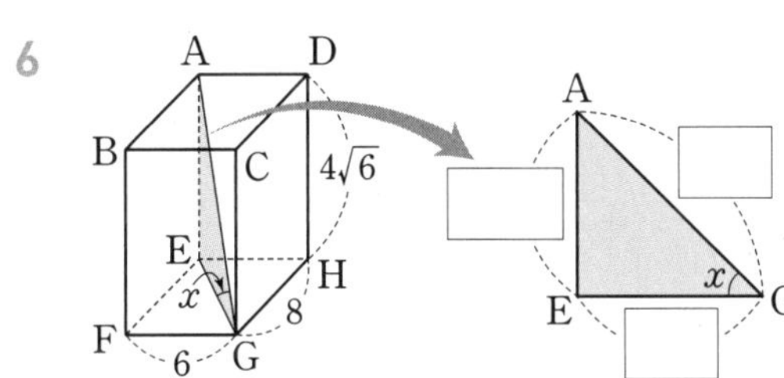

(1) $\sin x=\frac{\overline{\text{AE}}}{\overline{\text{AG}}}=\frac{\square}{\square}=\square$

(2) $\cos x=\frac{\overline{\text{EG}}}{\overline{\text{AG}}}=\frac{\square}{\square}=\square$

(3) $\tan x=\frac{\overline{\text{AE}}}{\overline{\text{EG}}}=\frac{\square}{\square}=\square$

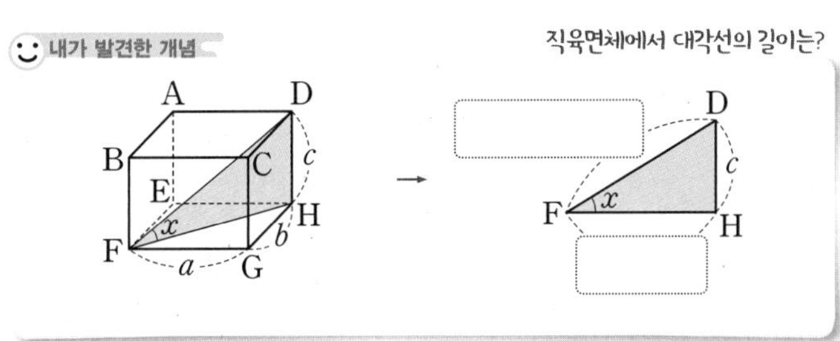

06

삼각비의 값을 쉽게 찾을 수 있는!

30°, 45°, 60°의 삼각비의 값

❶ 45°의 삼각비의 값

한 변의 길이가 1인
정사각형 ABCD에서

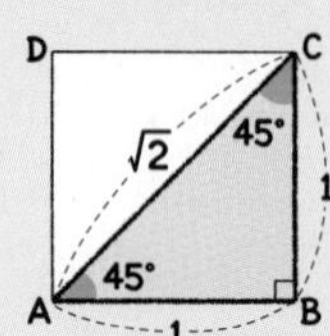

$\overline{CA} : \overline{AB} : \overline{BC}$
$= \sqrt{2} : 1 : 1$

❷ 30°, 60°의 삼각비의 값

한 변의 길이가 2인
정삼각형 ABC에서

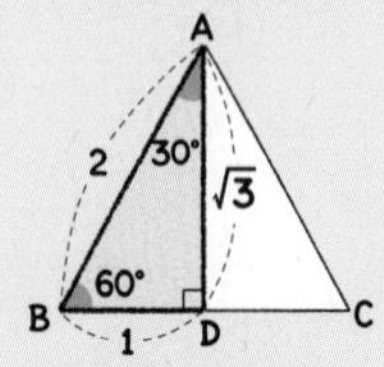

$\overline{AB} : \overline{BD} : \overline{DA}$
$= 2 : 1 : \sqrt{3}$

30°, 45°, 60°의 삼각비의 값

특별한 각의 삼각비는 외워두면 편리해!

삼각비 \ A	30°	45°	60°
$\sin A$	$\frac{1}{2}$	$\frac{\sqrt{2}}{2}$	$\frac{\sqrt{3}}{2}$
$\cos A$	$\frac{\sqrt{3}}{2}$	$\frac{\sqrt{2}}{2}$	$\frac{1}{2}$
$\tan A$	$\frac{\sqrt{3}}{3}$	1	$\sqrt{3}$

원리확인 다음 □ 안에 알맞은 수를 써넣으시오.

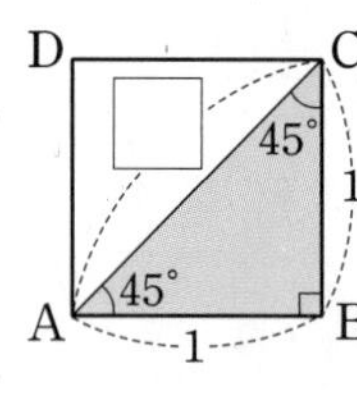

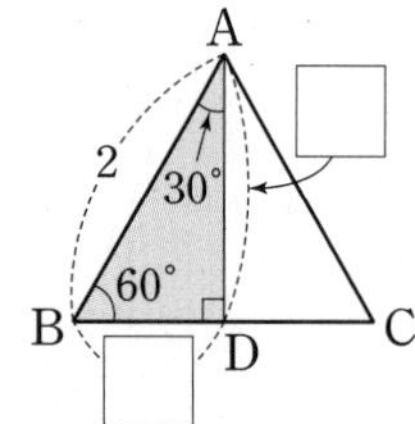

❶ $\sin 45° = $ □, $\cos 45° = $ □, $\tan 45° = $ □

❷ $\sin 30° = $ □, $\cos 30° = $ □, $\tan 30° = $ □

❸ $\sin 60° = $ □, $\cos 60° = $ □, $\tan 60° = $ □

1st — 30°, 45°, 60°의 삼각비의 값 구하기

• 다음을 계산하시오.

1 $\sin 45° + \cos 45°$

2 $\sin 60° - \cos 30°$

3 $\sin 30° + \tan 45°$

4 $\tan 60° - \cos 30°$

5 $\sin 60° \times \cos 60°$

6 $\cos 45° \times \tan 30°$

7 $\sin 60° \div \tan 60°$

8 $\cos 60° \div \sin 45°$

9 $\tan 45^\circ + \cos 30^\circ \times \tan 30^\circ$

10 $\sin 30^\circ \div \tan 30^\circ - \cos 30^\circ$

11 $\sin 30^\circ + \tan 60^\circ \div \sin 60^\circ$

12 $(\sin 30^\circ + \cos 30^\circ)(\sin 60^\circ - \cos 60^\circ)$

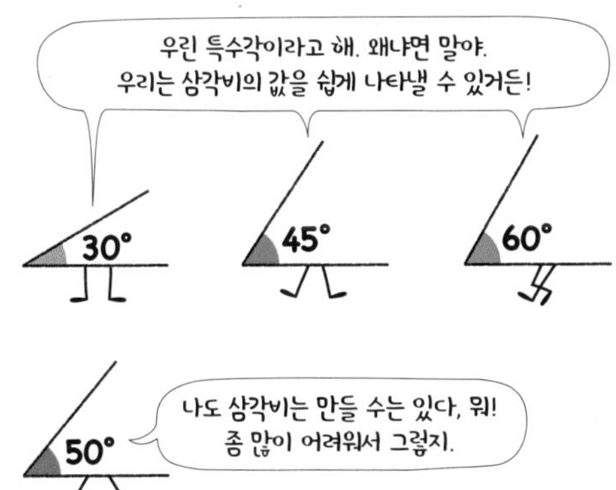

내가 발견한 개념 삼각비의 특수각!

삼각비 \ A	30°	45°	60°	삼각비의 값이
sin A	$\frac{\square}{2}$	$\frac{\square}{2}$	$\frac{\square}{2}$	→ (증가 , 감소)
cos A	$\frac{\square}{2}$	$\frac{\square}{2}$	$\frac{\square}{2}$	→ (증가 , 감소)
tan A	$\frac{\square}{3}$	$\square$	$\square$	→ (증가 , 감소)

● $0^\circ < x < 90^\circ$일 때, 다음을 만족시키는 $\angle x$의 크기를 구하시오.

13 $\sin x = \frac{\sqrt{3}}{2}$

14 $\cos x = \frac{\sqrt{2}}{2}$

15 $\tan x = 1$

16 $\sin x = \frac{1}{2}$

17 $\cos x = \frac{1}{2}$

18 $\tan x = \sqrt{3}$

19 $\sin x = \frac{\sqrt{2}}{2}$

20 $\cos x = \frac{\sqrt{3}}{2}$

21 $\tan x = \frac{\sqrt{3}}{3}$

• 다음을 만족시키는 x의 크기를 구하시오.

22 $\sin(x+20°)=\frac{1}{2}$ (단, $0°<x+20°<90°$)

➜ sin □° $=\frac{1}{2}$이므로 $x+20°=$ □°

따라서 $x=$ □°

23 $\cos(2x-40°)=\frac{1}{2}$ (단, $0°<2x-40°<90°$)

24 $\tan(x-30°)=1$ (단, $0°<x-30°<90°$)

25 $\sin(3x+15°)=\frac{\sqrt{2}}{2}$ (단, $0°<3x+15°<90°$)

26 $\cos(5x-20°)=\frac{\sqrt{3}}{2}$ (단, $0°<5x-20°<90°$)

개념모음문제

27 $\tan(3x-75°)=\sqrt{3}$일 때, $\sin x\times\cos(x-15°)$의 값은? (단, $0°<3x-75°<90°$)

① $\frac{\sqrt{2}}{4}$ ② $\frac{\sqrt{3}}{4}$ ③ $\frac{1}{2}$

④ $\frac{\sqrt{6}}{4}$ ⑤ $\frac{3}{4}$

2nd — 특수각의 삼각비를 이용하여 변의 길이 구하기

• 다음 그림의 직각삼각형 ABC에서 x의 값을 구하시오.

28

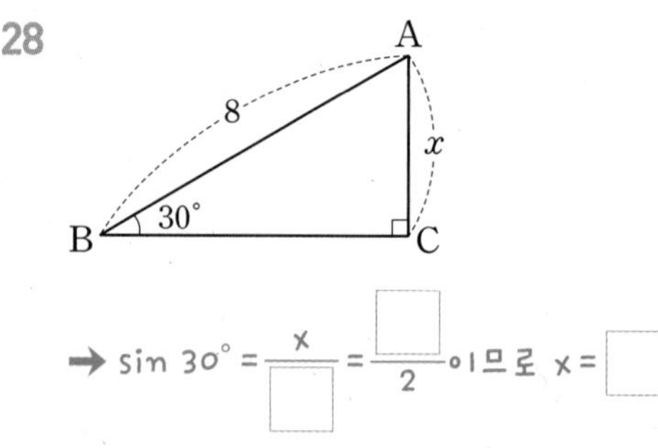

➜ $\sin 30°=\frac{x}{□}=\frac{□}{2}$이므로 $x=$ □

29

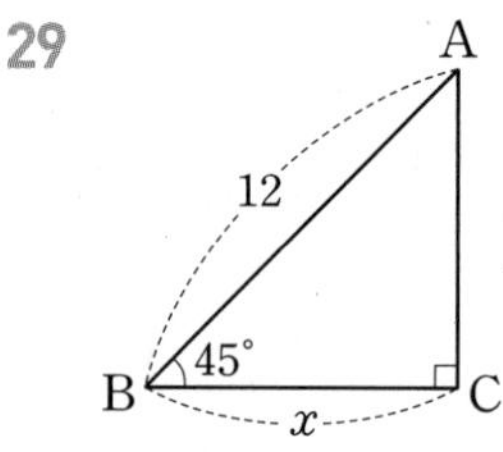

30

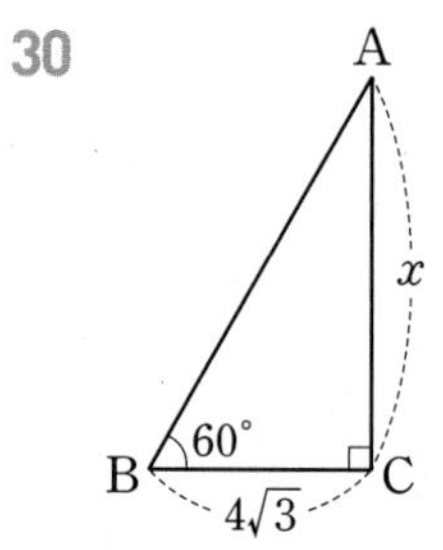

31

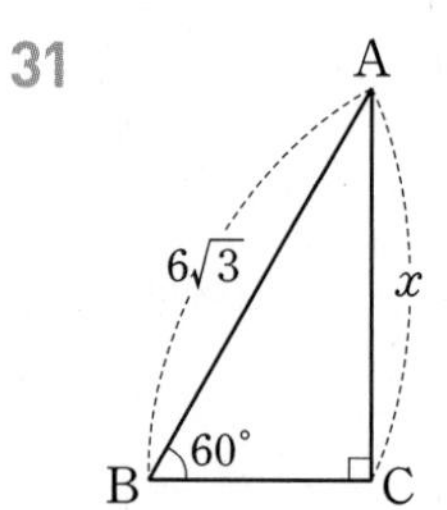

● 다음 그림의 직각삼각형 ABC에서 x, y의 값을 각각 구하시오.

32

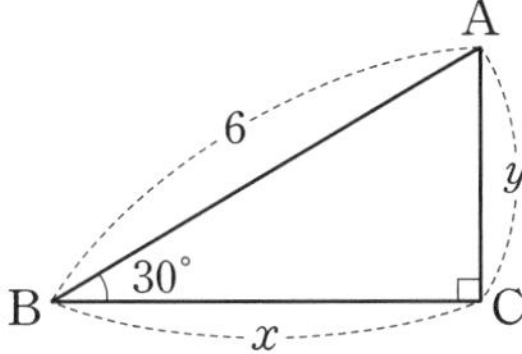

→ $\cos 30° = \frac{x}{\square} = \frac{\square}{2}$에서 $x = \square$

$\sin 30° = \frac{y}{\square} = \frac{\square}{2}$에서 $y = \square$

33

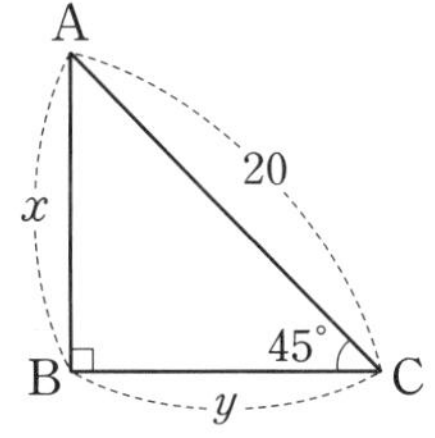

34

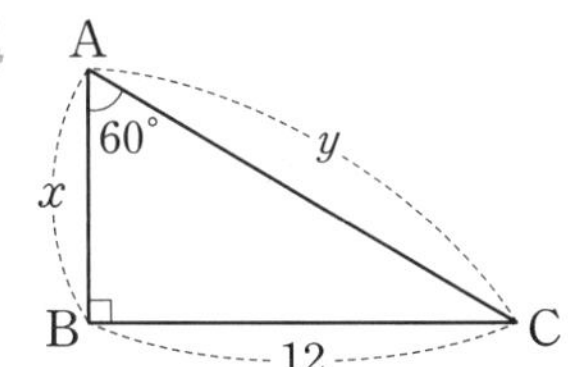

언제 sin, cos, tan를 이용할까?

빗변의 길이를 알 때 높이 구하기 • • cos을 이용

빗변의 길이를 알 때 밑변의 길이 구하기 • • sin을 이용

밑변의 길이를 알 때 높이 구하기 • • tan를 이용

● 다음 그림의 삼각형 ABC에서 x의 값을 구하시오.

35

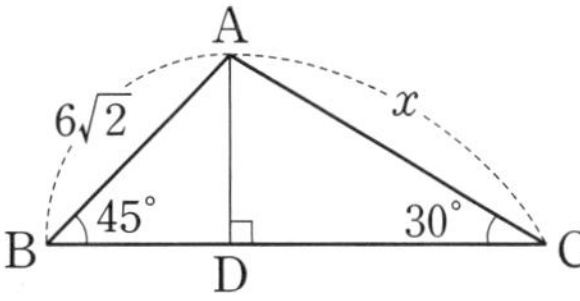

→ 직각삼각형 ABD에서

$\sin 45° = \frac{\overline{AD}}{6\sqrt{2}} = \frac{\square}{\square}$이므로 $\overline{AD} = \square$

직각삼각형 ADC에서

$\sin 30° = \frac{\overline{AD}}{x} = \frac{\square}{x} = \frac{\square}{\square}$이므로 $x = \square$

36

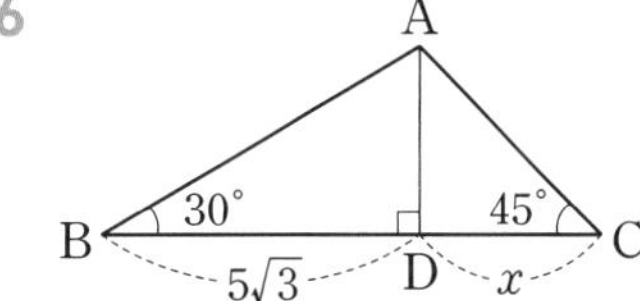

37

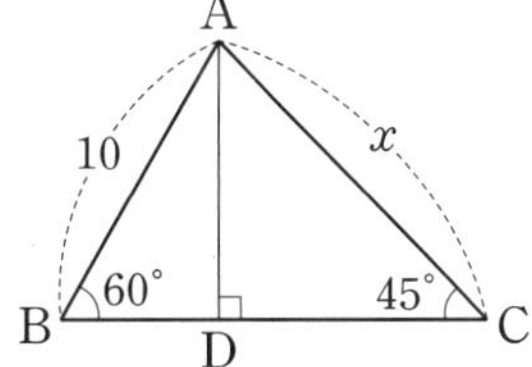

38

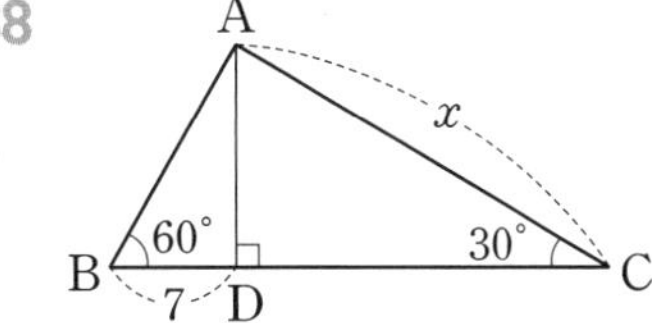

39

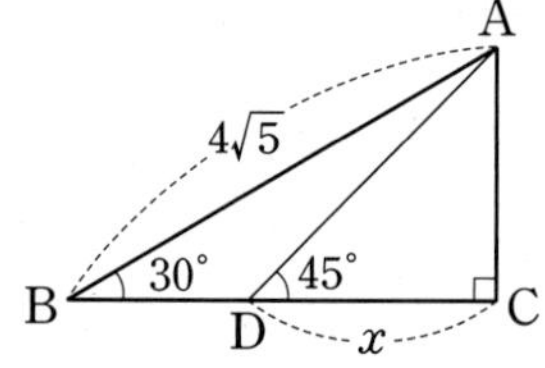

→ 직각삼각형 ABC에서

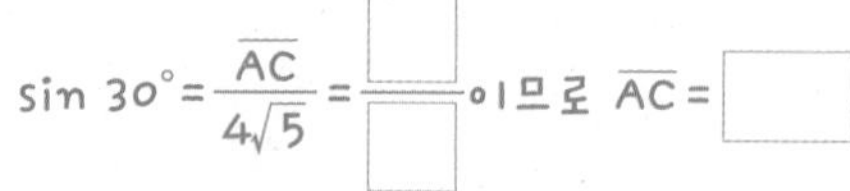

직각삼각형 ADC에서

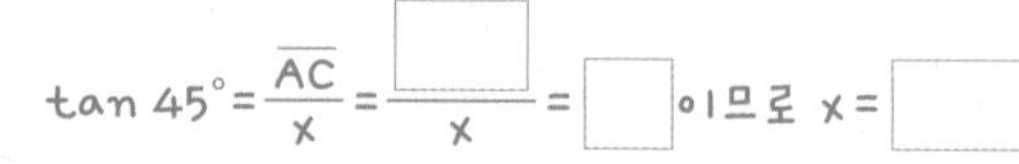

40

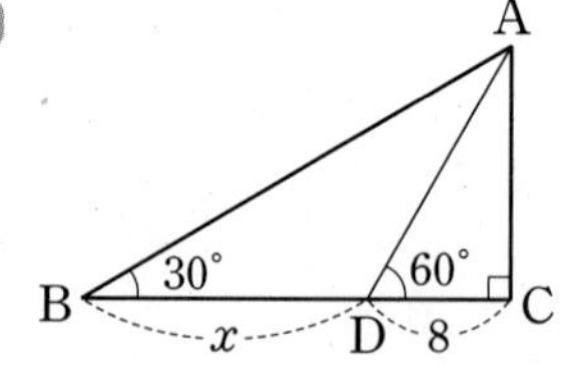

41

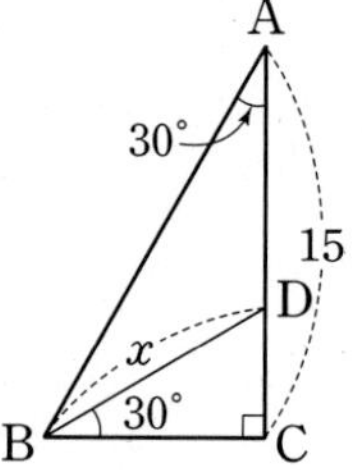

42

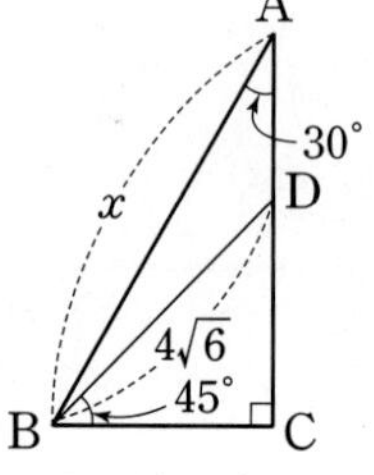

43

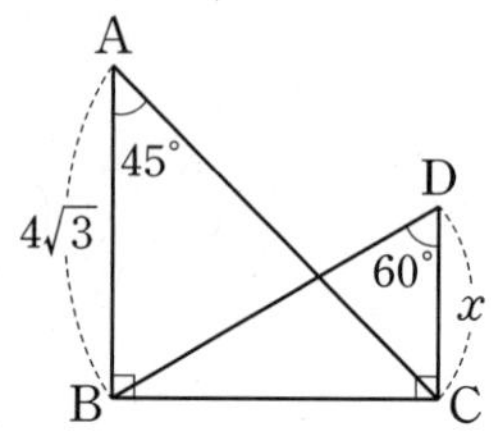

→ 직각삼각형 ABC에서

$\tan 45° = \dfrac{\overline{BC}}{4\sqrt{3}} = \square$ 이므로 $\overline{BC} = \square$

직각삼각형 BCD에서

$\tan 60° = \dfrac{\overline{BC}}{x} = \dfrac{\square}{x} = \square$ 이므로 $x = \square$

44

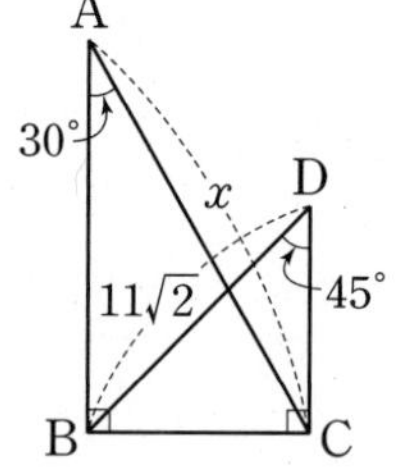

45

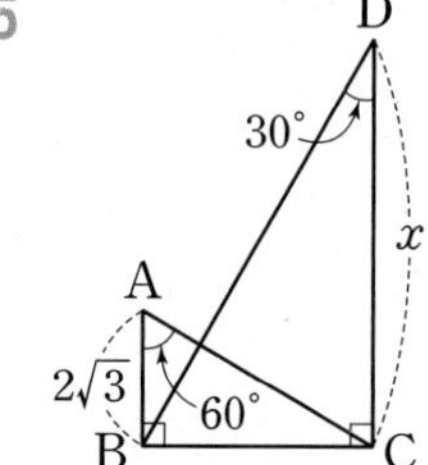

개념모음문제

46 오른쪽 그림과 같이 $\triangle$ABC와 $\triangle$BCD는 각각 $\angle ABC=90°$, $\angle BCD=90°$인 직각삼각형이다. $\angle A=60°$,

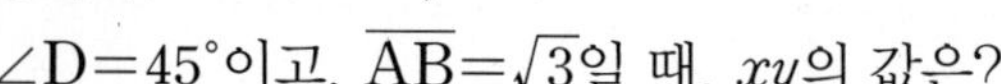

$\angle D=45°$이고, $\overline{AB}=\sqrt{3}$일 때, xy의 값은?

① 3 ② 6 ③ 9

④ $6\sqrt{3}$ ⑤ $9\sqrt{3}$

3rd 삼각비를 이용하여 직선의 기울기 구하기

● 일차함수 $y=ax+b$의 그래프와 x축의 양의 방향이 이루는 각의 크기가 다음과 같을 때, a의 값을 구하시오.

47
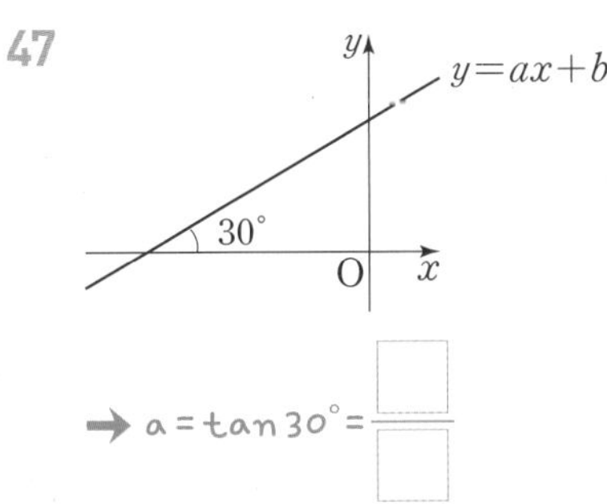

→ $a=\tan 30^\circ=\frac{\square}{\square}$

48
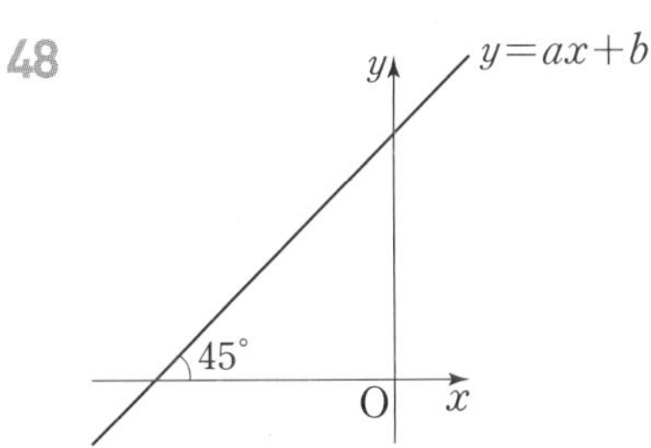

49
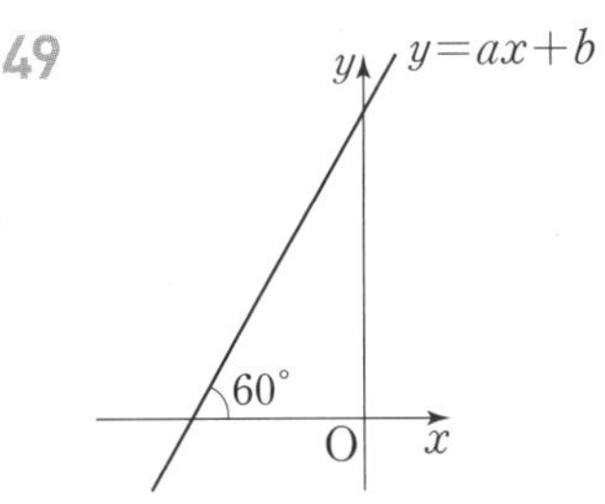

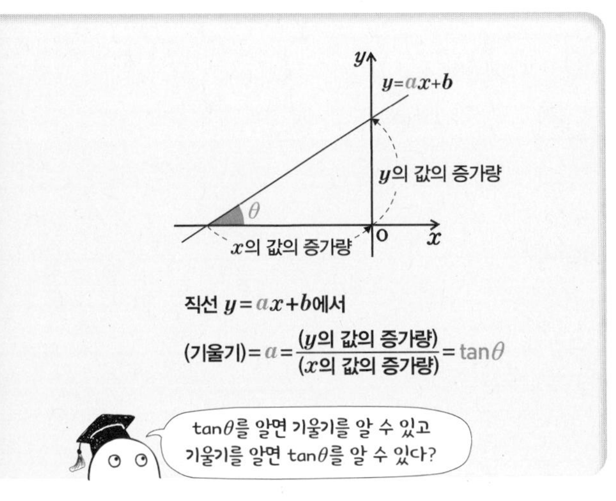

직선 $y=ax+b$에서

(기울기)$=a=\frac{(y\text{의 값의 증가량})}{(x\text{의 값의 증가량})}=\tan\theta$

tanθ를 알면 기울기를 알 수 있고 기울기를 알면 tanθ를 알 수 있다?

● 다음 일차함수의 그래프의 식을 $y=ax+b$ 꼴로 나타내시오.

50
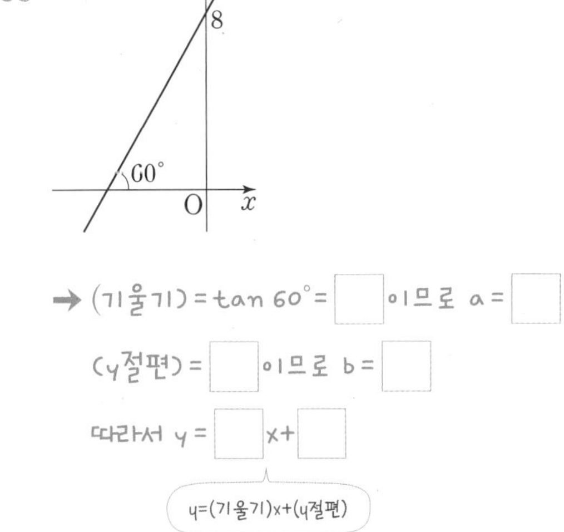

→ (기울기) = tan 60° = □ 이므로 a = □

(y절편) = □ 이므로 b = □

따라서 y = □x+□

y=(기울기)x+(y절편)

51
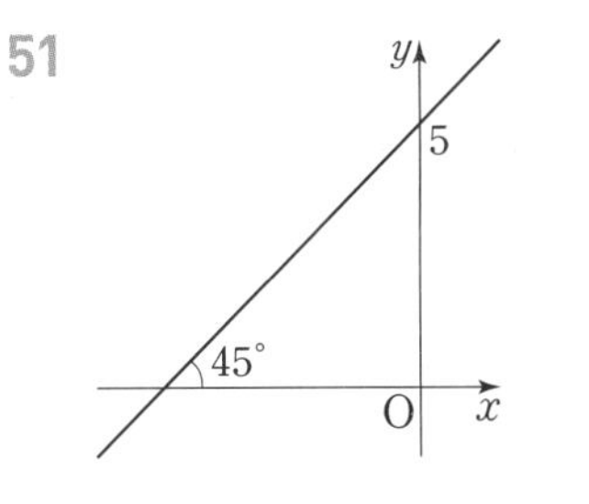

52
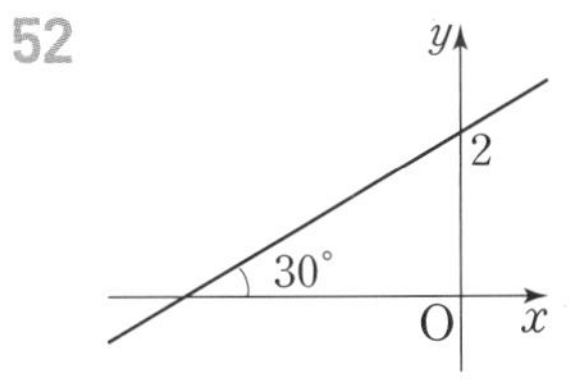

개념모음문제

53 오른쪽 그림과 같이 일차함수 $y=\sqrt{3}x+3$의 그래프와 x축의 양의 방향이 이루는 각을 θ라 할 때, θ의 크기는?

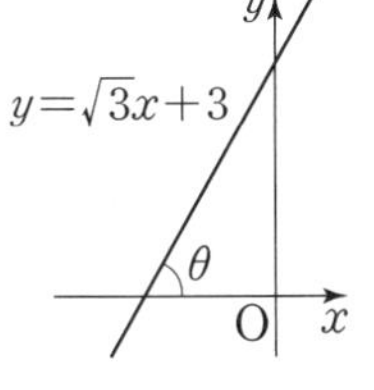

① 15° ② 30° ③ 45°
④ 60° ⑤ 75°

07 삼각비로 표현되는 변의 길이!

임의의 예각의 삼각비의 값

반지름의 길이가 1인 사분원에서

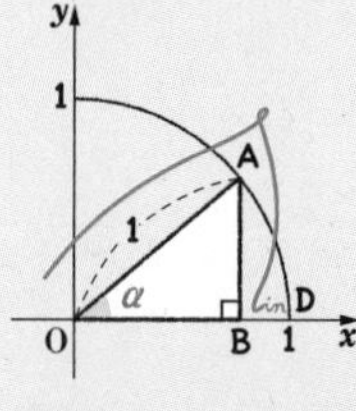
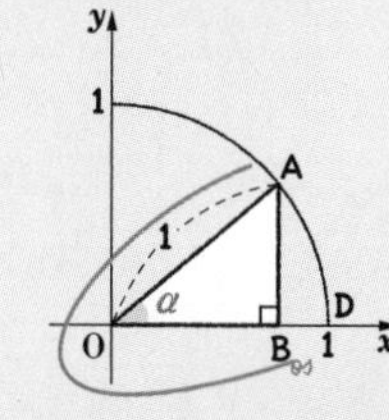
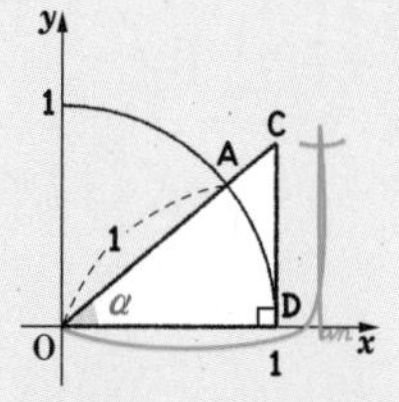

$\sin\alpha=\frac{\overline{AB}}{1}=\overline{AB}$ $\cos\alpha=\frac{\overline{OB}}{1}=\overline{OB}$ $\tan\alpha=\frac{\overline{CD}}{1}=\overline{CD}$

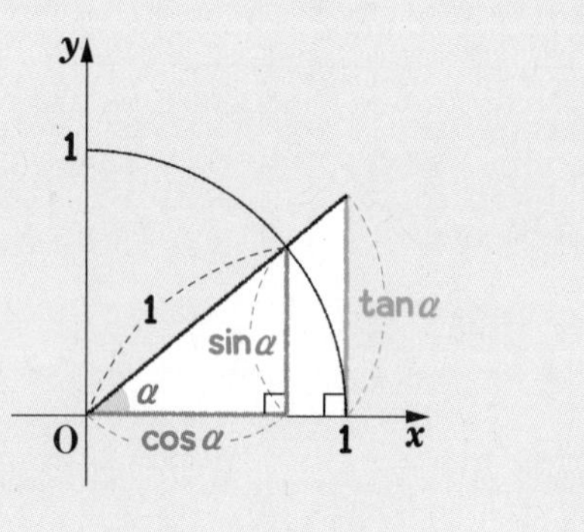

1st — 예각의 삼각비의 값 구하기

• 오른쪽 그림과 같이 점 O를 중심으로 하고 반지름의 길이가 1인 사분원에서 다음 삼각비의 값과 그 길이가 같은 선분을 구하시오.

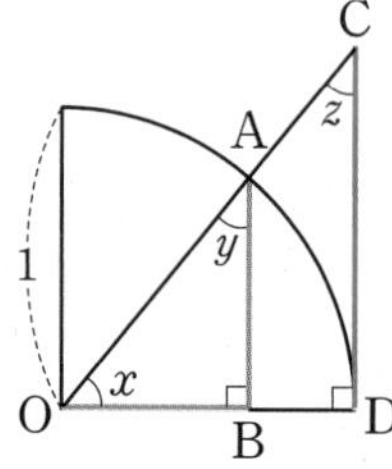

1 $\sin x$

→ 직각삼각형 AOB에서

$\sin x=\frac{\overline{AB}}{\square}=\frac{\overline{AB}}{\square}=\square$

2 $\cos x$

3 $\tan x$

4 $\sin y$

5 $\cos y$

6 $\sin z$

→ $\overline{AB}\,/\!/\,\overline{CD}$이므로

• 오른쪽 그림과 같이 점 O를 중심으로 하고 반지름의 길이가 1인 사분원에서 다음 중 옳은 것은 ○표를, 옳지 않은 것은 ×표를 ( ) 안에 써넣으시오.

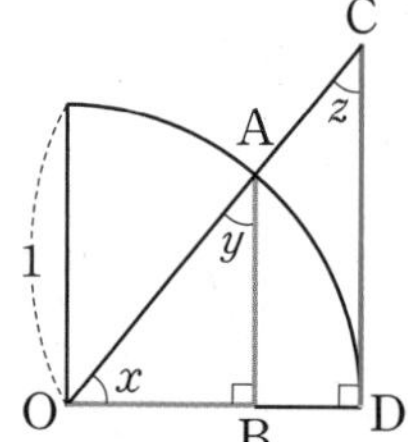

7 $\cos z=\overline{AB}$ ( )

8 $\tan y=\overline{CD}$ ( )

9 $\cos x=\sin y$ ( )

10 $\overline{BD}=1-\cos x$ ( )

내가 발견한 개념 삼각비의 값은?

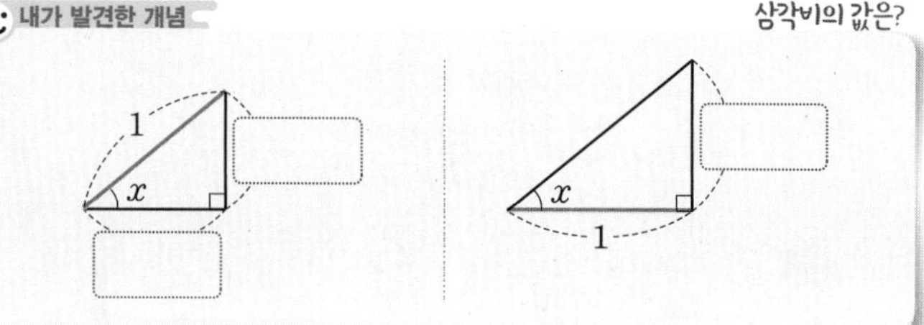

● 아래 그림과 같이 좌표평면 위의 원점 O를 중심으로 하고 반지름의 길이가 1인 사분원에서 다음 삼각비의 값을 구하시오.

11 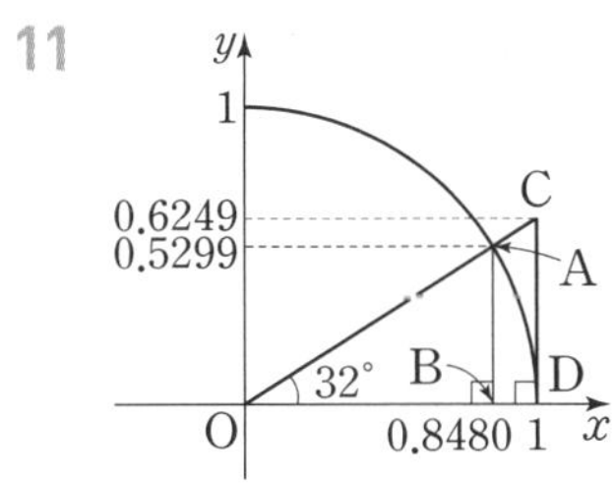

(1) $\sin 32°$

(2) $\cos 32°$

(3) $\tan 32°$

(4) $\sin 58°$

(5) $\cos 58°$

12 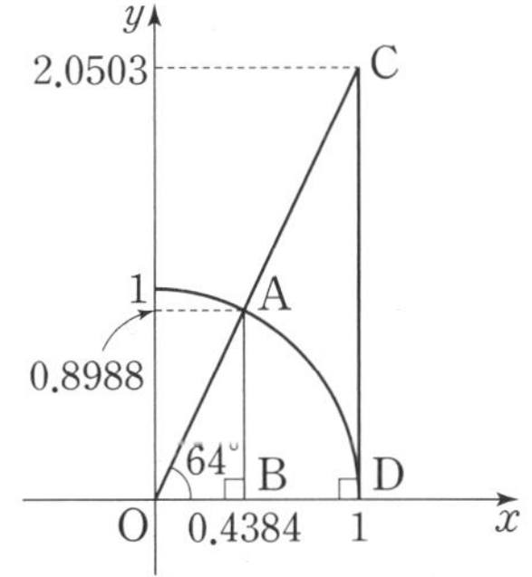

(1) $\sin 64°$

(2) $\cos 64°$

(3) $\tan 64°$

(4) $\sin 26°$

(5) $\cos 26°$

특수각이 아닌 그 수많은 예각들의 삼각비의 값은?

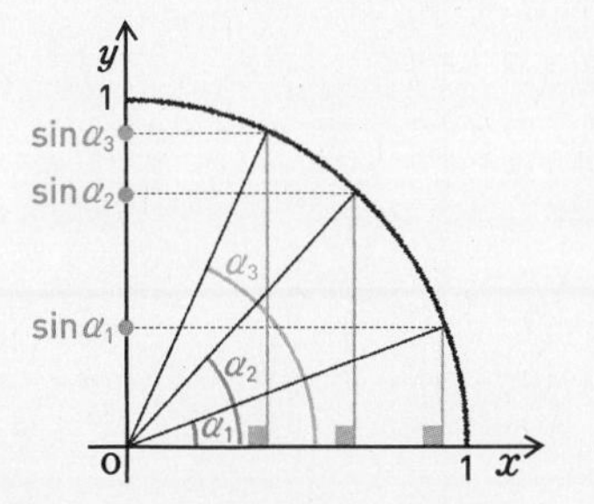

반지름의 길이가 1인 원을 이용하면
각도에 따른 sinα의 값을 구할 수 있지.
이런 방법으로 cosα와 tanα의 값도 구할 수 있어.
내가 이미 표로 다 정리했으니까 너흰 찾아쓰면 돼!

각도	사인(sin)	코사인(cos)	탄젠트(tan)
⋮	⋮	⋮	⋮
48°	0.7431	0.6691	1.1106
49°	0.7547	0.6561	1.1504

개념모음문제

13 오른쪽 그림과 같이 반지름의 길이가 1인 사분원에서 $\sin 53° + \cos 53° + \tan 53°$의 값은?

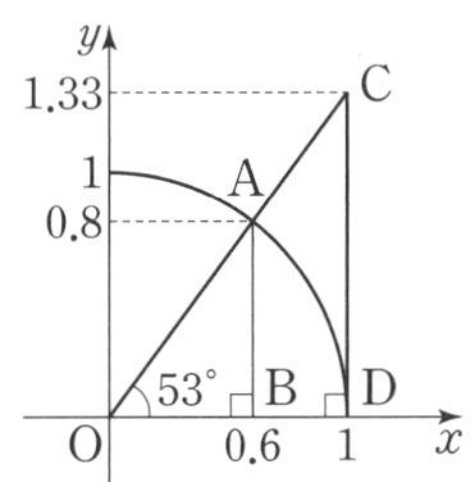

① 1.8 ② 2.2
③ 2.4 ④ 2.73
⑤ 3.13

08 삼각비의 값이 0 또는 1!

0°, 90°의 삼각비의 값

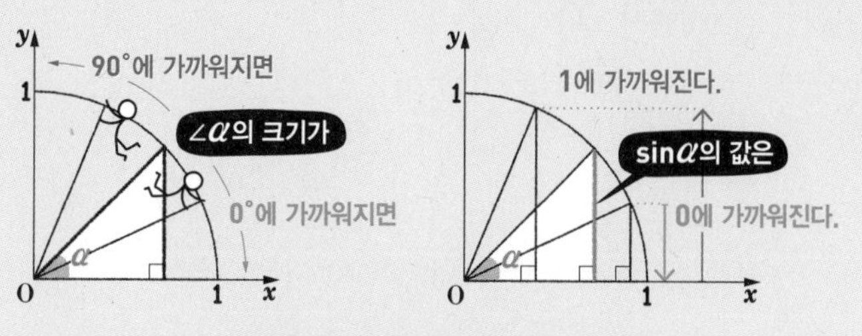

sin 0° = 0, sin 90° = 1

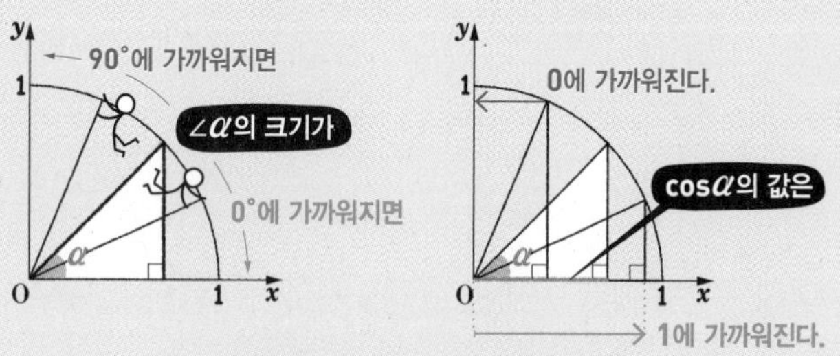

cos 0° = 1, cos 90° = 0

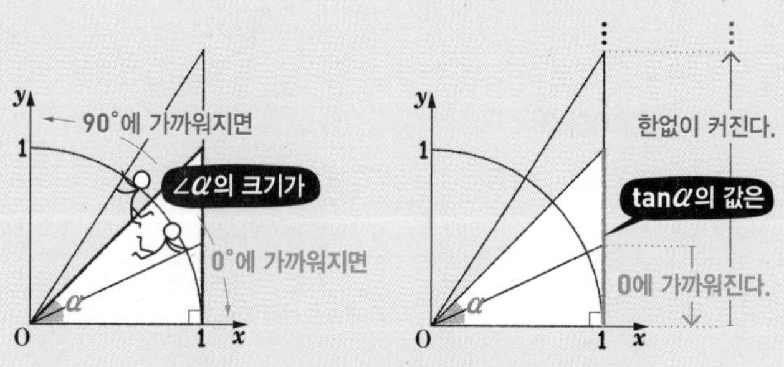

tan 0° = 0, tan 90°는 정할 수 없다.

0°의 삼각비의 값

sin 0°	0
cos 0°	1
tan 0°	0

90°의 삼각비의 값

sin 90°	1
cos 90°	0
tan 90°	정할 수 없다.

참고 $\angle x$의 크기가 0°에서 90°로 커질 때, 삼각비의 값의 변화

① $\sin x$의 값은 0에서 1까지 증가 → $0 \le \sin x \le 1$

② $\cos x$의 값은 1에서 0까지 감소 → $0 \le \cos x \le 1$

③ $\tan x$의 값은 0에서 한없이 증가 → $\tan x \ge 0$

1st — 0°, 90°의 삼각비의 값 구하기

● 다음 삼각비의 값을 구하시오.

1 sin 0°

2 cos 90°

3 tan 0°

4 sin 90°

5 cos 0°

6 다음 표를 완성하시오.

삼각비 \ A	0°	30°	45°	60°	90°
$\sin A$					
$\cos A$					
$\tan A$					정할 수 없다.

내가 발견한 개념 0°≤x≤90°인 범위에서 ∠x의 크기가 커지면?

• sin x의 값은 0에서 ☐까지 (증가 , 감소)

• cos x의 값은 1에서 ☐까지 (증가 , 감소)

• tan x의 값은 ☐에서 한없이 (증가 , 감소)

• 다음을 계산하시오.

7 $\sin 0° - \cos 90° + \tan 45°$

8 $\sin 90° \times \cos 0° + \cos 90° \times \sin 0°$

9 $(1 + \sin 90°)(1 - \tan 0°)$

10 $(\sin 0° + \cos 0°)(\sin 90° - \cos 90°)$

11 $\cos 0° \times \tan 60° + \sin 0° \times \cos 30°$

12 $\sin 90° \div \cos 60° + \tan 0°$

13 $\sin 45° \times \sin 90° + \cos 45° \times \cos 90°$

14 $\sin 90° \times \cos 60° + \cos 0° \times \sin 30°$

2nd 삼각비의 대소 관계 이해하기

• 다음 ○ 안에 알맞은 부등호를 써넣으시오.

15 $\sin 60°$ ○ $\cos 45°$

16 $\tan 45°$ ○ $\cos 30°$

17 $\sin 25°$ ○ $\sin 72°$

18 $\cos 16°$ ○ $\cos 35°$

19 $\tan 37°$ ○ $\tan 56°$

20 $\sin 75°$ ○ $\cos 75°$

21 $\cos 53°$ ○ $\tan 53°$

22 $\sin 84°$ ○ $\tan 84°$

09 삼각비의 표를 이용해!

삼각비의 표

각도	사인(sin)	코사인(cos)	탄젠트(tan)
⋮	⋮	⋮	⋮
48°	0.7431	0.6691	1.1106
49°	0.7547	0.6561	1.1504
50°	0.7660	0.6428	1.1918
⋮	⋮	⋮	⋮

$\sin 48^\circ = 0.7431$

$\cos 49^\circ = 0.6561$

$\tan 50^\circ = 1.1918$

- **삼각비의 표:** 삼각비의 값을 반올림하여 소수점 아래 넷째 자리까지 나타낸 표
- **삼각비의 표 보는 방법:** 삼각비의 표에서 각도의 가로줄과 삼각비의 세로줄이 만나는 곳에 있는 수가 그 삼각비의 값이다.

1st 삼각비의 표를 이용하여 삼각비의 값 구하기

● 아래 삼각비의 표를 이용하여 다음 값을 구하시오.

각도	사인(sin)	코사인(cos)	탄젠트(tan)
38°	0.6157	0.7880	0.7813
39°	0.6293	0.7771	0.8098
40°	0.6428	0.7660	0.8391

1 $\sin 39^\circ$

2 $\tan 40^\circ$

3 $\cos x^\circ = 0.7660$을 만족시키는 x의 값

4 $\tan x^\circ = 0.8098$을 만족시키는 x의 값

● 아래 삼각비의 표를 이용하여 다음 직각삼각형 ABC에서 x의 값을 구하시오.

각도	사인(sin)	코사인(cos)	탄젠트(tan)
51°	0.7771	0.6293	1.2349
52°	0.7880	0.6157	1.2799
53°	0.7986	0.6018	1.3270

5

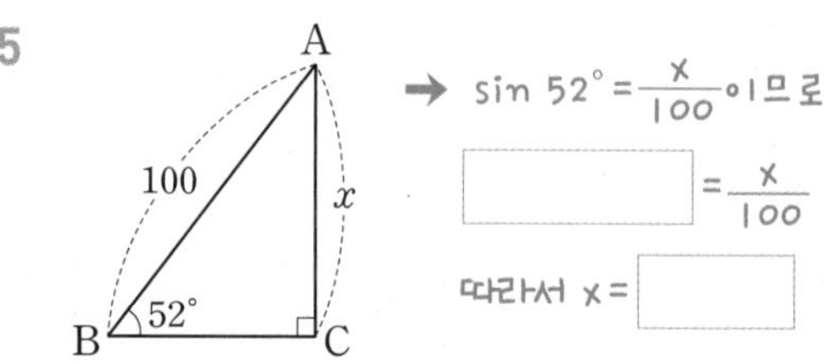

6

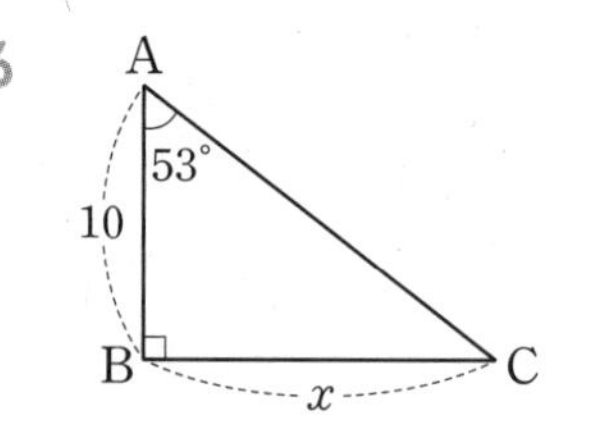

7

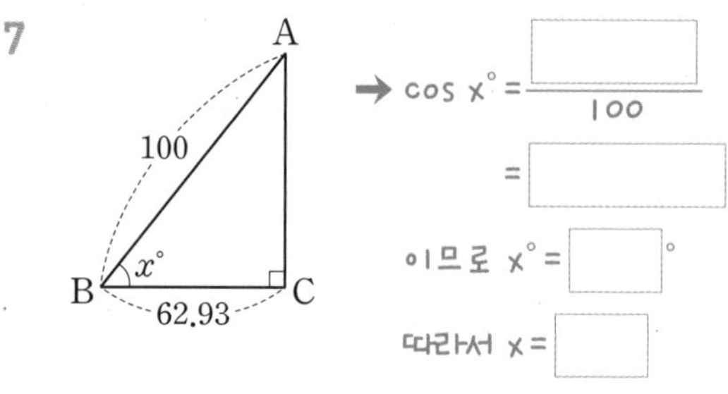

8

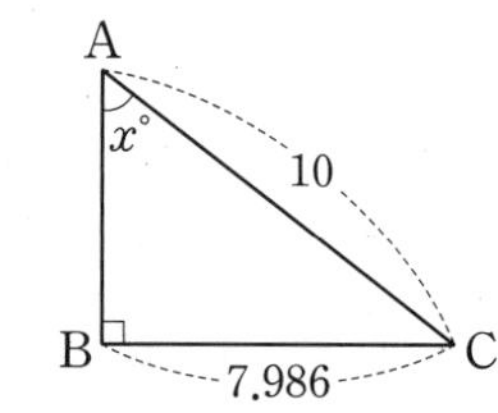

개념모음문제

9 오른쪽 그림의 직각삼각형 ABC에서 $\angle B = 67^\circ$, $\overline{AB} = 100$일 때, $x+y$의 값은? (단, $\sin 67^\circ = 0.9205$, $\cos 67^\circ = 0.3907$)

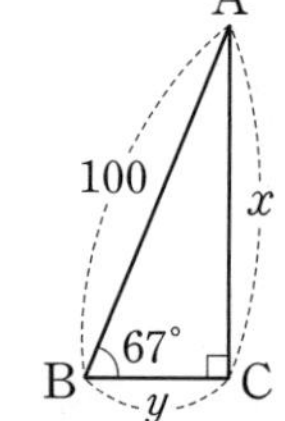

① 108.7 ② 112.5 ③ 128.32 ④ 131.12 ⑤ 140.64

TEST 1. 삼각비

1 오른쪽 그림과 같은 직각삼각형 ABC에서 $\overline{AC}=2\sqrt{6}$, $\overline{BC}=5$일 때, 다음 중 옳지 않은 것은?

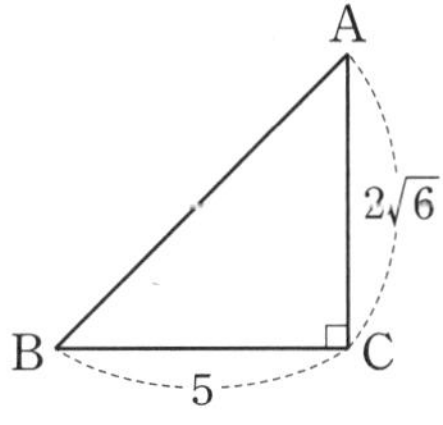

① $\sin A=\frac{5}{7}$

② $\cos A=\frac{2\sqrt{6}}{7}$

③ $\tan A=\frac{2\sqrt{6}}{5}$

④ $\sin B=\frac{2\sqrt{6}}{7}$

⑤ $\tan B=\frac{2\sqrt{6}}{5}$

2 $\angle B=90^\circ$인 직각삼각형 ABC에서 $\sin A=\frac{4}{5}$일 때, $\tan A$의 값은?

① $\frac{3}{5}$ ② $\frac{3}{4}$ ③ $\frac{4}{5}$

④ $\frac{5}{4}$ ⑤ $\frac{4}{3}$

3 오른쪽 그림과 같은 직각삼각형 ABC에서 $\overline{CH}\perp\overline{AB}$이고 $\overline{AC}=5$, $\overline{BC}=12$일 때, $\sin x+\sin y$의 값을 구하시오.

4 다음 중 옳지 않은 것은?

① $\sin 90^\circ+\cos 0^\circ-\tan 45^\circ=1$

② $\sin 30^\circ\times\cos 45^\circ=\frac{\sqrt{2}}{4}$

③ $\cos 60^\circ\div\sin 45^\circ=\frac{\sqrt{2}}{2}$

④ $\tan 0^\circ+\sin 60^\circ\times\cos 30^\circ=\frac{3}{4}$

⑤ $\tan 60^\circ\div\sin 60^\circ\times\cos 45^\circ=\sqrt{6}$

5 오른쪽 그림에서 $\angle ABC=\angle DCB=90^\circ$, $\angle BAC=60^\circ$, $\angle BDC=45^\circ$, $\overline{AB}=7$일 때, $\overline{BD}$의 길이는?

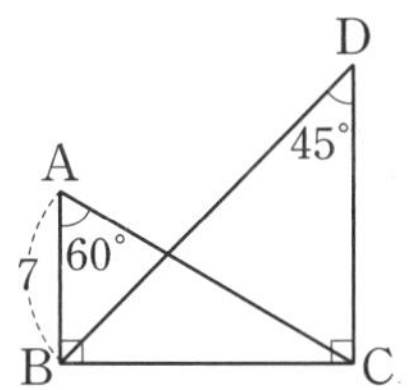

① $7\sqrt{3}$ ② 14

③ $7\sqrt{6}$ ④ $8\sqrt{5}$

⑤ $8\sqrt{6}$

6 오른쪽 그림과 같이 좌표평면 위의 반지름의 길이가 1인 사분원에서 $\tan 47^\circ-\cos 43^\circ$의 값을 구하시오.

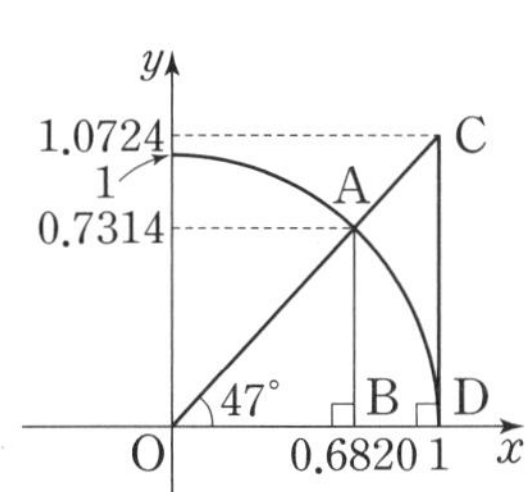

2

변치 않는 삼각비를 이용한, 삼각비의 활용

삼각비로 표현되는!

∠C=90°인 직각삼각형 ABC에서

❶ ∠B의 크기와 빗변의 길이 c를 알 때 $\overline{AC}$, $\overline{BC}$의 길이

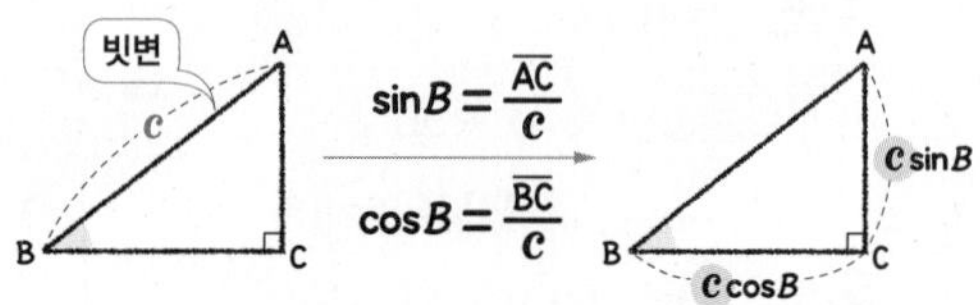

❷ ∠B의 크기와 이웃하는 밑변의 길이 a를 알 때 $\overline{AB}$, $\overline{AC}$의 길이

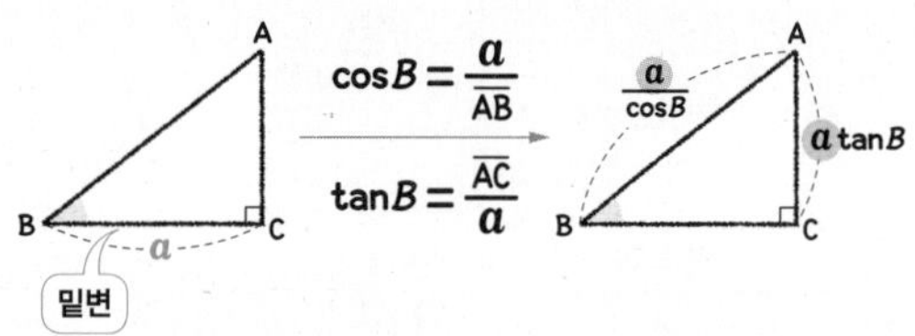

❸ ∠B의 크기와 대변의 길이 b를 알 때 $\overline{AB}$, $\overline{BC}$의 길이

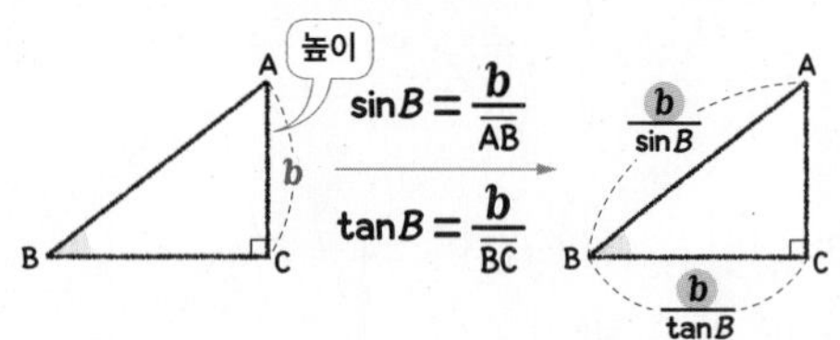

01~03 직각삼각형과 일반 삼각형의 변의 길이

직각삼각형에서 한 변의 길이와 한 예각의 크기를 알면 삼각비를 이용하여 나머지 두 변의 길이를 구할 수 있어. 즉

❶ 한 예각의 크기와 빗변의 길이를 알 때

❷ 한 예각의 크기와 이웃하는 변의 길이를 알 때

❸ 한 예각의 크기와 대변의 길이를 알 때

이 세 경우로 나누어 나머지 두 변의 길이를 구하는 연습을 할거야!

한편 직각삼각형이 아닌 일반 삼각형에서도 한 변의 길이와 그 양 끝 각의 크기를 알 때, 삼각비를 활용하면 나머지 두 변의 길이를 구할 수 있어.

또 삼각형의 두 변의 길이와 그 끼인각의 크기를 알 때, 삼각비를 활용하면 다른 한 변의 길이를 구할 수 있지. 이때 삼각비를 활용하는 방법은 수선을 그어 직각삼각형을 만드는 거야!

04~05 삼각형의 높이

예각삼각형 또는 둔각삼각형에서 삼각형의 한 변의 길이와 그 양 끝 각의 크기를 알면 삼각형의 높이를 구할 수 있어. 삼각비를 이용하여 변의 길이를 삼각비로 나타내 보면 돼!

삼각비를 이용한!

❶ 예각삼각형

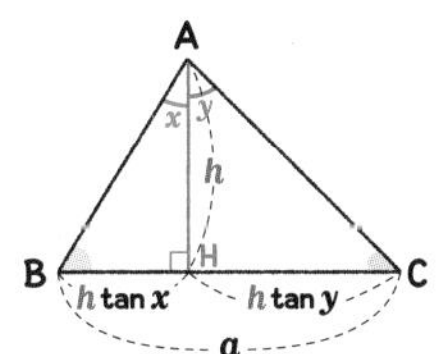

$\overline{BC}=\overline{BH}+\overline{CH}$ 이므로

$a=h\tan x+h\tan y$

따라서 $h=\dfrac{a}{\tan x+\tan y}$

❷ 둔각삼각형

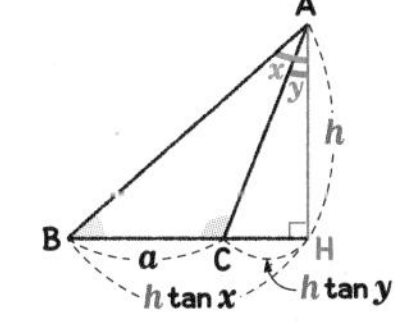

$\overline{BC}=\overline{BH}-\overline{CH}$ 이므로

$a=h\tan x-h\tan y$

따라서 $h=\dfrac{a}{\tan x-\tan y}$

06 삼각형의 넓이

예각삼각형 또는 둔각삼각형에서 삼각형의 두 변의 길이와 그 끼인각의 크기를 알면 삼각형의 넓이를 구할 수 있어. 이제 높이를 몰라도 삼각형의 넓이를 구할 수 있게 된 거야!

삼각비를 이용한!

삼각형의 두 변의 길이와 그 끼인각의 크기를 알 때

❶ 예각이 주어진 경우

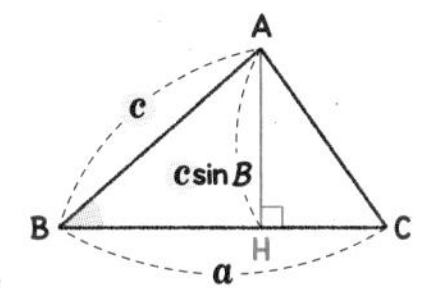

$\triangle ABC=\frac{1}{2}\times\overline{BC}\times\overline{AH}$

$=\frac{1}{2}ac\sin B$

❷ 둔각이 주어진 경우

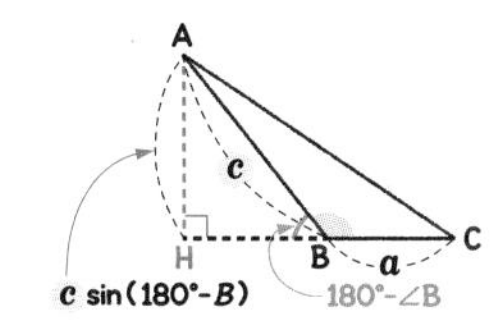

$\triangle ABC=\frac{1}{2}\times\overline{BC}\times\overline{AH}$

$=\frac{1}{2}ac\sin(180°-B)$

07 사각형의 넓이

평행사변형의 넓이는 보조선을 그어보면 2개의 삼각형이 생기게 되므로 삼각형의 넓이에 2를 곱하면 돼. 한편 사각형의 넓이는 두 대각선에 평행한 선분을 그어 평행사변형을 만들면 평행사변형의 넓이의 $\frac{1}{2}$을 한 것과 같게 되지!

삼각비를 이용한!

❶ 평행사변형의 넓이: 이웃하는 두 변의 길이와 그 끼인각의 크기를 알 때

예각이 주어진 경우

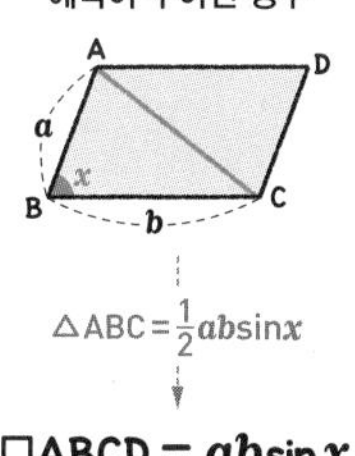

$\triangle ABC=\frac{1}{2}ab\sin x$

$\square ABCD=ab\sin x$

둔각이 주어진 경우

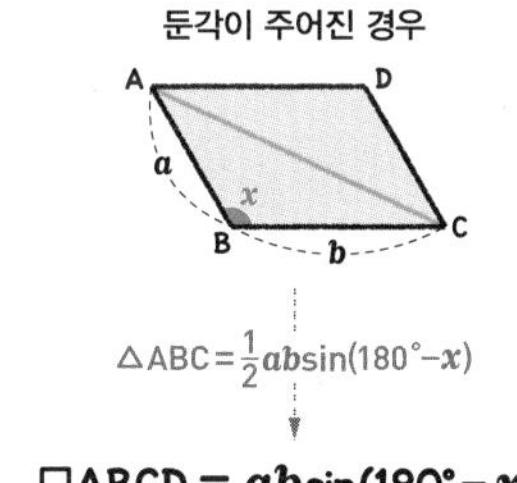

$\triangle ABC=\frac{1}{2}ab\sin(180°-x)$

$\square ABCD=ab\sin(180°-x)$

❷ 사각형의 넓이: 두 대각선의 길이와 두 대각선이 이루는 각의 크기를 알 때

예각이 주어진 경우

$\square EFGH=ab\sin x$

$\square ABCD=\frac{1}{2}ab\sin x$

둔각이 주어진 경우

$\square EFGH=ab\sin(180°-x)$

$\square ABCD=\frac{1}{2}ab\sin(180°-x)$

01 삼각비로 표현되는!

직각삼각형의 변의 길이

∠C=90°인 직각삼각형 ABC에서

❶ ∠B의 크기와 빗변의 길이 c를 알 때 $\overline{AC}$, $\overline{BC}$의 길이

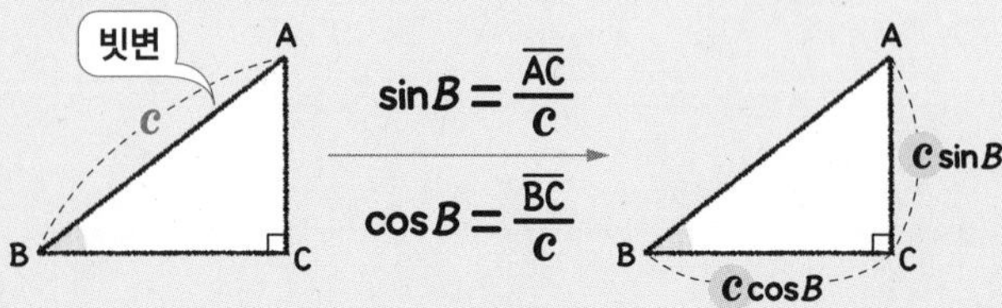

❷ ∠B의 크기와 이웃하는 밑변의 길이 a를 알 때 $\overline{AB}$, $\overline{AC}$의 길이

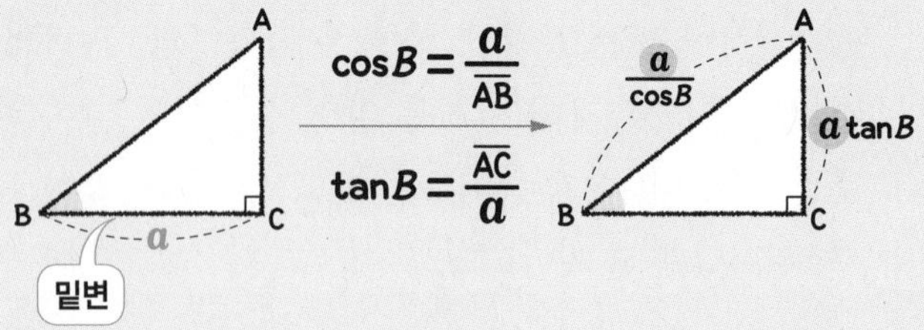

❸ ∠B의 크기와 대변의 길이 b를 알 때 $\overline{AB}$, $\overline{BC}$의 길이

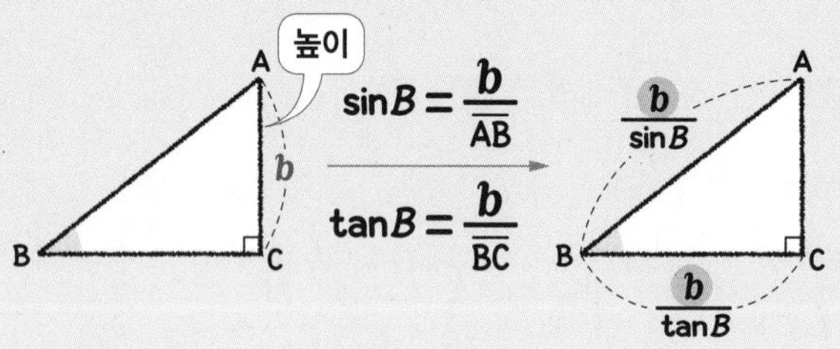

• 직각삼각형에서 한 예각의 크기와 한 변의 길이를 알면 삼각비를 이용하여 나머지 두 변의 길이를 구할 수 있다.

원리확인 오른쪽 그림에 대하여 다음 □ 안에 알맞은 것을 써넣으시오.

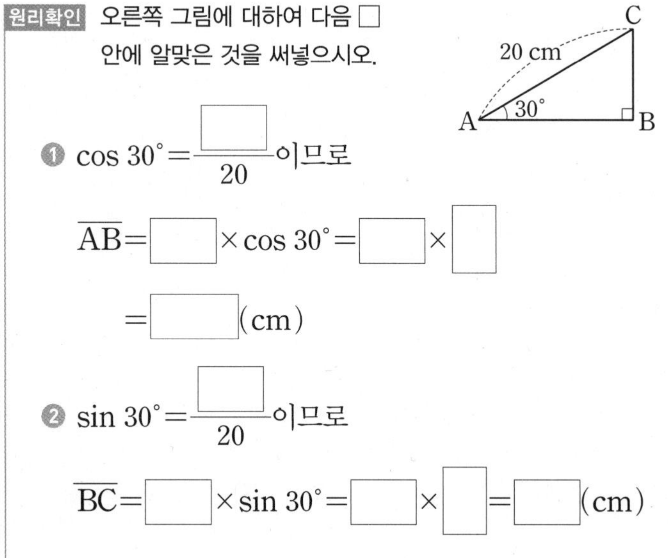

❶ $\cos 30°=\frac{\square}{20}$이므로

$\overline{AB}=\square\times\cos 30°=\square\times\square$

$=\square$(cm)

❷ $\sin 30°=\frac{\square}{20}$이므로

$\overline{BC}=\square\times\sin 30°=\square\times\square=\square$(cm)

1st 변의 길이를 삼각비로 나타내기

• 다음 그림과 같은 직각삼각형 ABC에서 x의 값을 ∠A의 삼각비를 이용하여 나타내시오.

1

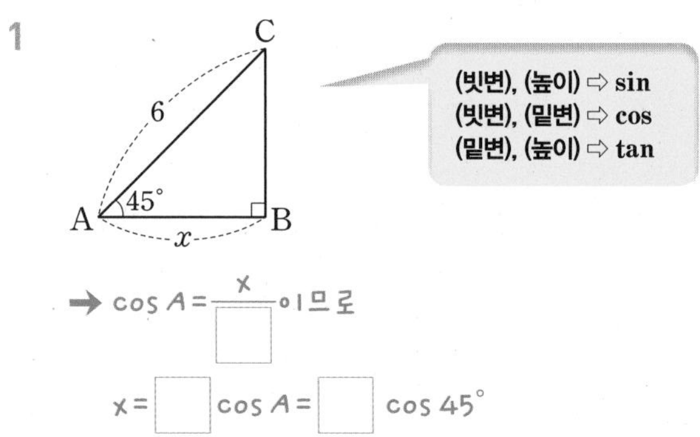

→ $\cos A=\frac{x}{\square}$이므로

$x=\square\cos A=\square\cos 45°$

2

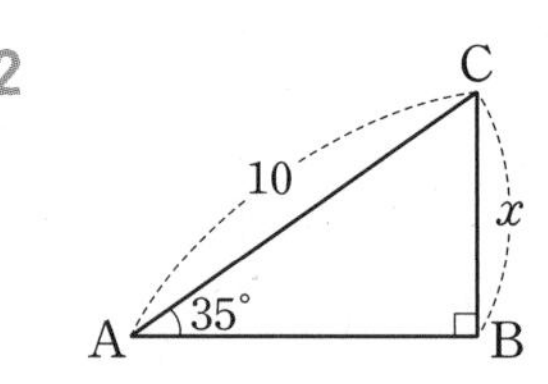

3

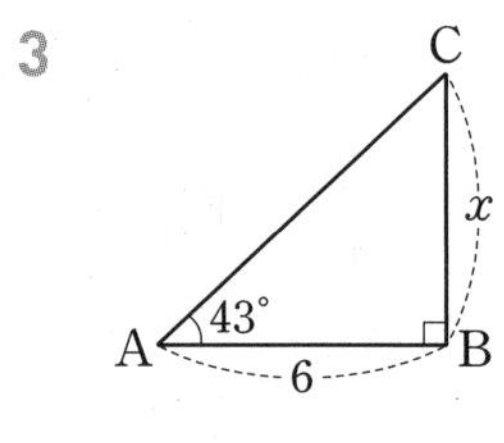

4

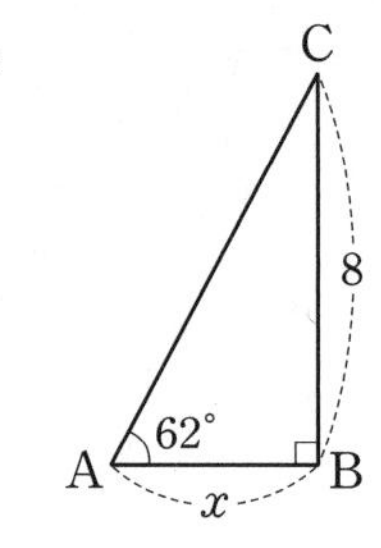

5

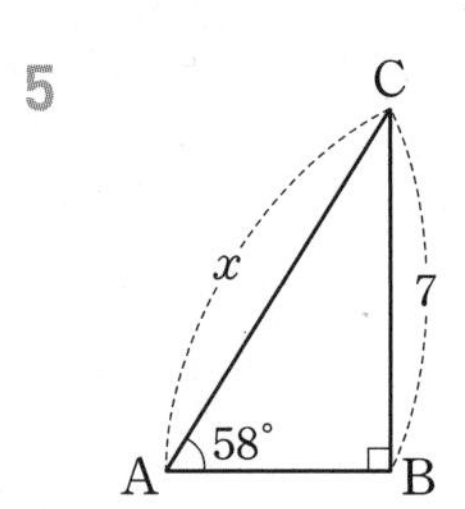

● 다음 그림과 같은 직각삼각형 ABC에서 x, y의 값을 삼각비를 이용하여 나타내시오.

6

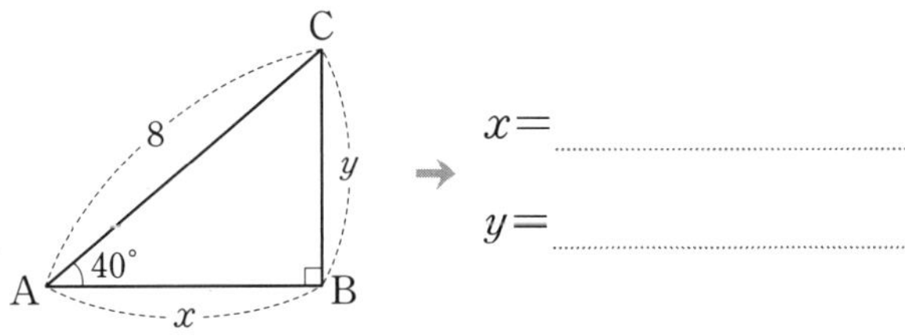

7

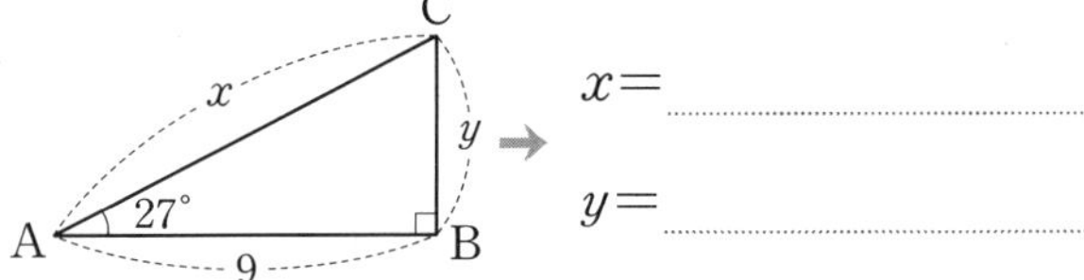

8

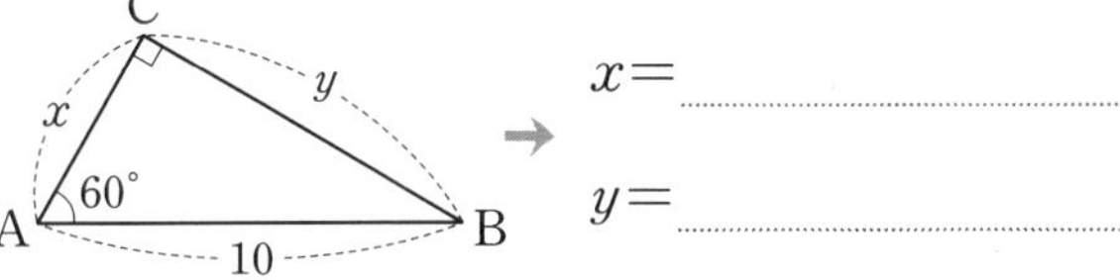

9

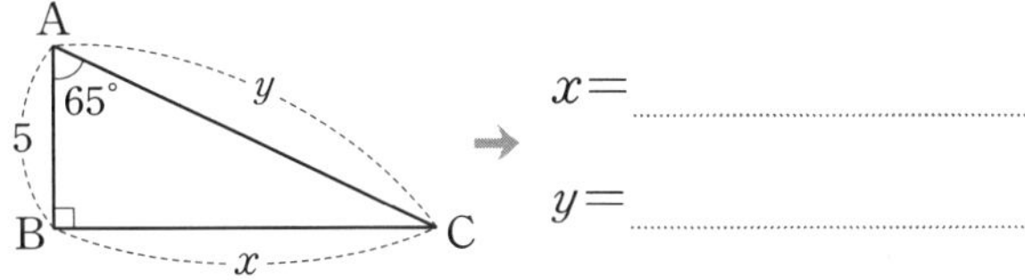

10

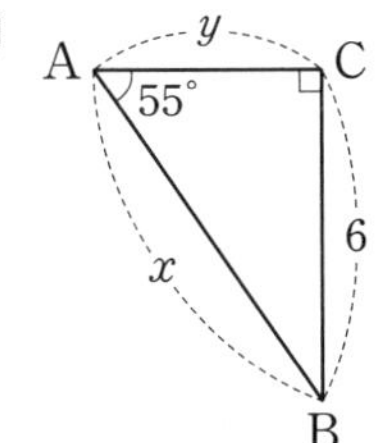

→ $x=$

$y=$

2nd 삼각비를 이용하여 변의 길이 구하기

● 다음 그림과 같은 직각삼각형 ABC에서 주어진 삼각비의 값을 이용하여 x의 값을 구하시오.

11

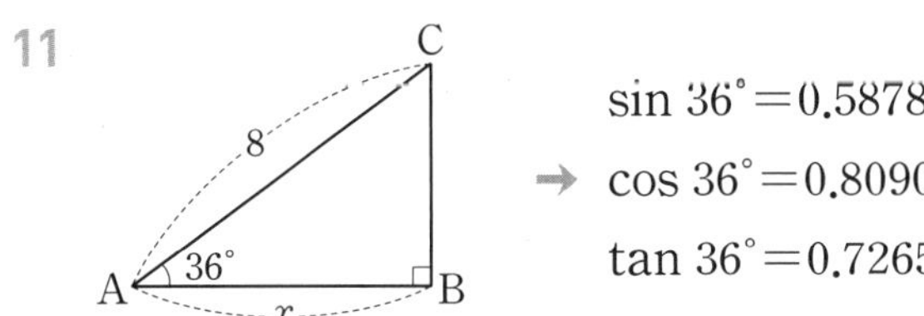

→ $\sin 36° = 0.5878$
$\cos 36° = 0.8090$
$\tan 36° = 0.7265$

12

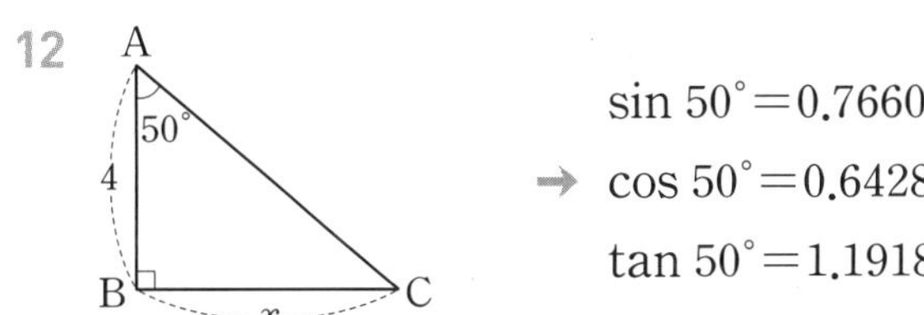

→ $\sin 50° = 0.7660$
$\cos 50° = 0.6428$
$\tan 50° = 1.1918$

13

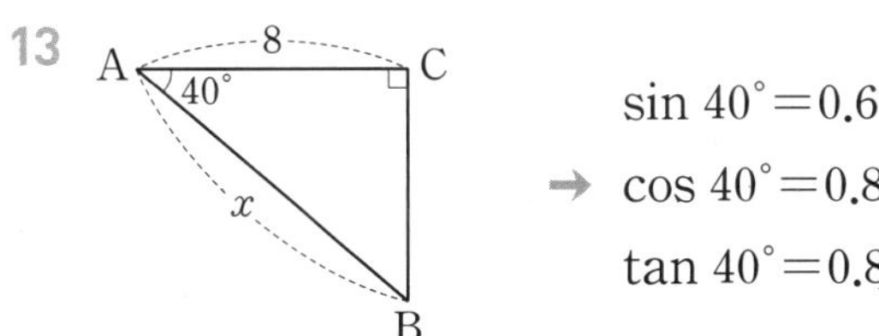

→ $\sin 40° = 0.6$
$\cos 40° = 0.8$
$\tan 40° = 0.8$

14

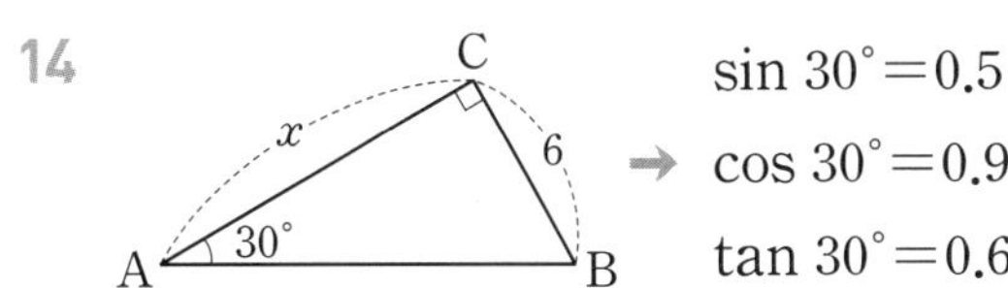

→ $\sin 30° = 0.5$
$\cos 30° = 0.9$
$\tan 30° = 0.6$

직각삼각형의 변의 길이를 삼각비로 나타내 봐!

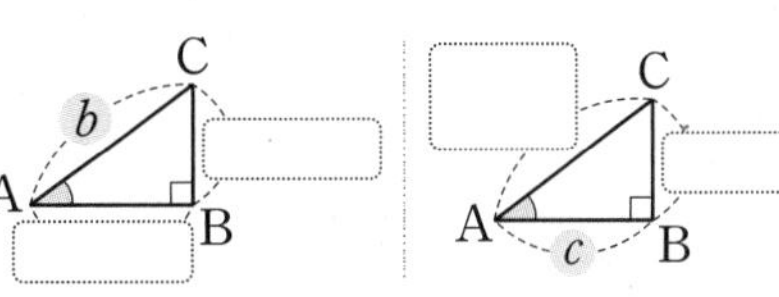

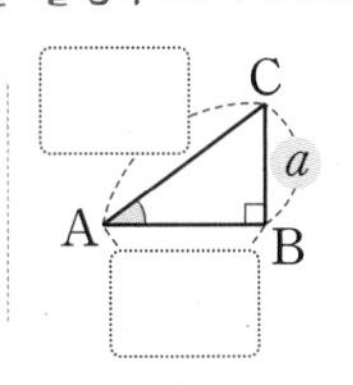

3rd 삼각비를 이용하여 실생활 문제 해결하기

15 다음 그림과 같이 나무에서 100 m 떨어진 A 지점에서 나무의 꼭대기 C 지점을 올려다본 각의 크기가 42°일 때, 물음에 답하시오.
(단, $\sin 42° = 0.67$, $\cos 42° = 0.74$, $\tan 42° = 0.90$로 계산한다.)

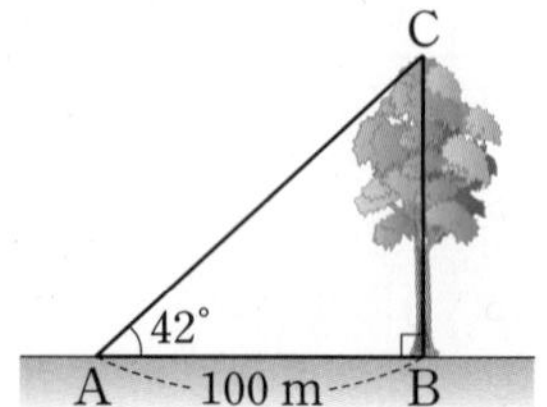

(1) 직각삼각형 ABC에서 $\overline{AB}$, $\overline{BC}$ 사이의 관계를 삼각비를 이용하여 나타내시오.

(2) 나무의 높이를 구하시오.

16 다음 그림과 같이 어느 산에 전망대까지 오르는 케이블카가 설치되었다. 케이블카의 출발점 A에서 전망대 C를 올려다본 각의 크기가 30°이고 두 지점 A, C 사이의 직선 거리가 1500 m일 때, 지면으로부터 전망대까지의 높이를 구하시오.
(단, $\sin 30° = 0.5$, $\cos 30° = 0.9$, $\tan 30° = 0.6$으로 계산한다.)

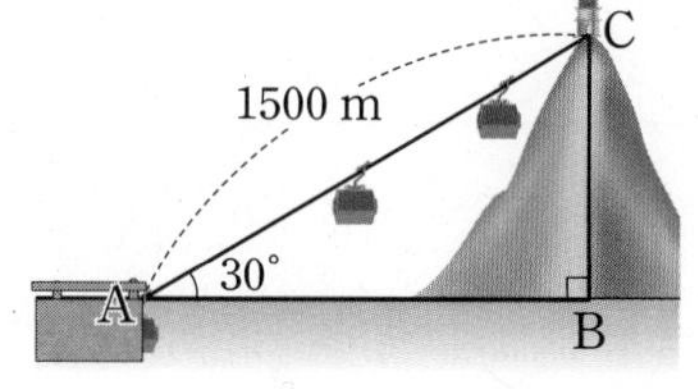

17 아래 그림과 같이 범수가 나무에서 20 m 떨어진 A 지점에서 나무의 꼭대기 C 지점을 올려다본 각의 크기가 50°이었다. 범수의 눈높이가 1.6 m일 때, 다음을 구하시오.
(단, $\sin 50° = 0.8$, $\cos 50° = 0.6$, $\tan 50° = 1.2$로 계산한다.)

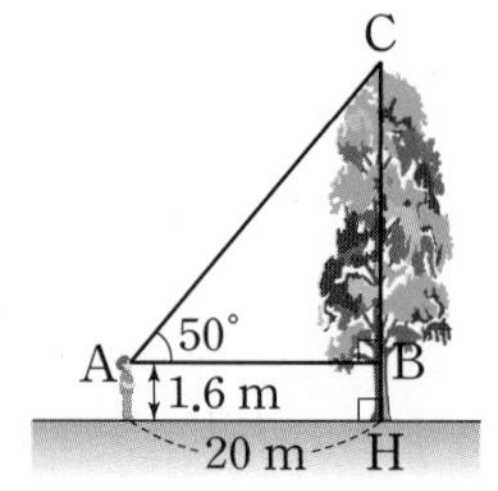

(1) $\overline{BH}$의 길이

(2) $\overline{BC}$의 길이

(3) 나무의 높이

18 다음 그림과 같이 은수가 건물에서 30 m 떨어진 A 지점에서 건물의 꼭대기 C 지점을 올려다본 각의 크기가 55이었다. 은수의 눈높이가 1.4 m일 때, 건물의 높이를 구하시오.
(단, $\sin 55° = 0.8$, $\cos 55° = 0.6$, $\tan 55° = 1.4$로 계산한다.)

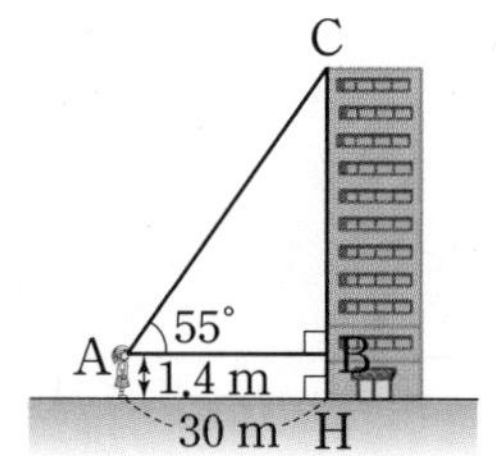

19 지면의 B 지점에 수직으로 서 있던 나무가 오른쪽 그림과 같이 A 지점에서 부러져 나무의 꼭대기 부분이 지면의 C 지점에 닿아 있다. $\overline{BC}=4$ m, $\angle ACB=58°$일 때, 다음을 구하시오.
(단, $\sin 58°=0.8$, $\cos 58°=0.5$, $\tan 58°=1.6$으로 계산한다.)

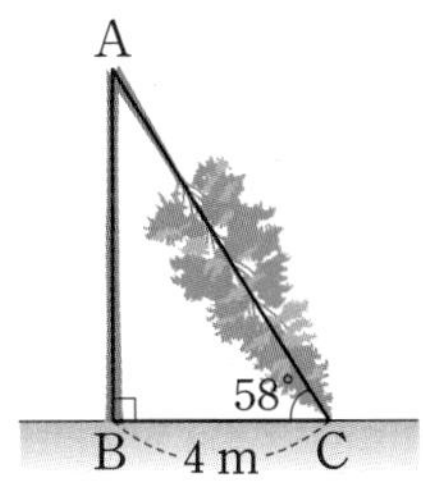

(1) $\overline{AB}$의 길이

(2) $\overline{AC}$의 길이

(3) 부러지기 전 나무의 높이

20 지면의 B 지점에 수직으로 서 있던 깃대가 다음 그림과 같이 A 지점에서 부러져 깃대의 꼭대기 부분이 지면의 C 지점에 닿아 있다. $\overline{BC}=9$ m, $\angle ACB=25°$일 때, 부러지기 전 깃대의 높이를 구하시오.
(단, $\sin 25°=0.4$, $\cos 25°=0.9$, $\tan 25°=0.5$로 계산한다.)

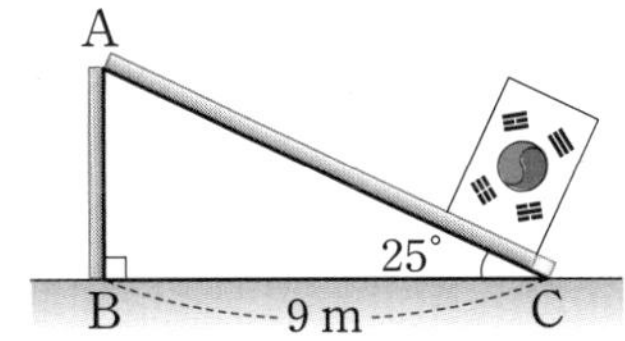

21 다음 그림과 같이 ㈎ 건물의 옥상의 A 지점에서 ㈏ 건물의 아랫부분 B 지점을 내려다본 각의 크기가 45°, 꼭대기 C 지점을 올려다본 각의 크기가 30°이다. ㈎ 건물의 높이가 60 m일 때, 다음을 구하시오.

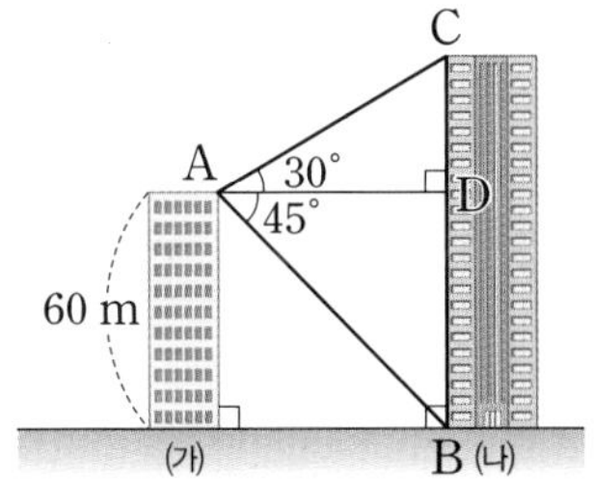

(1) $\overline{BD}$의 길이

(2) $\overline{CD}$의 길이

(3) ㈏ 건물의 높이

22 오른쪽 그림과 같이 40 m 떨어진 사무동 건물과 전망대 타워가 있다. 사무동 건물의 옥상의 A 지점에서 타워의 아랫부분 B 지점을 내려다본 각의 크기가 45°, 꼭대기 C 지점을 올려다본 각의 크기가 60°일 때, 전망대 타워의 높이를 구하시오.

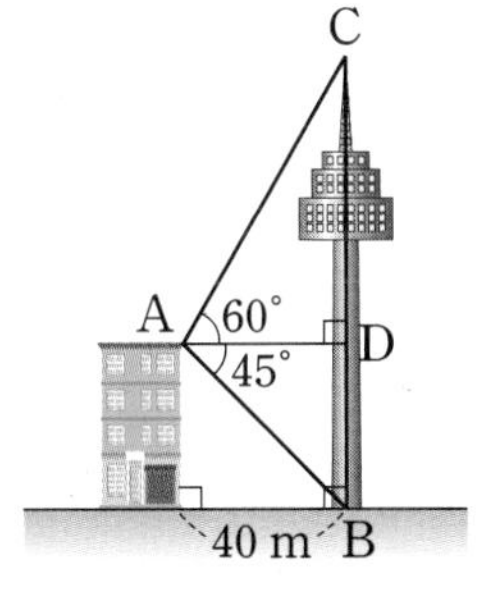

02 피타고라스 정리를 이용하는!

일반 삼각형의 변의 길이(1)

두 변의 길이와 그 끼인각의 크기를 알 때 $\overline{AC}$의 길이

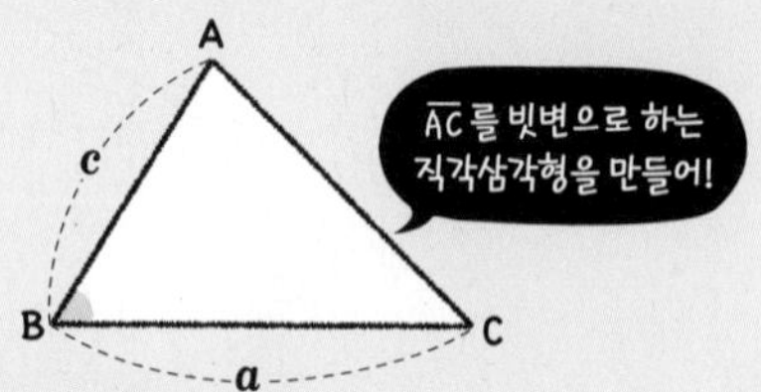

STEP 1 점 A에서 $\overline{BC}$에 내린 수선의 발을 H라 하면

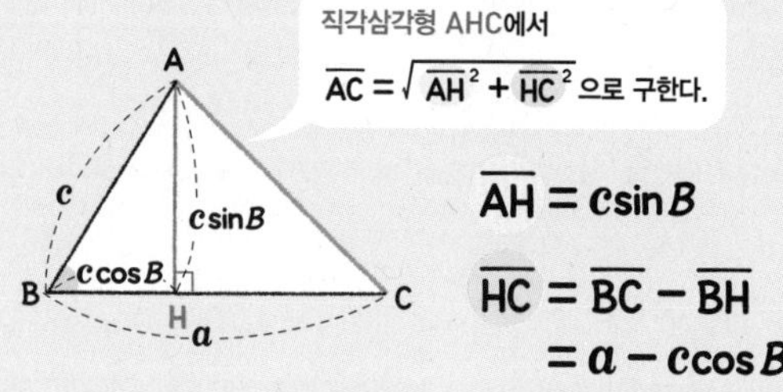

$\overline{AH}=c\sin B$

$\overline{HC}=\overline{BC}-\overline{BH}$
$=a-c\cos B$

STEP 2 피타고라스 정리를 이용

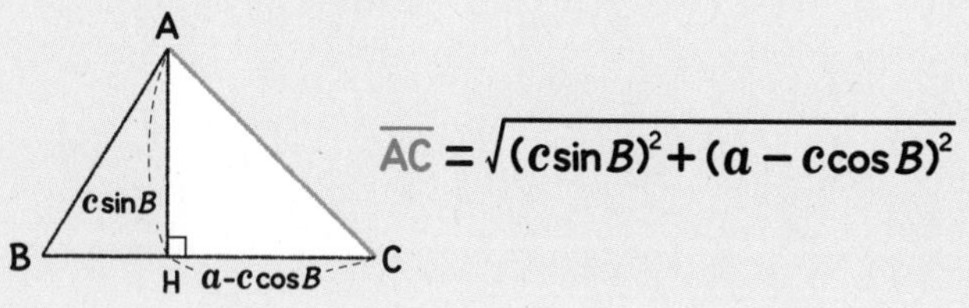

$\overline{AC}=\sqrt{(c\sin B)^2+(a-c\cos B)^2}$

• 삼각형에서 두 변의 길이와 그 끼인각의 크기를 알 때, 나머지 한 변의 길이 구하는 순서
(i) 수선 긋기
(ii) 삼각비 이용하기
(iii) 피타고라스 정리 이용하기

1st 두 변의 길이와 그 끼인각의 크기를 알 때 변의 길이 구하기

1 아래 그림과 같은 △ABC의 꼭짓점 A에서 $\overline{BC}$에 내린 수선의 발을 H라 할 때, 다음 □ 안에 알맞은 수를 써넣으시오.

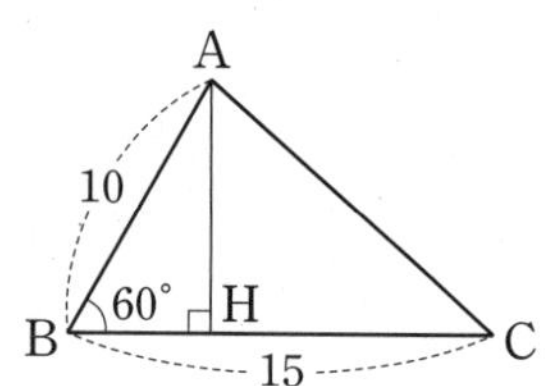

(1) △ABH에서
$\overline{AH}=\square\times\sin\square°$
$=\square\times\dfrac{\square}{2}=\square$

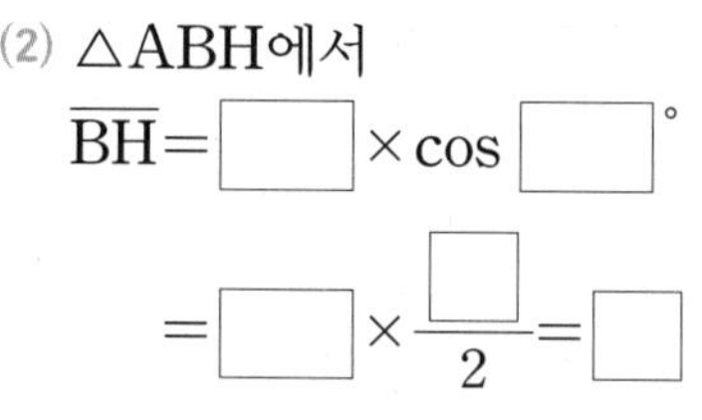

(2) △ABH에서
$\overline{BH}=\square\times\cos\square°$
$=\square\times\dfrac{\square}{2}=\square$

(3) $\overline{CH}=\overline{BC}-\square=15-\square=\square$

(4) 직각삼각형 AHC에서 피타고라스 정리에 의하여
$\overline{AC}=\sqrt{(\square)^2+\square^2}$
$=\sqrt{\square}=\square$

● 다음 그림과 같은 △ABC에서 주어진 변의 길이를 구하시오.

2

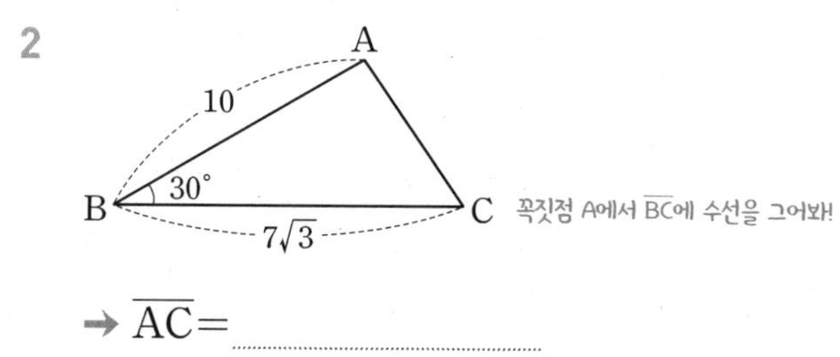

→ $\overline{AC}=$ ....

3

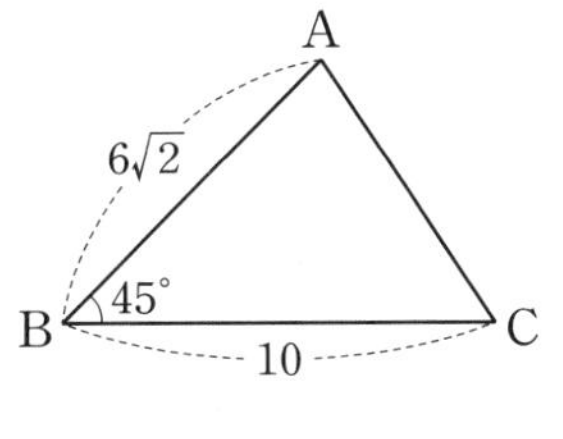

→ $\overline{AC}=$ ________

4

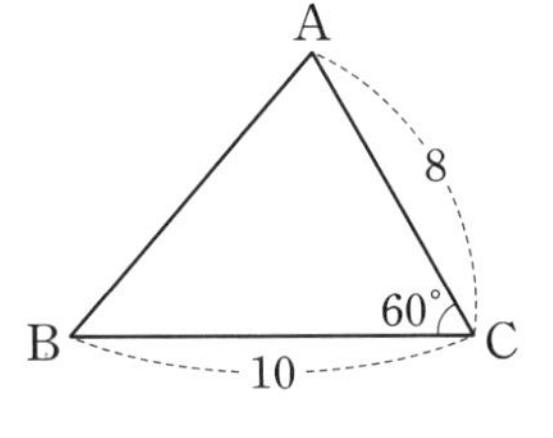

→ $\overline{AB}=$ ________

5

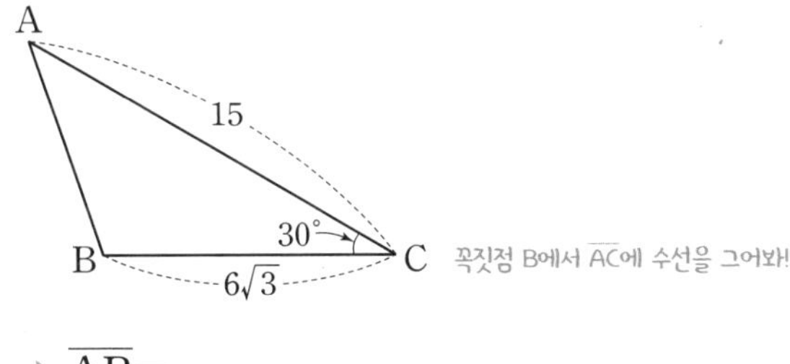

→ $\overline{AB}=$ ________

6

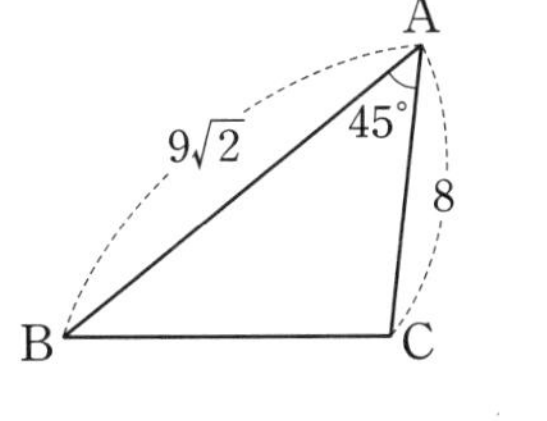

→ $\overline{BC}=$ ________

2nd 실생활 문제 해결하기

7 다음 그림은 어느 호수의 양 끝 지점 A, C 사이의 거리를 구하기 위하여 측정한 것이다. 두 지점 A, C 사이의 거리를 구하시오.

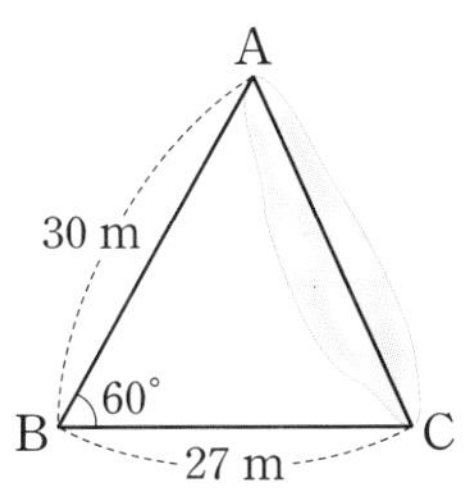

8 다음 그림은 어느 연못의 양 끝 지점 A, C 사이의 거리를 구하기 위하여 측정한 것이다. 두 지점 A, C 사이의 거리를 구하시오.

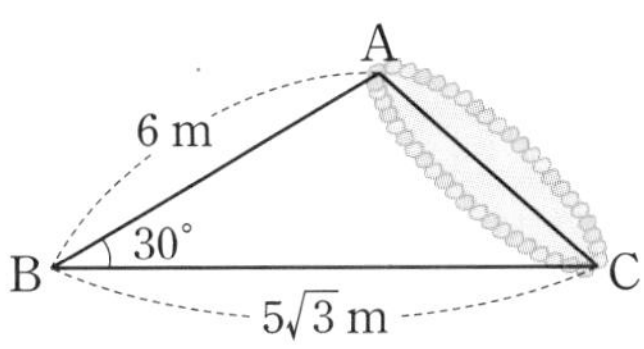

9 다음 그림은 두 지점 A, B를 잇는 직선 터널을 만들기 위하여 측정한 것이다. 터널의 길이를 구하시오.

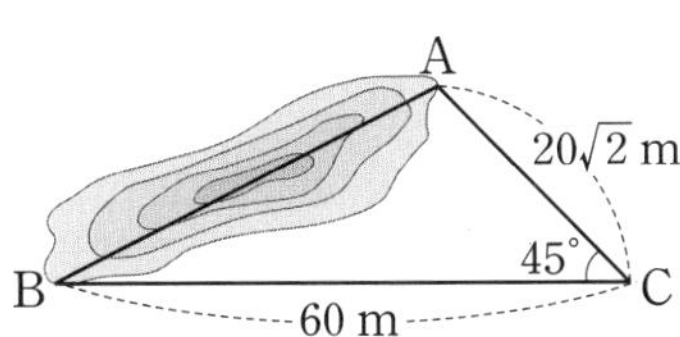

03

삼각비를 이용하는!

일반 삼각형의 변의 길이(2)

한 변의 길이와 그 양 끝 각의 크기를 알 때 $\overline{AC}$의 길이

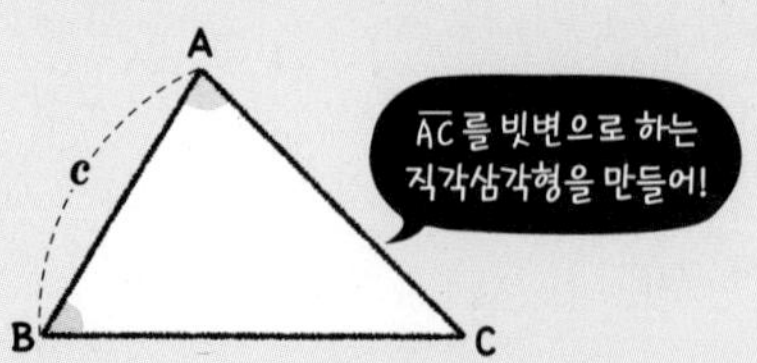

STEP 1 **점 A에서 $\overline{BC}$에 내린 수선의 발을 H라 하면**

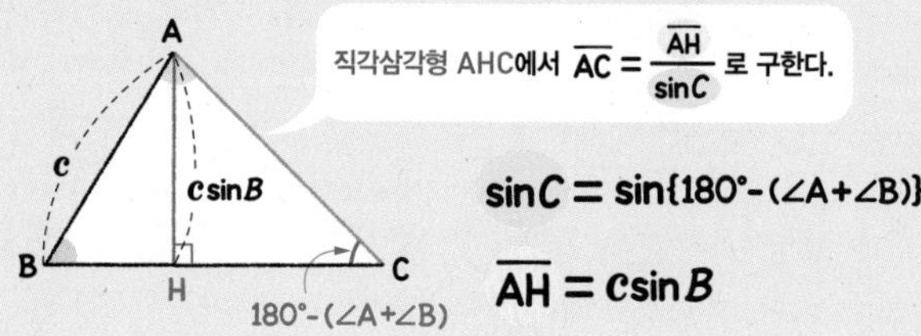

$\sin C=\sin\{180°-(\angle A+\angle B)\}$

$\overline{AH}=c\sin B$

STEP 2 **삼각비를 이용**

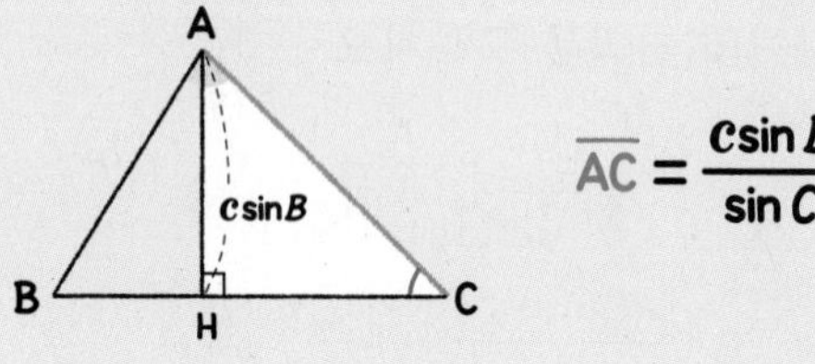

$$\overline{AC}=\frac{c\sin B}{\sin C}$$

• **삼각형에서 한 변의 길이와 그 양 끝 각의 크기를 알 때, 나머지 두 변의 길이 구하는 순서**
(i) 수선 긋기
(ii) 삼각비 이용하기

1st 한 변의 길이와 그 양 끝 각의 크기를 알 때 변의 길이 구하기

1 아래 그림과 같은 △ABC의 꼭짓점 C에서 $\overline{AB}$에 내린 수선의 발을 H라 할 때, 다음 □ 안에 알맞은 수를 써넣으시오.

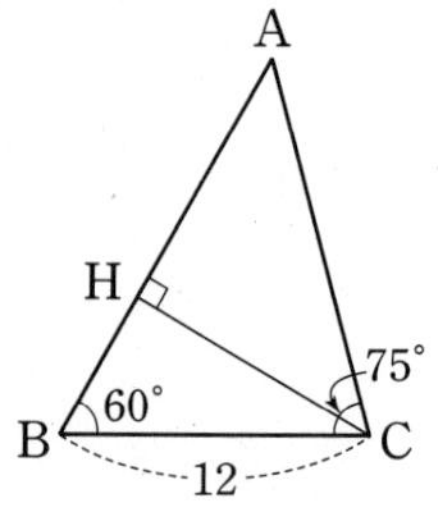

(1) △CHB에서

$\overline{CH}=\square\times\sin 60°$

$=\square\times\frac{\sqrt{3}}{2}$

$=\square$

(2) △CHB에서

$\angle BCH=\square°-60°=\square°$

(3) $\angle ACH=75°-\square°=\square°$

(4) △AHC에서

$\overline{AC}=\frac{\square}{\cos 45°}$

$=\square\div\frac{\sqrt{2}}{2}$

$=\square$

● **다음 그림과 같은 △ABC에서 주어진 변의 길이를 구하시오.**

2

A, B, C, 75°, 45°, $6\sqrt{2}$

꼭짓점 B에서 $\overline{AC}$에 수선을 그어봐!

→ $\overline{AB}=$ ....

3

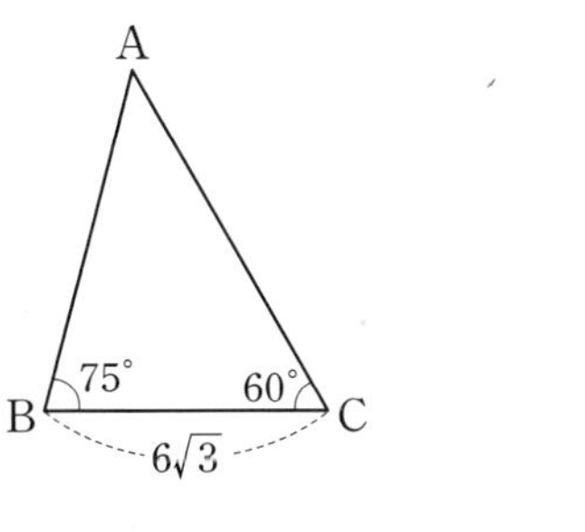

→ $\overline{AB}=$ ____________

4

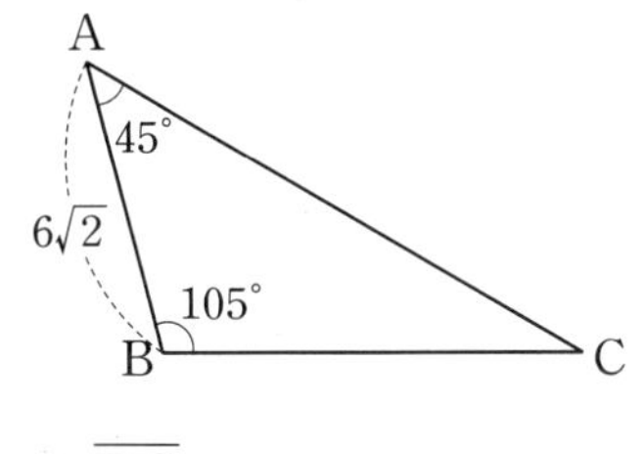

→ $\overline{BC}=$ ____________

5

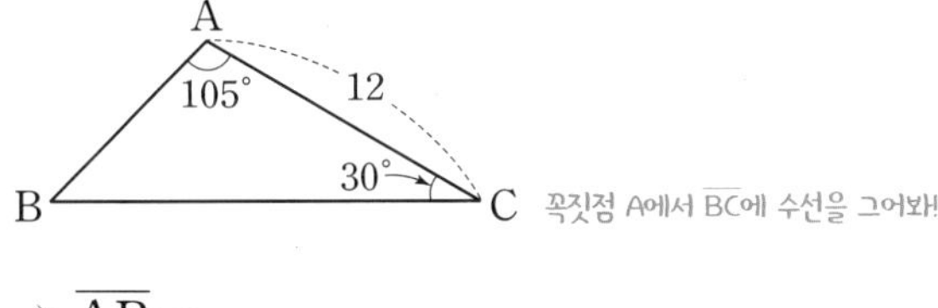

→ $\overline{AB}=$ ____________

6

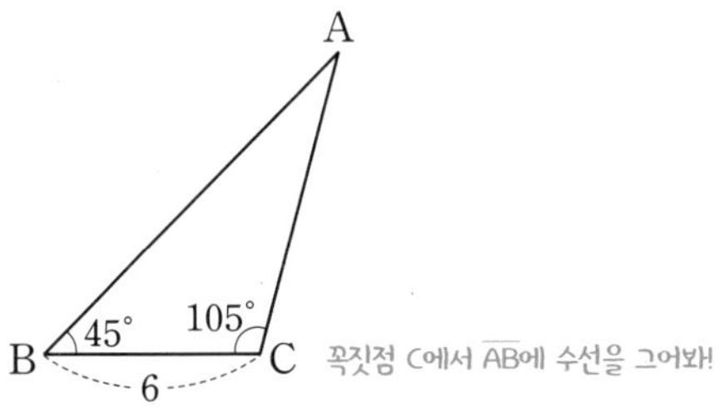

→ $\overline{AC}=$ ____________

2nd 실생활 문제 해결하기

7 다음 그림은 집, 학교, 우체국을 각각 A, B, C라 하고 측정한 것이다. 집과 우체국 사이의 직선거리를 구하시오.

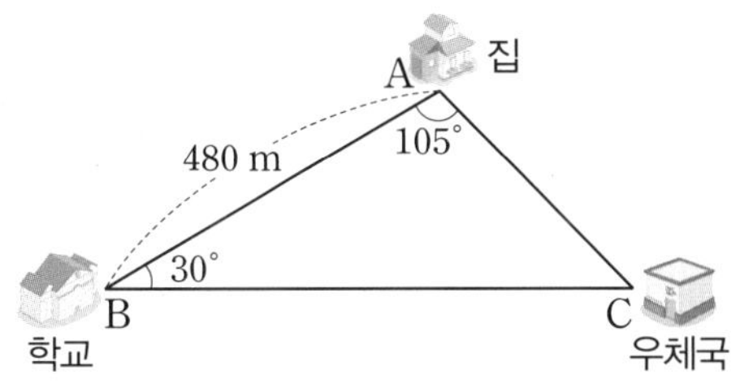

8 오른쪽 그림은 강 양쪽의 세 지점 A, B, C에 대하여 두 지점 A, B 사이의 거리를 구하기 위하여 측정한 것이다. 두 지점 A, B 사이의 거리를 구하시오.

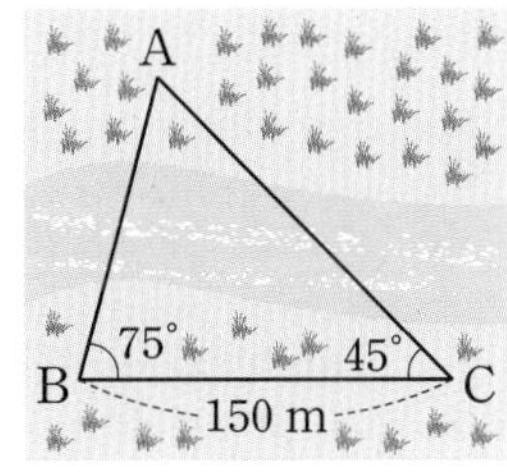

9 다음 그림은 호수의 양 끝 두 지점 A, C 사이의 거리를 구하기 위하여 측정한 것이다. 두 지점 A, C 사이의 거리를 구하시오.

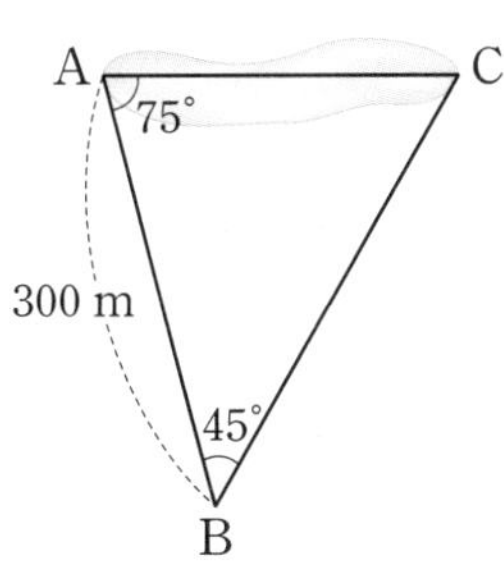

04 삼각비를 이용한!

예각삼각형의 높이

삼각형의 한 변의 길이와 그 양 끝 각의 크기를 알 때 높이(h)

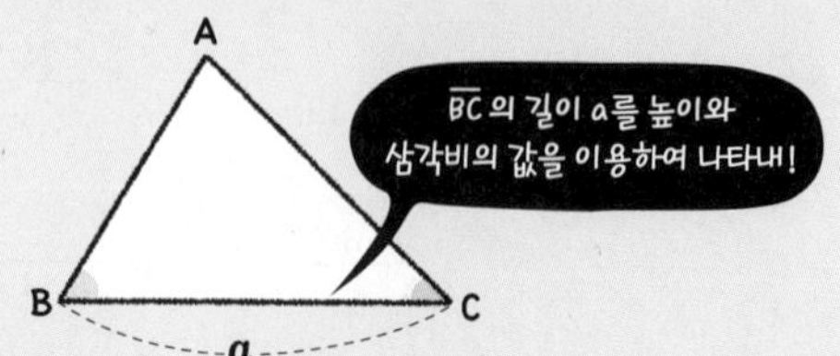

STEP 1 점 A에서 $\overline{BC}$에 내린 수선의 발을 H라 하면

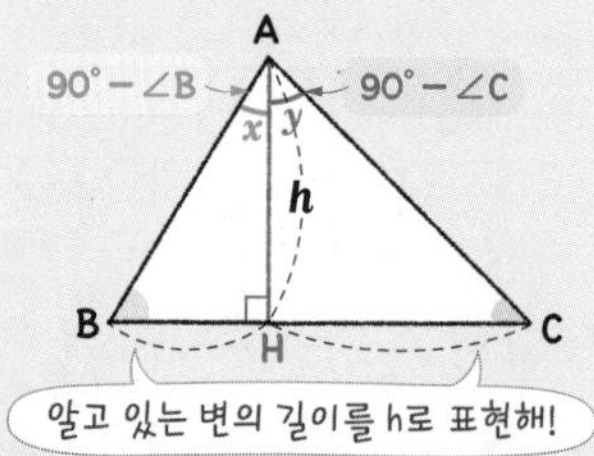

직각삼각형 ABH에서	직각삼각형 AHC에서
$\tan x = \dfrac{\overline{BH}}{h}$ 이므로	$\tan y = \dfrac{\overline{CH}}{h}$ 이므로
$\overline{BH} = h\tan x$	$\overline{CH} = h\tan y$

STEP 2 $\overline{BC}$의 길이를 이용하여 h(높이) 구하기

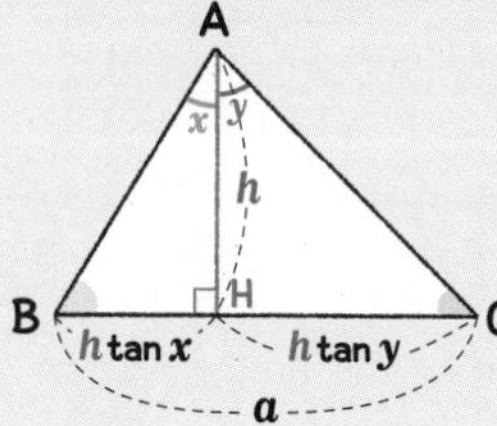

$\overline{BC} = \overline{BH} + \overline{CH}$ 이므로

$a = h\tan x + h\tan y$

$= h(\tan x + \tan y)$

따라서 $h = \dfrac{a}{\tan x + \tan y}$

1st 예각이 주어진 경우의 변의 길이 구하기

1 아래 그림과 같은 △ABC의 꼭짓점 A에서 $\overline{BC}$에 내린 수선의 발 H에 대하여 $\overline{AH}=h$라 할 때, 다음 □ 안에 알맞은 수를 써넣으시오.

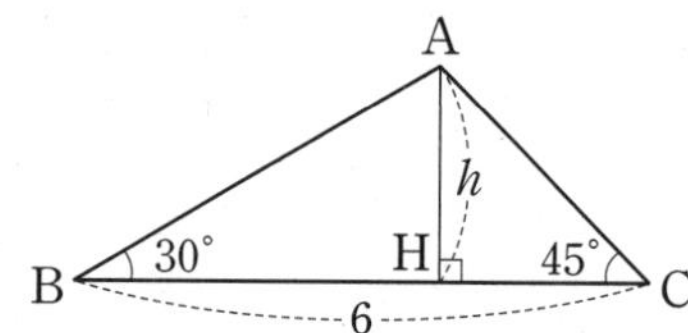

(1) $\angle BAH=\square°$

(2) $\overline{BH}=\overline{AH}\tan\square°=\square h$

(3) $\angle CAH=\square°$

(4) $\overline{CH}=\overline{AH}\tan\square°=\square$

(5) $\overline{BC}=\overline{BH}+\overline{CH}$이므로

$\square=\square h+h$

따라서

$h=\dfrac{\square}{\sqrt{3}+1}=\square(\sqrt{3}-\square)$

● 다음 그림과 같은 △ABC의 꼭짓점 A에서 $\overline{BC}$에 내린 수선의 발을 H라 할 때, $\overline{AH}$의 길이를 구하시오.

2

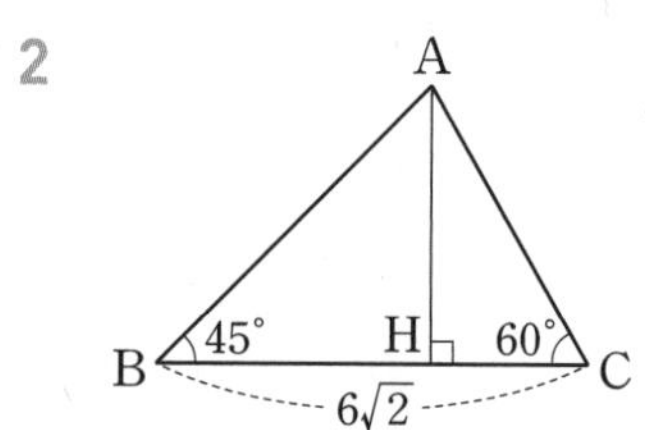

3

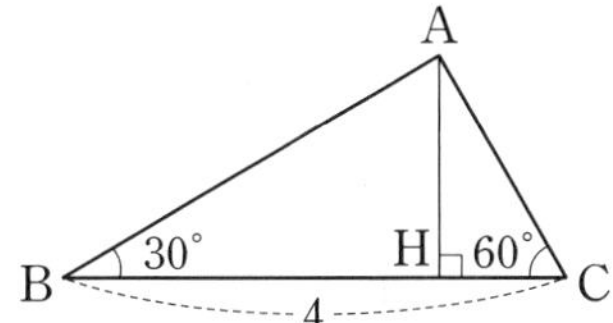

4

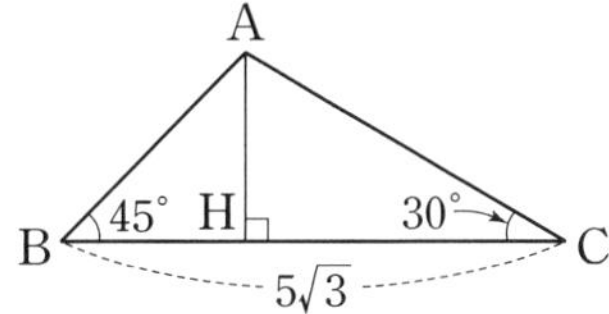

5

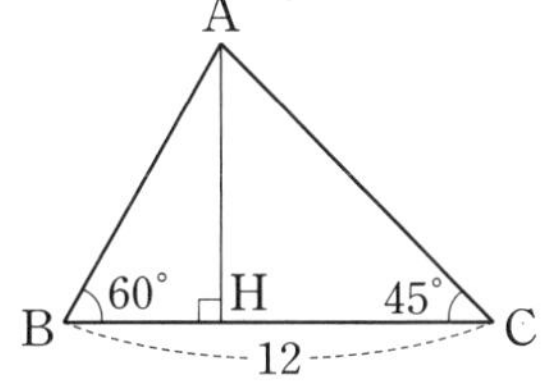

6

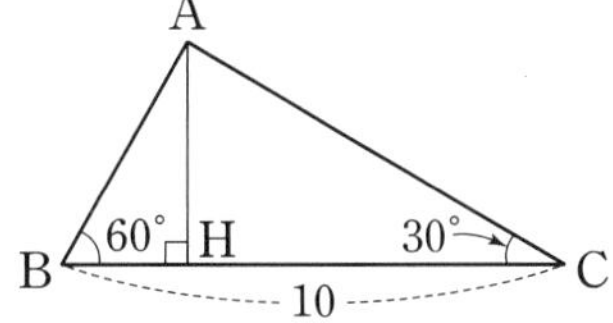

2nd 실생활 문제 해결하기

7 오른쪽 그림과 같이 300 m 떨어진 두 지점 B, C에서 비행기가 있는 A 지점을 올려다본 각의 크기가 각각 60°, 45°일 때, 비행기는 지면으로부터 몇 m 높이에 있는지 구하시오.

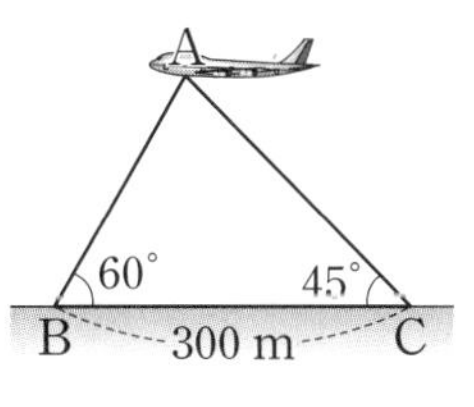

8 다음 그림과 같이 1.6 km 떨어진 집과 학교 사이의 직선도로와 만나도록 은행으로부터 새 도로를 건설하려고 한다. 집, 학교, 은행을 각각 A, B, C라 할 때, 집과 학교에서 은행을 바라본 각의 크기는 각각 30°, 60°이다. 새로 건설하는 도로의 길이는 몇 km인지 구하시오.

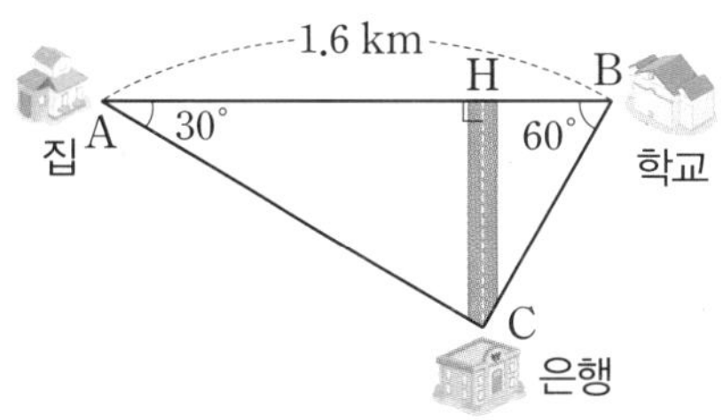

9 오른쪽 그림과 같이 높이가 $30\sqrt{6}$ m인 건물의 꼭대기 C 지점과 바닥 D 지점에서 옆 건물의 꼭대기 A 지점을 바라본 각의 크기가 각각 30°, 45°이다. 두 건물 사이의 거리 $\overline{BD}$는 몇 m인지 구하시오.

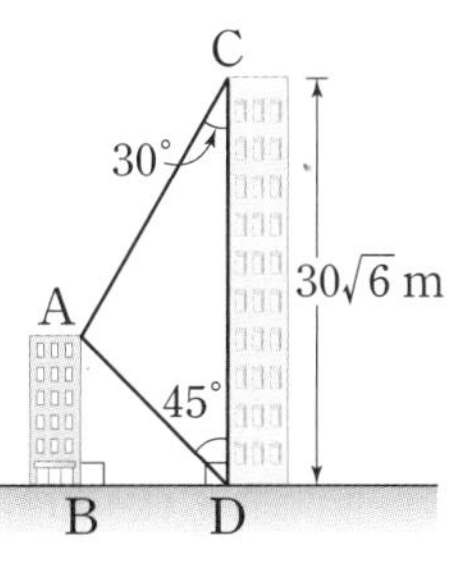

05

삼각비를 이용한!

둔각삼각형의 높이

삼각형의 한 변의 길이와 그 양 끝 각의 크기를 알 때 높이(h)

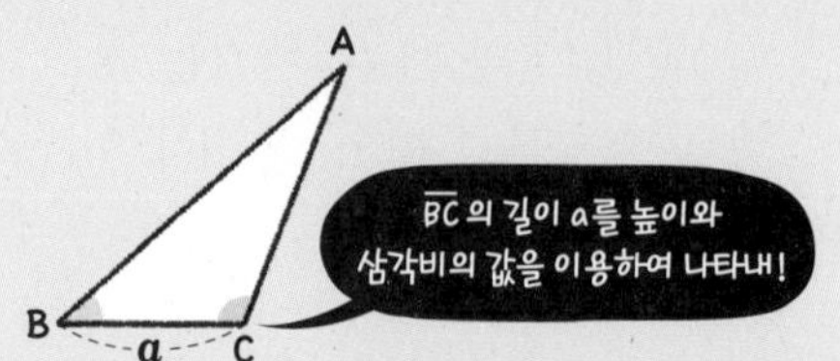

STEP 1 점 A에서 $\overline{BC}$의 연장선에 내린 수선의 발을 H라 하면

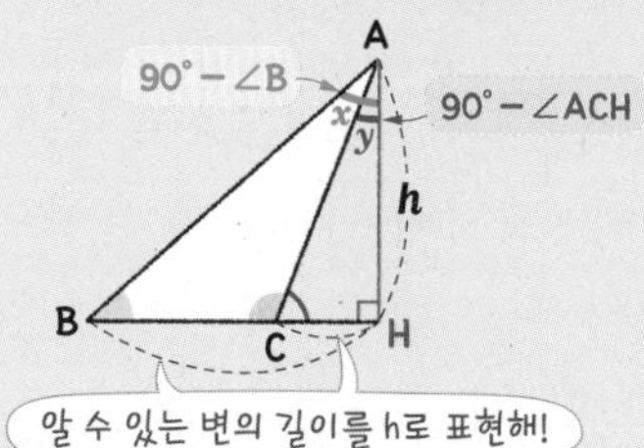

직각삼각형 ABH에서

$\tan x = \dfrac{\overline{BH}}{h}$ 이므로

$\overline{BH} = h\tan x$

직각삼각형 ACH에서

$\tan y = \dfrac{\overline{CH}}{h}$ 이므로

$\overline{CH} = h\tan y$

STEP 2 $\overline{BC}$의 길이를 이용하여 h(높이) 구하기

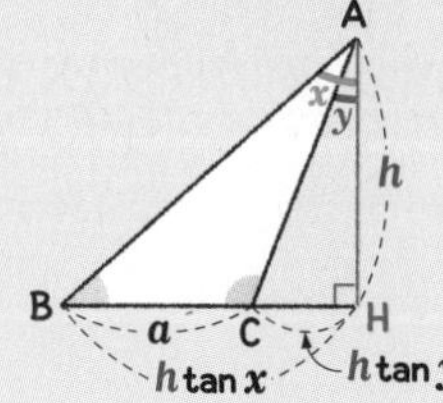

$\overline{BC} = \overline{BH} - \overline{CH}$ 이므로

$a = h\tan x - h\tan y$

$= h(\tan x - \tan y)$

따라서 $h = \dfrac{a}{\tan x - \tan y}$

1st — 둔각이 주어진 경우의 변의 길이 구하기

1 아래 그림과 같은 △ABC의 꼭짓점 A에서 $\overline{BC}$의 연장선에 내린 수선의 발 H에 대하여 $\overline{AH}=h$라 할 때, 다음 □ 안에 알맞은 수를 써넣으시오.

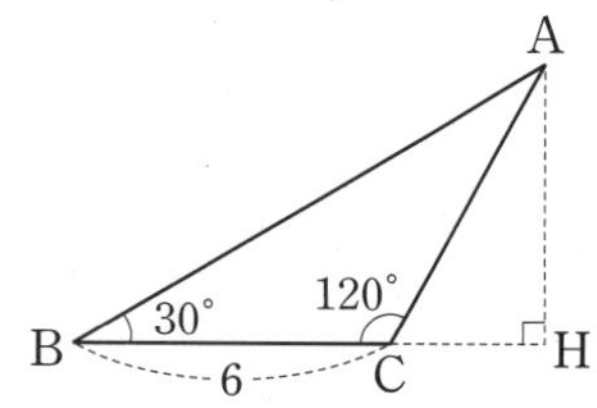

(1) ∠ACH=180°−□°=□°이므로
△ACH에서
∠CAH=90°−□°=□°

(2) ∠BAH=90°−□°=□°

(3) △ACH에서
$\overline{CH}=\overline{AH}\tan$ □° $=\dfrac{\sqrt{3}}{□}h$

(4) △ABH에서
$\overline{BH}=\overline{AH}\tan$ □° $=$ □h

(5) $\overline{BC}=\overline{BH}-$□이므로
□=□$h-\dfrac{\sqrt{3}}{3}h$, $\dfrac{2\sqrt{3}}{□}h=$□

따라서 $h=$□$\times\dfrac{□}{2\sqrt{3}}=$□

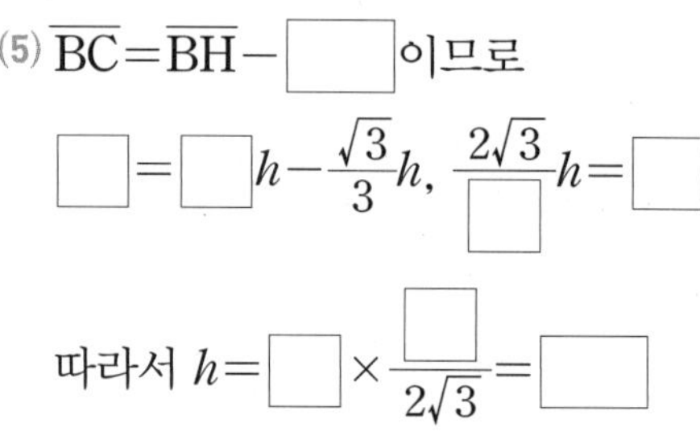

• 다음 그림과 같은 △ABC의 꼭짓점 A에서 $\overline{BC}$의 연장선에 내린 수선의 발을 H라 할 때, $\overline{AH}$의 길이를 구하시오.

2

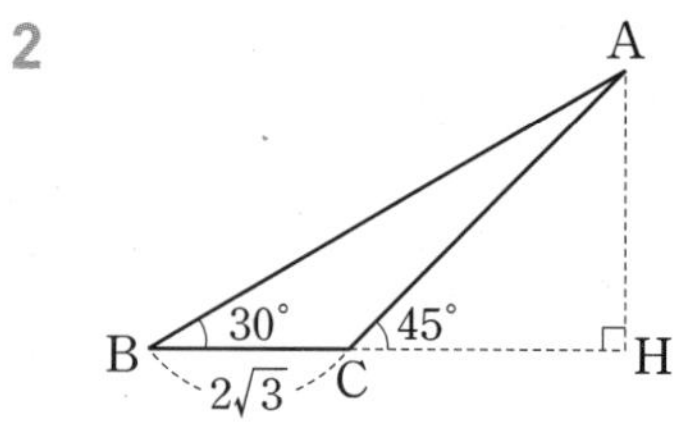

3

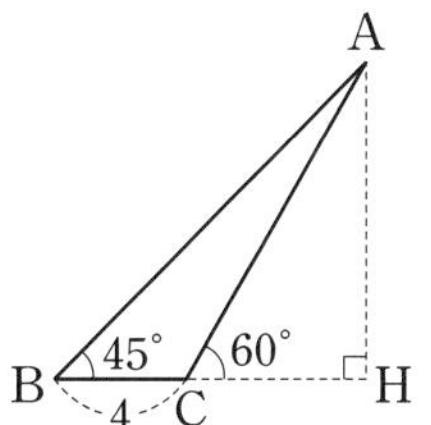

4

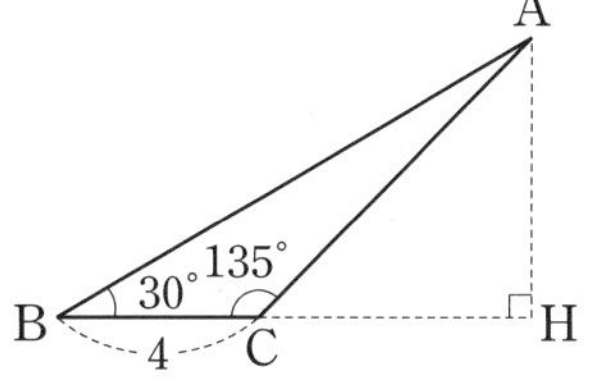

5

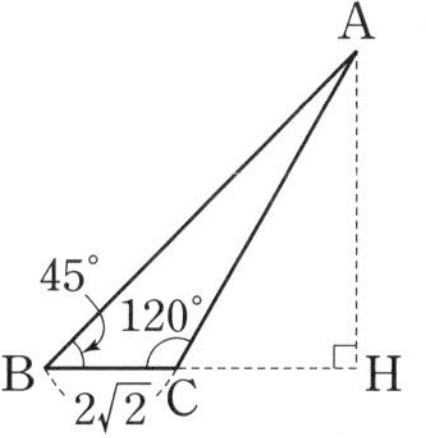

6

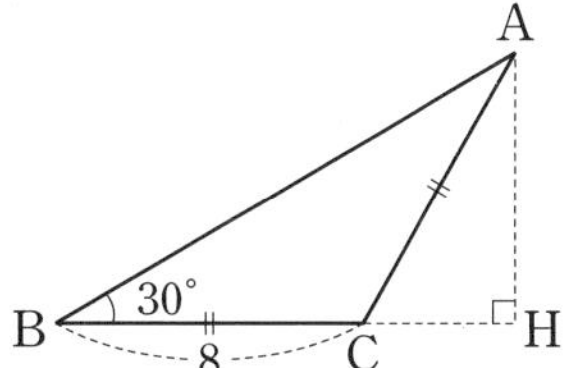

2nd 실생활 문제 해결하기

7 다음 그림과 같이 30 m 떨어진 두 지점 B, C에서 빌딩 꼭대기의 A 지점을 올려다본 각의 크기가 각각 45°, 60°일 때, 빌딩의 높이를 구하시오.

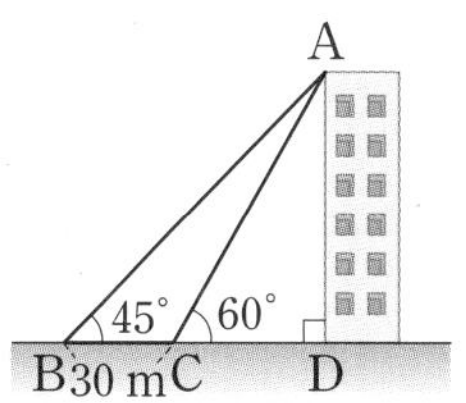

8 다음 그림과 같이 12 m 떨어진 두 지점 A, B에서 나무의 꼭대기 D 지점을 올려다본 각의 크기가 각각 30°, 45°일 때, 나무의 높이를 구하시오.

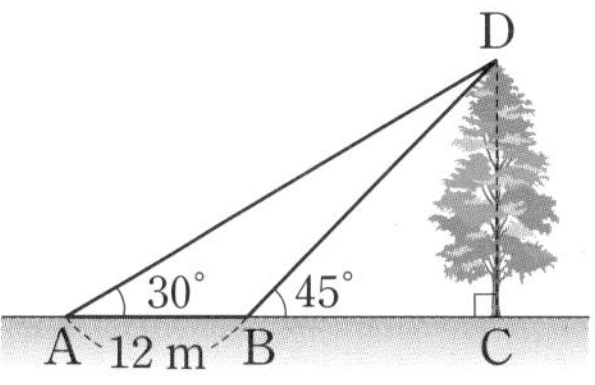

9 다음 그림과 같이 20 m 떨어진 두 지점 C, D에서 깃대의 끝 지점 A를 올려다본 각의 크기가 각각 30°, 60°일 때, 깃대의 높이를 구하시오.

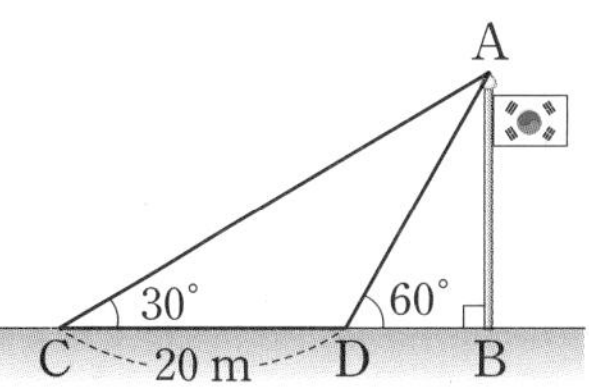

06

삼각비를 이용한!

삼각형의 넓이

삼각형의 두 변의 길이와 그 끼인각의 크기를 알 때

① 예각이 주어진 경우　　② 둔각이 주어진 경우

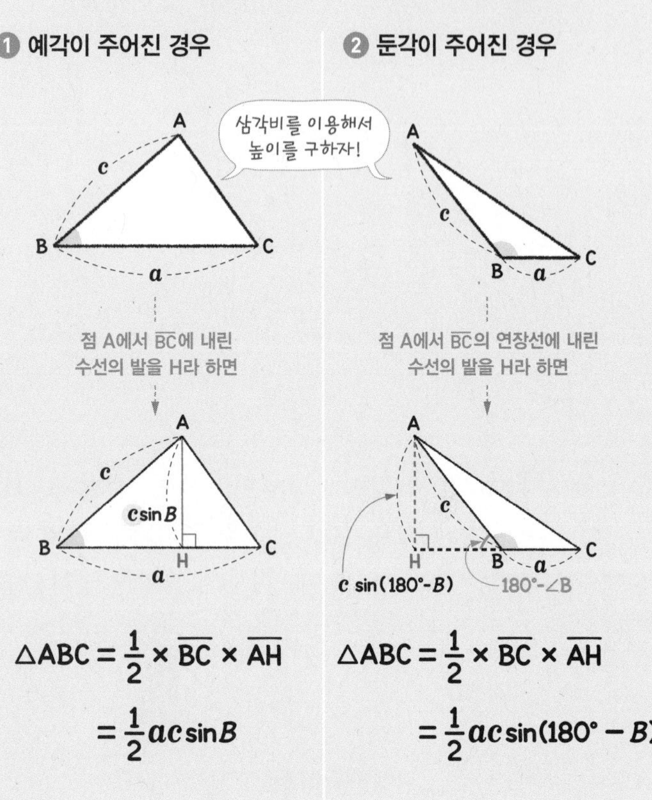

$\triangle ABC = \frac{1}{2} \times \overline{BC} \times \overline{AH} = \frac{1}{2}ac\sin B$

$\triangle ABC = \frac{1}{2} \times \overline{BC} \times \overline{AH} = \frac{1}{2}ac\sin(180° - B)$

원리확인 다음 그림과 같이 삼각형 ABC의 꼭짓점 A에서 변 BC 또는 그 연장선에 내린 수선의 발을 H라 할 때, □ 안에 알맞은 것을 써넣으시오.

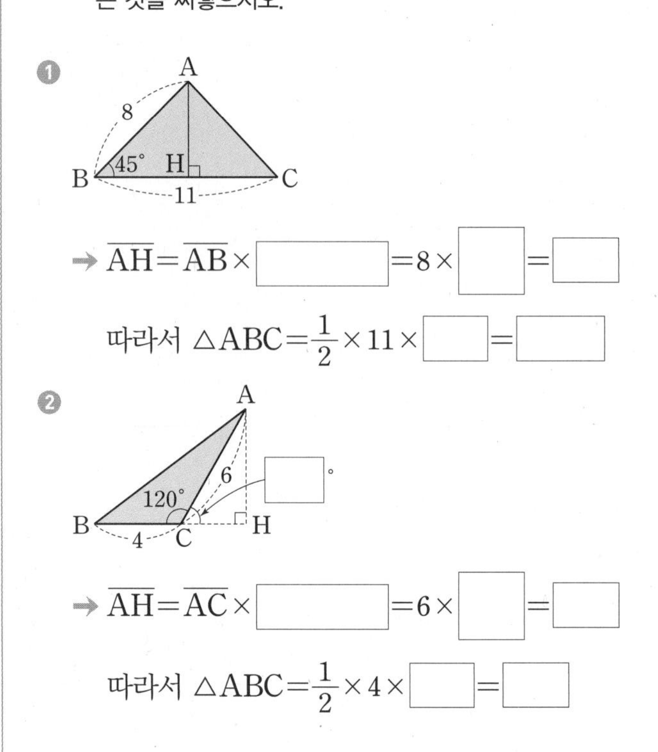

❶ → $\overline{AH}=\overline{AB}\times$ □ $=8\times$ □ = □

따라서 $\triangle ABC=\frac{1}{2}\times 11\times$ □ = □

❷ → $\overline{AH}=\overline{AC}\times$ □ $=6\times$ □ = □

따라서 $\triangle ABC=\frac{1}{2}\times 4\times$ □ = □

1st 삼각형의 넓이 구하기

● 다음 그림과 같은 삼각형 ABC의 넓이를 구하시오.

1

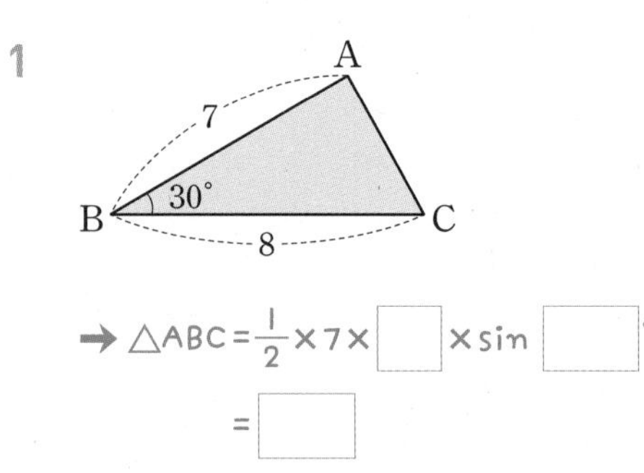

→ $\triangle ABC=\frac{1}{2}\times 7\times$ □ $\times\sin$ □° = □

2

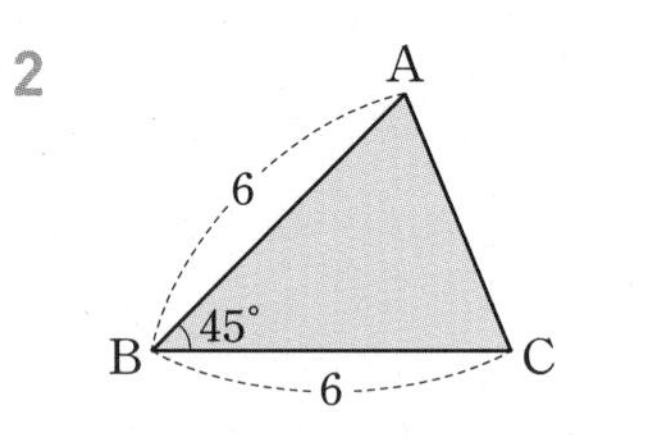

3

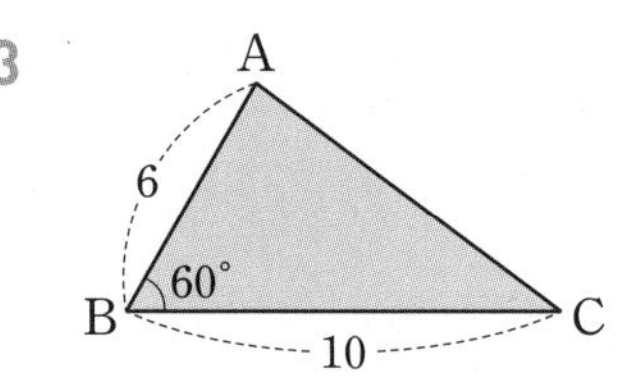

4

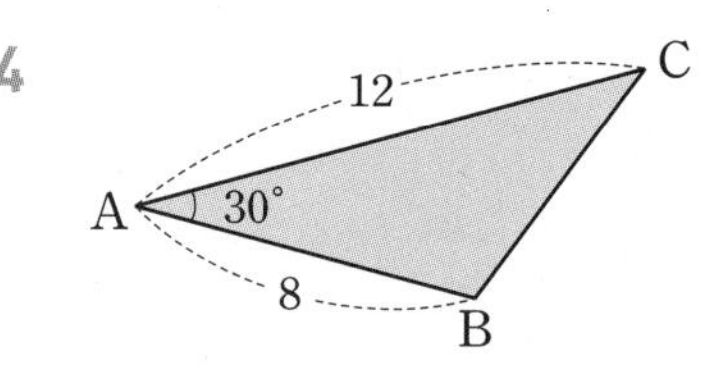

5

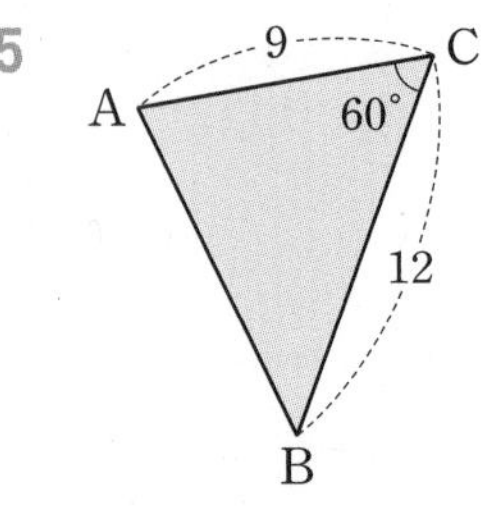

6

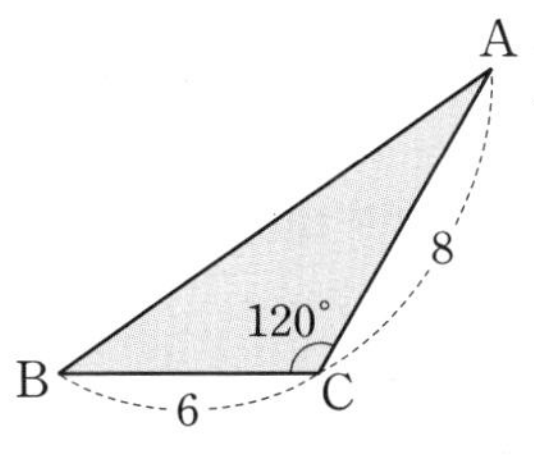

→ $\triangle ABC=\frac{1}{2}\times\square\times\square\times\sin(180°-\square°)$

$=\square$

7

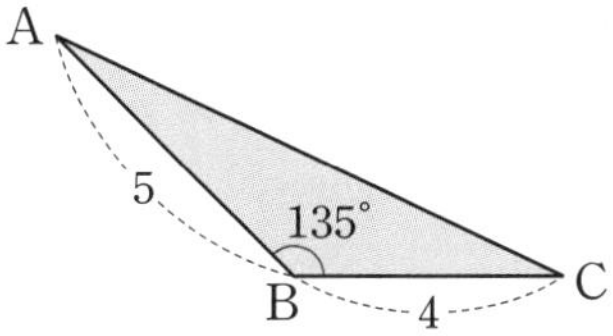

8

9

10

2nd 삼각형의 넓이를 이용하여 변의 길이 구하기

● 주어진 삼각형 ABC의 넓이가 다음과 같을 때, x의 값을 구하시오.

11

$\triangle ABC=60$

→ $\frac{1}{2}\times\square\times x\times\sin 45°=\square$에서

$\square x=\square$ 따라서 $x=\square$

12

$\triangle ABC=18$

13

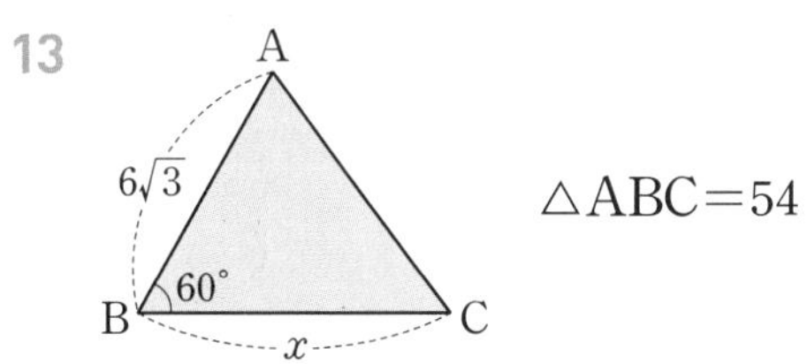

$\triangle ABC=54$

14

$\triangle ABC=48$

내가 발견한 개념

∠B가 예각일 때 삼각비를 이용한 삼각형의 넓이는?

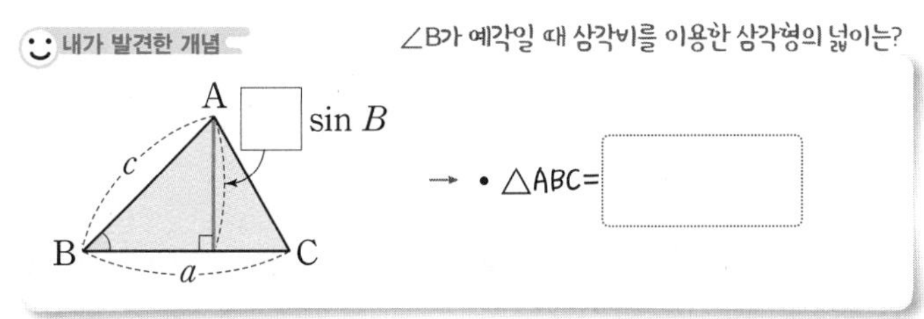

→ • $\triangle ABC=\square$

15

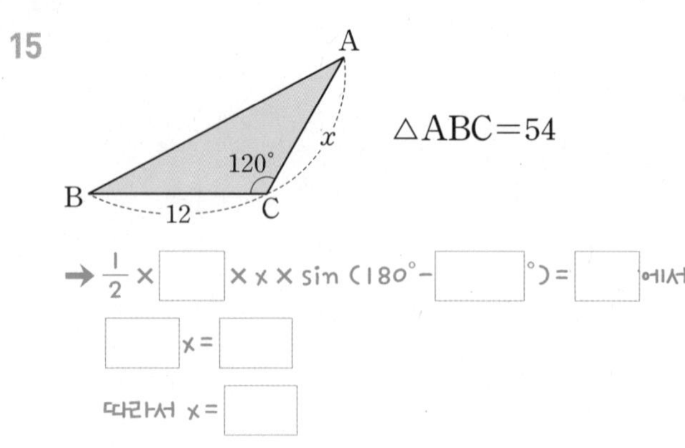

16

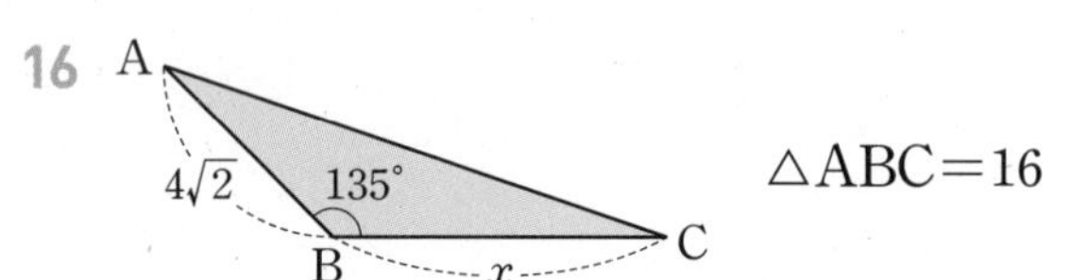

17

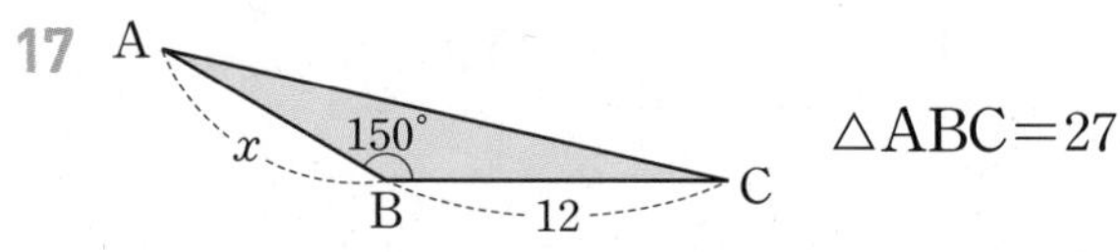

18

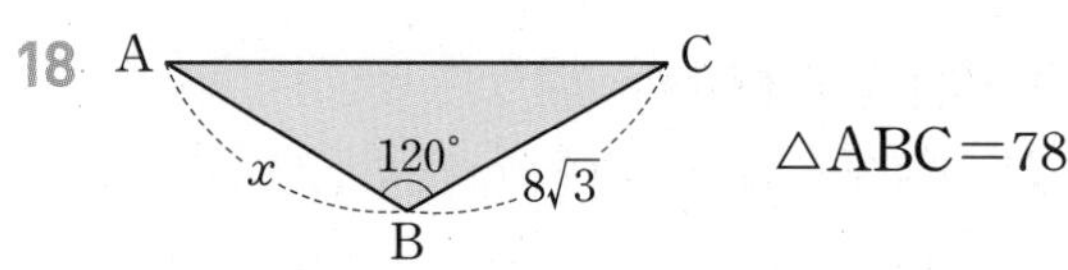

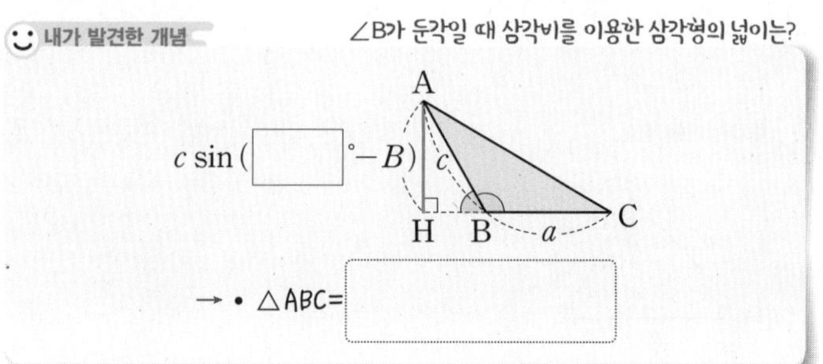

3rd 보조선을 이용하여 다각형의 넓이 구하기

● 아래 그림과 같은 사각형 ABCD에 대하여 다음을 구하시오.

19

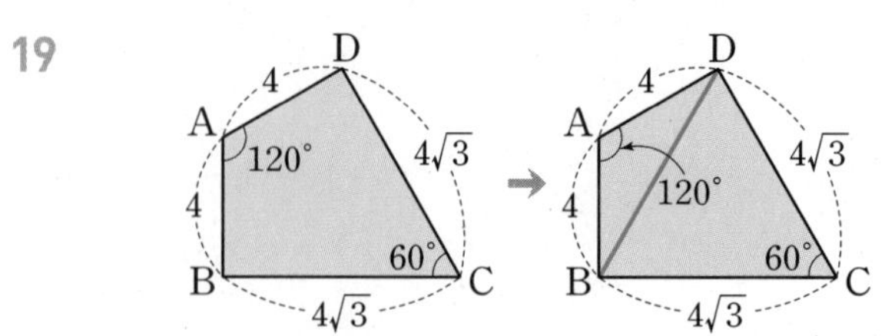

(1) △ABD의 넓이

(2) △BCD의 넓이

(3) □ABCD의 넓이

20

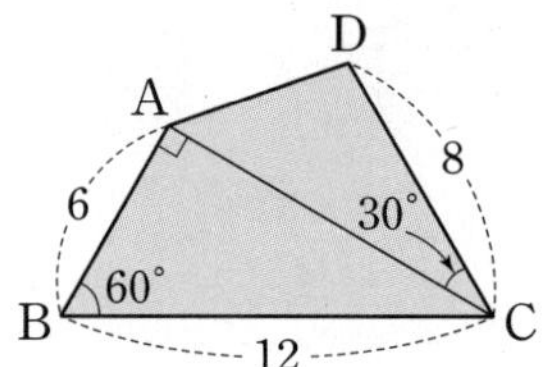

(1) 대각선 AC의 길이

(2) △ABC의 넓이

(3) △ACD의 넓이

(4) □ABCD의 넓이

● 다음 그림과 같은 사각형 ABCD의 넓이를 구하시오.

21

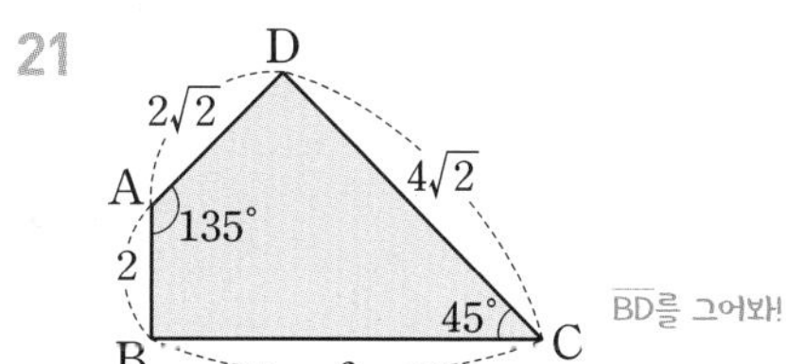

BD를 그어봐!

22

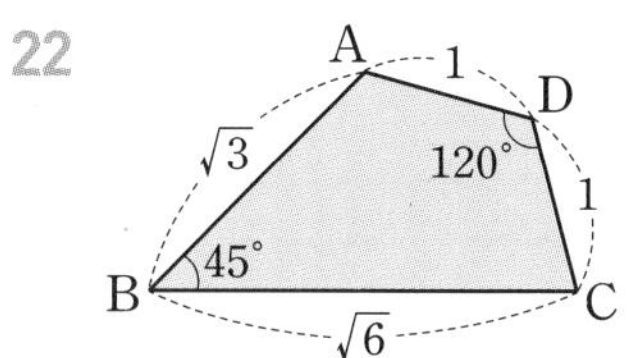

23

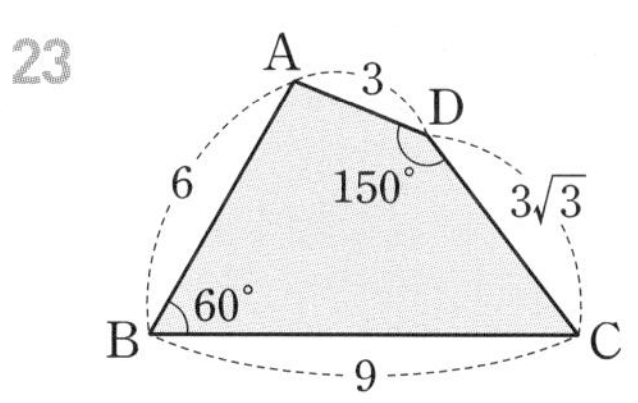

24

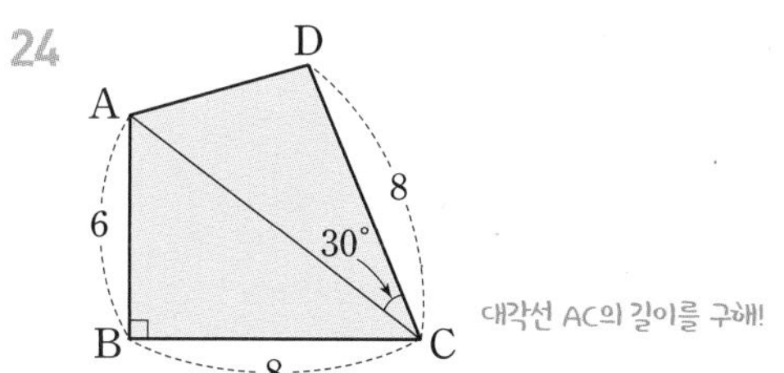

대각선 AC의 길이를 구해!

25

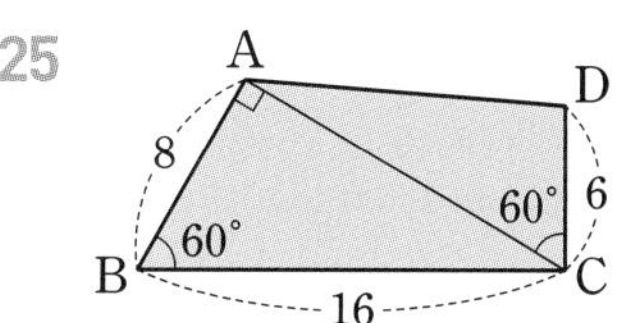

26

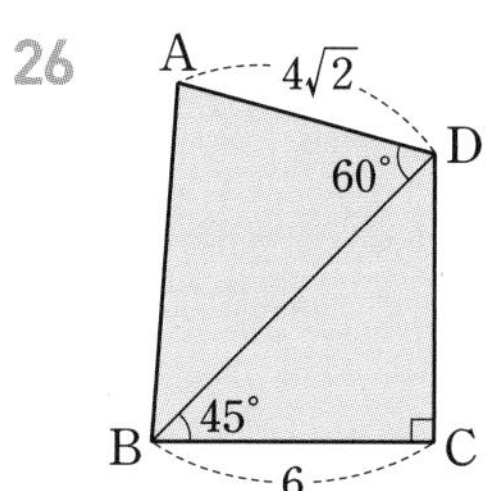

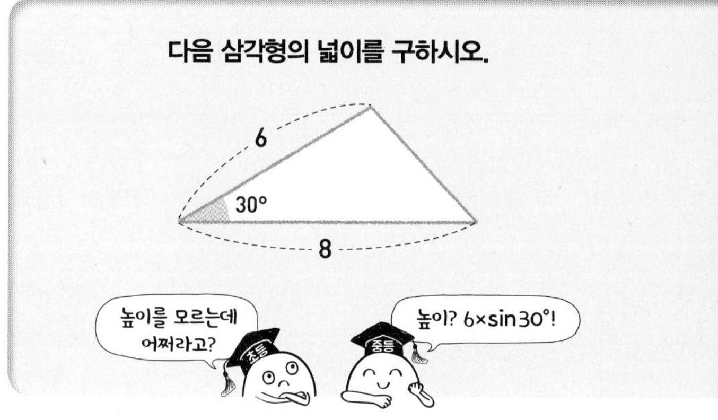

개념모음문제

27 오른쪽 그림과 같이 한 변의 길이가 6 cm인 정육각형의 넓이는?

① 54 cm^2 ② 60 cm^2
③ $54\sqrt{2}$ cm^2 ④ 81 cm^2
⑤ $54\sqrt{3}$ cm^2

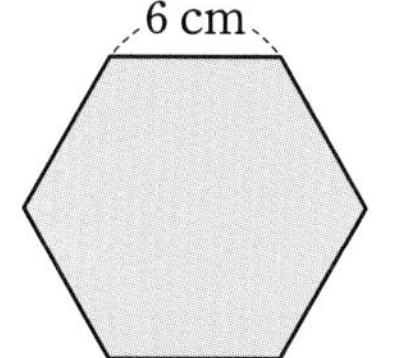

07 **삼각비를 이용한!**

사각형의 넓이

❶ 평행사변형의 넓이
이웃하는 두 변의 길이와 그 끼인각의 크기를 알 때

예각이 주어진 경우

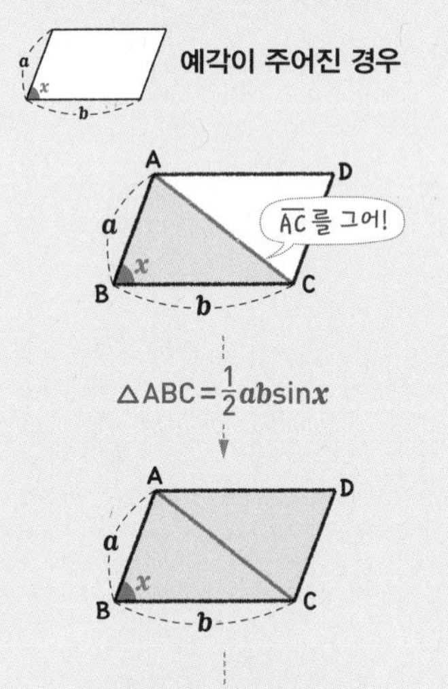

$\triangle ABC=\frac{1}{2}ab\sin x$

$\square ABCD=2\triangle ABC$

$\square ABCD=ab\sin x$

둔각이 주어진 경우

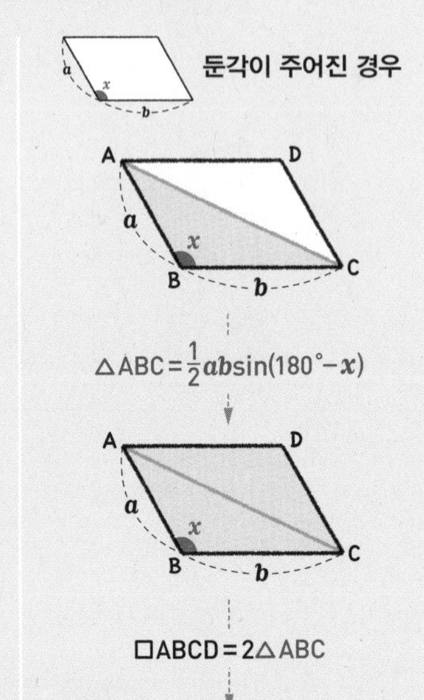

$\triangle ABC=\frac{1}{2}ab\sin(180°-x)$

$\square ABCD=2\triangle ABC$

$\square ABCD=ab\sin(180°-x)$

❷ 사각형의 넓이
두 대각선의 길이와 두 대각선이 이루는 각의 크기를 알 때

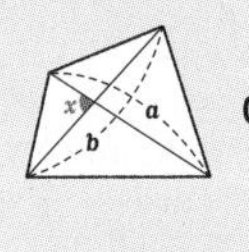

예각이 주어진 경우

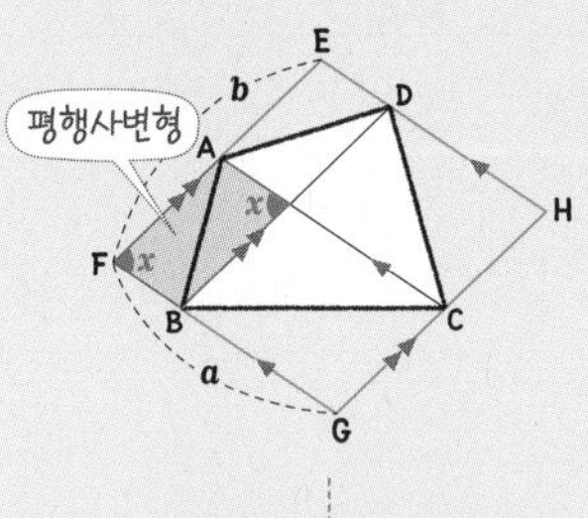

$\square EFGH=ab\sin x$

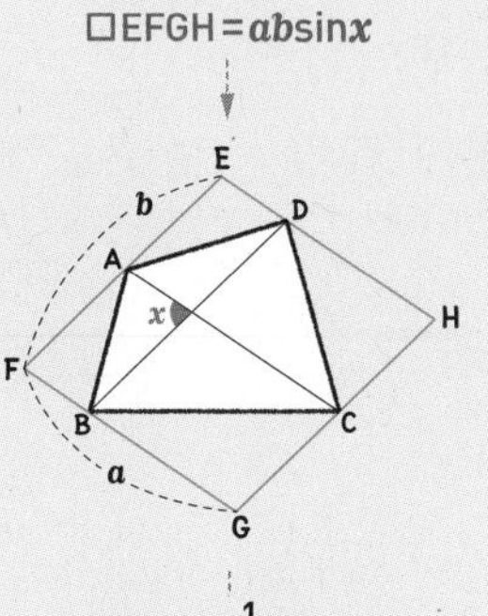

$\square ABCD=\frac{1}{2}\square EFGH$

$\square ABCD=\frac{1}{2}ab\sin x$

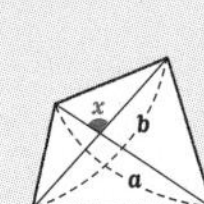

둔각이 주어진 경우

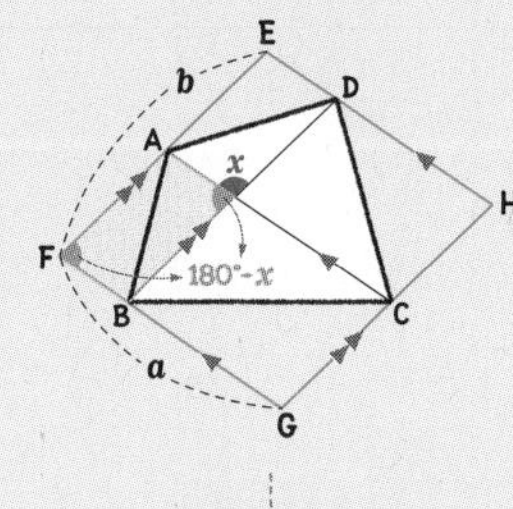

$\square EFGH=ab\sin(180°-x)$

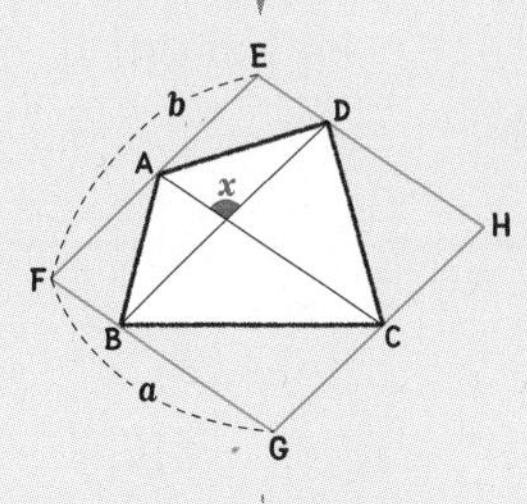

$\square ABCD=\frac{1}{2}\square EFGH$

$\square ABCD=\frac{1}{2}ab\sin(180°-x)$

원리확인 다음은 평행사변형 ABCD의 넓이를 구하는 과정이다. □ 안에 알맞은 것을 써넣으시오.

❶

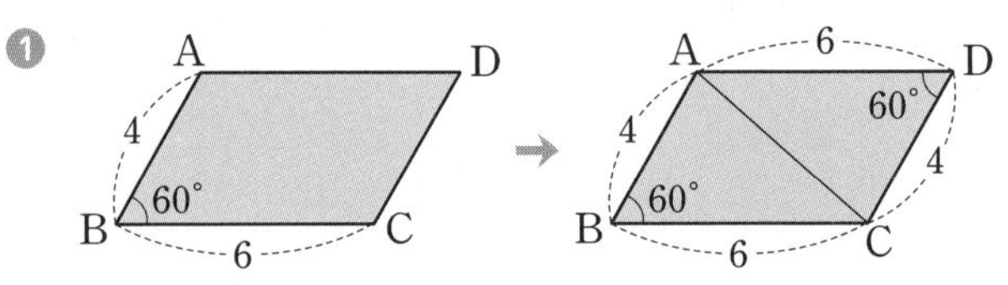

→ $\overline{DC}=\square$, $\overline{AD}=\square$, $\angle D=\square°$이므로

$\square ABCD=\square\times\triangle ABC$

$=\square\times\frac{1}{2}\times\square\times\square\times\sin\square°$

$=\square$

❷

→ $\overline{DC}=\square$, $\overline{BC}=\square$,

$\angle C=\square°$이므로

$\square ABCD=\square\times\triangle ABD$

$=\square\times\frac{1}{2}\times\square\times\square$

$\times\sin(180°-\square°)$

$=\square$

❸

→ $\overline{EF}=\square$, $\overline{EH}=\square$,

$\angle AEB=\square°$이므로

$\square ABCD=\square\times\square EFGH$

$=\square\times\square\times\square\times\sin\square°$

$=\square$

1st 평행사변형의 넓이 구하기

● 다음 그림과 같은 평행사변형 ABCD의 넓이를 구하시오.

1

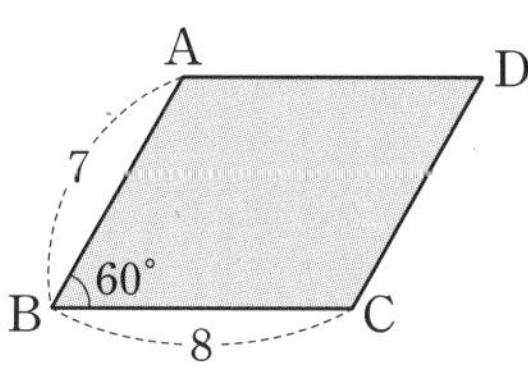

➔ □ABCD= ☐ × ☐ ×sin ☐°
= ☐

2

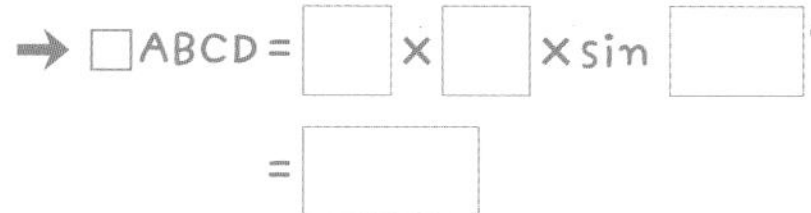

3

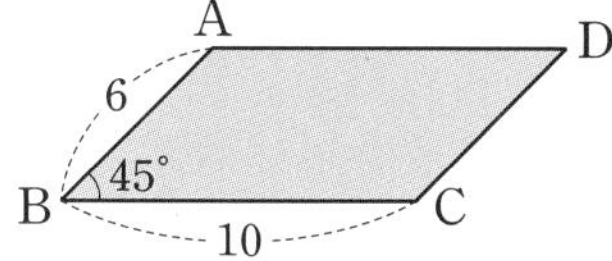

4

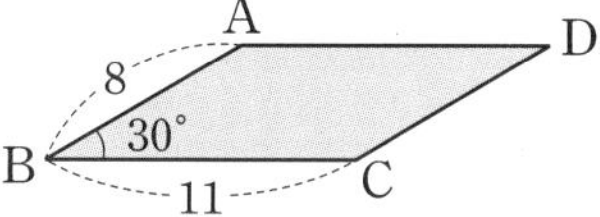

5

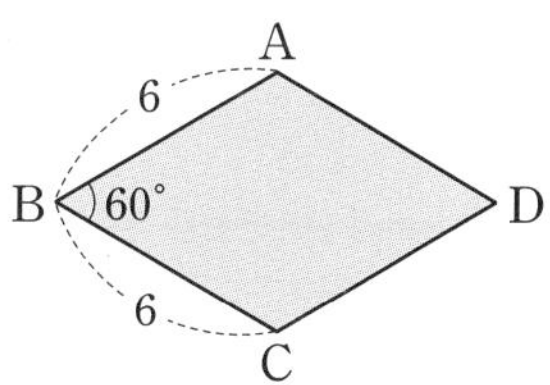

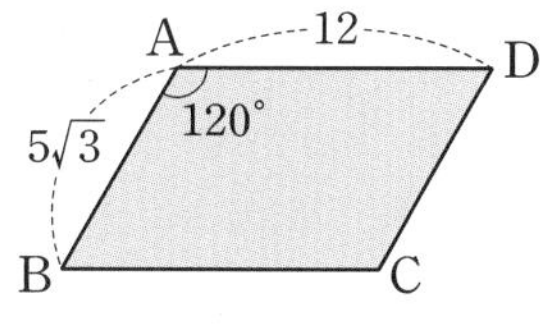

➔ □ABCD= ☐ × ☐ ×sin (180°− ☐°)
= ☐

6

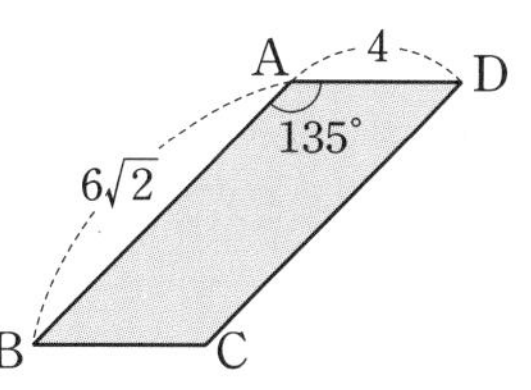

7

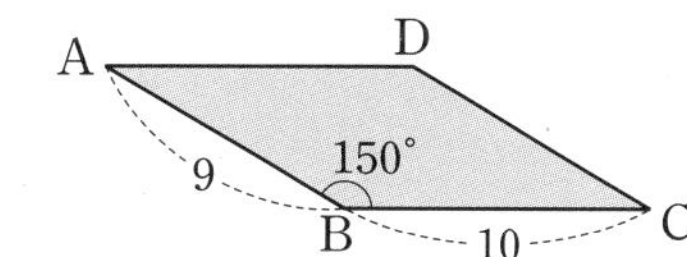

8

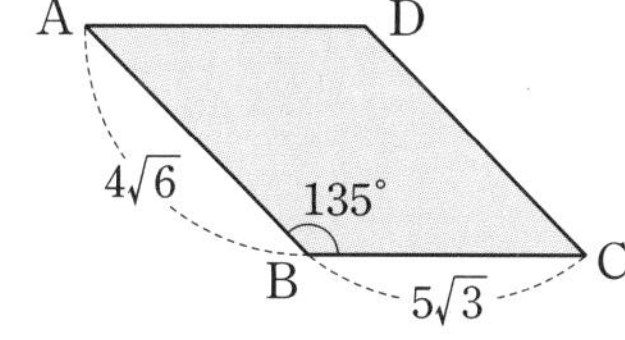

내가 발견한 개념 삼각비를 이용한 평행사변형의 넓이는?

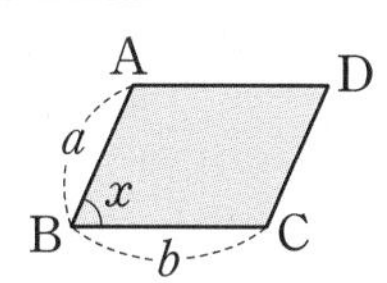

• ∠x가 예각이면
□ABCD= ☐

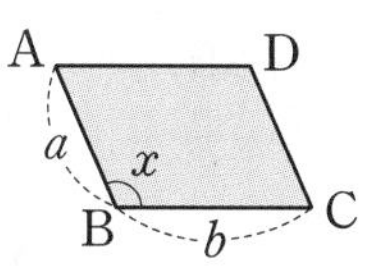

• ∠x가 둔각이면
□ABCD= ☐

개념모음문제

9 오른쪽 그림과 같은 평행사변형 ABCD에서 $\overline{AB}=8$ cm, $\overline{AD}=12$ cm, $\angle ABC=60°$이고 점 M은 $\overline{BC}$의 중점일 때, 삼각형 AMC의 넓이는?

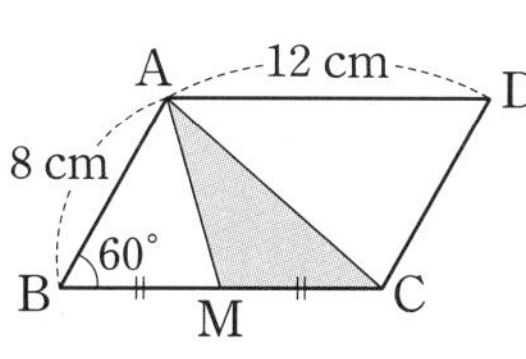

① 12 cm² ② $12\sqrt{2}$ cm²
③ $12\sqrt{3}$ cm² ④ 24 cm²
⑤ $24\sqrt{3}$ cm²

2nd 사각형의 넓이 구하기

● 다음 그림과 같은 사각형 ABCD의 넓이를 구하시오.

10

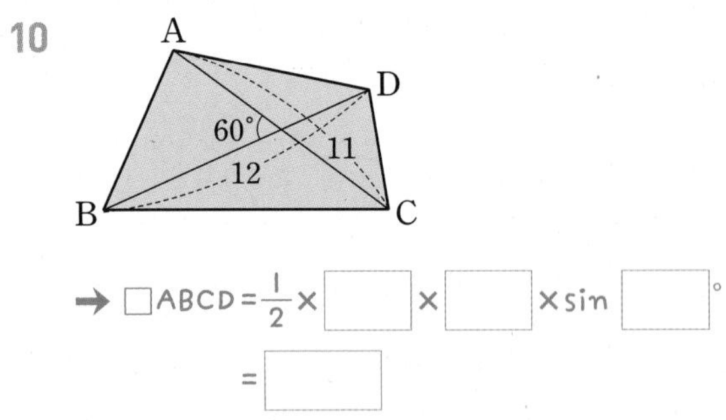

11

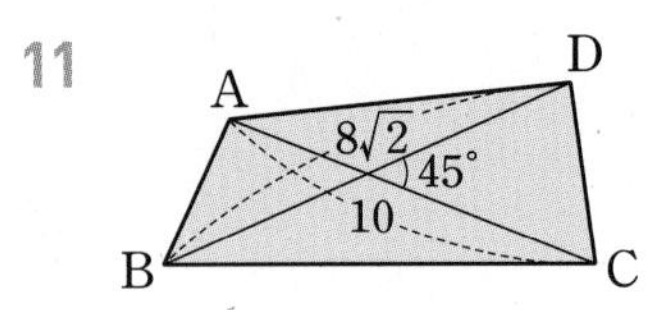

12

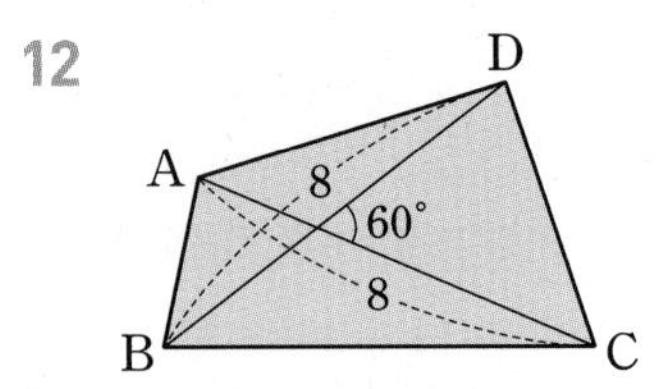

13

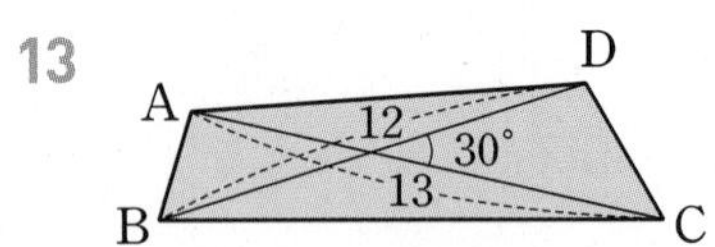

14

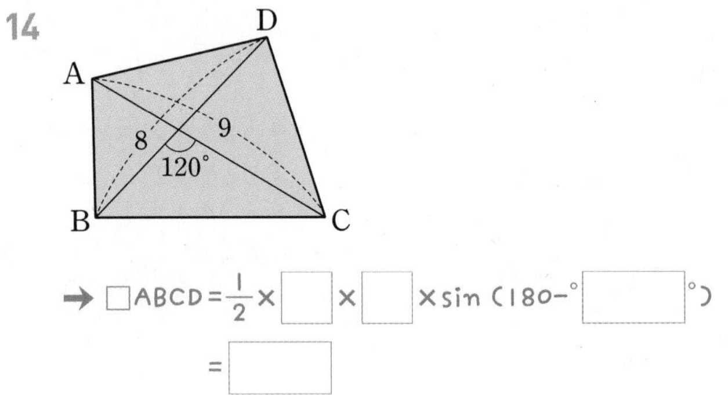

15

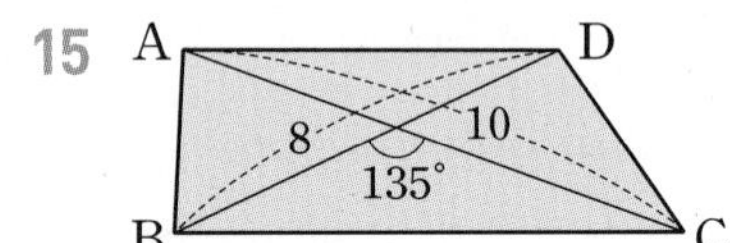

16

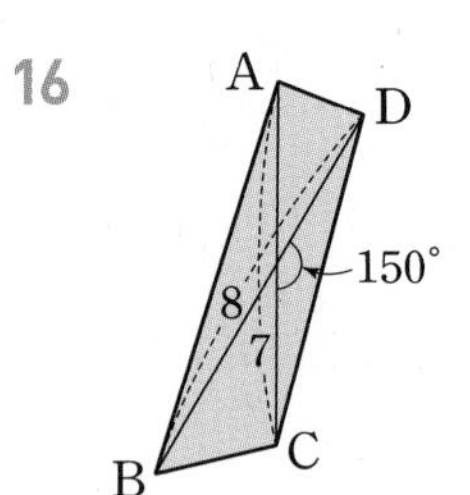

17

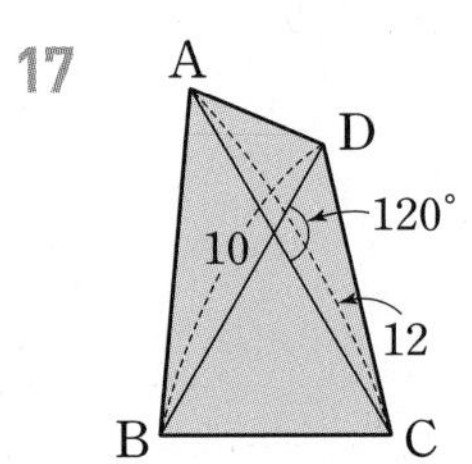

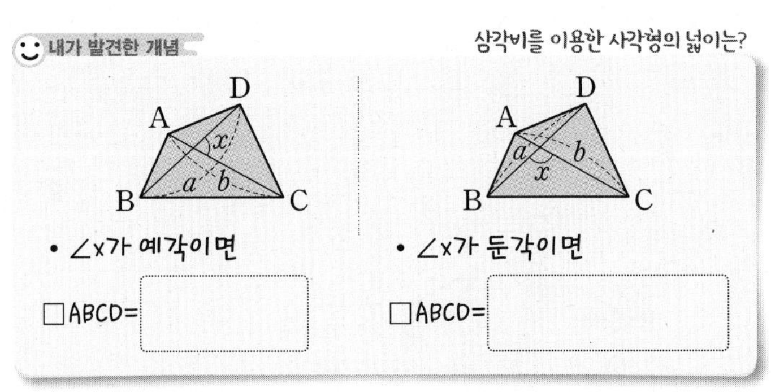

개념모음문제

18 오른쪽 그림과 같은 등변사다리꼴 ABCD의 넓이가 $25\sqrt{3}\ \text{cm}^2$이고 두 대각선이 이루는 각의 크기가 120°일 때, 대각선 AC의 길이는?

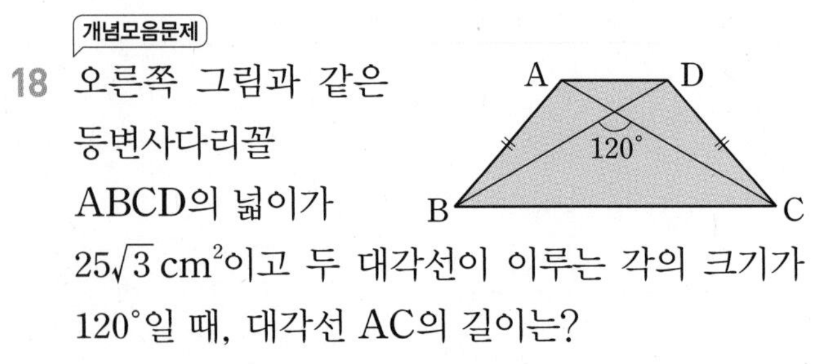

① 5 cm ② 6 cm ③ 8 cm
④ 10 cm ⑤ 15 cm

TEST 2. 삼각비의 활용

1 오른쪽 그림과 같이 눈높이가 1.6 m인 은수가 애드벌룬을 올려다본 각의 크기는 36°, 은수와 애드벌룬 사이의 거리는 120 m일 때, 애드벌룬의 지면으로부터의 높이를 구하시오. (단, $\sin 36° = 0.59$, $\cos 36° = 0.81$, $\tan 36° = 0.73$으로 계산한다.)

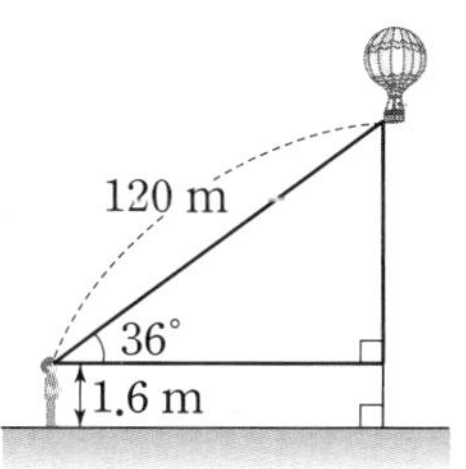

2 오른쪽 그림과 같은 삼각형 ABC에서 $\angle A = 75°$, $\angle C = 45°$, $\overline{AC} = 12$ cm일 때, $\overline{AB}$의 길이는?

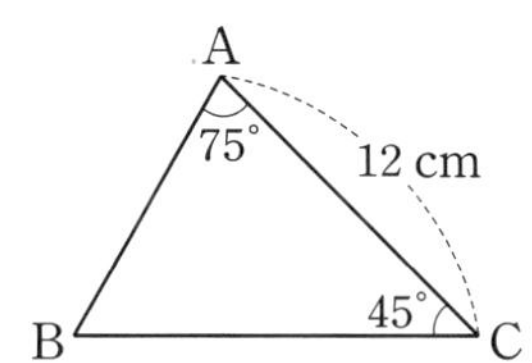

① $4\sqrt{2}$ cm ② 6 cm ③ $4\sqrt{3}$ cm
④ 8 cm ⑤ $4\sqrt{6}$ cm

3 오른쪽 그림과 같이 나무의 꼭대기 A 지점을 두 지점 B, C에서 바라본 각의 크기가 각각 45°, 30°이다. $\overline{BC} = 40$ m이고 나무는 $\overline{BC}$ 위에 심겨 있을 때, 이 나무의 높이는?

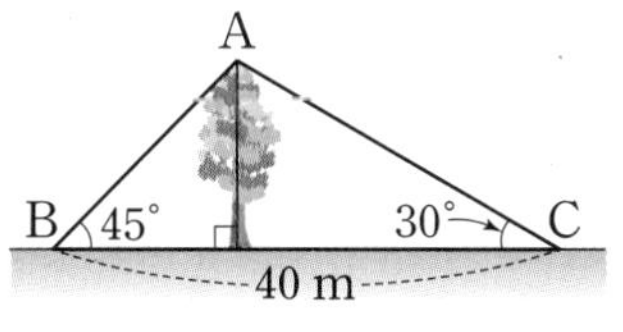

① $20(\sqrt{3}-1)$ m ② $20(\sqrt{3}+1)$ m
③ $40(\sqrt{3}-1)$ m ④ $40\sqrt{3}$ m
⑤ $40(\sqrt{3}+1)$ m

4 오른쪽 그림과 같이 60 m 떨어진 두 지점 B, C에서 굴뚝의 끝 지점 A를 올려다본 각의 크기가 각각 30°, 60°일 때, 굴뚝의 높이는?

A
B 30° C 60°
60 m D

① $30\sqrt{2}$ m ② 45 m ③ $30\sqrt{3}$ m
④ 60 m ⑤ $30\sqrt{6}$ m

5 오른쪽 그림에서 점 G는 삼각형 ABC의 무게중심일 때, 색칠한 삼각형 GBC의 넓이를 구하시오.

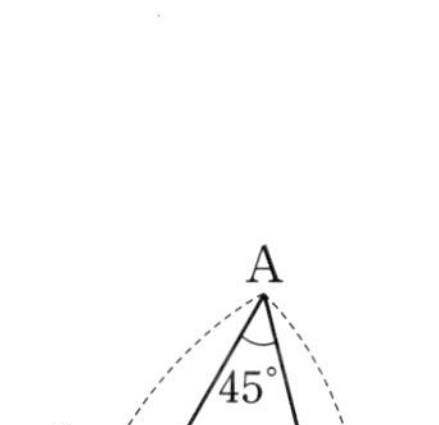

6 오른쪽 그림과 같은 사각형 ABCD의 두 대각선이 이루는 예각을 $\angle x$라 하자. 사각형 ABCD의 넓이가 $42\sqrt{3}$ cm²일 때, $\angle x$의 크기는?

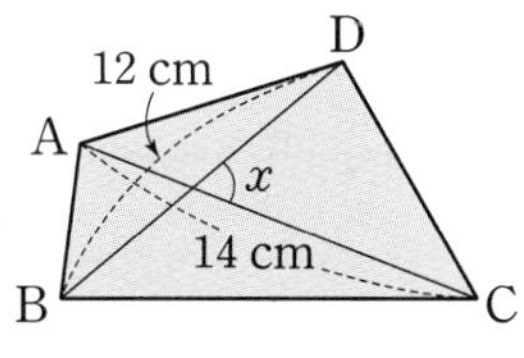

① 15° ② 30° ③ 45°
④ 60° ⑤ 75°

3

두 점 또는 한 점에서 만날 때, 원과 직선

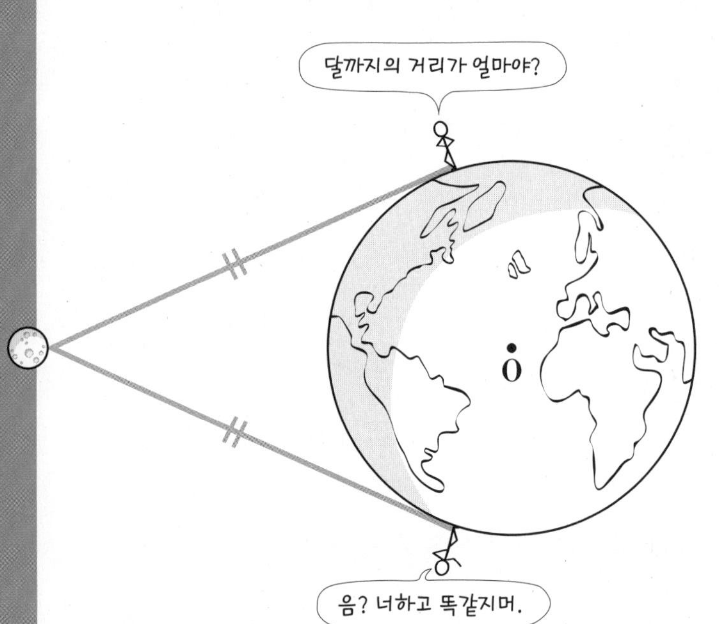

01 현의 수직이등분선

원의 중심에서 현 AB에 내린 수선은 그 현을 이등분해. 원에서 현 AB의 수직이등분선을 l이라 하면 두 점 A, B로부터 같은 거리에 있는 점들은 모두 직선 l 위에 있지. 이때 원의 중심도 직선 l 위에 있기 때문에 현 AB의 수직이등분선은 항상 원의 중심을 지나게 돼!

원의 중심을 지나는!

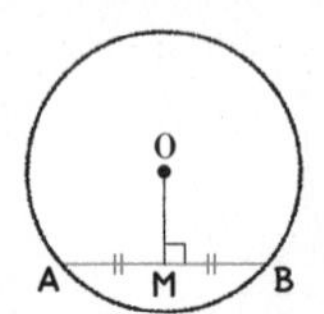

$\overline{AB} \perp \overline{OM}$ 이면 $\overline{AM} = \overline{BM}$

원의 중심에서 현에 내린 수선은 그 현을 이등분한다.

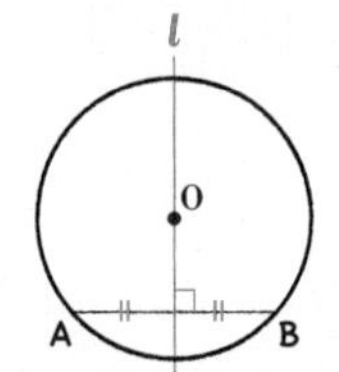

원에서 현의 수직이등분선은 그 원의 중심을 지난다.

02 현의 길이

한 원 또는 합동인 두 원에서 원의 중심으로부터 같은 거리에 있는 두 현의 길이는 서로 같아. 반대로 길이가 같은 두 현은 원의 중심으로부터 같은 거리에 있어. 이 성질을 이용하여 현의 길이를 구하거나 원의 반지름을 구하는 연습을 하게 될 거야!

원의 중심으로부터 같은 거리에 있는!

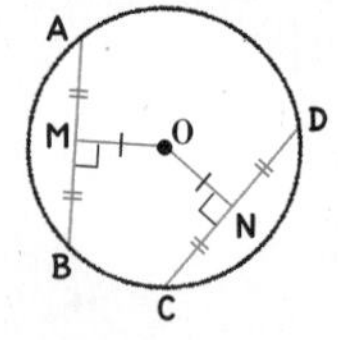

$\overline{OM} = \overline{ON}$ 이면 $\overline{AB} = \overline{CD}$

원의 중심으로부터 같은 거리에 있는 두 현의 길이는 서로 같다.

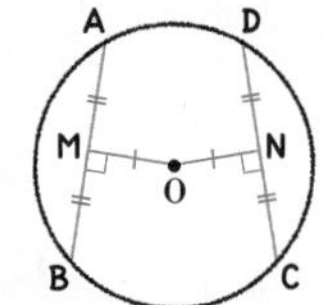

$\overline{AB} = \overline{CD}$ 이면 $\overline{OM} = \overline{ON}$

길이가 같은 두 현은 원의 중심으로부터 같은 거리에 있다.

03 원의 접선과 반지름

원과 직선이 한 점에서 만날 때, 이 직선을 원에 접한다라고 해. 이때 이 직선을 원의 접선이라 하고, 접선이 원과 만나는 점을 접점이라 하지. 원의 접선은 그 접점을 지나는 원의 반지름과 수직이야!

원과 직선이 한 점에서 만날 때!

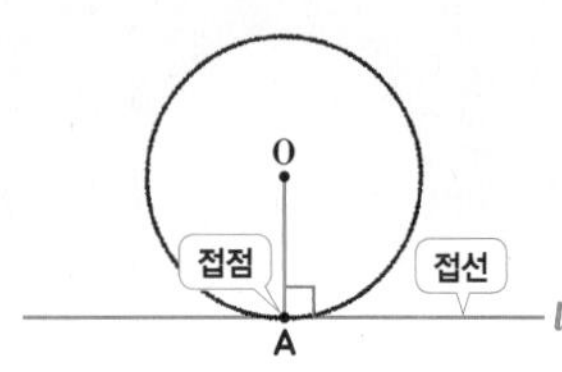

$l \perp \overline{OA}$

원의 접선은 그 접점을 지나는 원의 반지름과 수직이다.

04 원과 접선

원의 외부에 있는 한 점 P에서 원에 그을 수 있는 접선은 2개야. 이때 각각의 접점을 A, B라 하면 $\overline{PA}$, $\overline{PB}$의 길이를 점 P에서 원에 그은 접선의 길이라 해. 이때 이 두 접선의 길이는 항상 같아!

원과 직선이 한 점에서 만날 때!

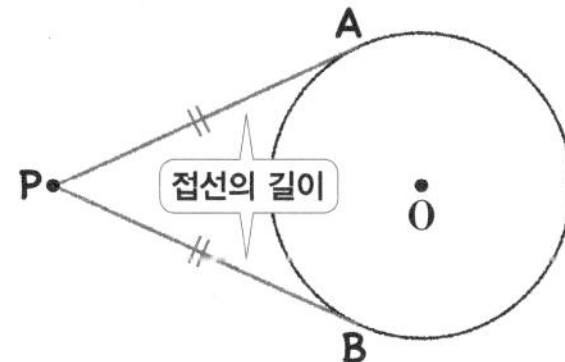

$$\overline{PA}=\overline{PB}$$

원의 외부에 있는 한 점에서 그 원에 그은 두 접선의 길이는 같다.

05 삼각형의 내접원

원 O가 △ABC에 내접하고 세 점 D, E, F가 접점일 때, 내접원의 반지름의 길이를 r라 하면 원 밖의 한 점에서 그 원에 그은 두 접선의 길이가 같으므로 다음이 성립해!

① $\overline{AD}=\overline{AF}$, $\overline{BD}=\overline{BE}$, $\overline{CE}=\overline{CF}$

② (△ABC의 둘레의 길이)$=2(\overline{AD}+\overline{BE}+\overline{CF})$

③ $\triangle ABC=\frac{1}{2}r(\overline{AB}+\overline{BC}+\overline{CA})$

원과 직선이 한 점에서 만날 때!

원 O가 △ABC의 내접원일 때

❶ △ABC의 둘레의 길이

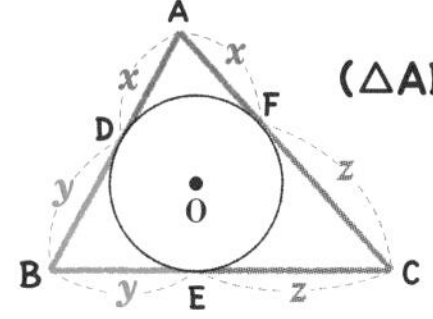

(△ABC의 둘레의 길이)$=\overline{AB}+\overline{BC}+\overline{CA}$
$=(x+y)+(y+z)+(z+x)$
$=2(x+y+z)$

❷ △ABC의 넓이

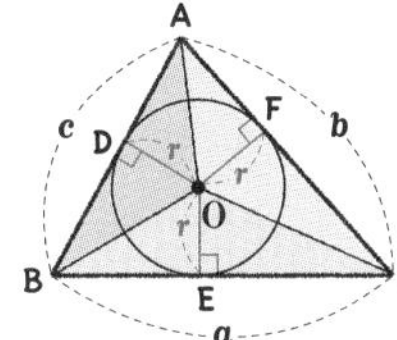

$\triangle ABC=\triangle OBC+\triangle OCA+\triangle OAB$
$=\frac{1}{2}ar+\frac{1}{2}br+\frac{1}{2}cr$
$=\frac{1}{2}r(a+b+c)$

06 외접사각형의 성질

원에 외접하는 사각형인 외접사각형은 두 쌍의 대변의 길이의 합이 서로 같아.
즉 원 O가 □ABCD에 내접하면
$\overline{AB}+\overline{CD}=\overline{AD}+\overline{BC}$야!
반대로 $\overline{AB}+\overline{CD}=\overline{AD}+\overline{BC}$인 □ABCD는 원 O에 외접해. 이때 대변의 길이의 합을 이웃하는 변의 길이의 합으로 혼동하면 안돼!

원과 직선이 한 점에서 만날 때!

❶ □ABCD가 원 O에 외접할 때

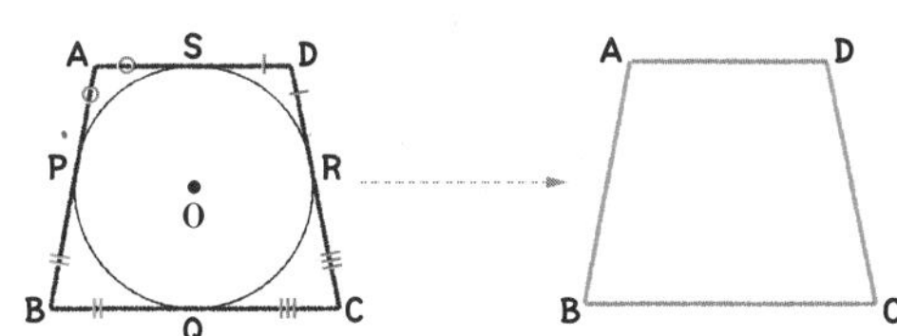

$\overline{AP}+\overline{PB}+\overline{DR}+\overline{RC}$
$=\overline{AS}+\overline{SD}+\overline{BQ}+\overline{QC}$ 이므로 $\overline{AB}+\overline{CD}=\overline{AD}+\overline{BC}$

원에 외접하는 사각형의 두 쌍의 대변의 길이의 합은 서로 같다.

❷ □ABCD가 $\overline{AB}+\overline{CD}=\overline{AD}+\overline{BC}$ 이면

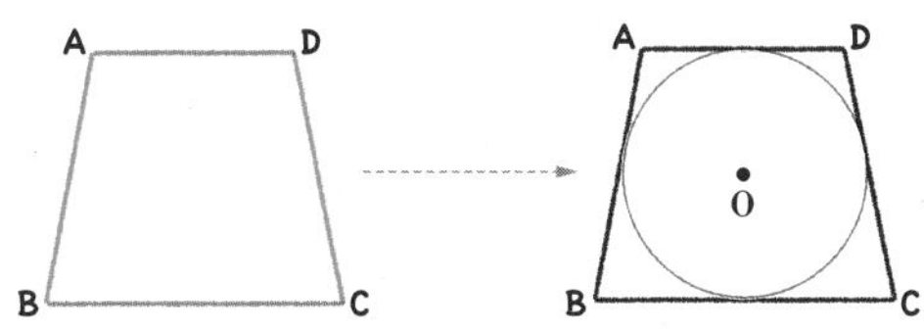

대변의 길이의 합이 서로 같은 사각형은 원에 외접한다.

01

원의 중심을 지나는!

현의 수직이등분선

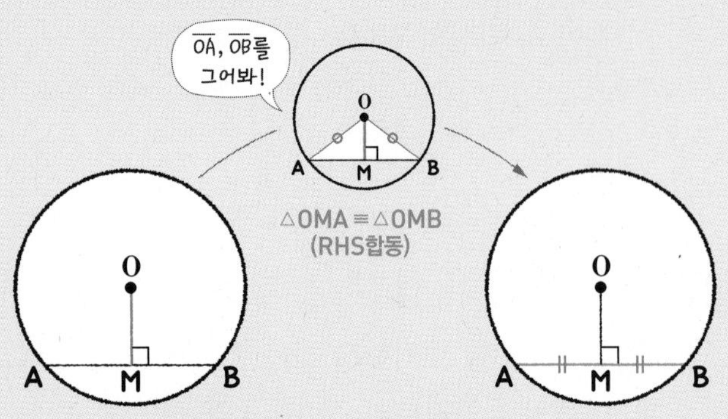

$\overline{AB} \perp \overline{OM}$ 이면 $\overline{AM} = \overline{BM}$

원의 중심에서 현에 내린 수선은 그 현을 이등분한다.

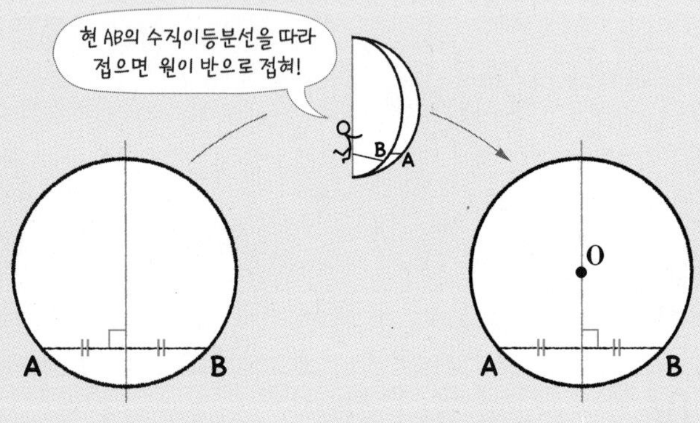

원에서 현의 수직이등분선은 그 원의 중심을 지난다.

• **현의 수직이등분선의 성질**

오른쪽 원에서 현 AB의 수직이등분선을 l이라 하면 직선 l 위의 모든 점에서 두 점 A, B까지의 거리는 항상 같다. 즉 두 점 A, B로부터 같은 거리에 있는 점들은 모두 직선 l 위에 있다. 따라서 원의 중심도 직선 l 위에 있으므로 원에서 현의 수직이등분선은 그 원의 중심을 지난다.

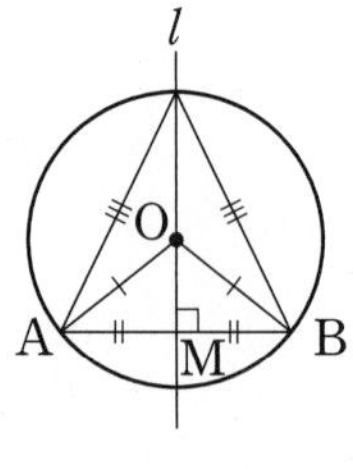

1st — 현의 수직이등분선을 이용하여 길이 구하기(1)

● 다음 그림의 원 O에서 x의 값을 구하시오.

1

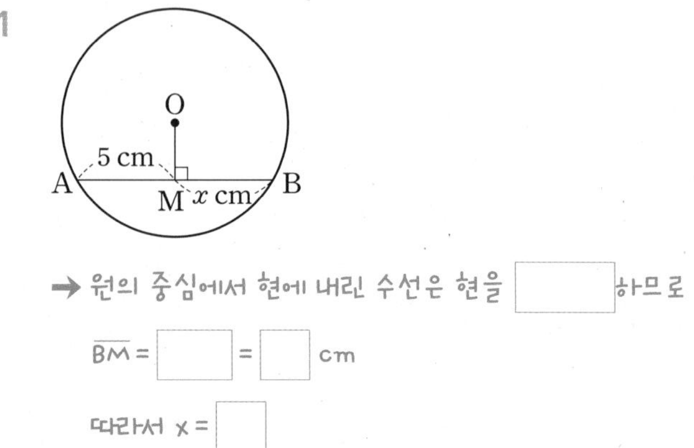

→ 원의 중심에서 현에 내린 수선은 현을 ☐하므로

$\overline{BM}$ = ☐ = ☐ cm

따라서 x = ☐

2

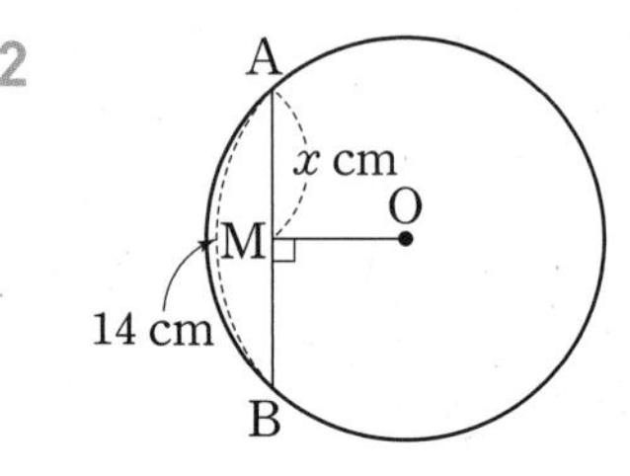

3

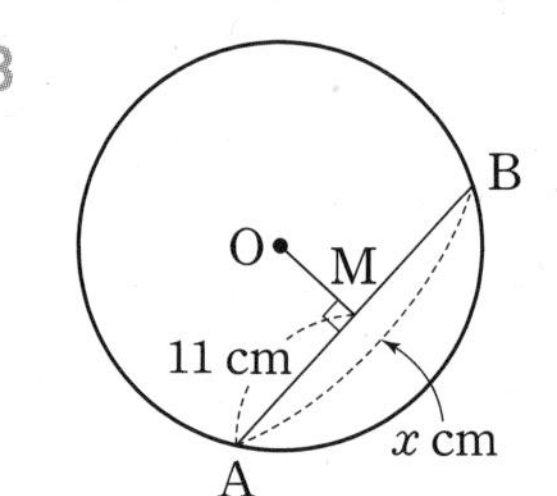

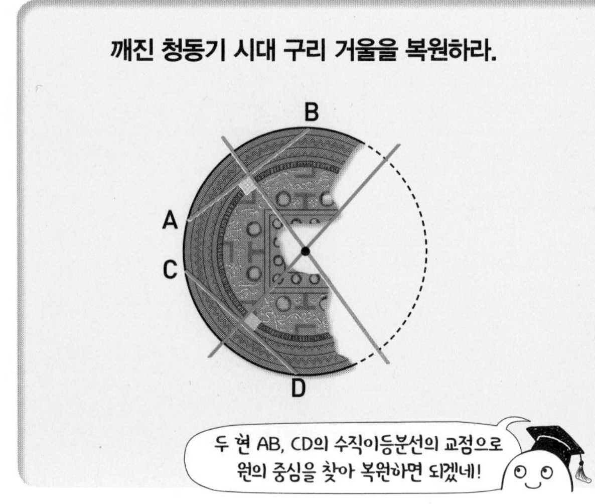

● 다음 그림의 원의 반지름의 길이를 구하시오.

4

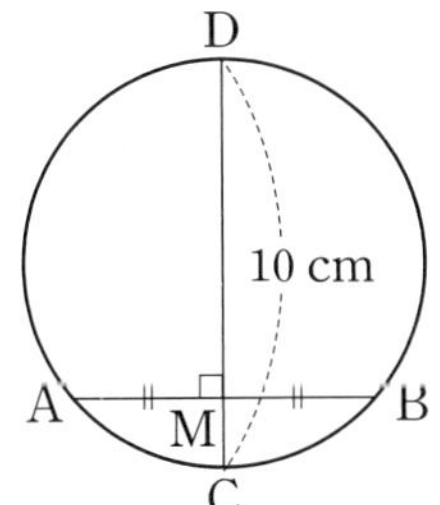

5

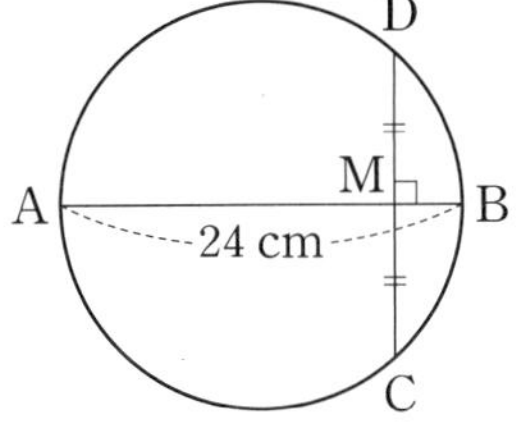

6

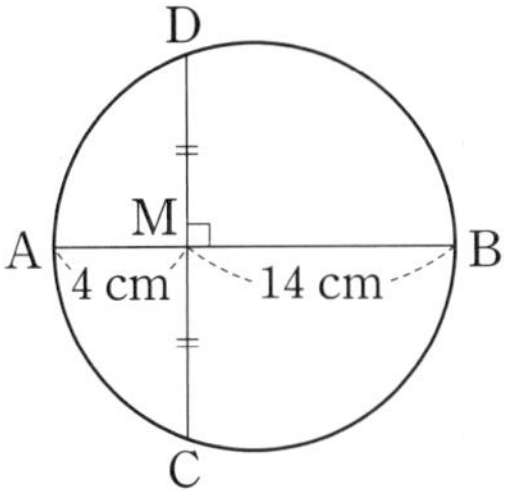

7

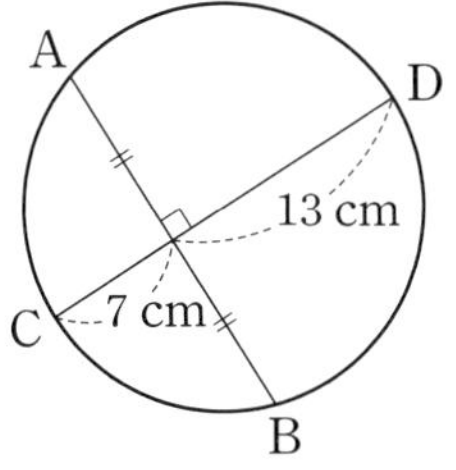

2nd 현의 수직이등분선을 이용하여 길이 구하기(2)

● 다음 그림의 원 O에서 x의 값을 구하시오.

8

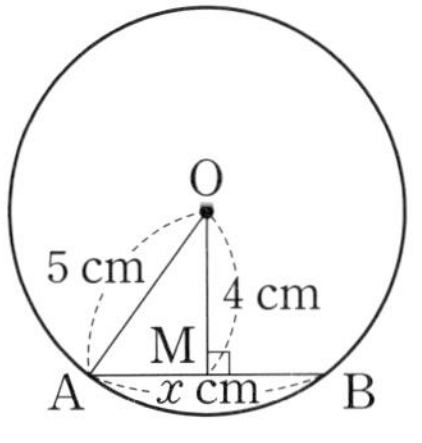

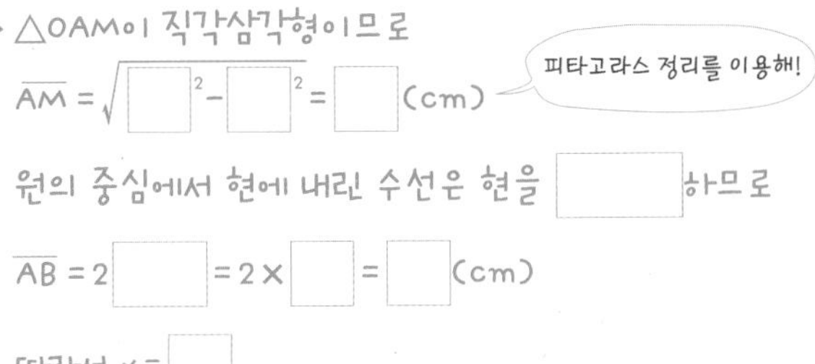

9

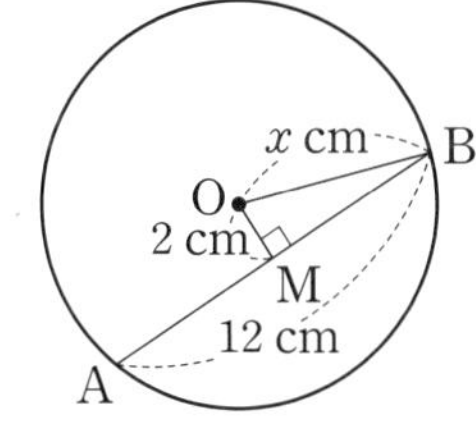

10

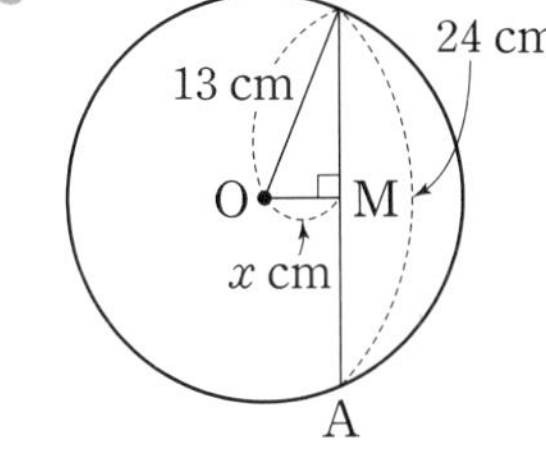

11

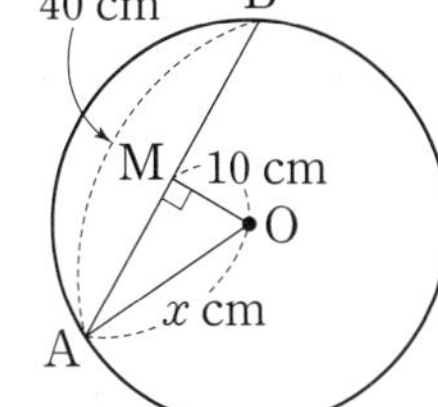

12

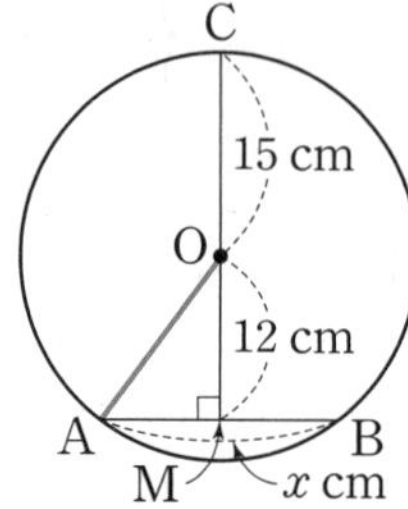

→ $\overline{OA}$를 그으면 $\overline{OA}$= □ = □ cm이므로

직각삼각형 OAM에서

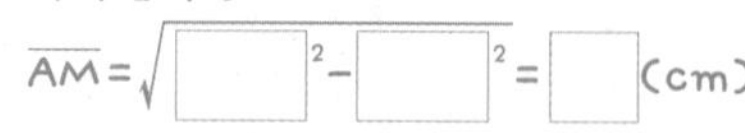

$\overline{AM}=\sqrt{□^2-□^2}=□$(cm)

따라서 $\overline{AB}=2\times□=□$(cm)이므로 $x=□$

13

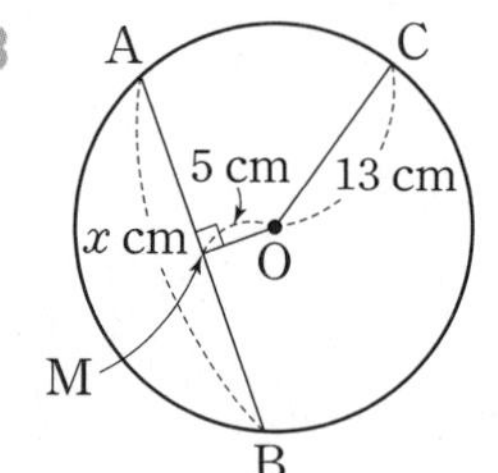

$\overline{OA}$를 그어봐!

14

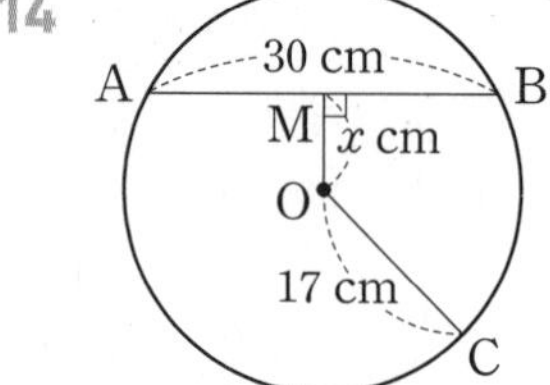

15

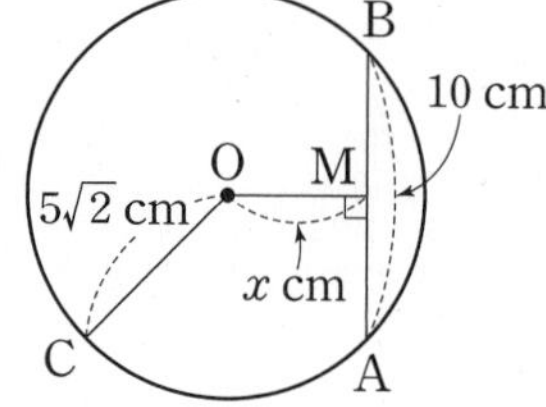

● 다음 그림의 원 O의 반지름의 길이를 구하시오.

16

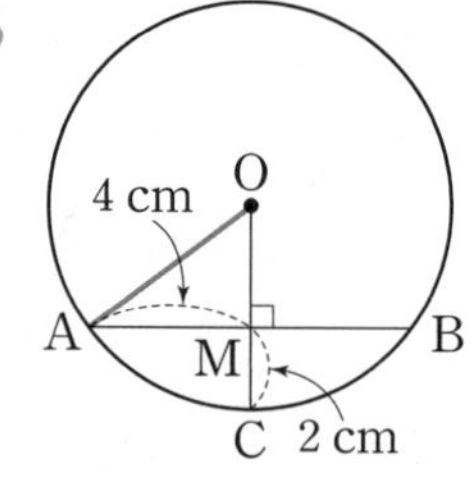

→ 원 O의 반지름의 길이를 r cm라 하면

$\overline{OM}$=(□) cm

$\overline{OA}$를 그으면 직각삼각형 OAM에서

$r^2=4^2+(□)^2$, □ r= □ , 즉 r= □

따라서 원 O의 반지름의 길이는 □ cm이다.

17

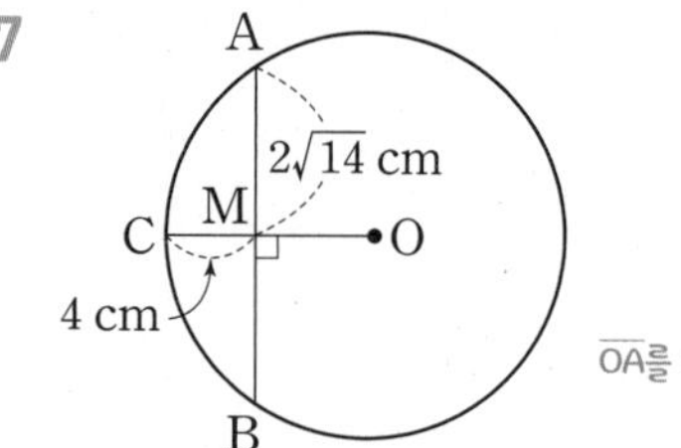

$\overline{OA}$를 그어봐!

18

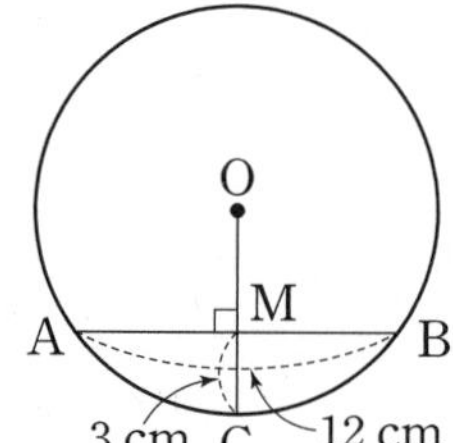

19

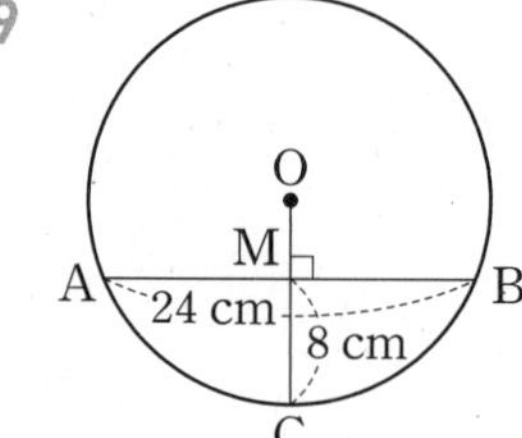

3rd 원의 일부분을 이용하여 길이 구하기

● 다음 그림에서 $\widehat{AB}$는 원 O의 일부분이다. $\overline{AM}=\overline{BM}$, $\overline{AB}\perp\overline{CM}$일 때, 원 O의 반지름의 길이를 구하시오.

20

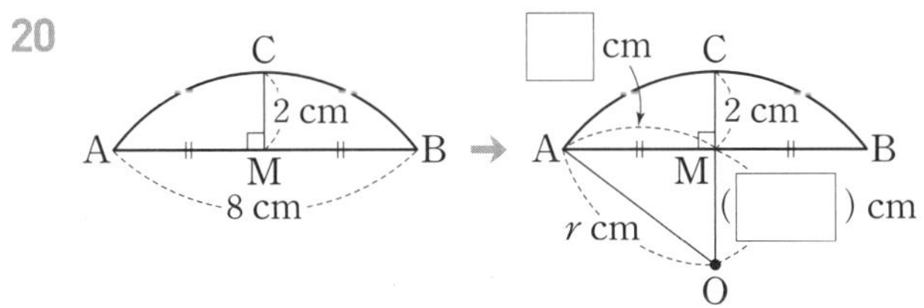

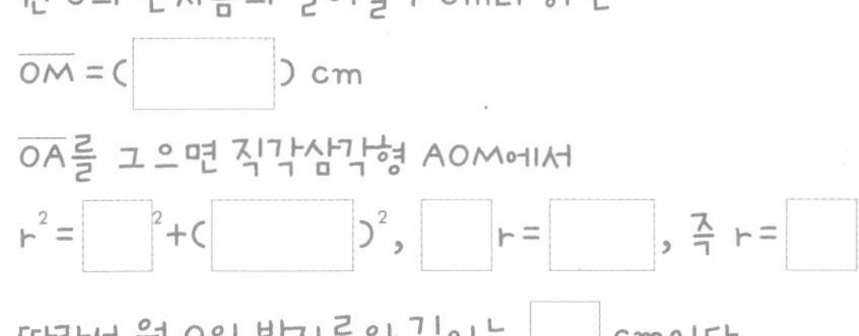

➔ 원의 중심을 O라 하고 $\overline{CM}$의 연장선을 그으면 직선 CM은 원의 중심을 지나므로 점 M은 $\overline{CO}$ 위의 점이다.
원 O의 반지름의 길이를 r cm라 하면
$\overline{OM}$ = (□) cm
$\overline{OA}$를 그으면 직각삼각형 AOM에서
r^2 = □^{2} + (□)^2, □ r = □, 즉 r = □
따라서 원 O의 반지름의 길이는 □ cm이다.

21

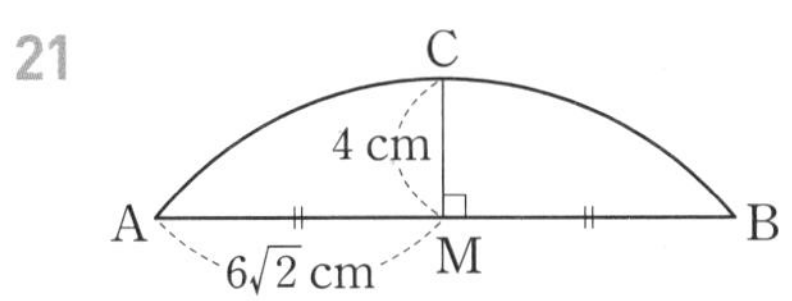

22

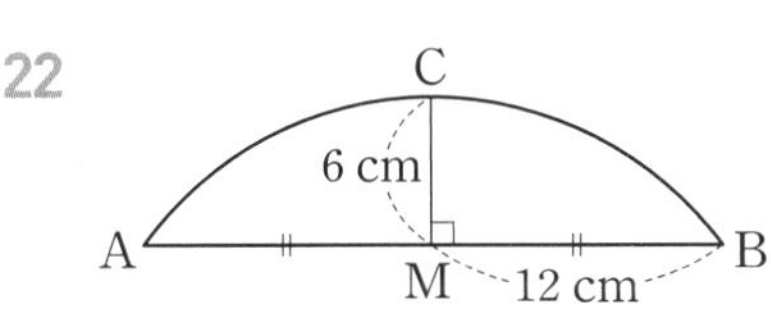

23

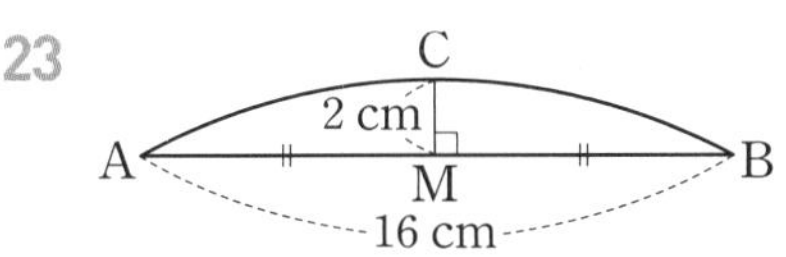

● 다음 그림과 같이 원주 위의 한 점이 원의 중심 O에 겹쳐지도록 접었을 때, x의 값을 구하시오.

24

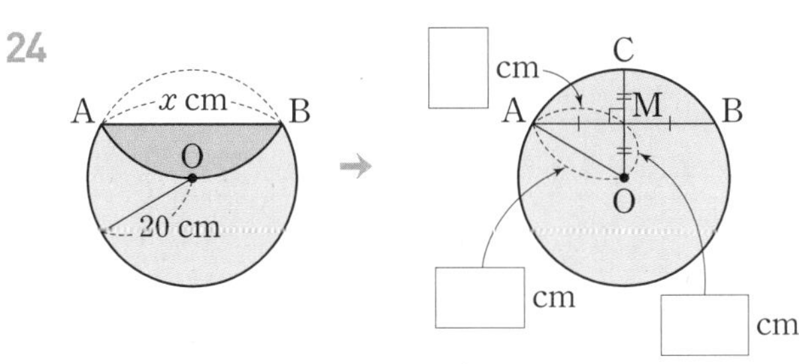

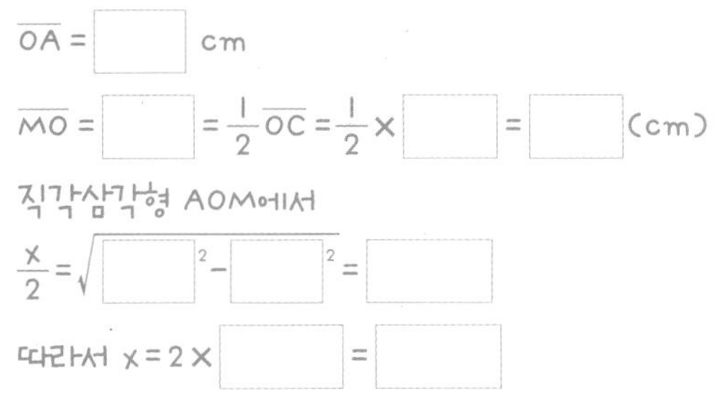

➔ 원의 중심 O에서 현 AB에 수선을 그어 $\overline{AB}$와의 교점을 M, 원과의 교점을 C라 하면
$\overline{OA}$ = □ cm
$\overline{MO}$ = □ = $\frac{1}{2}\overline{OC}$ = $\frac{1}{2}$ × □ = □ (cm)
직각삼각형 AOM에서
$\frac{x}{2}$ = $\sqrt{□^2 - □^2}$ = □
따라서 x = 2 × □ = □

25

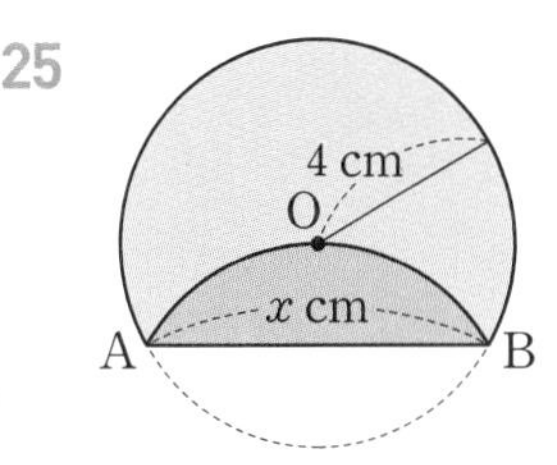

26

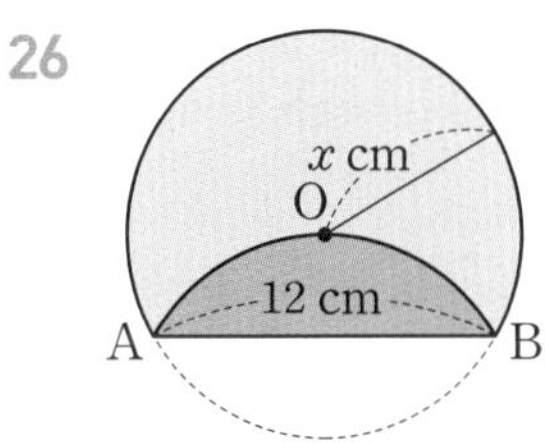

27

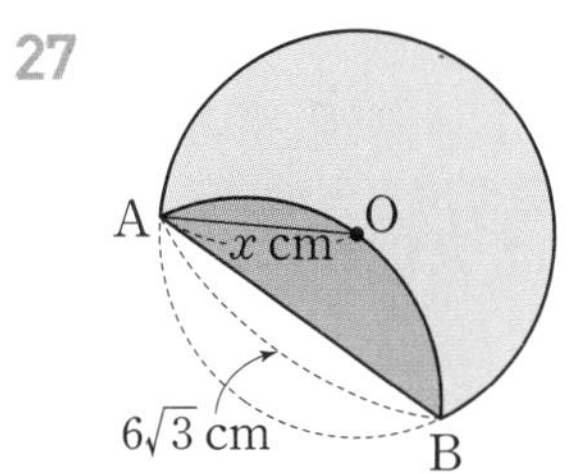

02 원의 중심으로부터 같은 거리에 있는!

현의 길이

한 원 또는 합동인 두 원에서

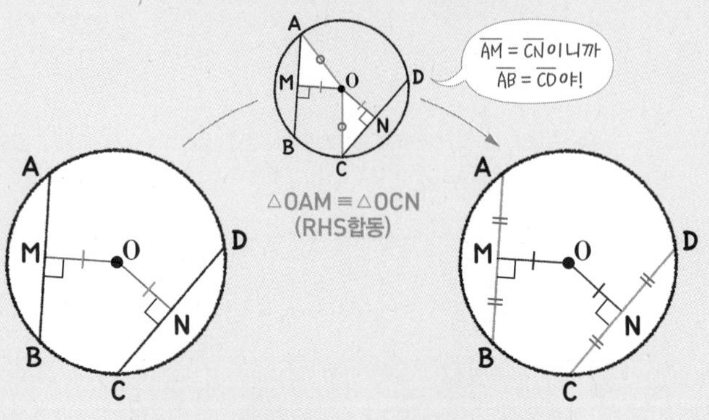

$\overline{OM}=\overline{ON}$ 이면 $\overline{AB}=\overline{CD}$

원의 중심으로부터 같은 거리에 있는 두 현의 길이는 서로 같다.

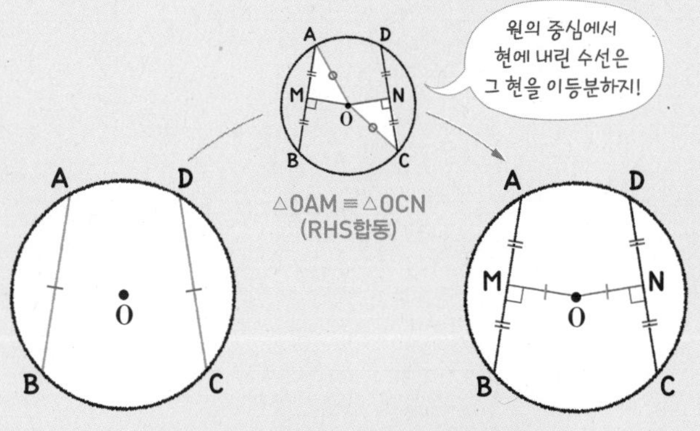

$\overline{AB}=\overline{CD}$ 이면 $\overline{OM}=\overline{ON}$

길이가 같은 두 현은 원의 중심으로부터 같은 거리에 있다.

길이가 같은 현에 의해 만들어지는 도형은
원에 가까운 모양이 된다.

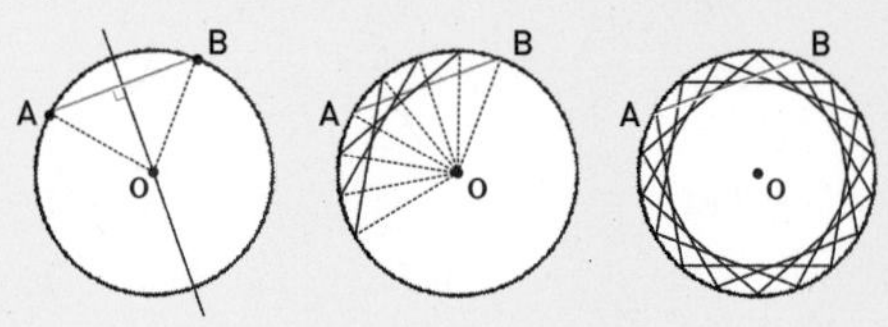

한 원에서 두 현의 길이가 같다면 그 중심각의 크기는 같고
또 두 중심각의 크기가 같다면 그 현은 길이가 같다?
이미 중1 때 배운 거 아냐?

1st 현의 길이의 성질을 이용하여 길이 구하기

● 다음 그림의 원 O에서 x의 값을 구하시오.

1

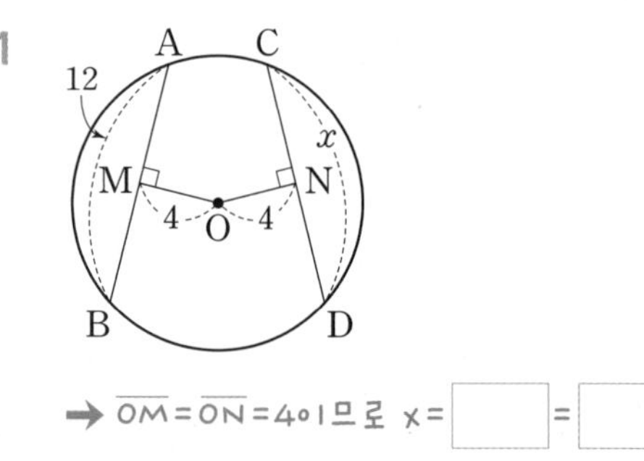

→ $\overline{OM}=\overline{ON}=4$이므로 $x=$ □ $=$ □

2

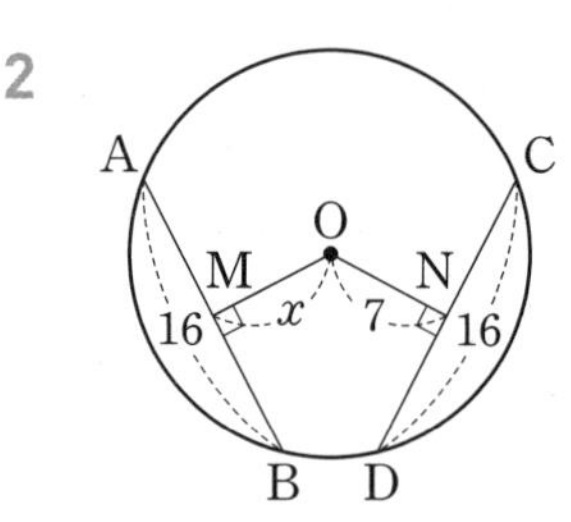

3

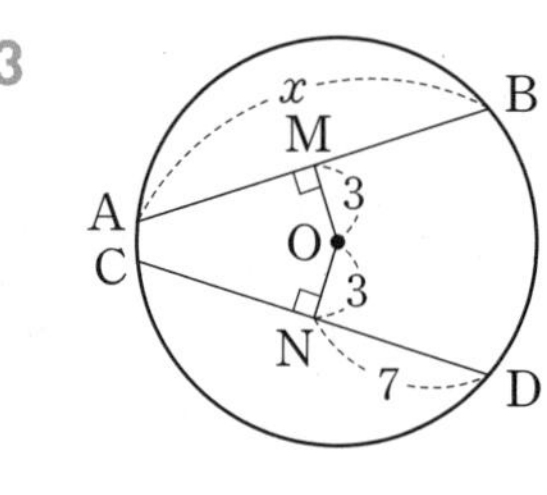

4

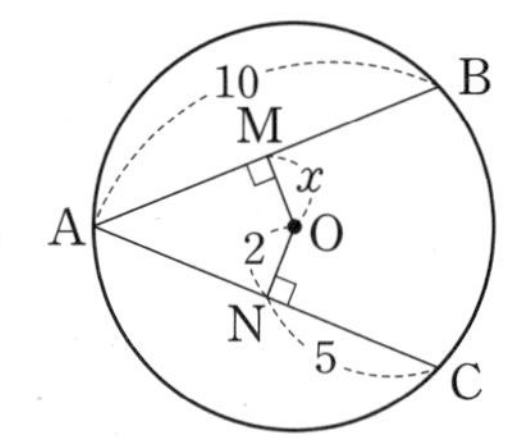

5

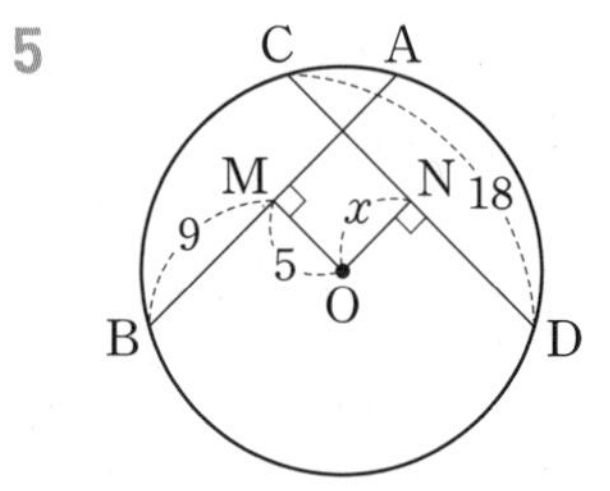

6

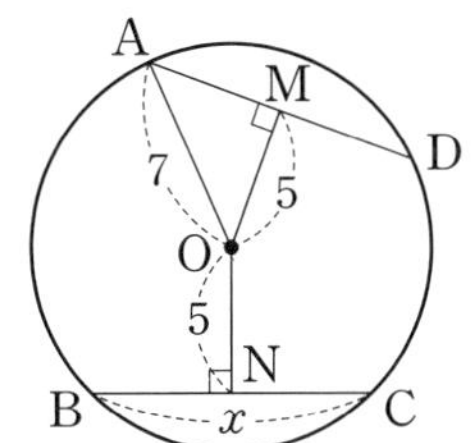

→ 직각삼각형 AOM에서 $\overline{AM}=\sqrt{\square^2-\square^2}=\square$

$\overline{OM}=\overline{ON}=5$이므로 $x=\overline{AD}=2\times\square=\square$

7

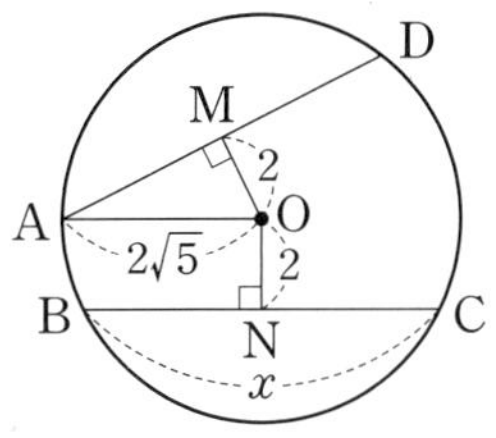

8

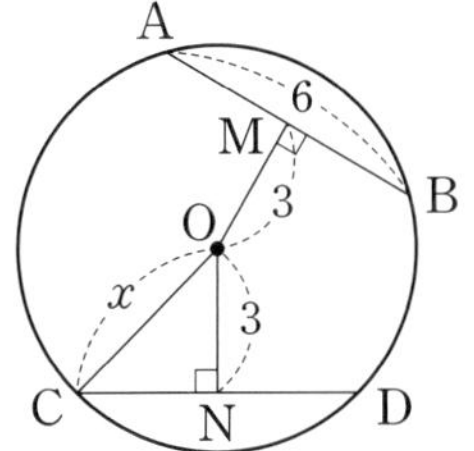

9

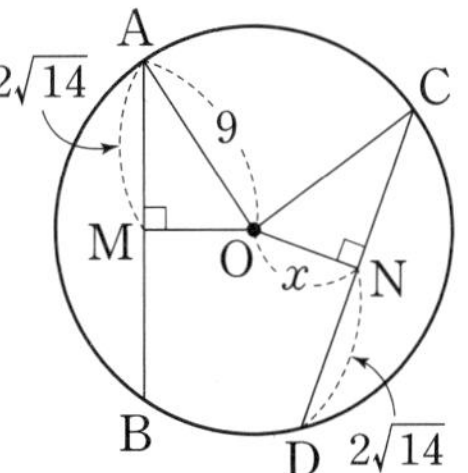

10

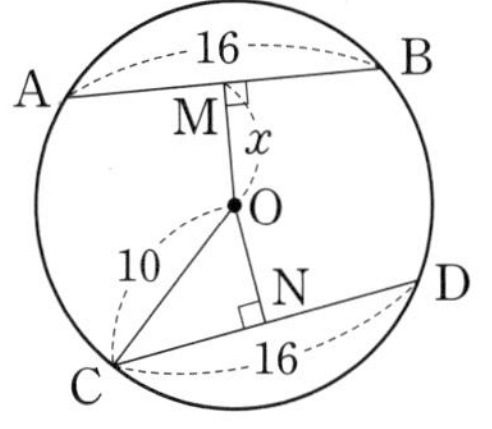

2nd 현의 길이의 성질을 이용하여 각의 크기 구하기

● 다음 그림의 원 O에서 $\overline{OM}=\overline{ON}$일 때, $\angle x$의 크기를 구하시오.

11

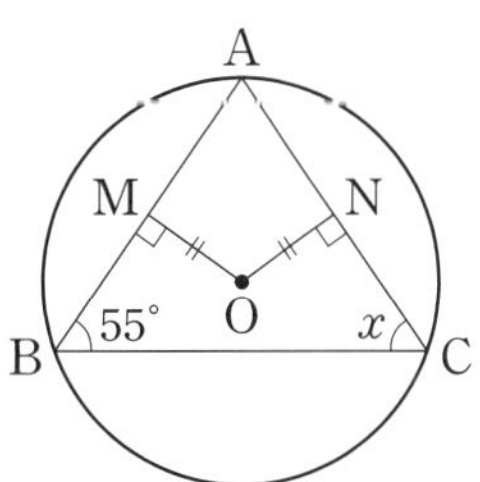

12

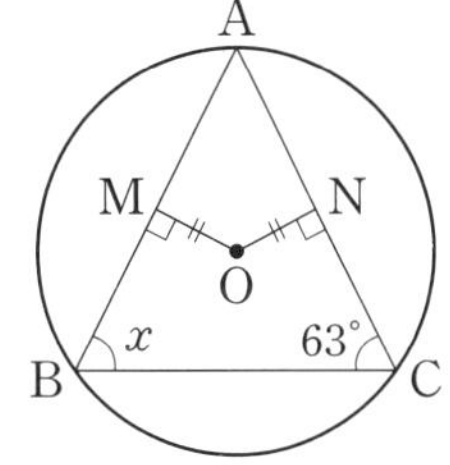

13

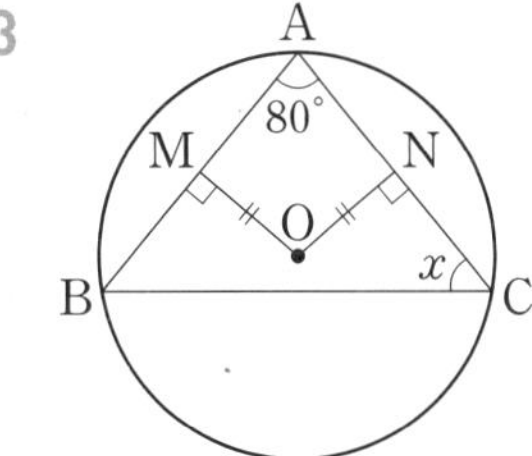

14

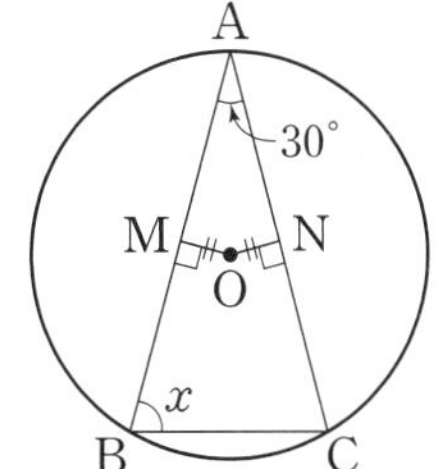

내가 발견한 개념

현의 길이의 성질은?

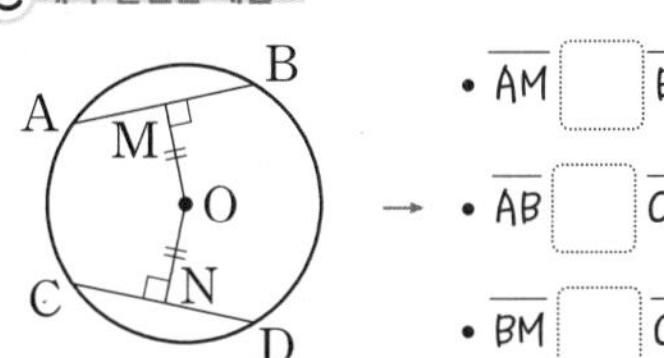

→ • $\overline{AM}$ ☐ $\overline{BM}$
• $\overline{AB}$ ☐ $\overline{CD}$
• $\overline{BM}$ ☐ $\overline{CN}$

03 원과 직선이 한 점에서 만날 때!

원의 접선과 반지름

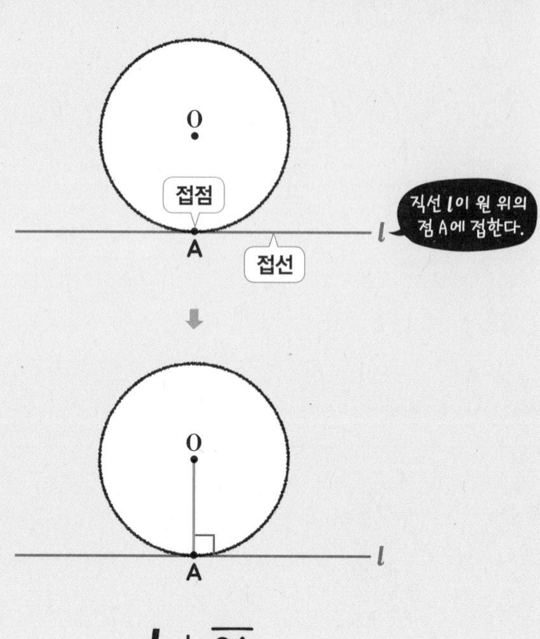

원의 접선은 그 접점을 지나는 원의 반지름과 수직이다.

• **접선과 접점**: 원과 직선이 한 점에서 만날 때, 이 직선은 원에 접한다고 한다. 이때 이 직선을 원의 접선이라 하고, 접선이 원과 만나는 점을 접점이라 한다.

1st — 접선을 이용하여 각의 크기 구하기

● 다음 그림에서 $\overrightarrow{PA}$는 원 O의 접선이고 점 A는 접점일 때, $\angle x$의 크기를 구하시오.

1

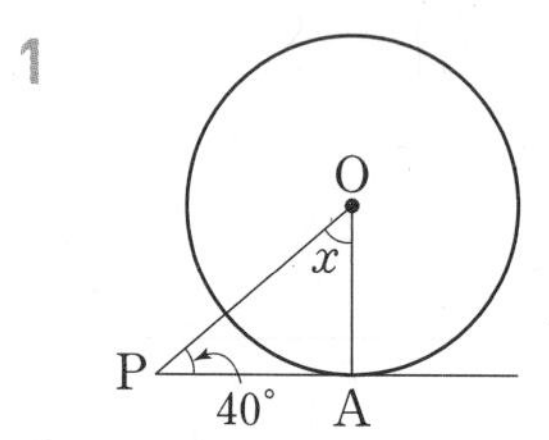

2

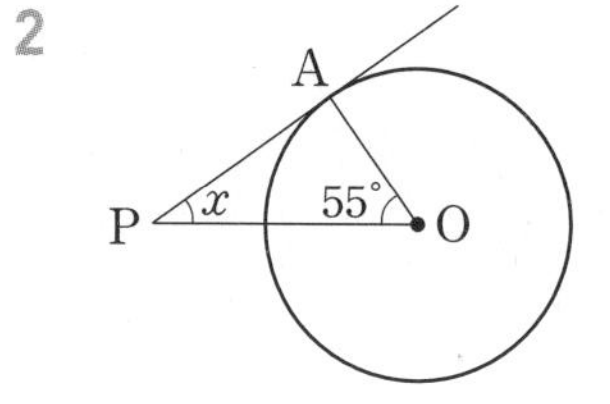

● 다음 그림에서 $\overline{PA}$, $\overline{PB}$는 원 O의 접선이고 두 점 A, B는 각각 그 접점일 때, $\angle x$의 크기를 구하시오.

3

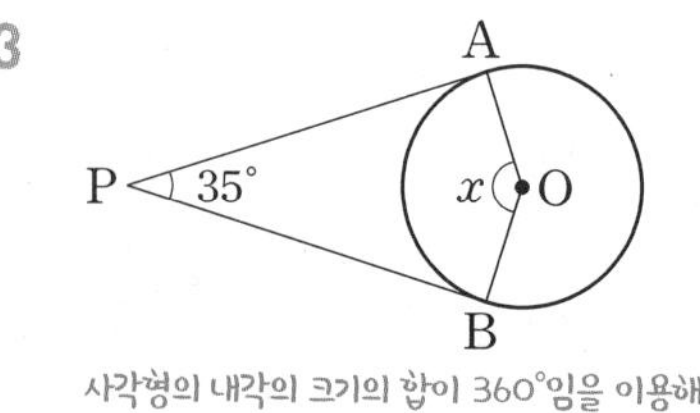

사각형의 내각의 크기의 합이 360°임을 이용해!

4

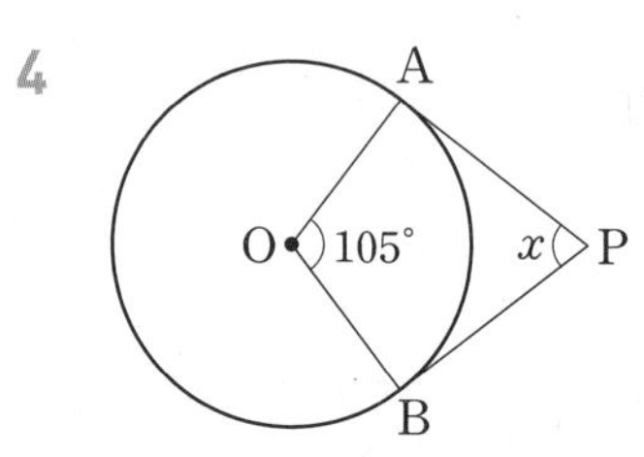

5

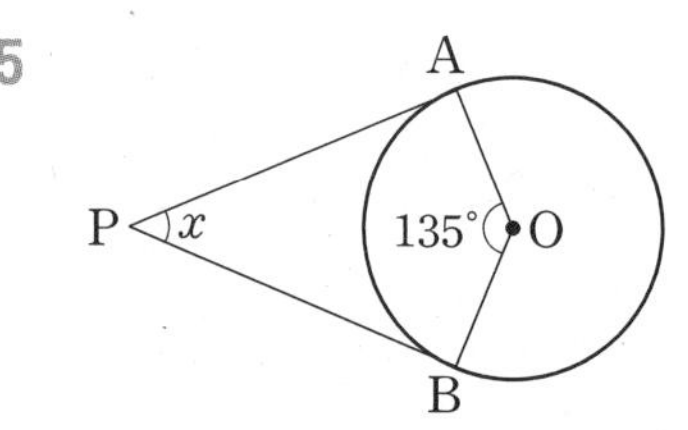

6

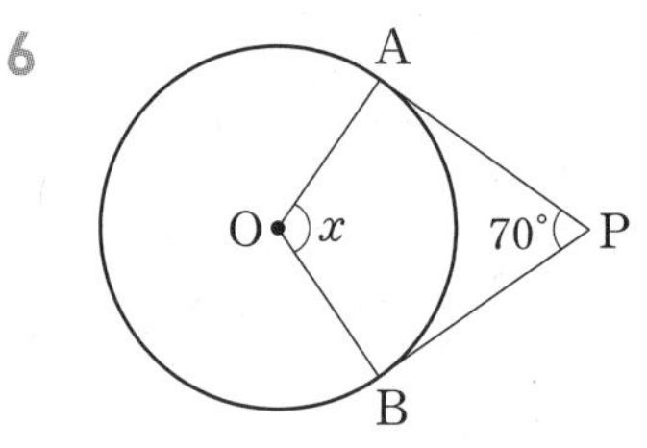

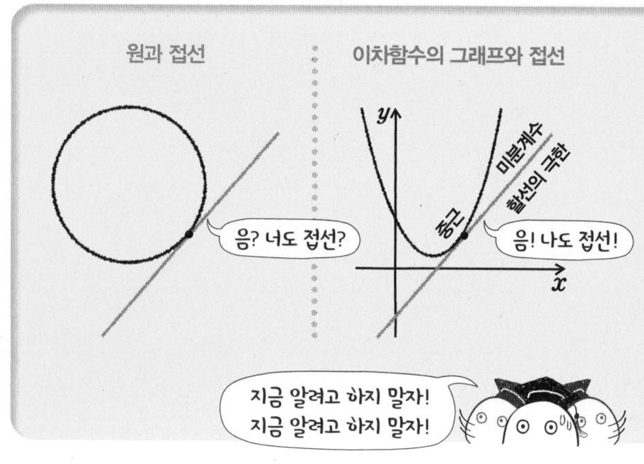

2nd 접선을 이용하여 길이 구하기

● 다음 그림에서 $\overline{PA}$는 원 O의 접선이고 점 A는 접점일 때, x의 값을 구하시오.

7

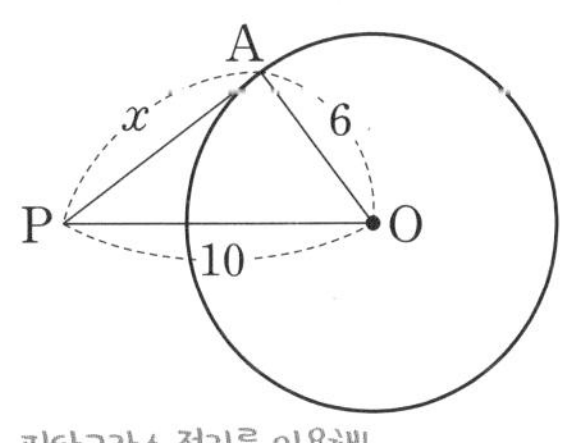

피타고라스 정리를 이용해!

8

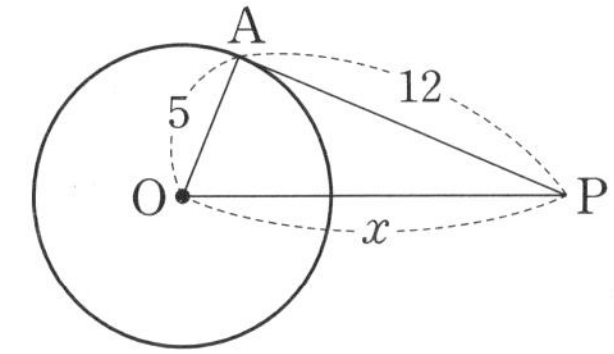

9

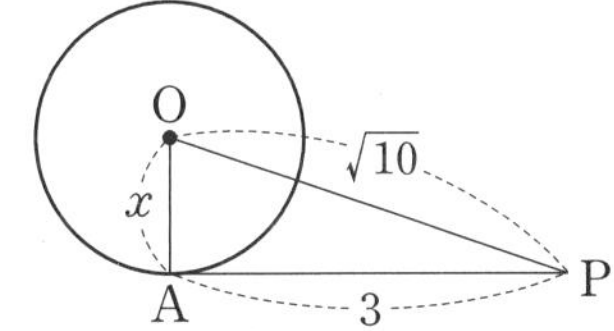

10

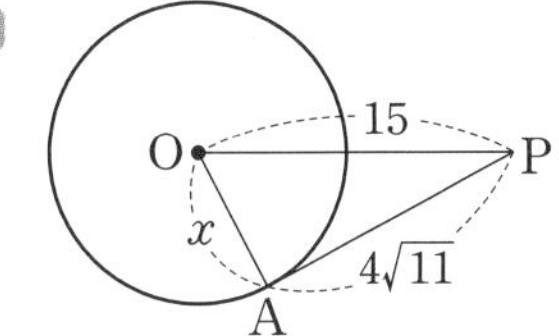

내가 발견한 개념 원의 접선과 반지름의 관계는?

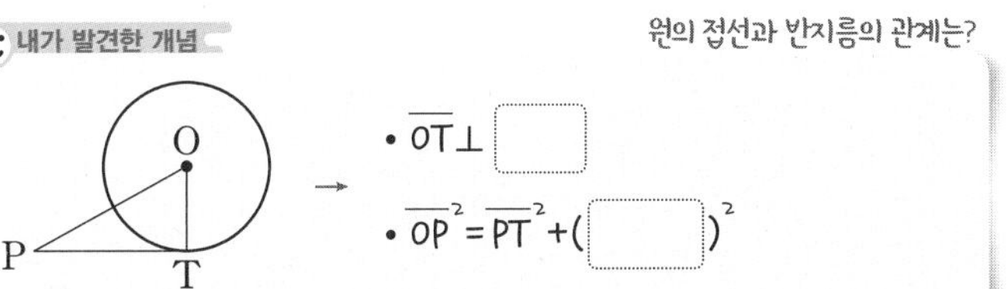

→ • $\overline{OT} \perp$ ☐

• $\overline{OP}^2 = \overline{PT}^2 + ($ ☐ $)^2$

● 다음 그림에서 $\overrightarrow{PA}$는 원 O의 접선이고 점 A는 접점, 점 B는 원 O와 $\overline{OP}$의 교점일 때, x의 값을 구하시오.

11

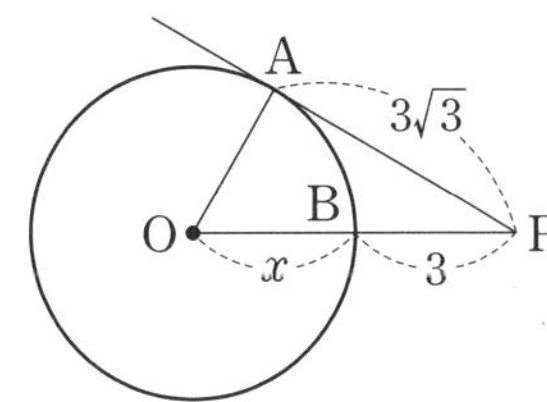

12

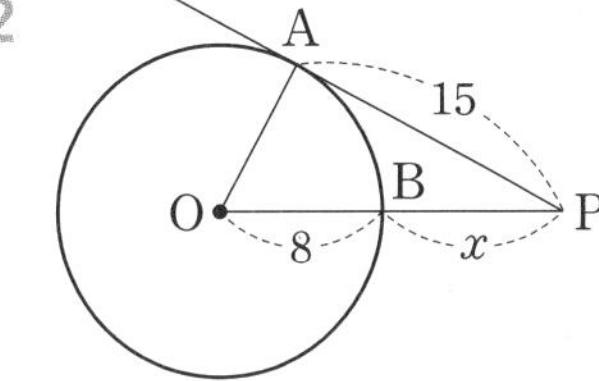

13

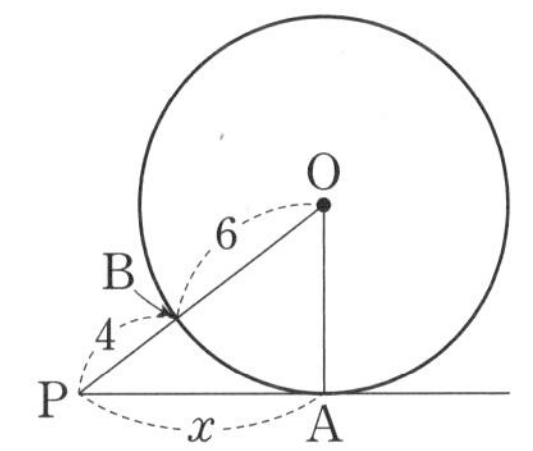

14

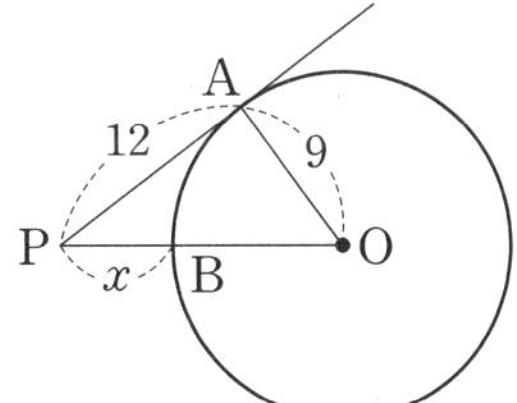

개념모음문제

15 오른쪽 그림에서 $\overline{PA}$는 원 O의 접선이고 점 A는 접점이다. $\overline{PA}=8$ cm, $\overline{PB}=4$ cm일 때, 원 O의 넓이는?

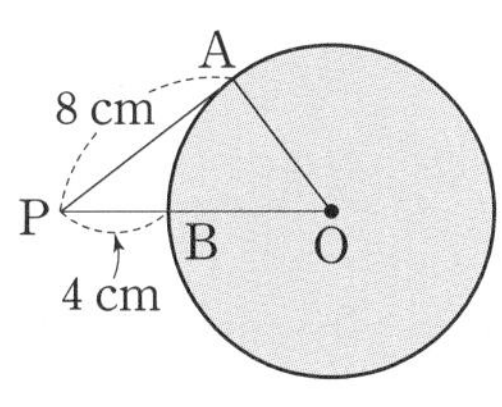

① 25π cm² ② 27π cm² ③ 30π cm²
④ 36π cm² ⑤ 40π cm²

04 원과 직선이 한 점에서 만날 때!

원과 접선

$\overline{OA} \perp \overline{PA}$, $\overline{OB} \perp \overline{PB}$

$\triangle OPA \equiv \triangle OPB$ (RHS합동)

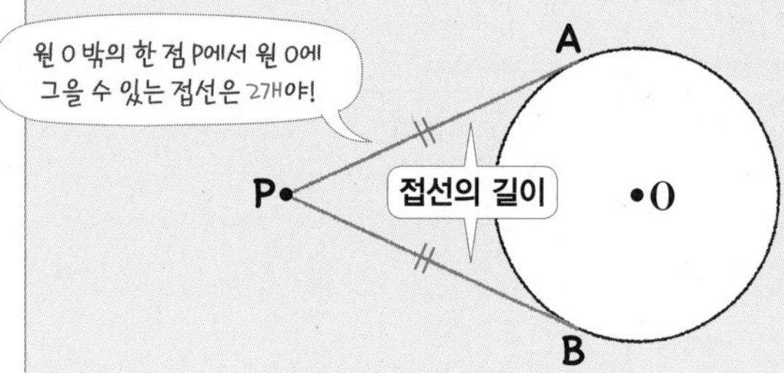

$\overline{PA} = \overline{PB}$

원의 외부에 있는 한 점에서 그 원에 그은 두 접선의 길이는 같다.

- **접선의 길이:** 원 O 밖의 한 점 P에서 두 접점 A, B까지의 거리를 각각 점 P에서 원 O에 그은 접선의 길이라 한다.

원리확인 다음 그림에서 $\overrightarrow{PA}$, $\overrightarrow{PB}$는 원 O의 접선이고 두 점 A, B는 각각 그 접점일 때, □ 안에 알맞은 것을 써넣으시오.

❶

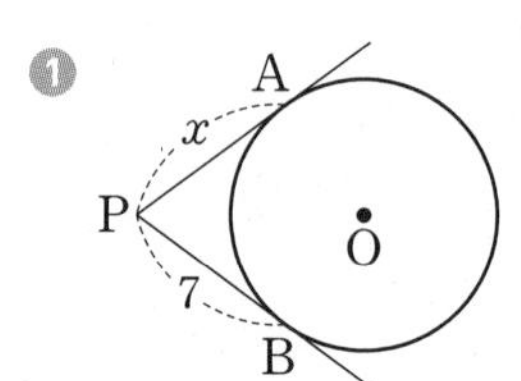

→ $\overline{PA}=$□이므로 $x=\overline{PB}=$□

❷

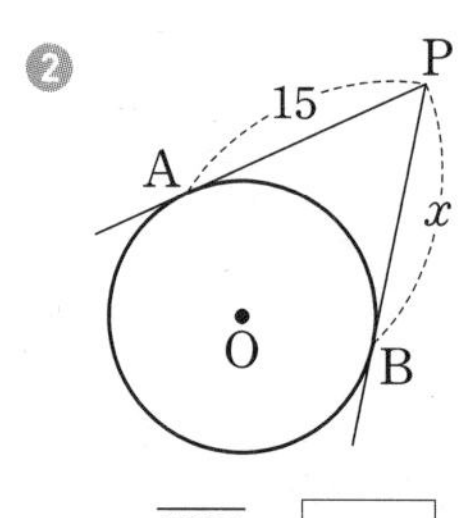

→ $\overline{PB}=$□이므로 $x=\overline{PA}=$□

1st — 원의 접선의 성질 이용하기(1)

- 다음 그림에서 $\overrightarrow{PA}$, $\overrightarrow{PB}$는 원 O의 접선이고, 두 점 A, B는 각각 그 접점일 때, x의 값을 구하시오.

1

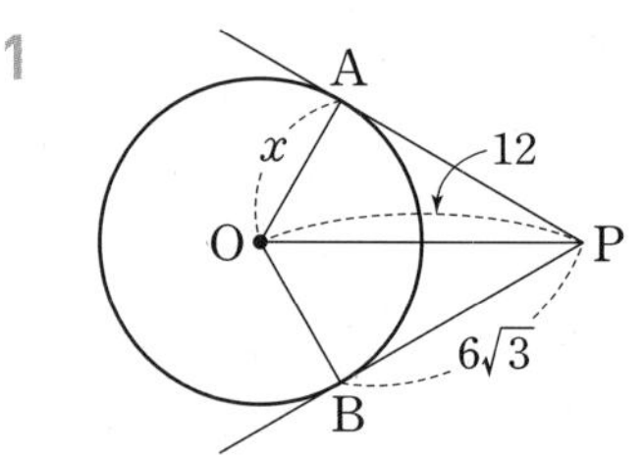

2

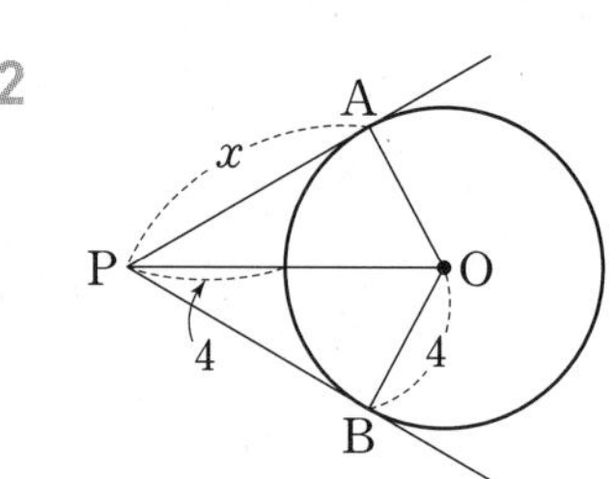

3

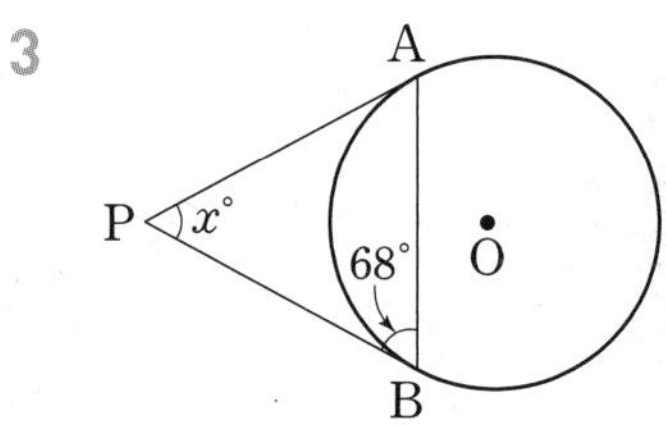

4

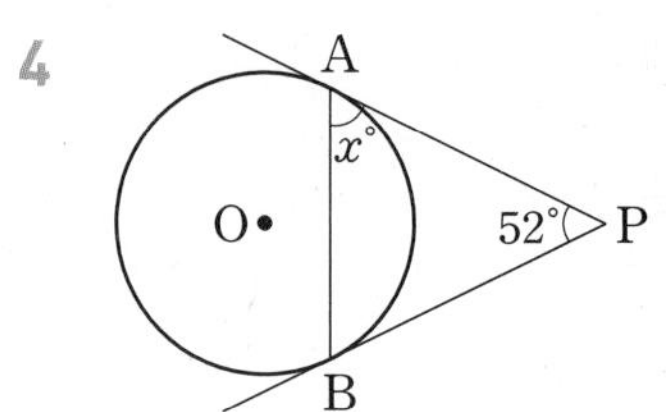

2nd 원의 접선의 성질 이용하기(2)

• 다음 그림에서 $\overrightarrow{AD}$, $\overline{BC}$, $\overrightarrow{AF}$는 원 O의 접선이고 세 점 D, E, F는 각각 그 접점일 때, x의 값을 구하시오.

5

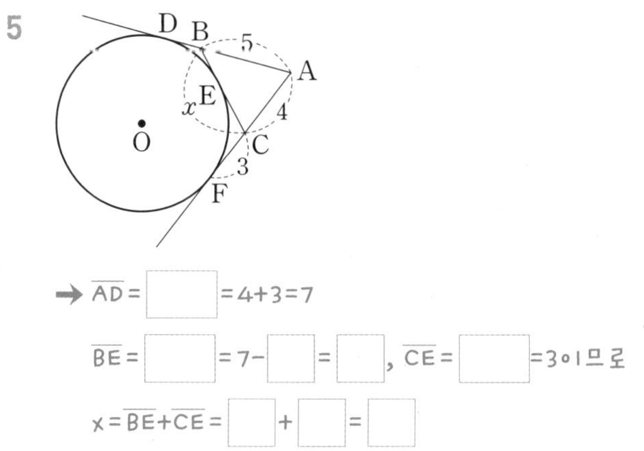

6

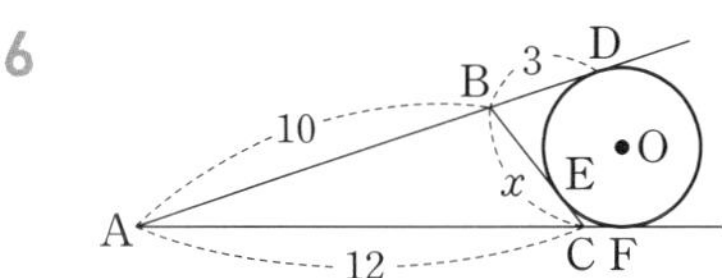

7

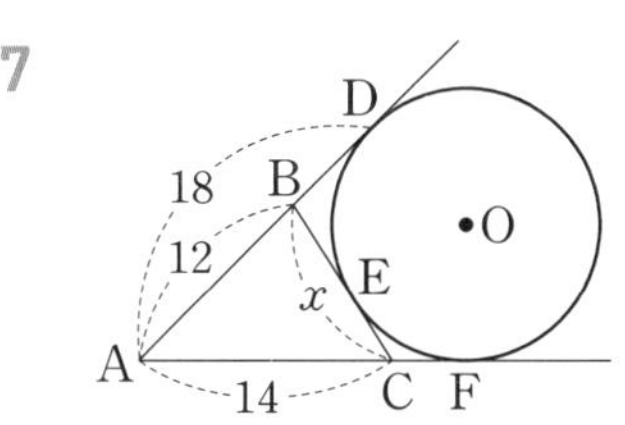

8

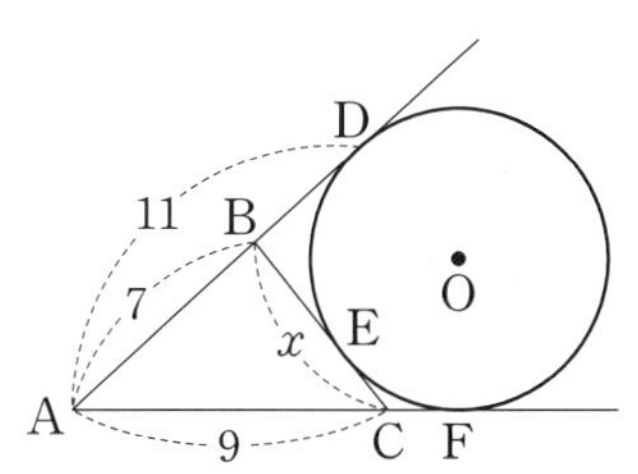

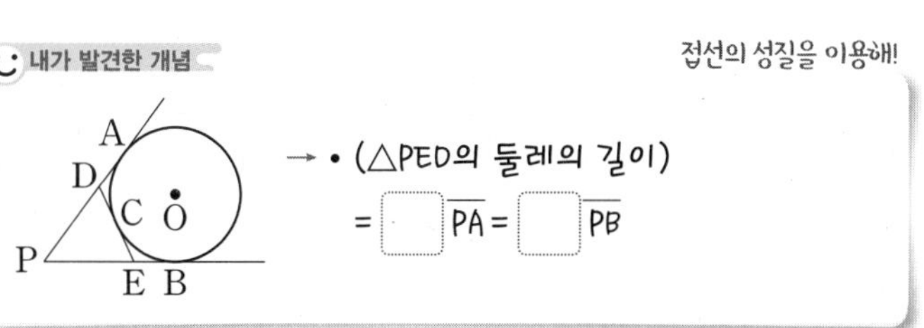

3rd 원의 접선의 성질 활용하기

• 다음 그림에서 $\overline{AD}$, $\overline{BC}$, $\overline{DC}$는 반원 O의 접선이고 세 점 A, B, E는 각각 그 접점일 때, x의 값을 구하시오.

9

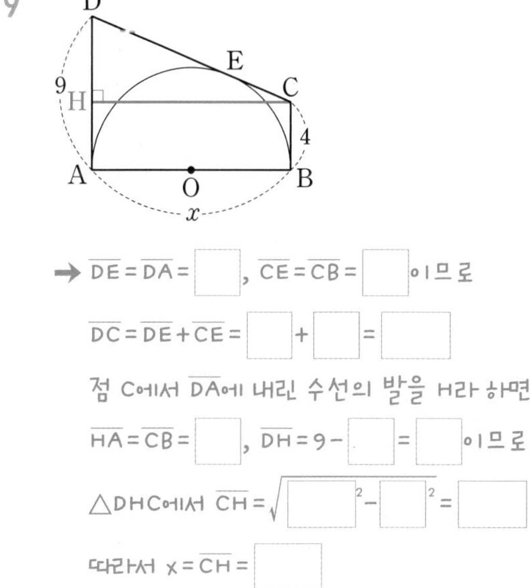

10

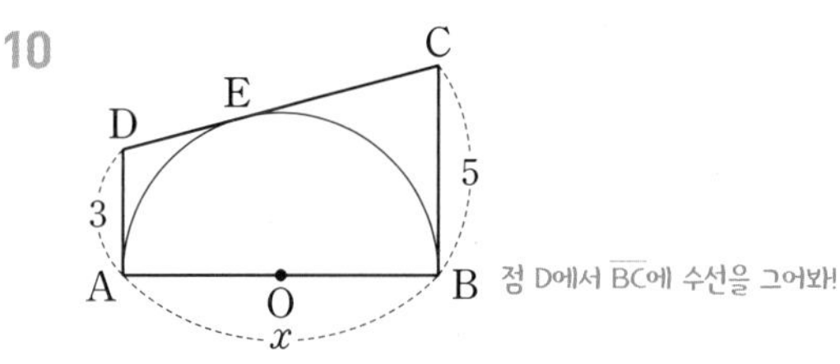

11

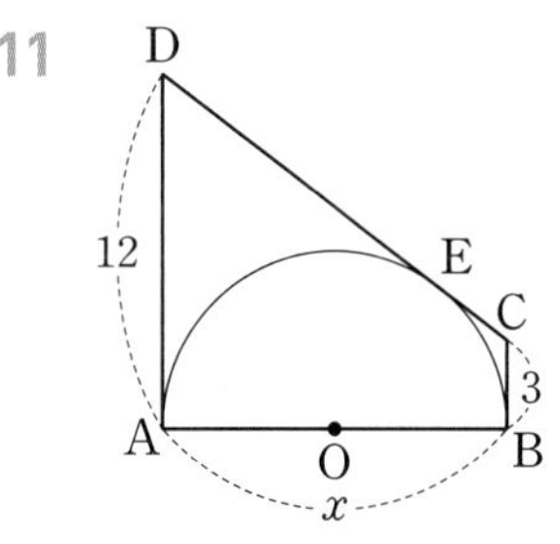

12

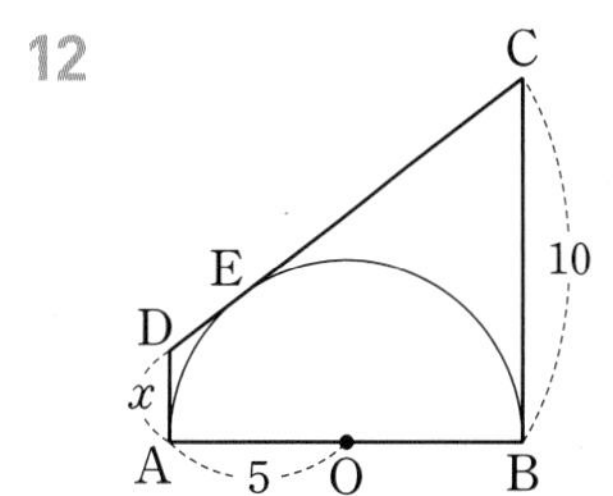

05 원과 직선이 한 점에서 만날 때!

삼각형의 내접원

원 O가 △ABC의 내접원일 때

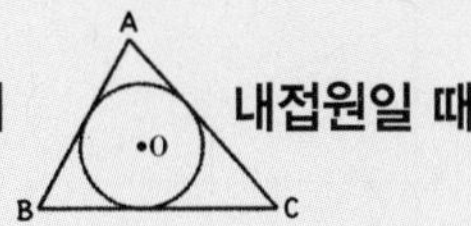

❶ △ABC의 둘레의 길이

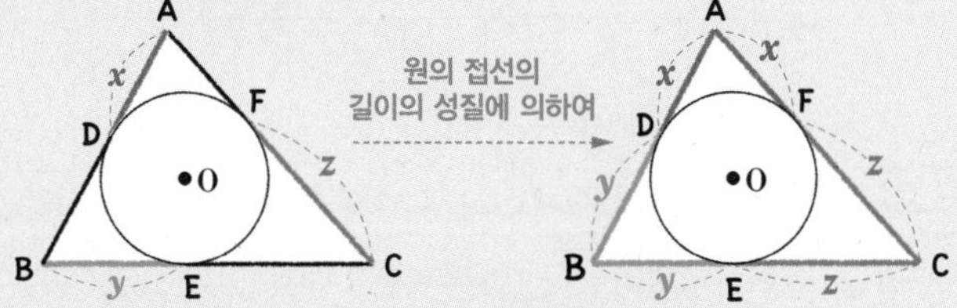

$(\triangle ABC\text{의 둘레의 길이}) = \overline{AB} + \overline{BC} + \overline{CA}$

$= (x + y) + (y + z) + (z + x)$

$= 2(x + y + z)$

❷ △ABC의 넓이

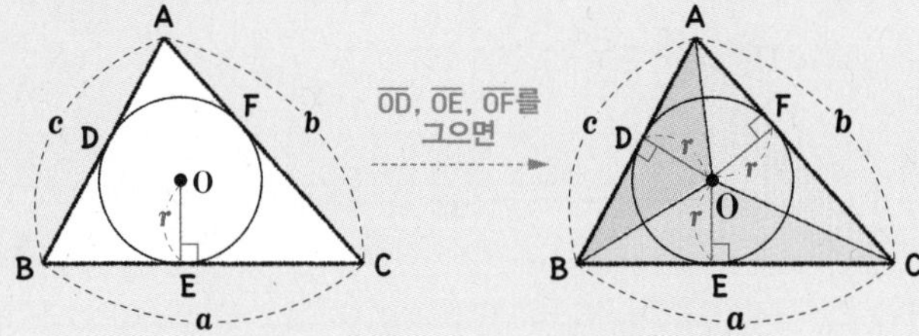

$\triangle ABC = \triangle OBC + \triangle OCA + \triangle OAB$

$= \frac{1}{2}ar + \frac{1}{2}br + \frac{1}{2}cr$

$= \frac{1}{2}r(a + b + c)$

원리확인 오른쪽 그림에서 원 O는 △ABC의 내접원이고 세 점 D, E, F는 접점일 때, □ 안에 알맞은 것을 써넣으시오.

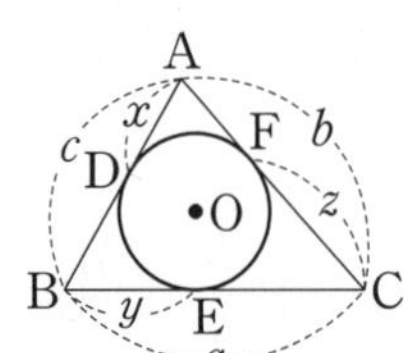

❶ $\overline{AF} = \overline{AD} = \square$, $\overline{BD} = \overline{BE} = \square$, $\overline{CE} = \overline{CF} = \square$

❷ (△ABC의 둘레의 길이)

$= a + b + c = (y + z) + (x + z) + (\square + \square)$

$= 2(\square + \square + \square)$

1st — 일반 삼각형의 내접원을 이용하여 길이 구하기

• 다음 그림에서 원 O는 △ABC의 내접원이고 세 점 D, E, F는 접점일 때, x의 값을 구하시오.

1

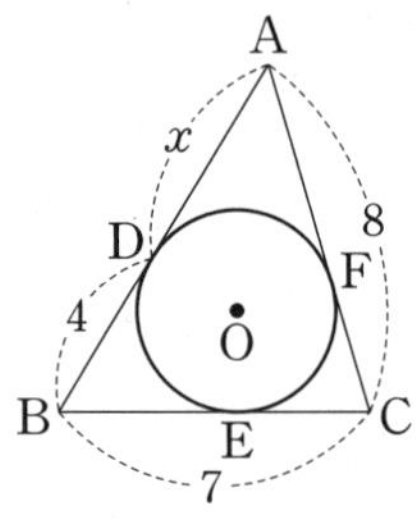

2

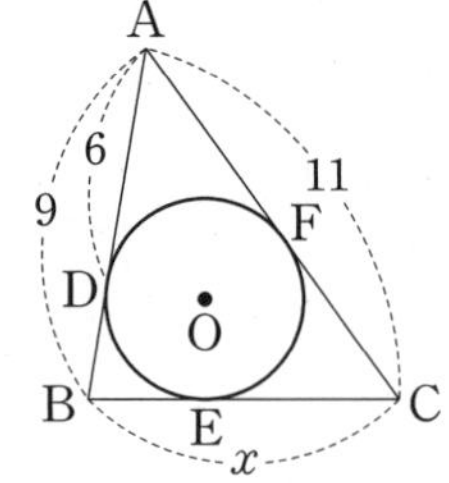

3

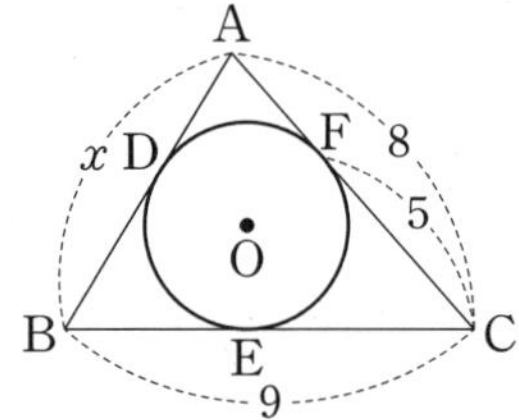

4

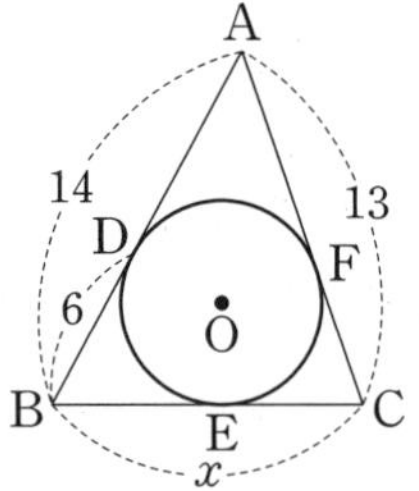

5

A 10 D F 8 O B x E C 12

● 다음 그림에서 원 O는 △ABC의 내접원이고 세 점 D, E, F는 접점일 때, △ABC의 둘레의 길이를 구하시오.

6

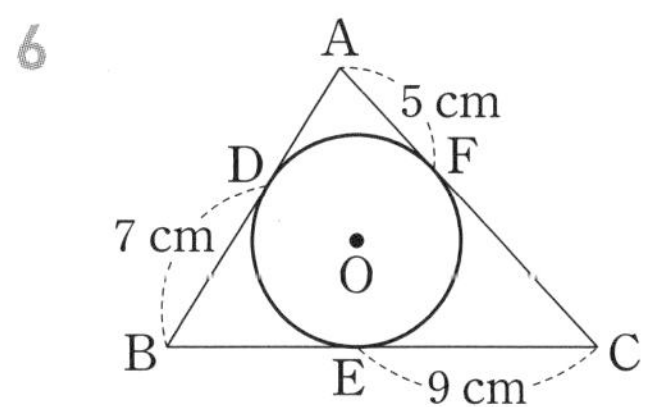

7

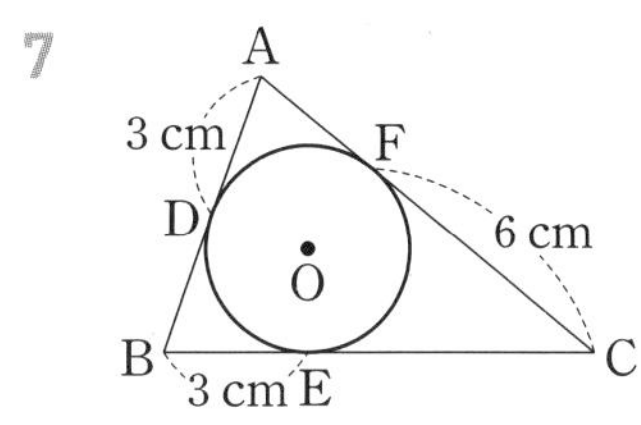

8

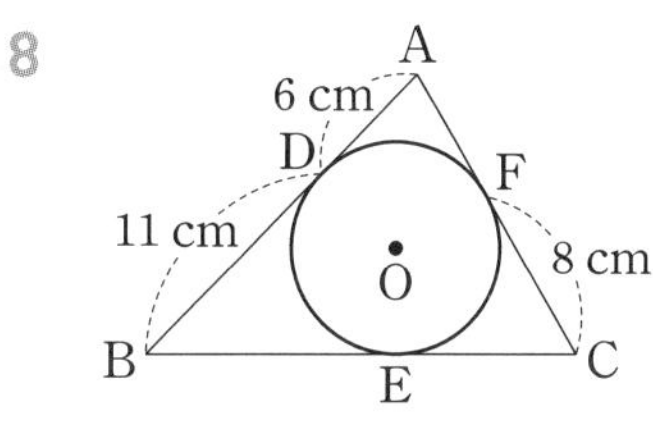

9

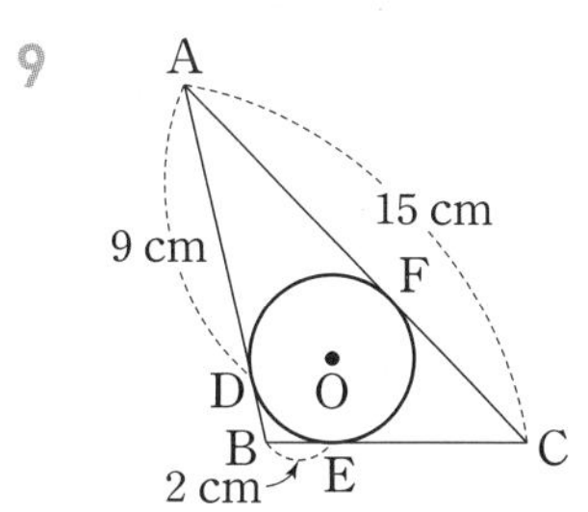

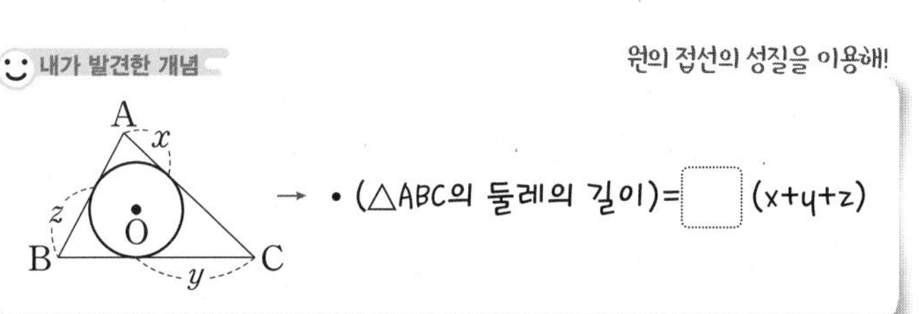

2nd 직각삼각형의 내접원을 이용하여 길이 구하기

● 다음 그림에서 원 O는 직각삼각형 ABC의 내접원이고 세 점 D, E, F는 접점일 때, 원 O의 반지름의 길이를 구하시오.

10

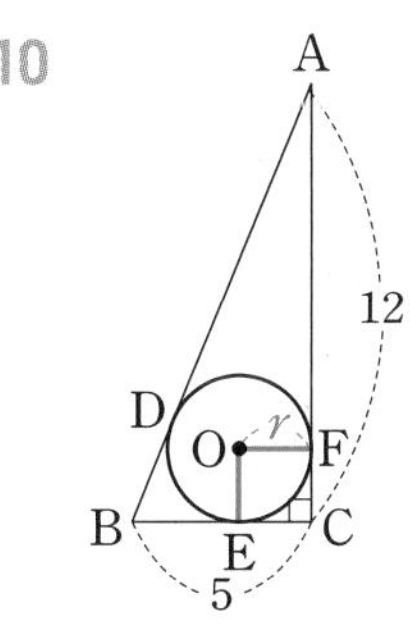

➔ △ABC는 직각삼각형이므로

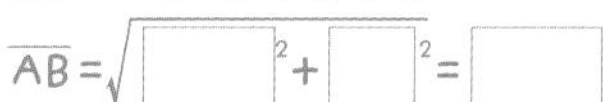

원 O의 반지름의 길이를 r라 하면 □OECF는 한 변의 길이가 r인 정사각형이므로

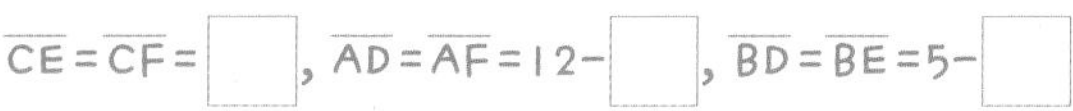

이때 $\overline{AB}=\overline{AD}+\overline{BD}$이므로

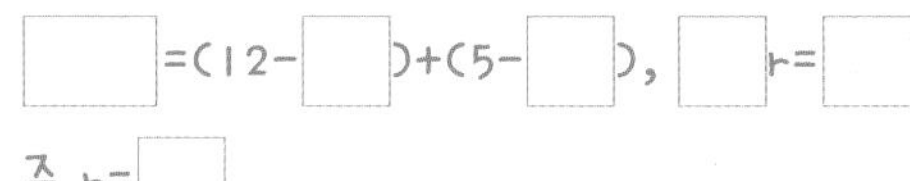

즉 $r=\square$

따라서 원 O의 반지름의 길이는 □이다.

11

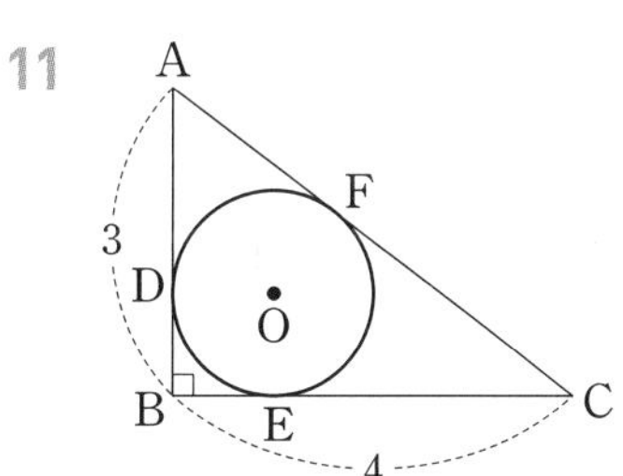

12

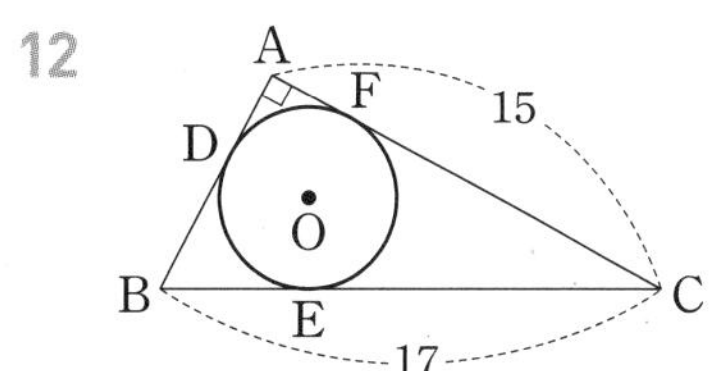

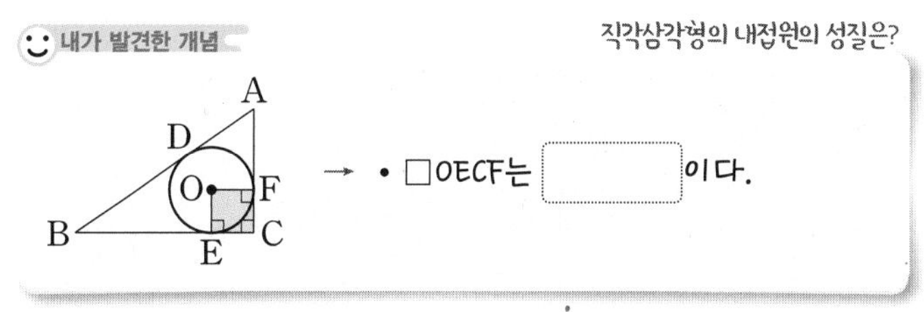

06 원과 직선이 한 점에서 만날 때!

외접사각형의 성질

❶ □ABCD가 원 O에 외접할 때

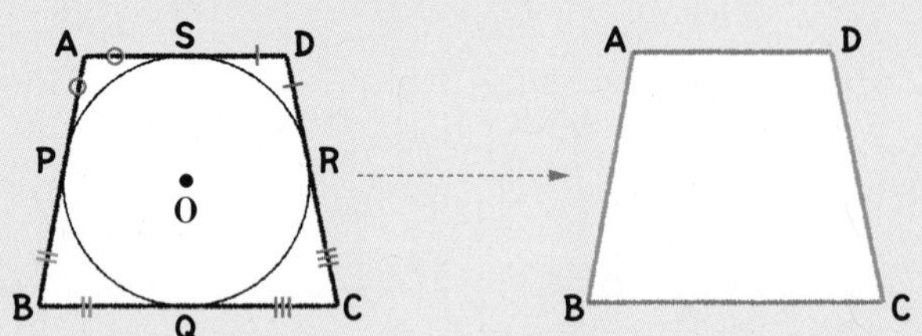

$\overline{AP}+\overline{PB}+\overline{DR}+\overline{RC}$
$=\overline{AS}+\overline{SD}+\overline{BQ}+\overline{QC}$ 이므로 $\overline{AB}+\overline{CD}=\overline{AD}+\overline{BC}$

원에 외접하는 사각형의
두 쌍의 대변의 길이의 합은 **서로 같다.**

❷ □ABCD가 $\overline{AB}+\overline{CD}=\overline{AD}+\overline{BC}$ 이면

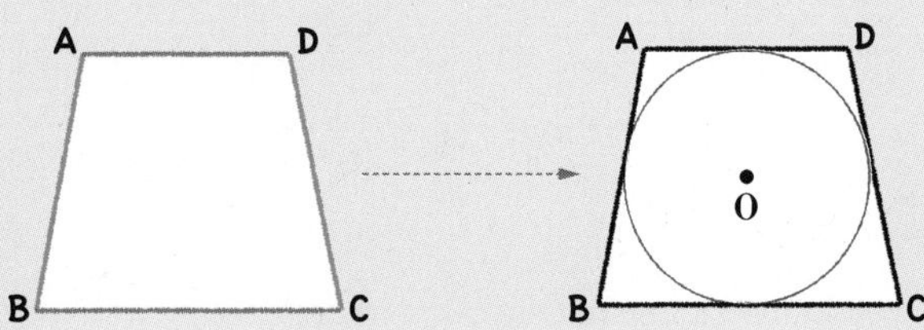

대변의 길이의 합이 서로 같은 사각형은
원에 외접한다.

주의 외접사각형의 성질에서 '대변의 길이의 합'을 '이웃하는 변의 길이의 합'으로 혼동하지 않도록 주의한다.

원리확인 오른쪽 그림에서 □ABCD는 원 O에 외접하고 네 점 P, Q, R, S는 접점일 때, □ 안에 알맞을 것을 써넣으시오.

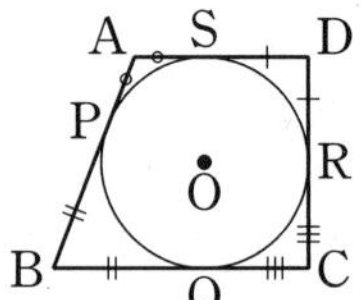

❶ $\overline{AP}=$□, $\overline{BP}=$□,
$\overline{CR}=$□, $\overline{DR}=$□

❷ $\overline{AB}+\overline{CD}=(\overline{AP}+\overline{BP})+(\overline{CR}+$□$)$
$=(\overline{AS}+$□$)+(\overline{CQ}+$□$)$
$=(\overline{AS}+$□$)+(\overline{BQ}+$□$)$
$=\overline{AD}+$□

1st — 원에 외접하는 사각형의 성질을 이용하여 길이 구하기

• 다음 그림에서 □ABCD가 원 O에 외접할 때, x의 값을 구하시오.

1

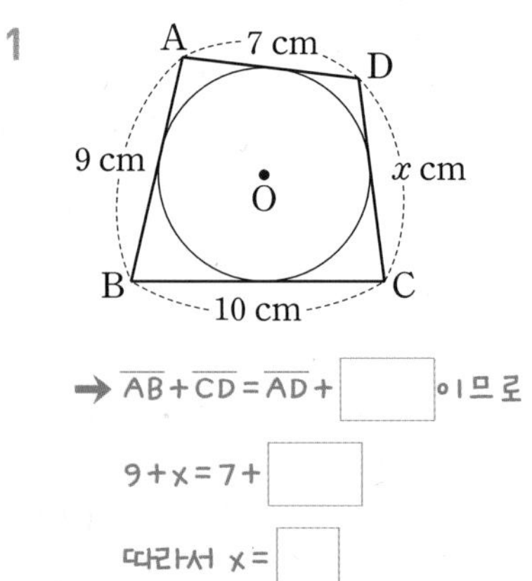

→ $\overline{AB}+\overline{CD}=\overline{AD}+$□ 이므로
$9+x=7+$□
따라서 $x=$□

2

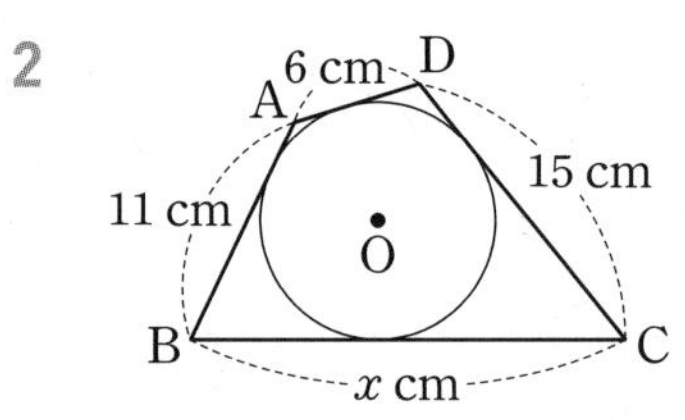

3

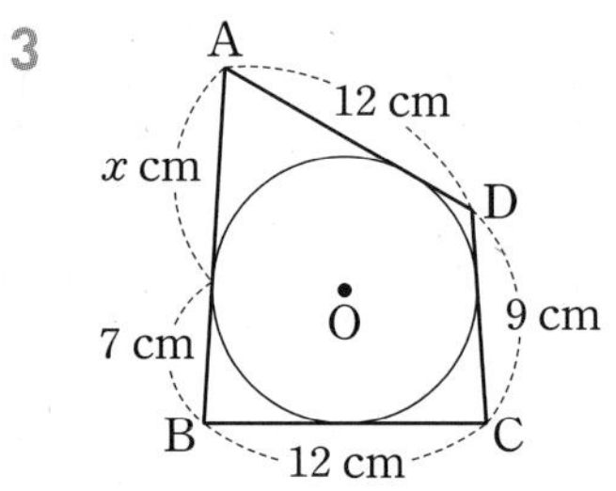

4

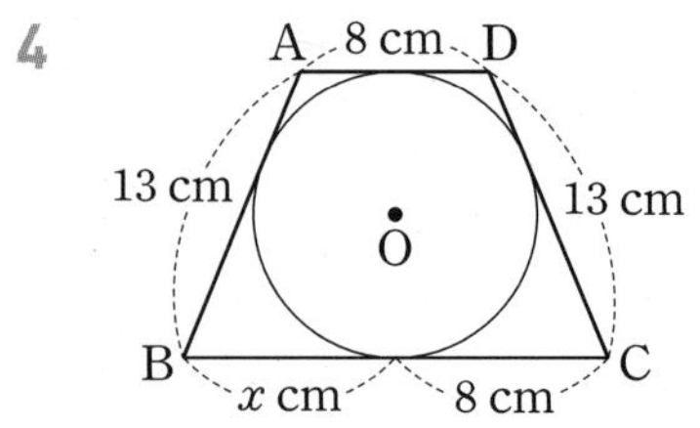

● 다음 그림에서 □ABCD가 원 O에 외접할 때, □ABCD의 둘레의 길이를 구하시오.

5

A, D, B, C, O, 10 cm, 15 cm

→ $\overline{AB}+\overline{CD}=\overline{AD}+$ ☐ 이므로

(□ABCD의 둘레의 길이) $=\overline{AB}+\overline{BC}+\overline{CD}+\overline{DA}$

$=$ ☐ $(\overline{AB}+\overline{CD})$

$=$ ☐ $\times(10+15)$

$=$ ☐ (cm)

6

A, 7 cm, D, O, B, 13 cm, C

7

A, D, 24 cm, O, 20 cm, B, C

8

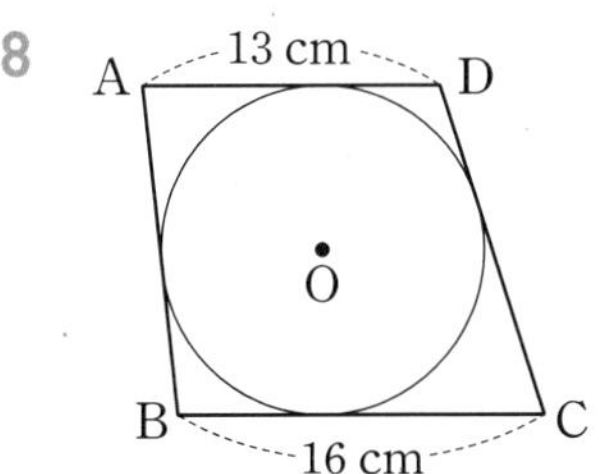

내가 발견한 개념 외접사각형의 성질은?

A, D, O, B, C →

- $\overline{AB}+\overline{CD}=\overline{AD}+$ ☐
- (□ABCD의 둘레의 길이) $=2(\overline{AB}+$ ☐ $)=2(\overline{AD}+$ ☐ $)$

● 다음 그림에서 □ABCD가 원 O에 외접할 때, x의 값을 구하시오.

9

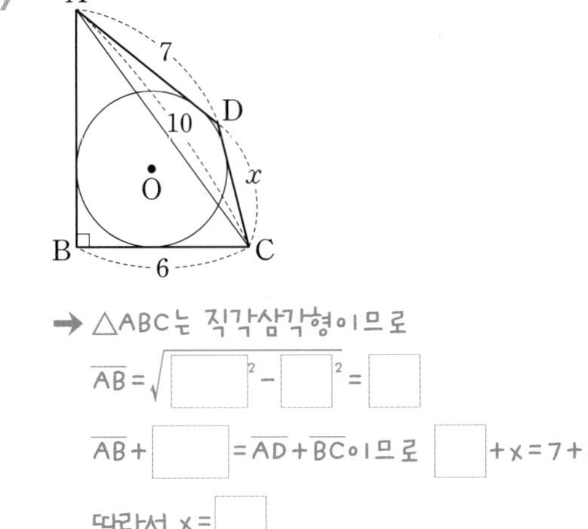

→ △ABC는 직각삼각형이므로

$\overline{AB}=\sqrt{☐^2-☐^2}=$ ☐

$\overline{AB}+$ ☐ $=\overline{AD}+\overline{BC}$이므로 ☐ $+x=7+6$

따라서 $x=$ ☐

10

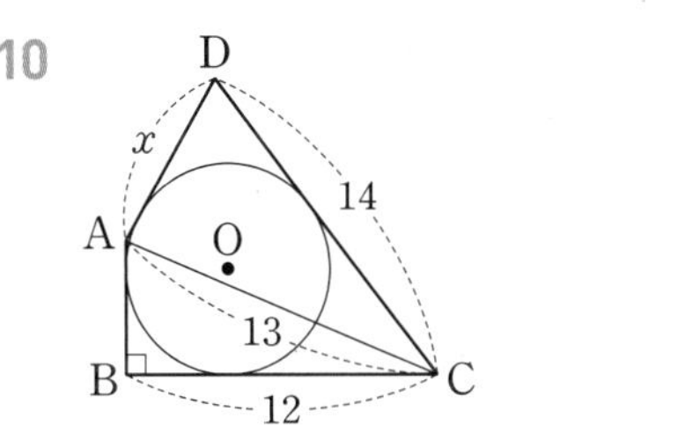

11

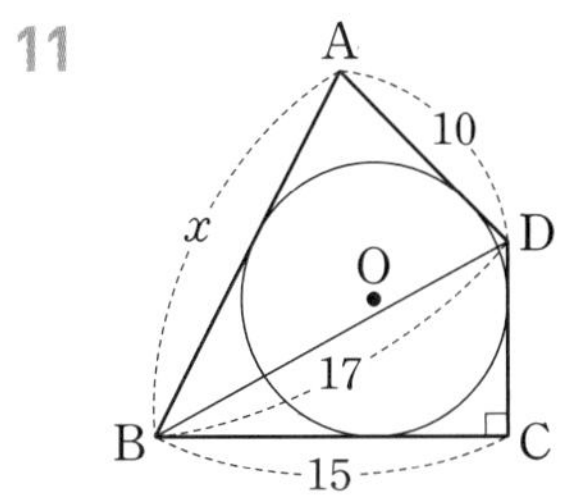

12

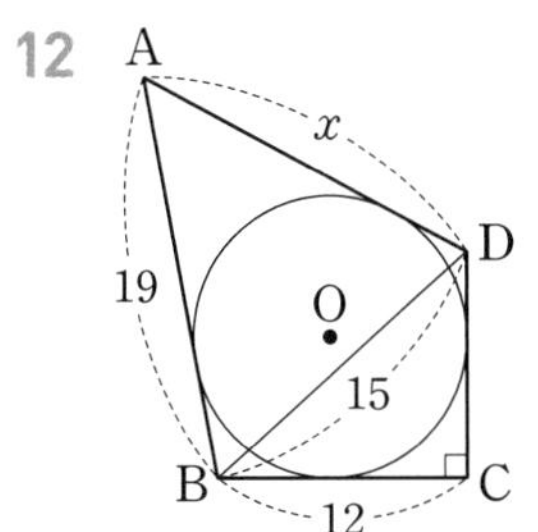

• 다음 그림에서 □ABCD가 원 O에 외접하고 네 점 E, F, G, H는 각각 그 접점일 때, x의 값을 구하시오.

13

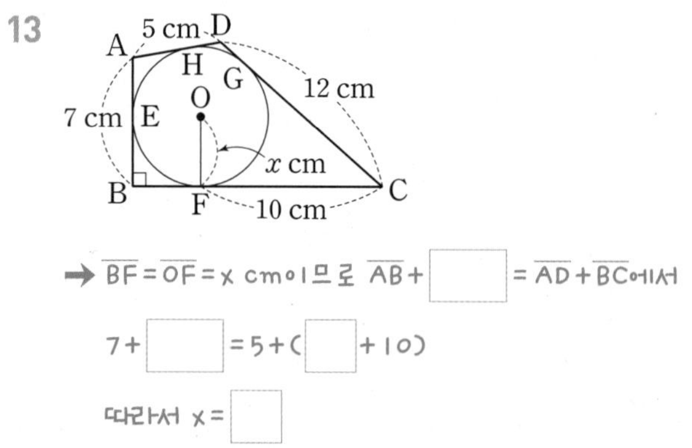

➡ $\overline{BF}=\overline{OF}=x$ cm이므로 $\overline{AB}+$ □ $=\overline{AD}+\overline{BC}$에서

7+ □ =5+(□ +10)

따라서 $x=$ □

14

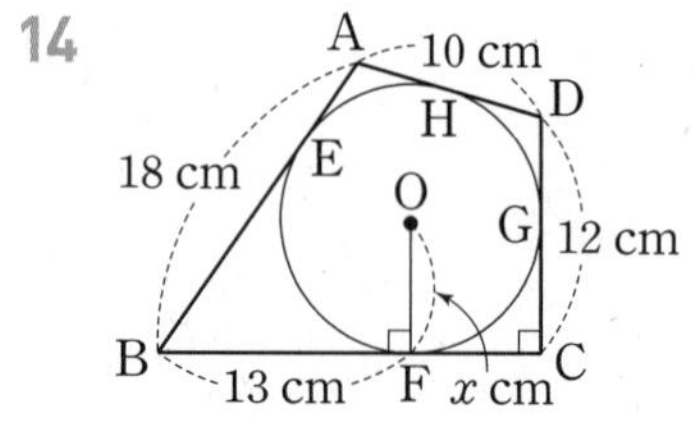

15

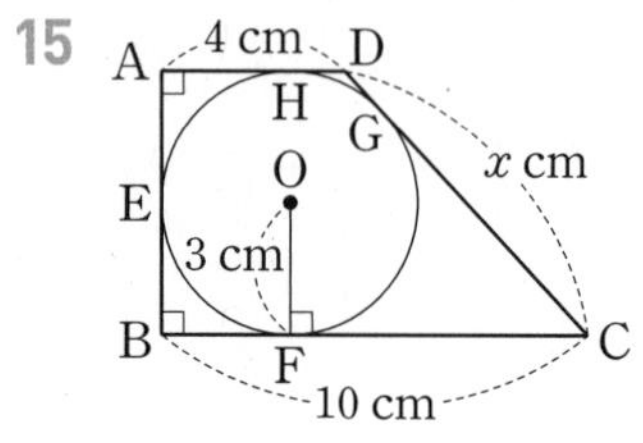

16

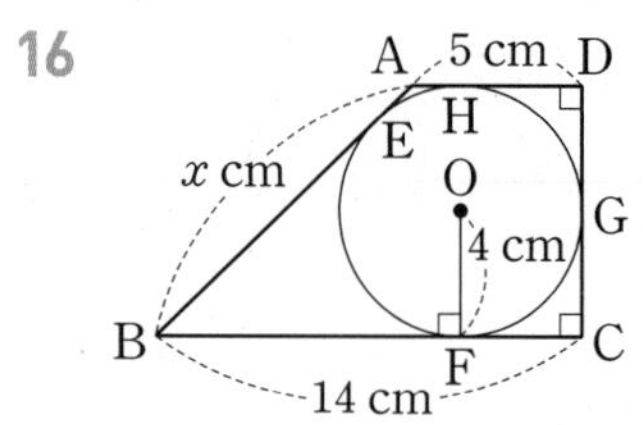

• 다음 그림과 같이 직사각형 ABCD의 세 변에 접하는 원 O가 있다. $\overline{DE}$가 원 O의 접선일 때, x의 값을 구하시오.

17

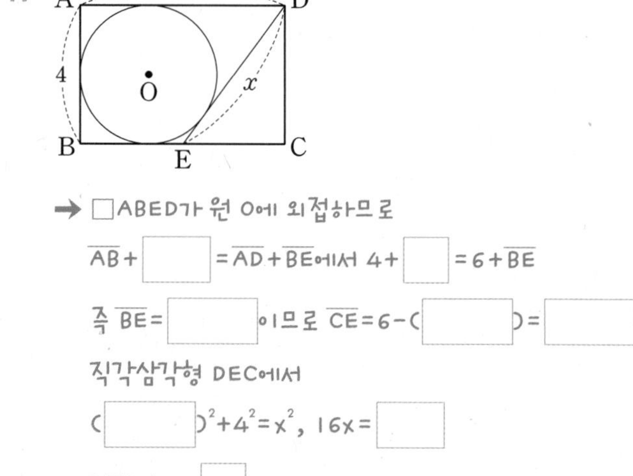

➡ □ABED가 원 O에 외접하므로

$\overline{AB}+$ □ $=\overline{AD}+\overline{BE}$에서 4+ □ $=6+\overline{BE}$

즉 $\overline{BE}=$ □ 이므로 $\overline{CE}=6-($ □ $)=$ □

직각삼각형 DEC에서

(□ $)^2+4^2=x^2$, $16x=$ □

따라서 $x=$ □

18

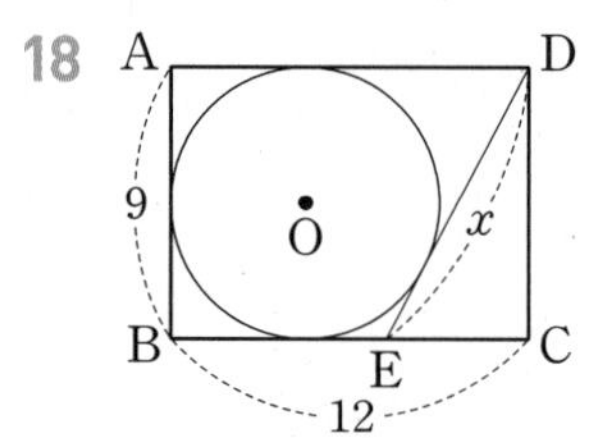

19

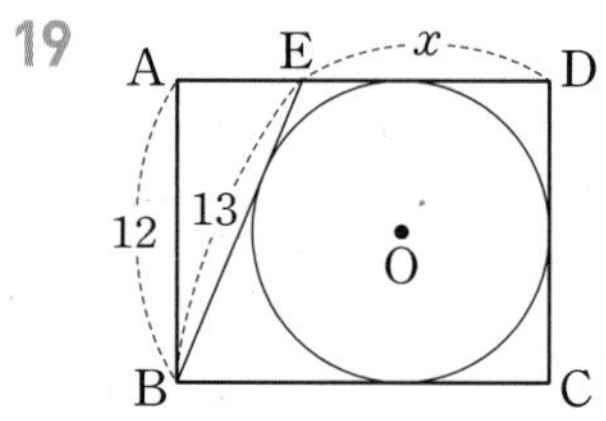

개념모음문제

20 오른쪽 그림과 같이 ∠A=∠B=90°인 사다리꼴 ABCD는 반지름의 길이가 5 cm인 원 O에 외접한다. $\overline{CD}=16$ cm일 때, □ABCD의 넓이는?

A D 16 cm 5 cm O B C

① 100 cm² ② 110 cm² ③ 120 cm²
④ 130 cm² ⑤ 140 cm²

TEST 3. 원과 직선

1 오른쪽 그림과 같이 원 O에서 $\overline{AB}\perp\overline{OH}$이고 $\overline{AB}=8$ cm, $\overline{OH}=3$ cm일 때, 원 O의 둘레의 길이는?

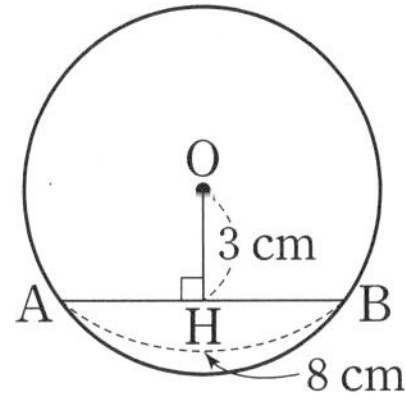

① 8π cm ② 10π cm ③ 12π cm ④ 14π cm ⑤ 16π cm

2 오른쪽 그림과 같이 원의 중심 O에서 $\overline{AB}$, $\overline{CD}$에 내린 수선의 발을 각각 M, N이라 하자. $\overline{OA}=4\sqrt{2}$ cm, $\overline{OM}=\overline{ON}=4$ cm일 때, $\overline{CD}$의 길이는?

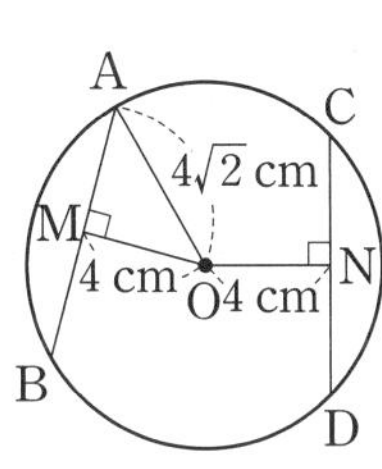

① 8 cm ② 9 cm ③ 10 cm ④ 11 cm ⑤ 12 cm

3 오른쪽 그림에서 $\overrightarrow{PT}$는 원 O의 접선, 점 T는 접점이고, 점 A는 선분 PO와 원 O의 교점이다. $\overline{PT}=12$ cm, $\overline{PA}=6$ cm일 때, 원 O의 반지름의 길이를 구하시오.

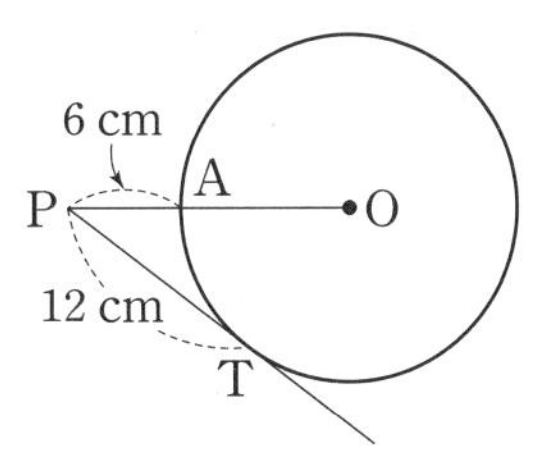

4 오른쪽 그림에서 $\overrightarrow{AD}$, $\overline{BC}$, $\overrightarrow{AF}$는 원 O의 접선이고 세 점 D, E, F는 그 접점이다. $\overline{AB}=12$ cm, $\overline{AC}=10$ cm, $\overline{BC}=8$ cm일 때, $\overline{BD}$의 길이는?

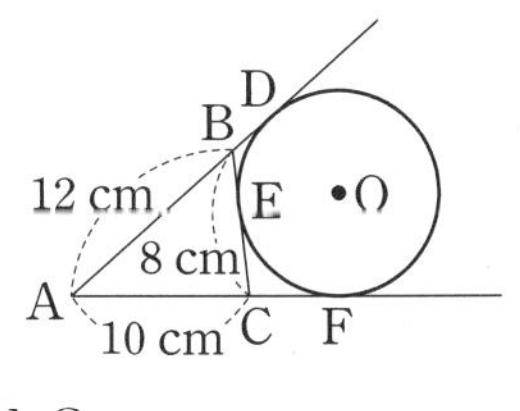

① 1 cm ② $\frac{3}{2}$ cm ③ 2 cm ④ $\frac{5}{2}$ cm ⑤ 3 cm

5 오른쪽 그림과 같이 원 O는 삼각형 ABC의 내접원이고 세 점 D, E, F는 접점이다. △ABC의 둘레의 길이가 46 cm일 때, $\overline{AF}$의 길이는?

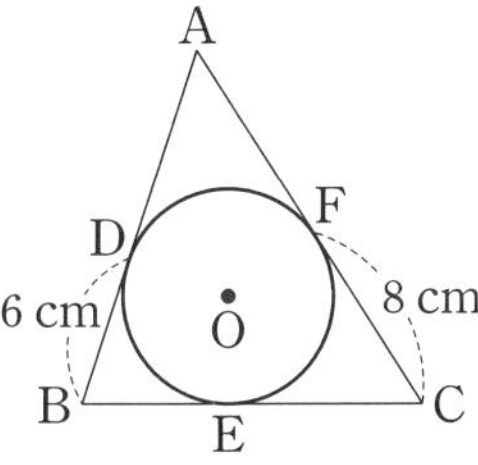

① 6 cm ② 7 cm ③ 8 cm ④ 9 cm ⑤ 10 cm

6 오른쪽 그림과 같이 ∠A=∠B=90°인 사다리꼴 ABCD는 반지름의 길이가 4 cm인 원 O에 외접한다. $\overline{CD}=9$ cm일 때, □ABCD의 넓이를 구하시오.

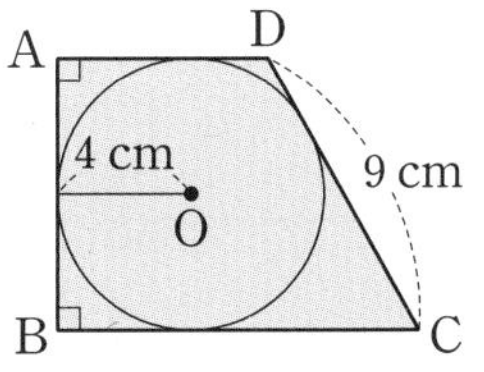

4

호의 길이가 같으면 크기도 같은, 원주각

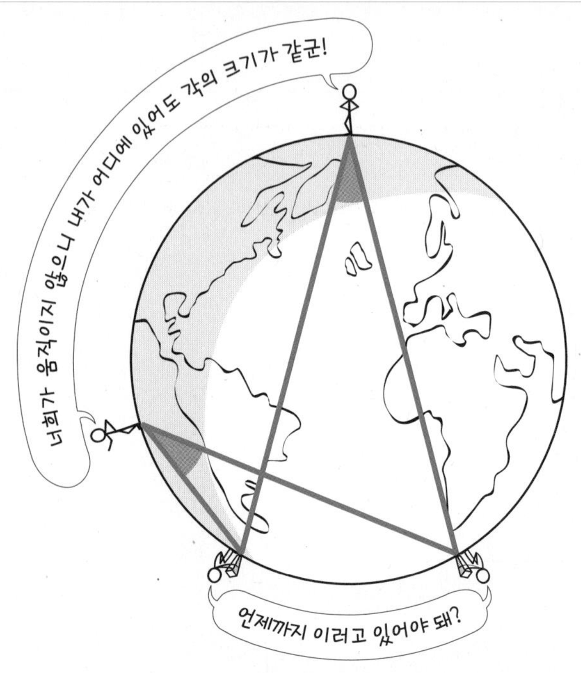

(원주각의 크기)=(중심각의 크기)$\times\frac{1}{2}$!

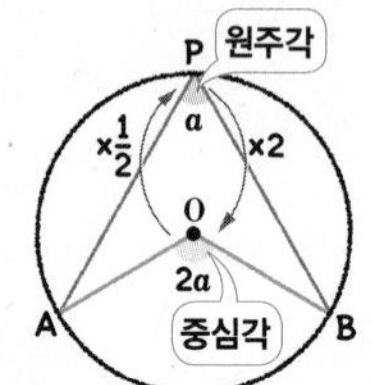

$\angle APB=\frac{1}{2}\angle AOB$

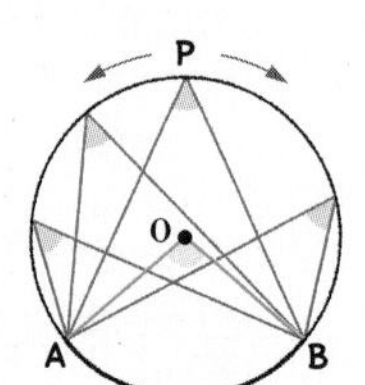

호AB에 대한 중심각은 하나이지만 원주각은 점 P의 위치에 따라 무수히 많다.

01 원주각과 중심각의 크기

원 O에서 호 AB 위에 있지 않은 원 위의 한 점 P에 대하여 $\angle APB$를 호 AB에 대한 원주각이라 하고 호 AB를 원주각 $\angle APB$에 대한 호라 해.
호 AB에 대한 원주각 $\angle APB$는 점 P의 위치에 따라 무수히 많고, 호 AB에 대한 중심각의 크기의 $\frac{1}{2}$이야!
즉 $\angle APB=\frac{1}{2}\angle AOB$이지!

한 호에 대한 원주각의 크기는 모두 같아!

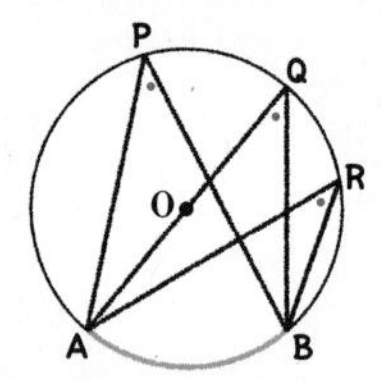

$\angle APB=\angle AQB=\angle ARB$

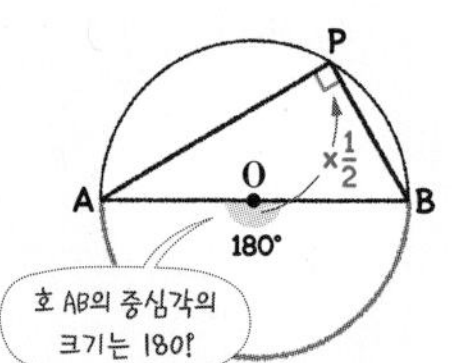

$\overline{AB}$가 원 O의 지름이면 $\angle APB=90°$

02 원주각의 성질

한 호에 대한 원주각은 무수히 많지만 그 호에 대한 중심각은 하나이므로 한 호에 대한 원주각의 크기는 모두 같아.
한편 호 AB가 반원일 때, 중심각 $\angle AOB$의 크기가 180°이므로 반원에 대한 원주각 $\angle APB$의 크기는 90°야!

정비례하는!

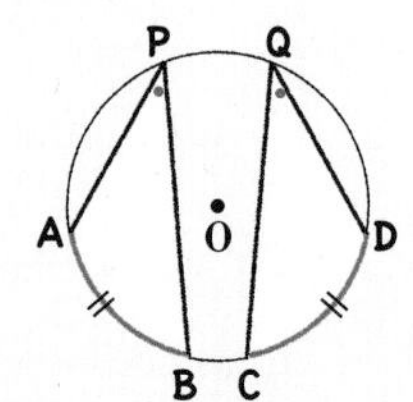

$\widehat{AB}=\widehat{CD}$이면 $\angle APB=\angle CQD$
$\angle APB=\angle CQD$이면 $\widehat{AB}=\widehat{CD}$

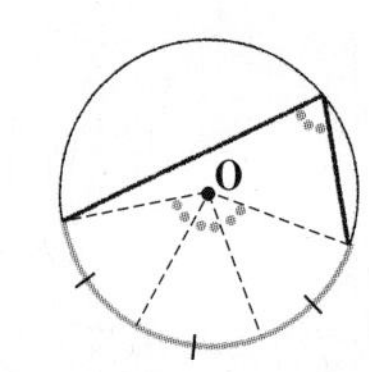

원주각의 크기와 호의 길이는 정비례한다.

03 원주각의 크기와 호의 길이

한 원 또는 합동인 두 원에서 원주각의 크기와 호의 길이는 다음과 같아.
① 길이가 같은 호에 대한 원주각의 크기는 서로 같다.
② 크기가 같은 원주각에 대한 호의 길이는 서로 같다.
③ 원주각의 크기와 호의 길이는 정비례한다.

04 네 점이 한 원 위에 있을 조건

세 점 A, B, C를 지나는 원에서 점 D가 직선 AB에 대하여 점 C와 같은 쪽의 원 위에 있으면 호 AB에 대한 원주각의 크기는 모두 같으므로 $\angle ACB = \angle ADB$이고, 이때 네 점 A, B, C, D가 한 원 위에 있다고 해. 즉 □ABCD가 원에 내접한다고 볼 수 있지.
반대로 네 점 A, B, C, D가 한 원에 있으면 $\angle ACB = \angle ADB$야!

원주각의 크기가 같으면 네 점은 한 원 위에 있어!

두 점 C, D가 직선 AB에 대하여 같은 쪽에 있을 때

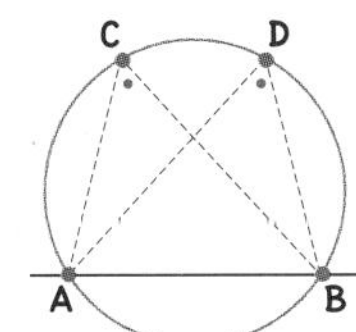

$\angle ACB = \angle ADB$이면
네 점 A, B, C, D는 한 원 위에 있다.

05~06 원에 내접하는 사각형의 성질과 조건

원에 내접하는 사각형은 한 쌍의 대각의 크기의 합이 180°야. 또 한 외각의 크기는 그 각에 이웃한 내각의 대각의 크기와 같지.
반대로 한 쌍의 대각의 크기의 합이 180°이면 이 사각형은 원에 내접하고, 사각형의 한 외각의 크기가 그 각에 이웃한 내각의 대각의 크기와 같으면 그 사각형은 원에 내접해. 따라서 직사각형, 정사각형, 등변사다리꼴은 항상 원에 내접해!

원에 내접하는 사각형의 성질 두 가지를 기억해!

❶ 한 쌍의 대각의 크기의 합

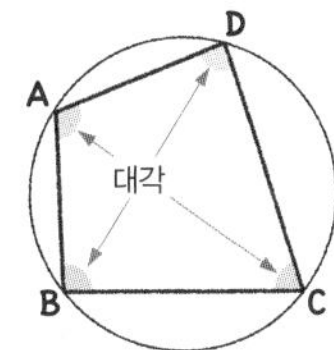

$\angle A + \angle C = \angle B + \angle D = 180°$

한 쌍의 대각의 크기의 합은 180°이다.

❷ 한 외각의 크기와 그 각에 이웃한 내각의 대각의 크기

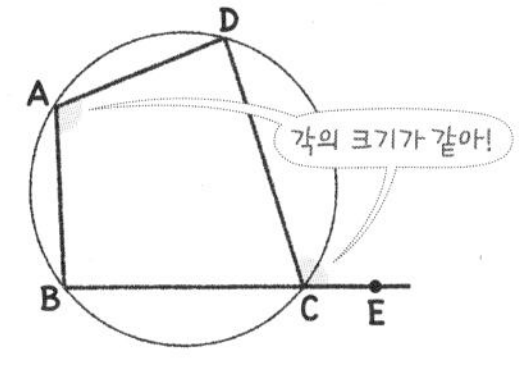

$\angle A = \angle DCE$

외각의 크기는 그 각에 이웃한
내각의 대각의 크기와 같다.

07 접선과 현이 이루는 각

원의 접선과 그 접점을 지나는 현이 이루는 각의 크기는 그 각의 내부에 있는 호에 대한 원주각의 크기와 같아!

(접선과 현이 이루는 각의 크기)=(원주각의 크기)!

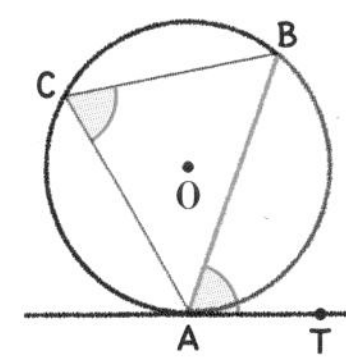

$\angle BAT = \angle BCA$

08 두 원에서 접선과 현이 이루는 각

$\overleftrightarrow{PQ}$가 두 원의 공통 접선이고 점 T가 그 접점일 때, 두 원의 관계는 외접하거나 내접하는 두 가지 경우로 나타낼 수 있어. 이때 원의 접선과 그 접점을 지나는 현이 이루는 각의 크기는 그 각의 내부에 있는 호에 대한 원주각의 크기와 같기 때문에 그림의 같은 색으로 칠한 각의 크기는 모두 같지. 이때 두 원의 각각의 현은 서로 평행해!

접선과 현이 이루는 각을 찾아봐!

$\overleftrightarrow{PQ}$가 두 원 O, O′의 공통인 접선이고 점 T가 그 접점일 때

❶ 외접하는 두 원에서

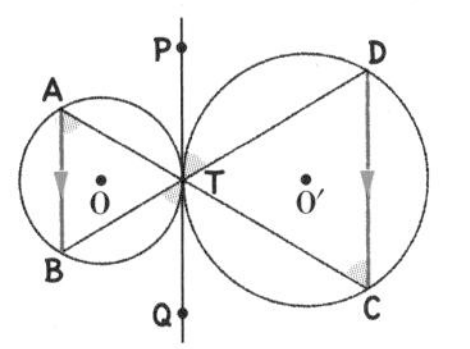

❷ 내접하는 두 원에서

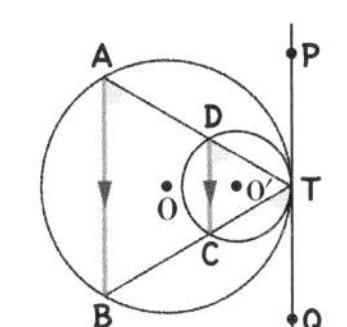

$\overline{AB} \,/\!/\, \overline{DC}$

01 (원주각의 크기)=(중심각의 크기)×$\frac{1}{2}$!

원주각과 중심각의 크기

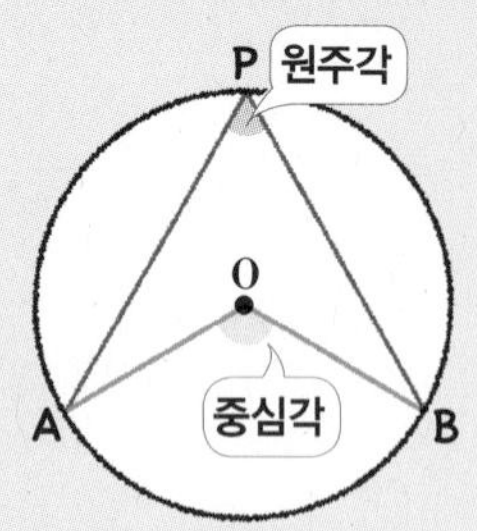

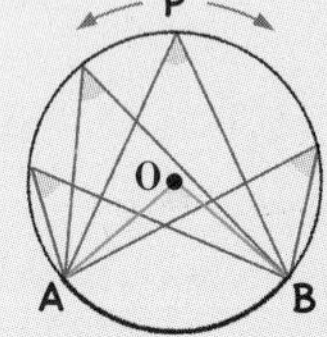

호 AB에 대한 중심각은 하나이지만
원주각은 점 P의 위치에 따라 무수히 많다.

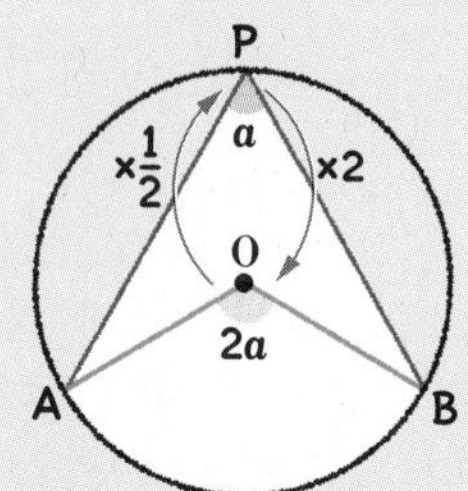

$$\angle APB = \frac{1}{2}\angle AOB$$

한 호에 대한 원주각의 크기는 중심각의 크기의 $\frac{1}{2}$이다.

점 P의 위치에 따른 원주각과 중심각 사이의 관계

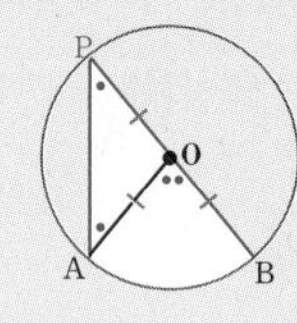

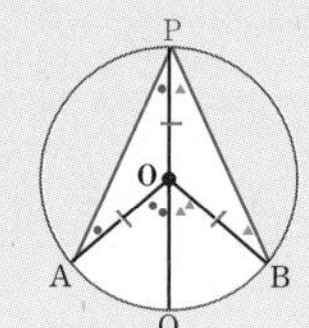

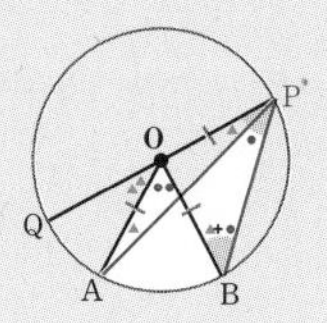

- **원주각**: 원 O에서 호 AB 위에 있지 않은 원 위의 점 P에 대하여 ∠APB를 호 AB에 대한 원주각이라 한다.

중2 삼각형의 외심

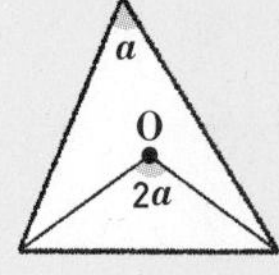

중3 원주각과 중심각

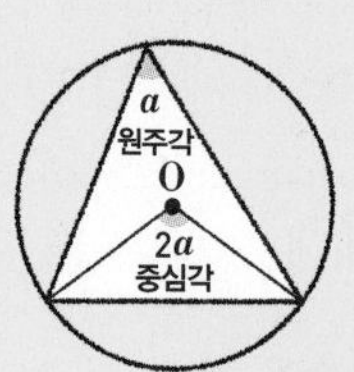

중2 때 삼각형의 외심의 성질로 배웠던 거 기억나?

1st 원주각 또는 중심각의 크기 구하기

● 다음 그림의 원 O에서 $\angle x$의 값을 구하시오.

1

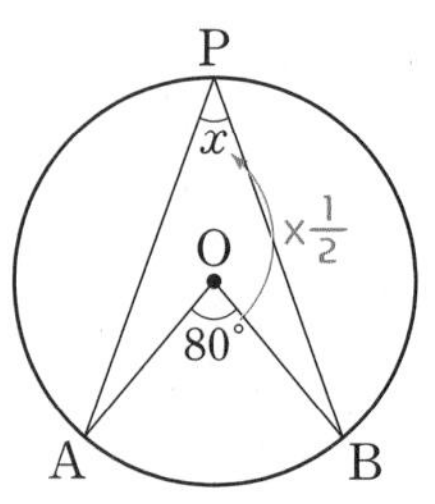

→ $\angle x = \frac{1}{2}\angle AOB = \frac{1}{2} \times$ ☐ ° = ☐ °

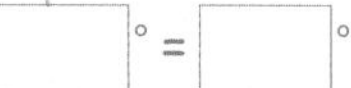

2

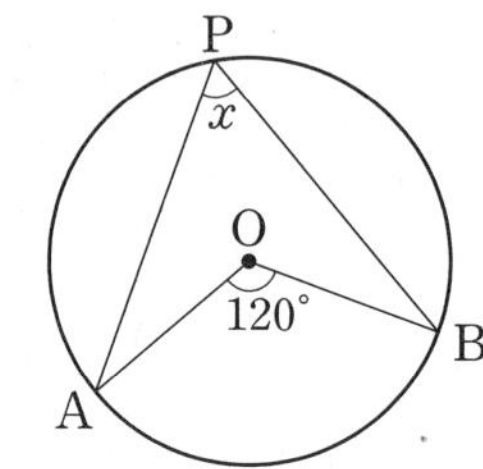

3

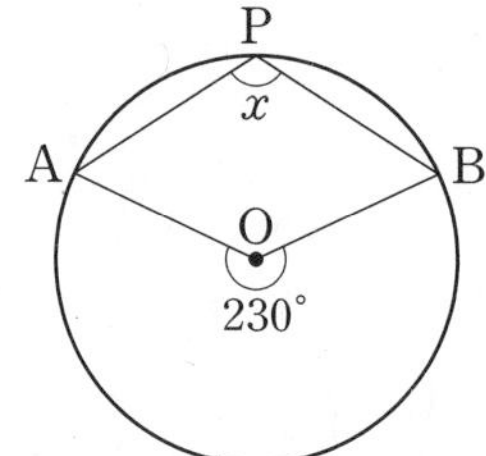

4

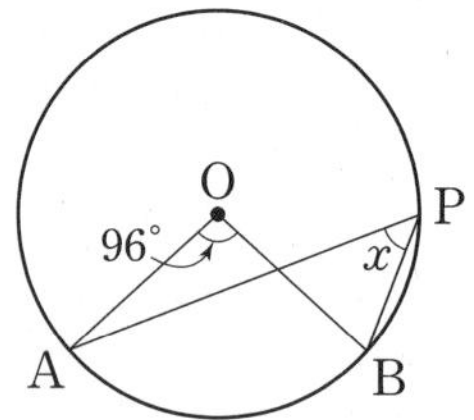

5

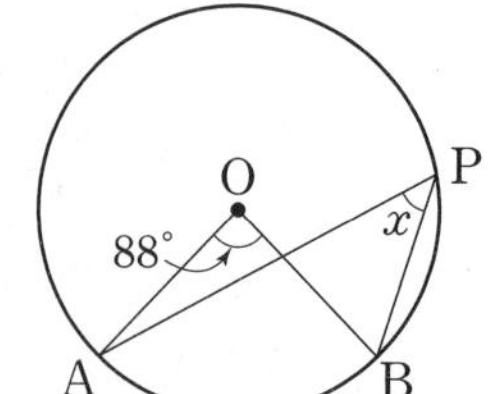

6

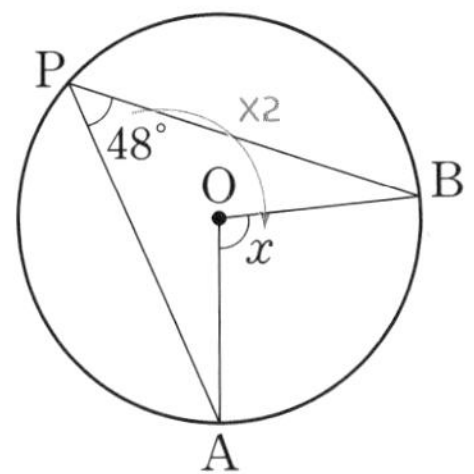

→ $\angle x = 2\angle APB = 2 \times$ ☐$^\circ$ = ☐$^\circ$

7

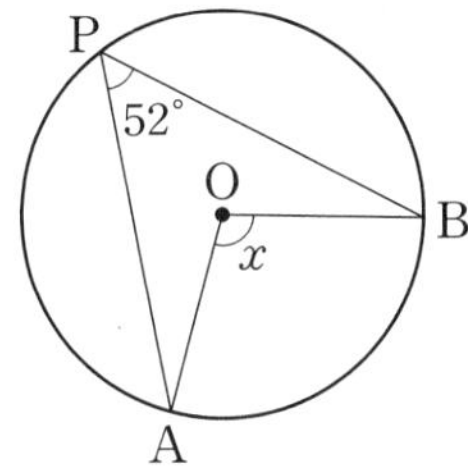

8

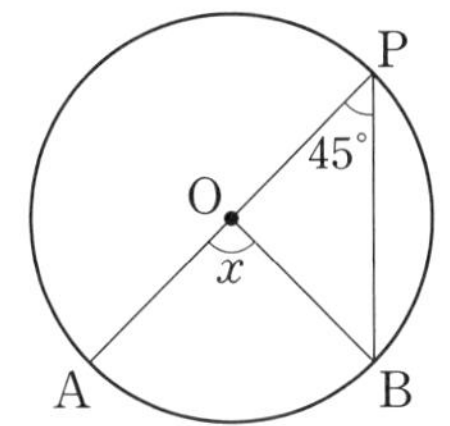

9

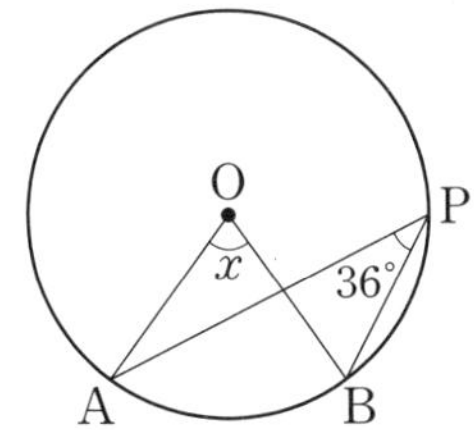

☺ **내가 발견한 개념** 중심각의 크기와 원주각의 크기의 관계는?

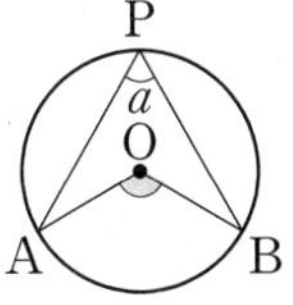

→ • $\angle AOB$= ☐ $\angle APB$= ☐ $\angle a$

10

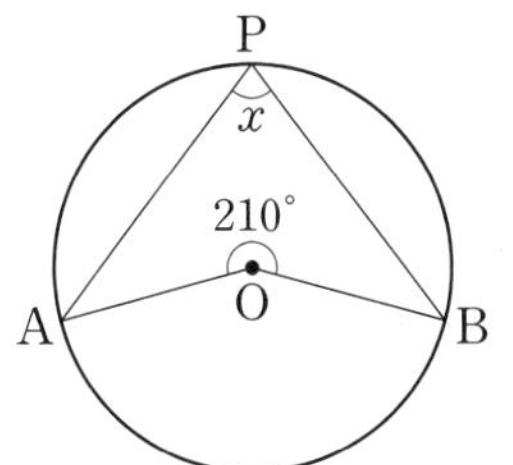

→ $\angle x = \frac{1}{2}\angle AOB = \frac{1}{2} \times (360^\circ -$ ☐$^\circ)$

$= \frac{1}{2} \times$ ☐$^\circ$ = ☐$^\circ$

11

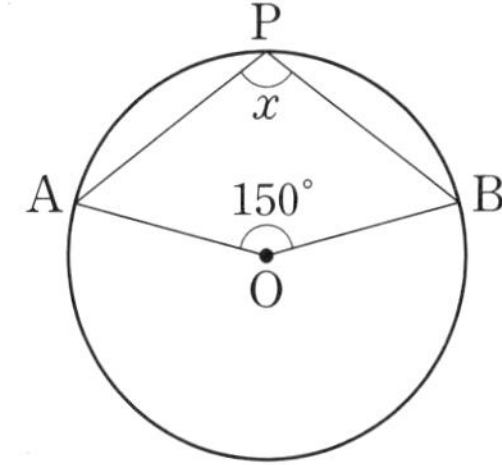

12

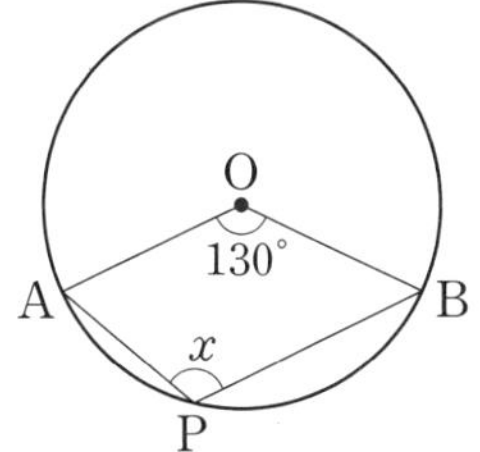

13

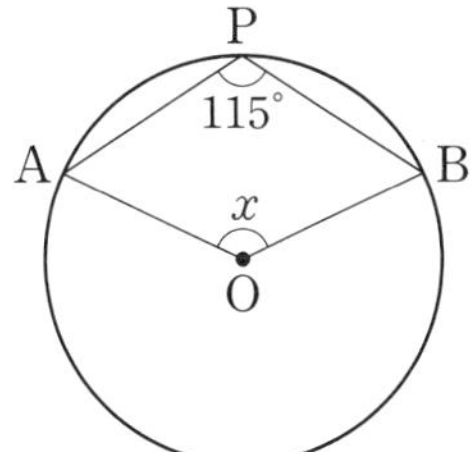

14

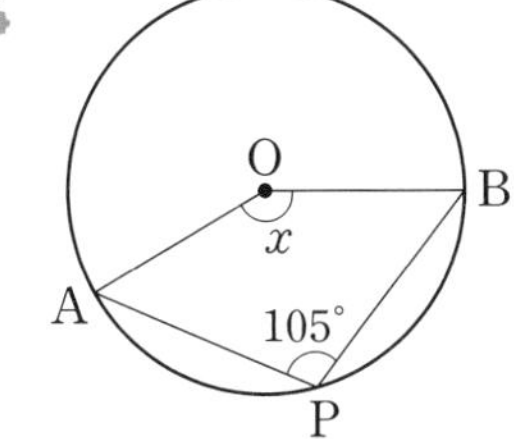

● 다음 그림의 원 O에서 $\angle x$, $\angle y$의 크기를 각각 구하시오.

15

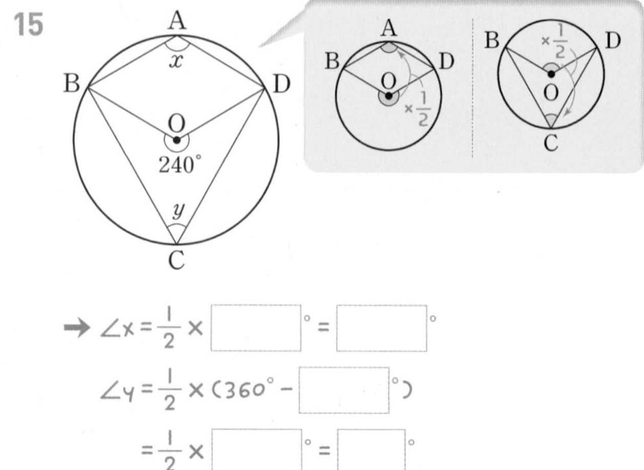

16

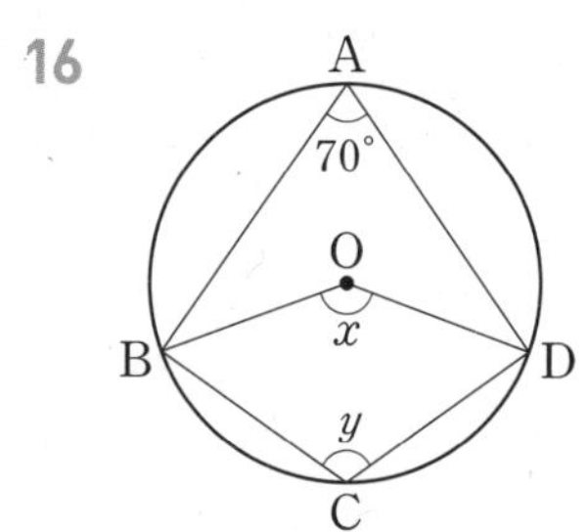

17

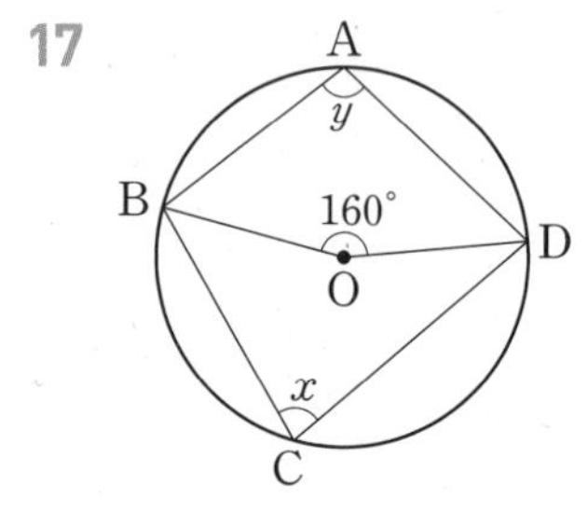

18

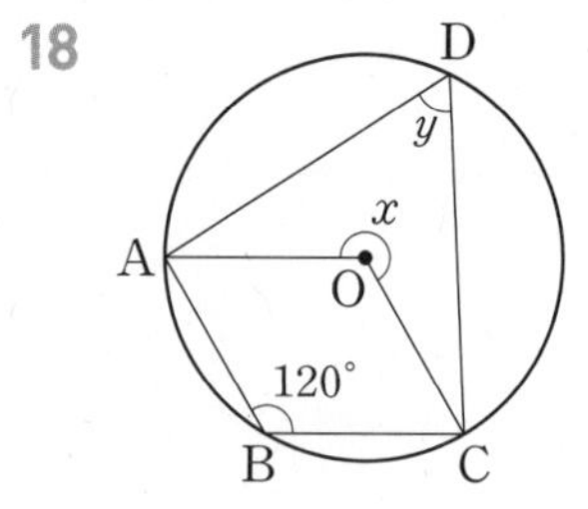

● 다음 그림의 원 O에서 $\angle x$의 크기를 구하시오.

19

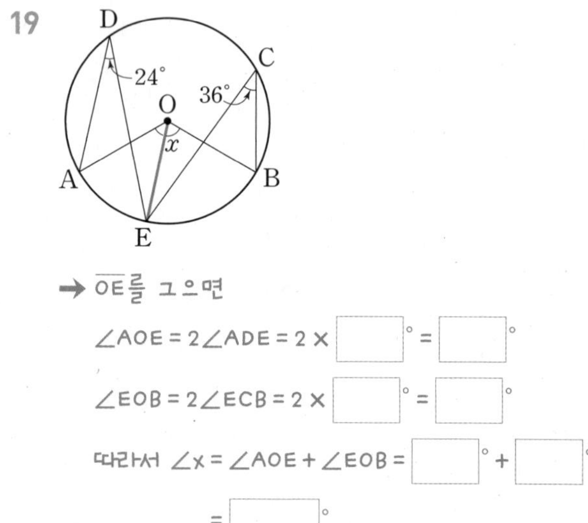

20

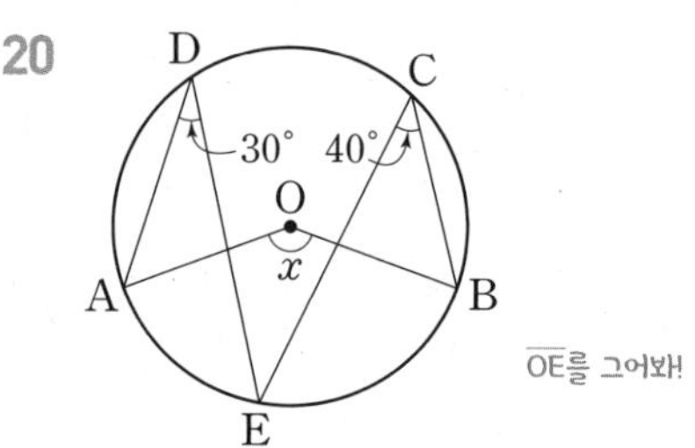

21

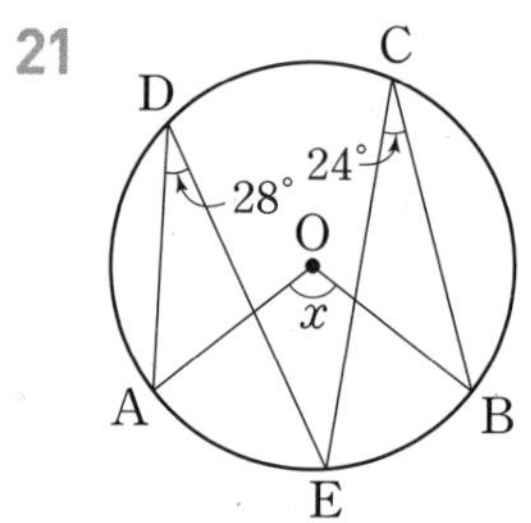

22

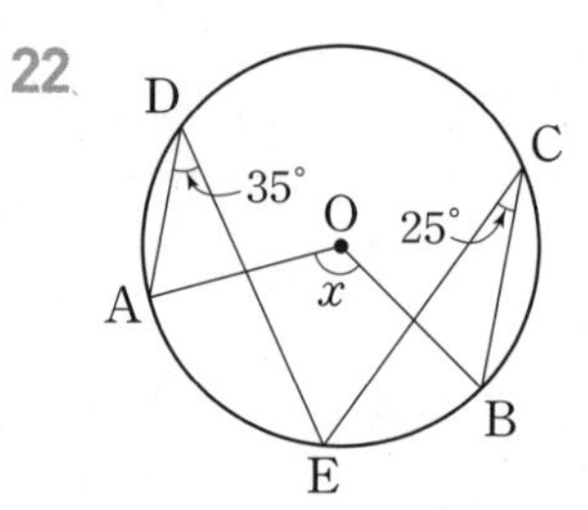

2nd 원주각 또는 중심각을 이용하여 각의 크기 구하기

● 다음 그림의 원 O에서 $\angle x$의 크기를 구하시오.

23

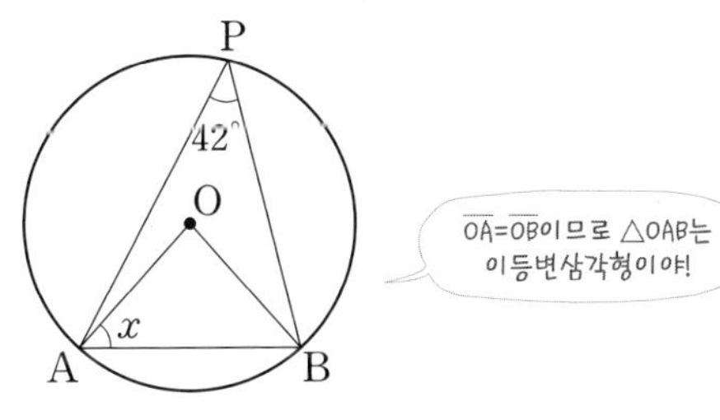

➜ $\angle AOB = 2\angle APB = 2 \times \square° = \square°$

△OAB에서

$\angle x = \frac{1}{2} \times (180° - \angle AOB)$

$= \frac{1}{2} \times (180° - \square°)$

$= \square°$

24

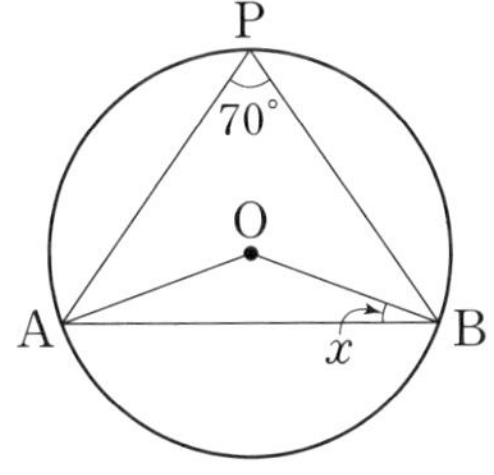

25

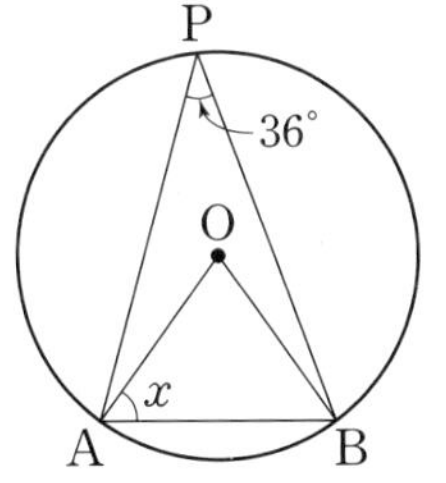

26

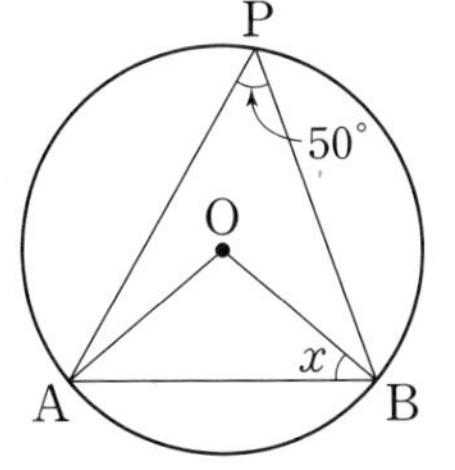

● 다음 그림에서 두 점 A, B는 점 P에서 원 O에 그은 두 접선의 접점일 때, $\angle x$의 크기를 구하시오.

27

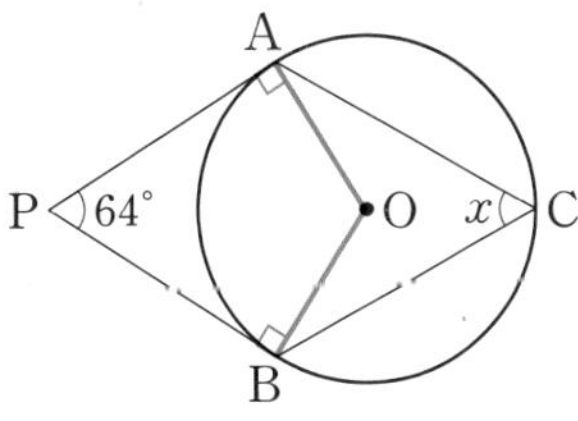

➜ $\overline{OA}$, $\overline{OB}$를 그으면 □APBO에서

$\angle AOB = 360° - (90° + \square° + 90°) = \square°$

따라서 $\angle x = \frac{1}{2}\angle AOB = \frac{1}{2} \times \square° = \square°$

28

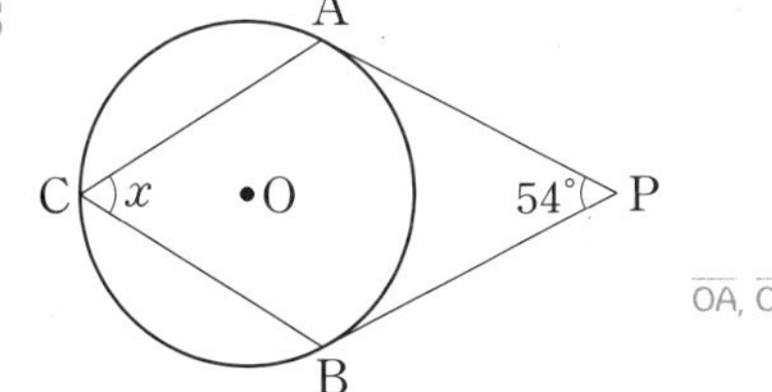

29

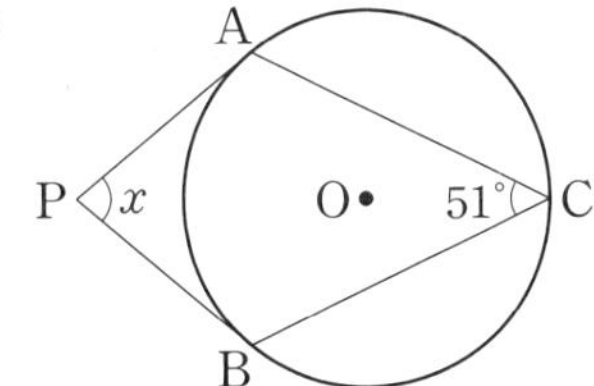

30

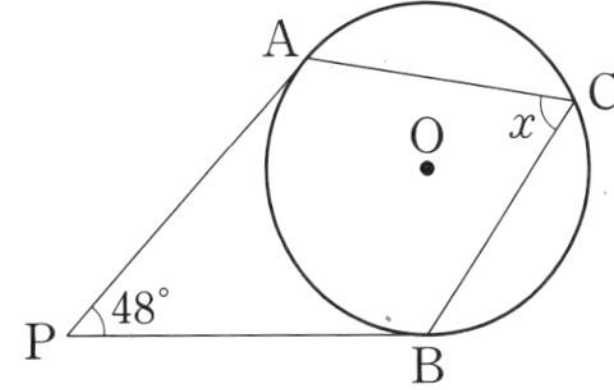

☺ 내가 발견한 개념

원의 접선과 반지름은 수직으로 만나!

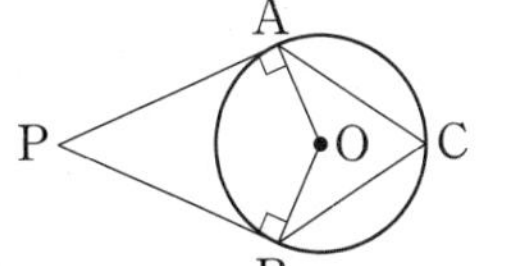

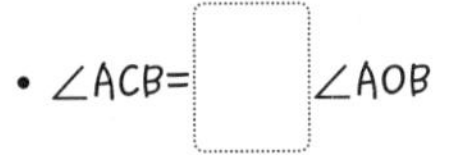

→ • $\angle APB + \angle AOB = \square°$

• $\angle ACB = \square \angle AOB$

02 원주각의 성질

한 호에 대한 원주각의 크기는 모두 같아!

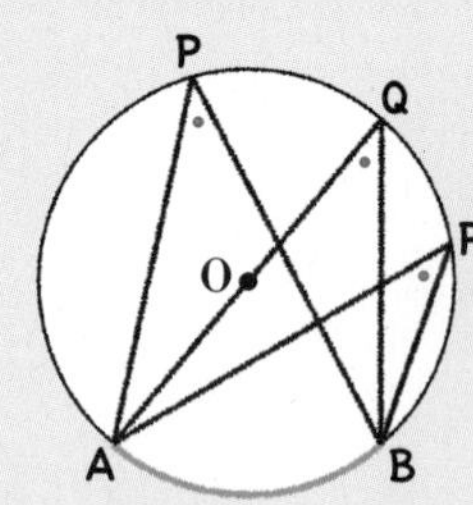

$\angle APB = \angle AQB = \angle ARB$

한 원에서 한 호에 대한 원주각의 크기는 모두 같다.

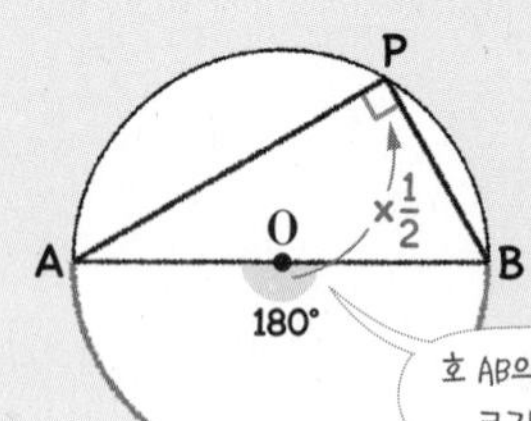

$\overline{AB}$가 원 O의 지름이면

$\angle APB = 90°$

반원에 대한 원주각의 크기는 90°이다.

참고 한 원에서 모든 호에 대한 원주각의 크기의 합은 180°이다.

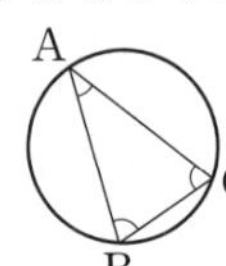

⇨ $\angle ABC + \angle BCA + \angle CAB = 180°$

원리확인 다음 그림의 원 O에 대하여 □ 안에 알맞은 것을 써넣으시오.

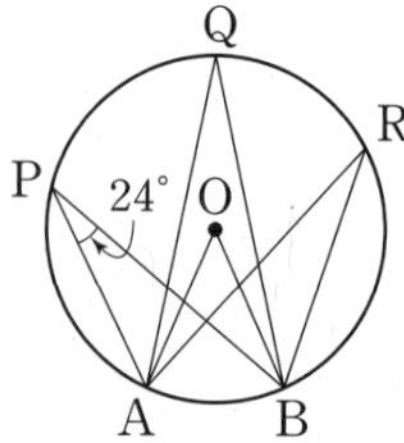

❶ $\angle AOB =$ □ $\angle APB =$ □°

❷ $\angle AQB =$ □ $\angle AOB =$ □°

❸ $\angle ARB =$ □ $\angle AOB =$ □°

❹ $\angle APB = \angle AQB = \angle$ □ $=$ □°

1st — 원주각의 성질을 이용하여 각의 크기 구하기

● 다음 그림의 원 O에서 $\angle x$의 크기를 구하시오.

1

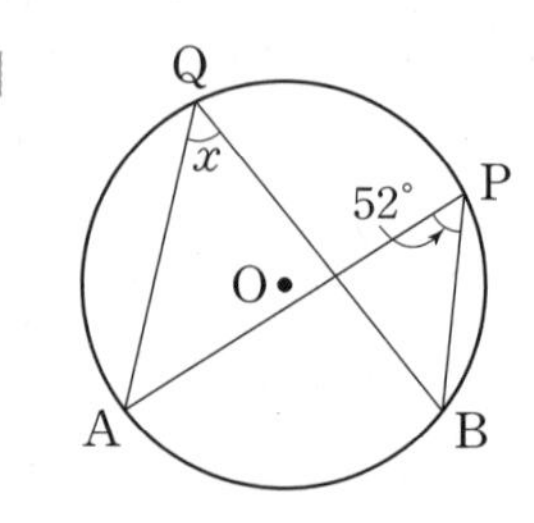

→ $\angle x = \angle APB =$ □°

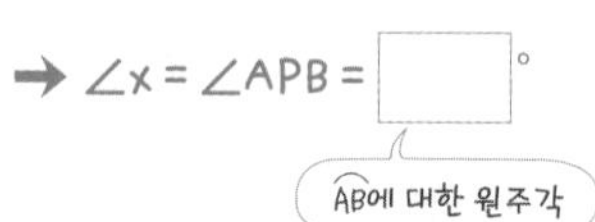

2

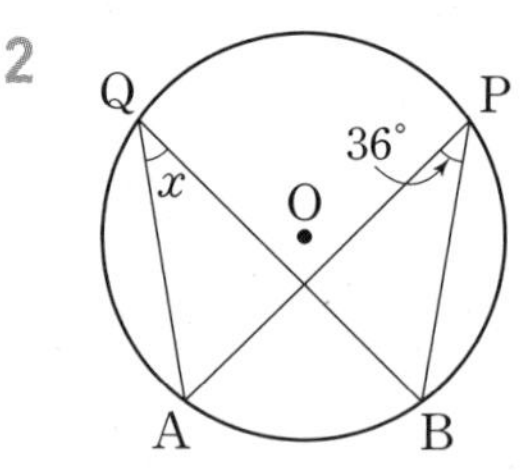

3

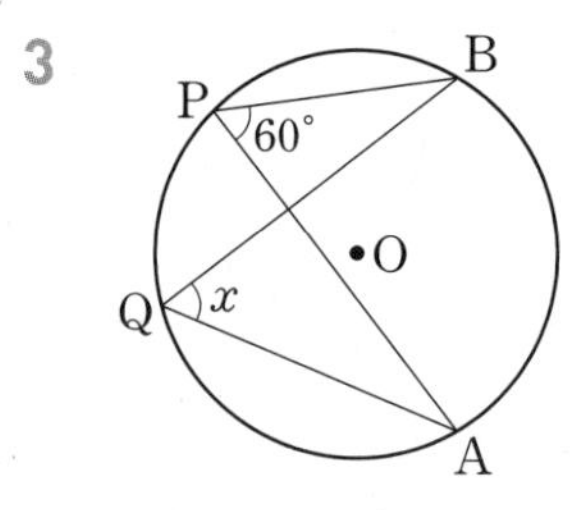

4

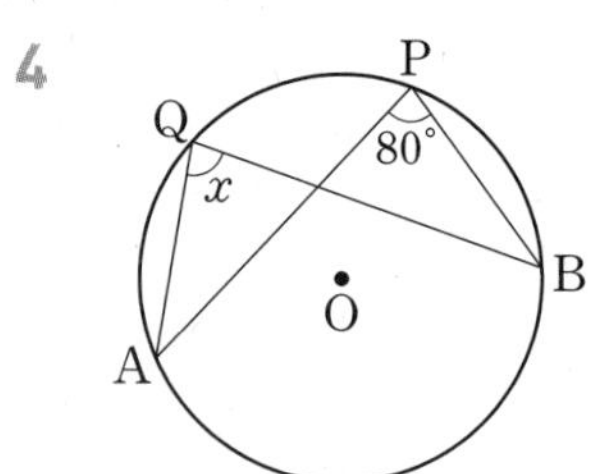

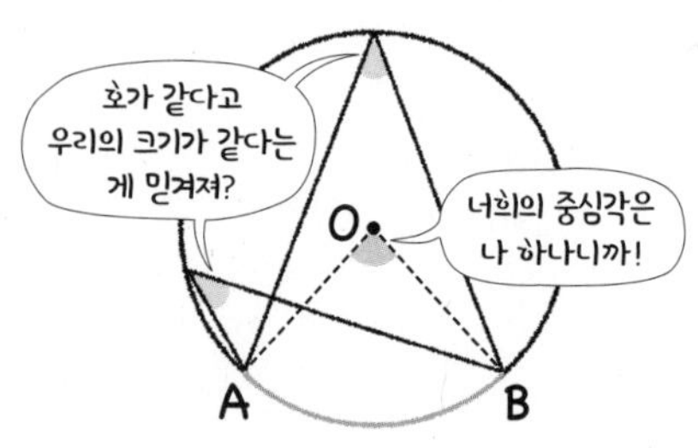

● 다음 그림의 원 O에서 $\angle x$, $\angle y$의 크기를 각각 구하시오.

5

➜ $\angle x = \angle APB =$ ☐°

$\angle y = 2\angle APB = 2 \times$ ☐° $=$ ☐°

6

7

8

9

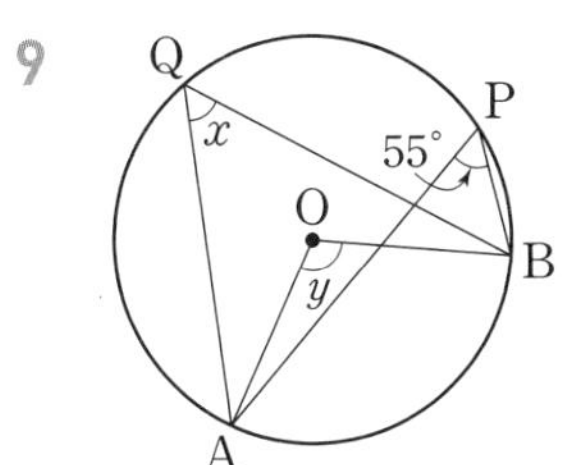

● 다음 그림의 원에서 $\angle x$의 크기를 구하시오.

10

➜ $\overline{QB}$를 그으면

$\angle AQB = \angle APB =$ ☐°

$\angle BQC = \angle BRC =$ ☐°

따라서 $\angle x = \angle AQB + \angle BQC$

$=$ ☐° $+$ ☐° $=$ ☐°

11

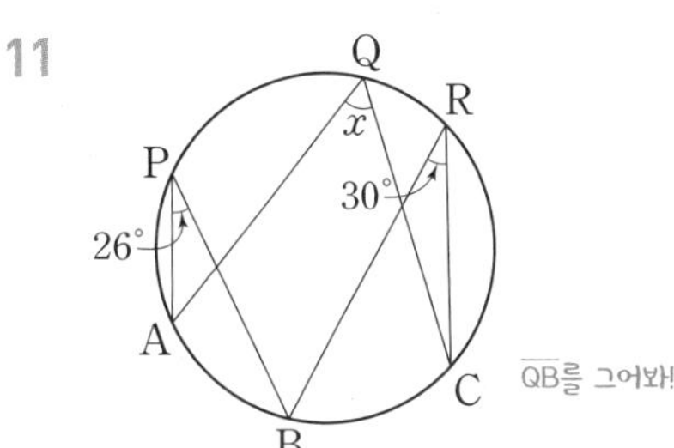

$\overline{QB}$를 그어봐!

12

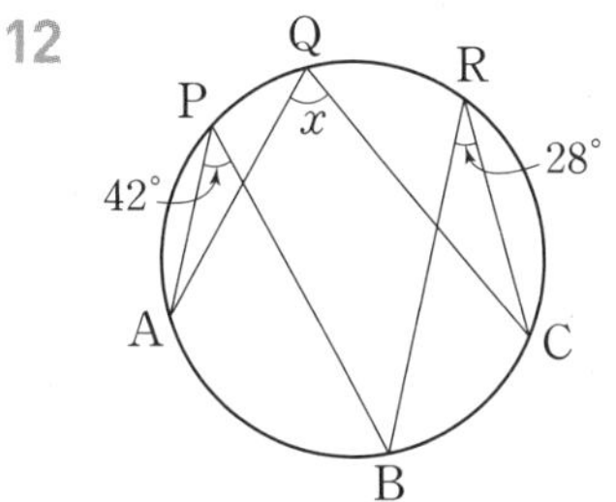

13

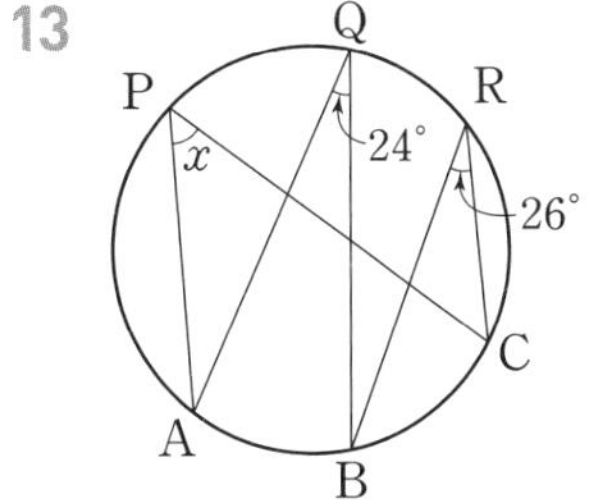

• 다음 그림의 원에서 $\angle x$, $\angle y$의 크기를 각각 구하시오.

14

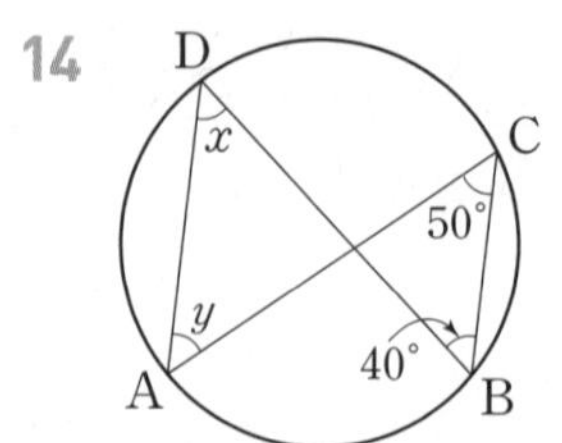

➜ $\angle x = \angle ACB = \square^{\circ}$ ($\widehat{AB}$에 대한 원주각)

$\angle y = \angle DBC = \square^{\circ}$ ($\widehat{CD}$에 대한 원주각)

15

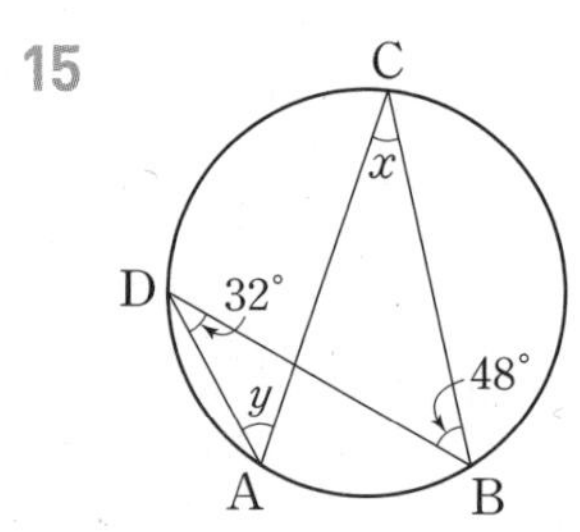

16

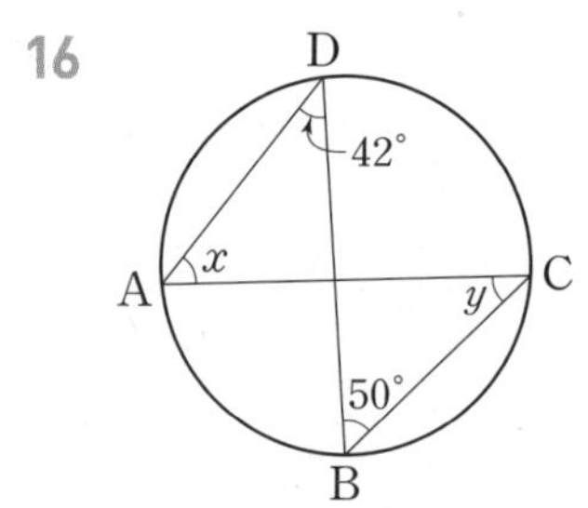

17

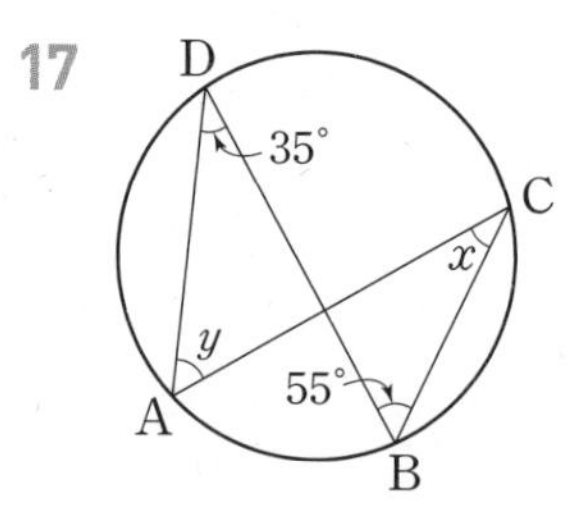

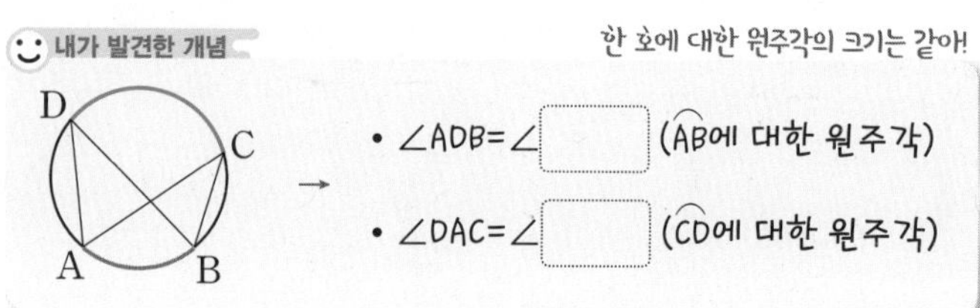

내가 발견한 개념

한 호에 대한 원주각의 크기는 같아!

• $\angle ADB = \angle \square$ ($\widehat{AB}$에 대한 원주각)

• $\angle DAC = \angle \square$ ($\widehat{CD}$에 대한 원주각)

2nd — 원주각과 외각의 성질을 이용하여 각의 크기 구하기

• 다음 그림의 원에서 $\angle x$, $\angle y$의 크기를 각각 구하시오.

18

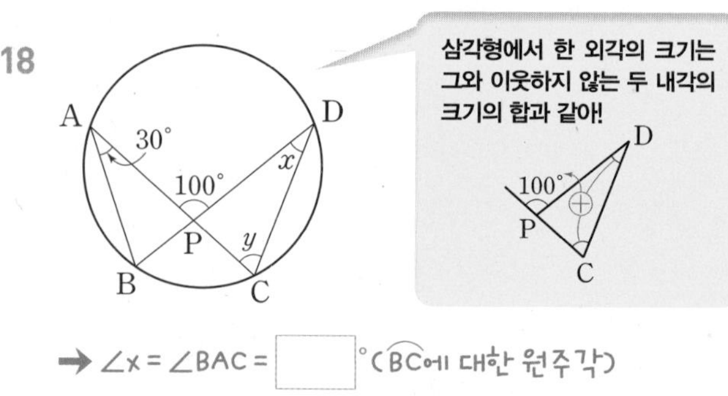

➜ $\angle x = \angle BAC = \square^{\circ}$ ($\widehat{BC}$에 대한 원주각)

$\triangle PCD$에서 $\square^{\circ} + \angle y = 100^{\circ}$

따라서 $\angle y = \square^{\circ}$

19

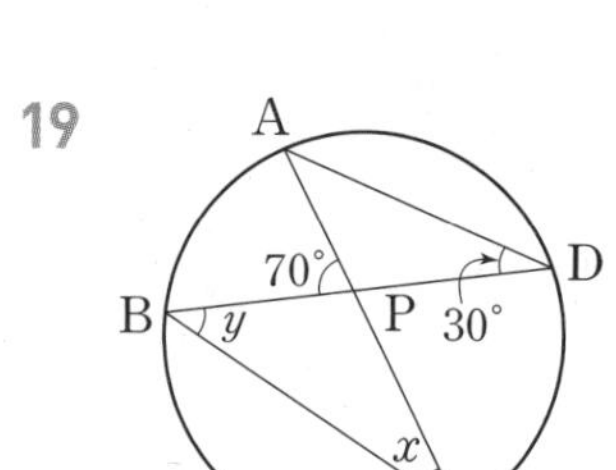

20

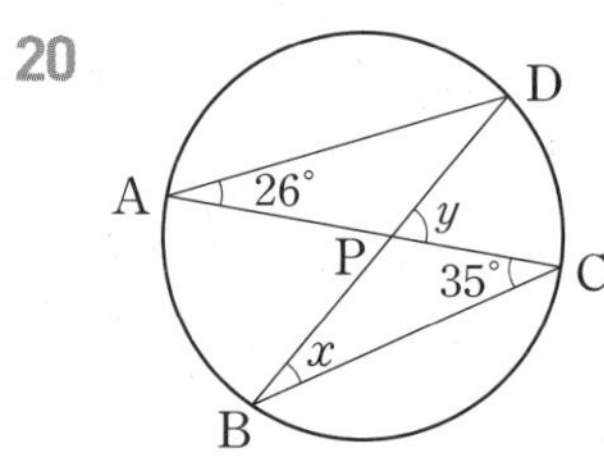

21

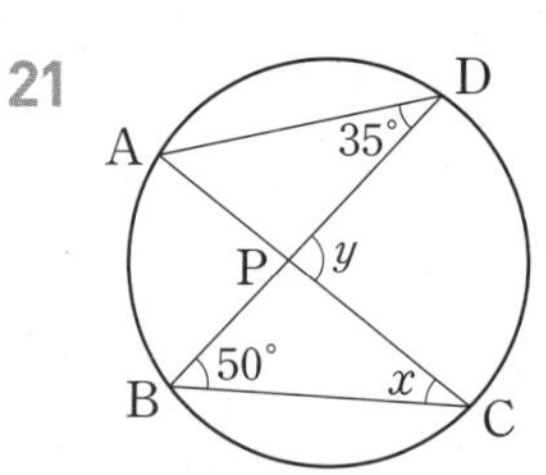

22

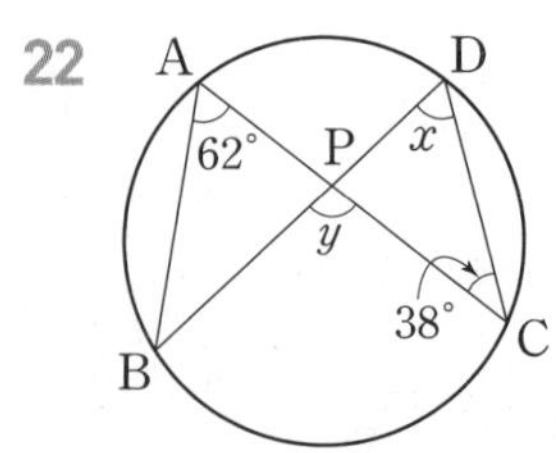

3rd 반원에 대한 원주각의 성질을 이용하여 각의 크기 구하기

● 다음 그림에서 $\overline{AB}$가 원 O의 지름일 때, $\angle x$의 크기를 구하시오.

23

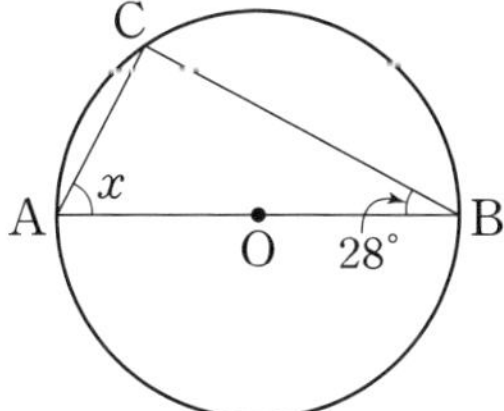

→ ∠ACB = ☐°($\overparen{AB}$에 대한 원주각)

△ABC에서 ∠x = 180° − (☐° + 28°) = ☐°

24

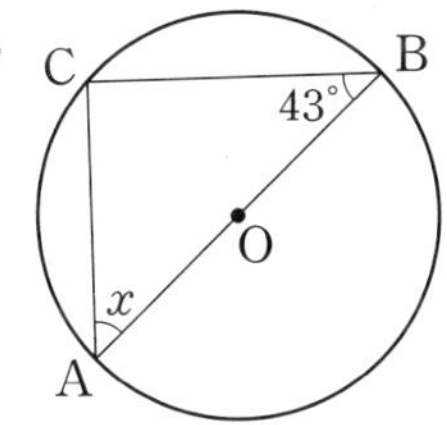

25

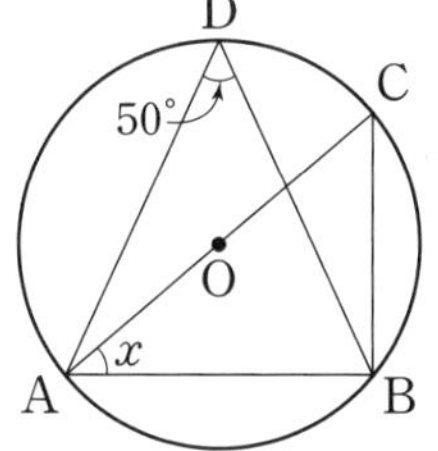

26

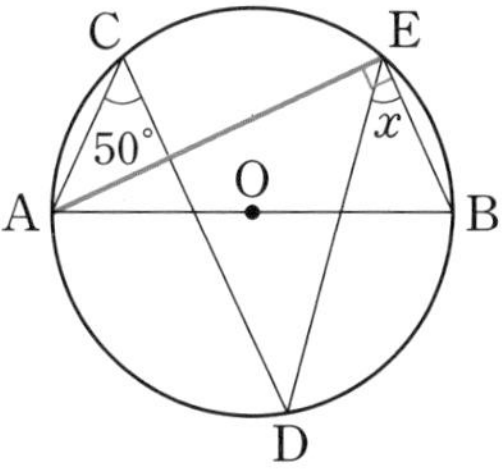

→ $\overline{AE}$를 그으면 ∠AEB = ☐°

∠AED = ∠ACD = ☐°($\overparen{AD}$에 대한 원주각)

따라서 ∠x = ∠AEB − ∠AED

= ☐° − ☐° = ☐°

27

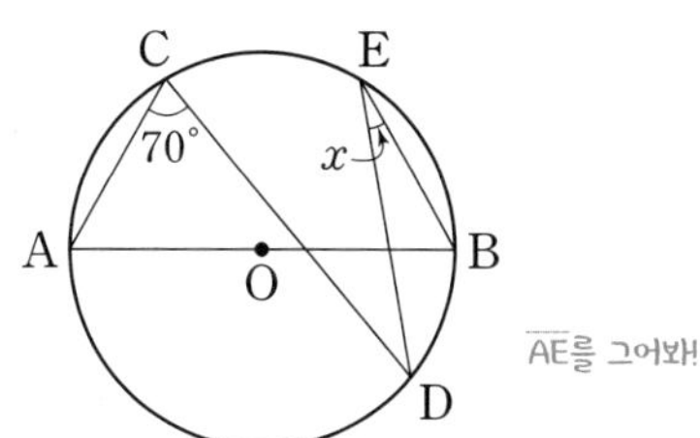

$\overline{AE}$를 그어봐!

28

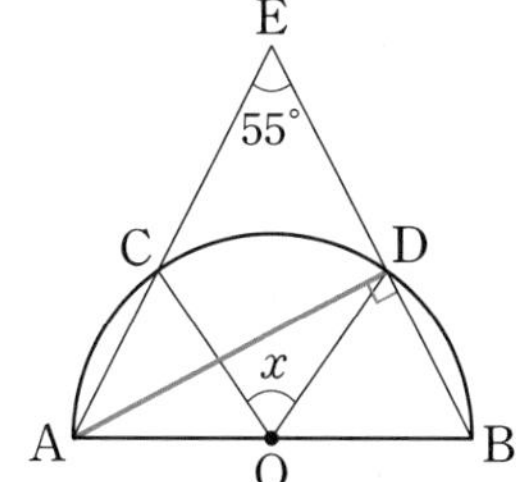

→ $\overline{AD}$를 그으면

∠ADE = 180° − ∠ADB = 180° − ☐° = ☐°이고

△EAD에서

∠EAD = 180° − (☐° + 55°) = ☐°이므로

∠x = 2∠CAD = ☐°

29

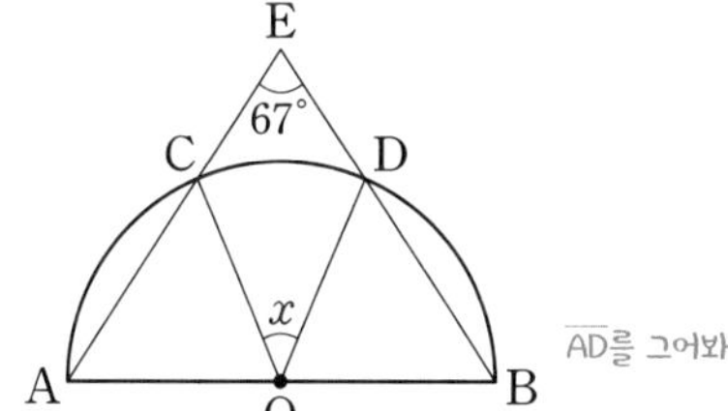

$\overline{AD}$를 그어봐!

30

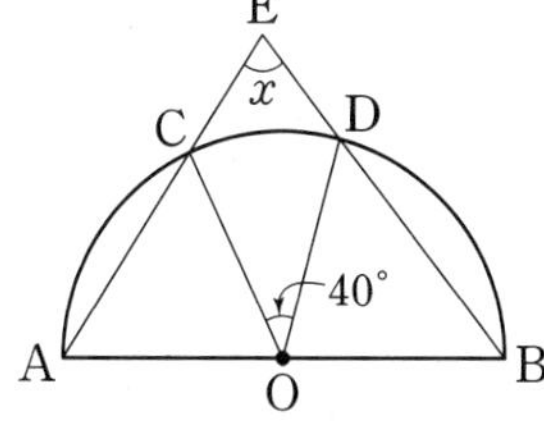

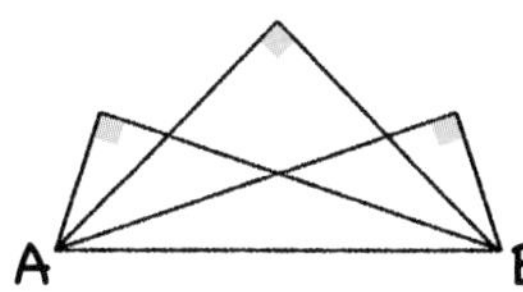

직각을 낀 꼭짓점들을 모두 연결하면

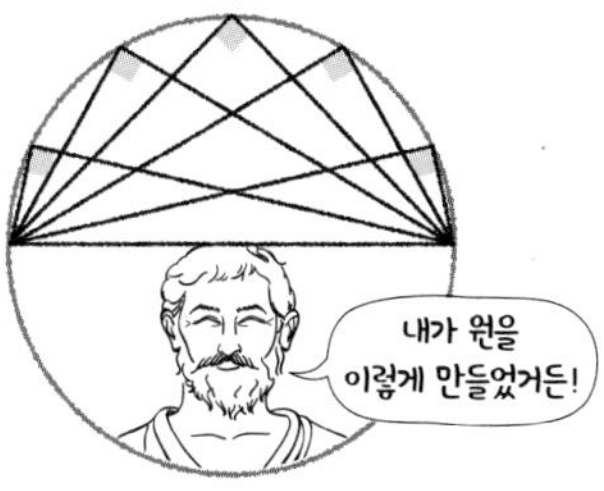

'탈레스의 원'이 되지요.

03 정비례하는!

원주각의 크기와 호의 길이

한 원 또는 합동인 두 원에서

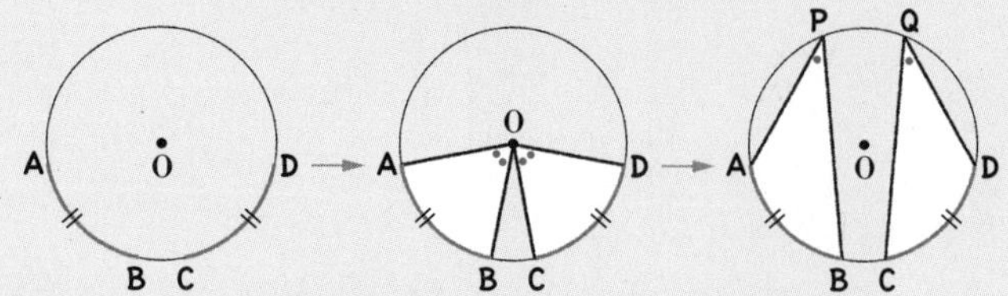

$\overset{\frown}{AB}=\overset{\frown}{CD}$ 이면 $\angle APB=\angle CQD$

길이가 같은 호에 대한 원주각의 크기는 같다.

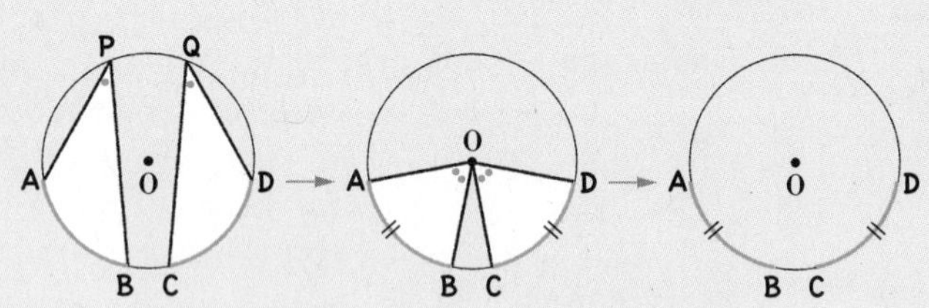

$\angle APB=\angle CQD$이면 $\overset{\frown}{AB}=\overset{\frown}{CD}$

크기가 같은 원주각에 대한 호의 길이는 같다.

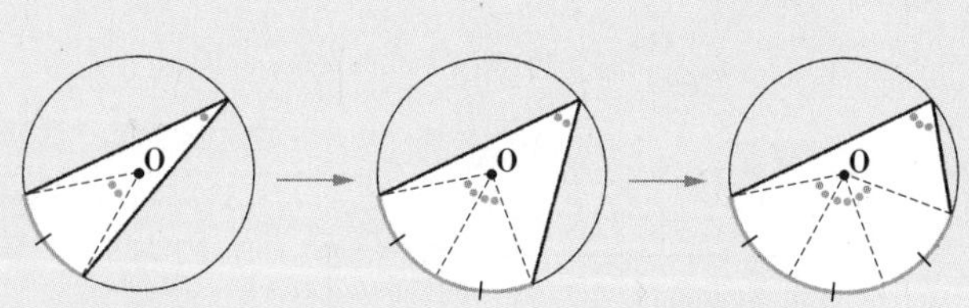

원주각의 크기와 호의 길이는 정비례한다.

참고 ① 한 원에서 호의 길이는 그 호에 대한 중심각의 크기에 정비례한다.
② 한 원에서 현의 길이는 원주각의 크기에 정비례하지 않는다.

원리확인 오른쪽 그림의 원 O에 대하여 □ 안에 알맞은 수를 써넣으시오.

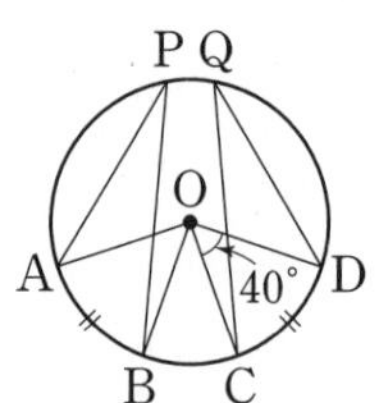

❶ $\angle AOB=\angle COD=$ □°

❷ $\angle APB=\frac{1}{2}\angle AOB=$ □°

❸ $\angle CQD=\frac{1}{2}\angle COD=$ □°

❹ $\angle APB=\angle CQD=$ □°

1st — 원주각의 크기 또는 호의 길이 구하기

• 다음 그림의 원 O에서 x의 값을 구하시오.

1

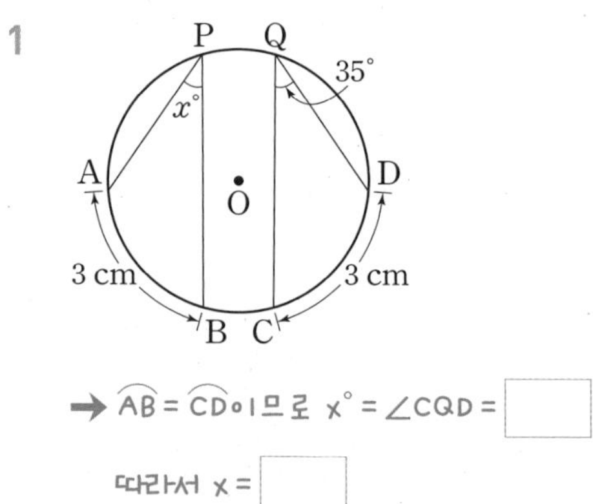

→ $\overset{\frown}{AB}=\overset{\frown}{CD}$이므로 $x°=\angle CQD=$ □°

따라서 $x=$ □

2

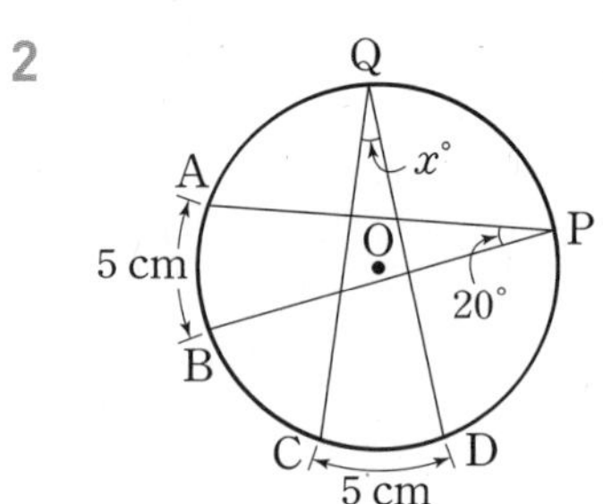

3

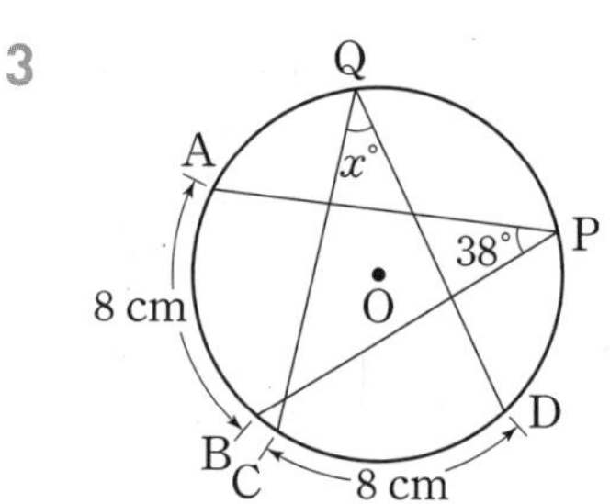

4

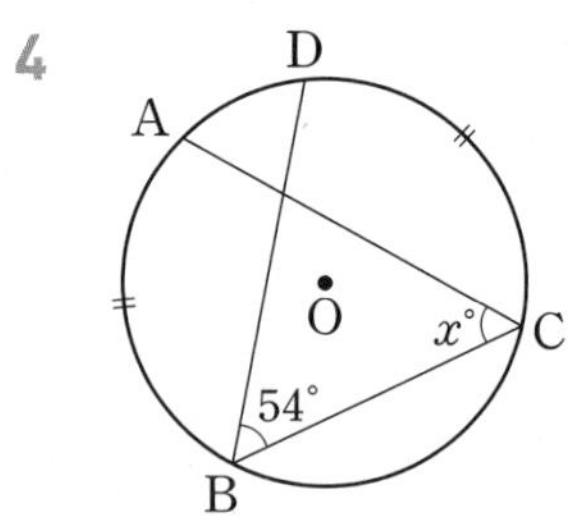

5

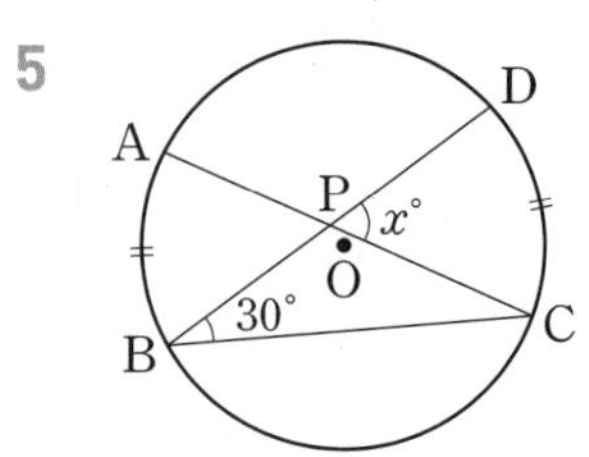

6
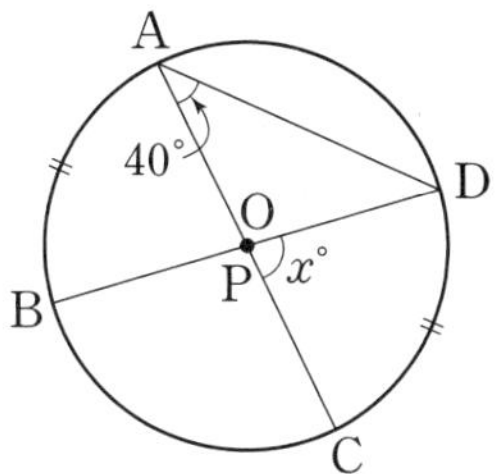

7
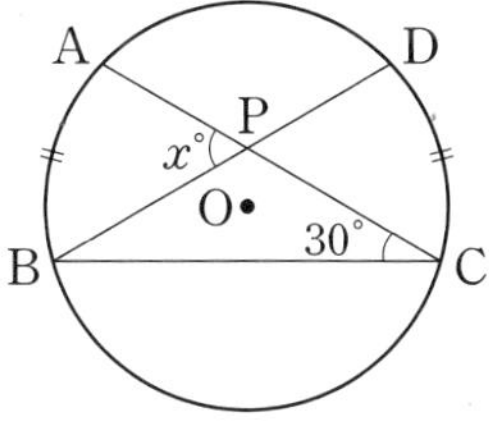

8
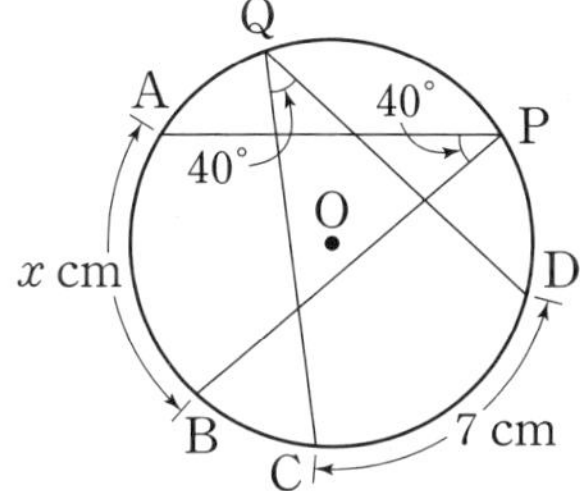

9
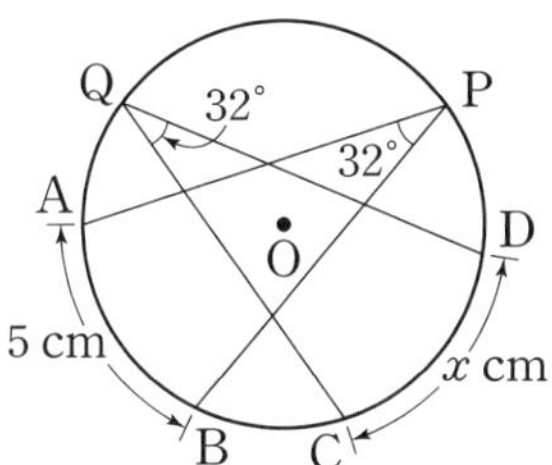

10
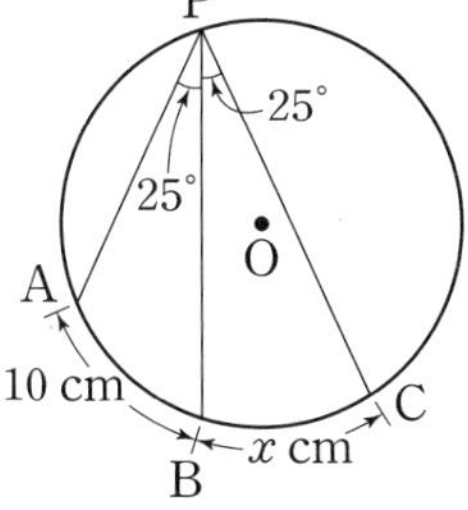

11
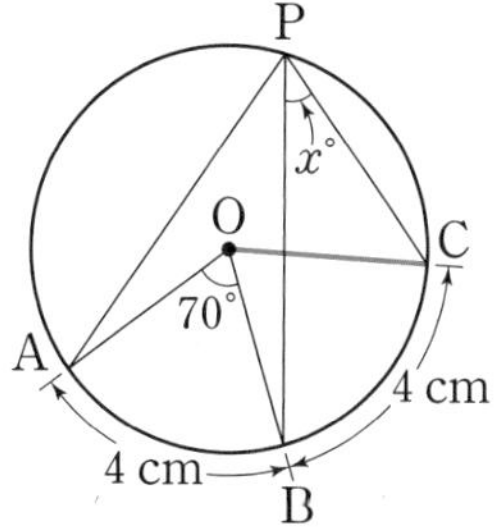

→ $\overline{OC}$를 그으면

$\widehat{AB}=\widehat{BC}$이므로 $\angle BOC=\angle AOB=$ ☐°

따라서 $x°=\frac{1}{2}\angle BOC=$ ☐°

$x=$ ☐

12
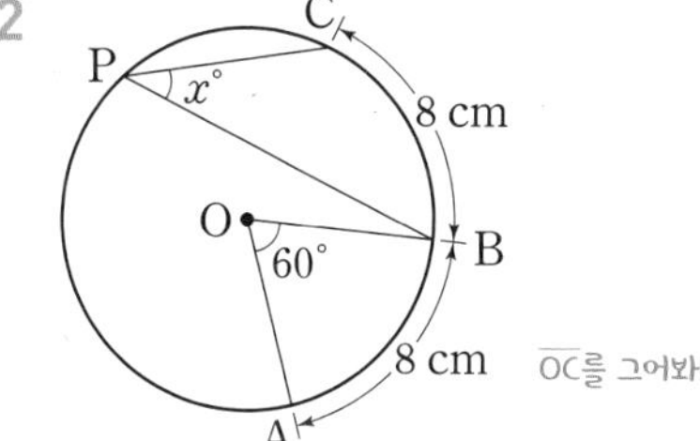

13
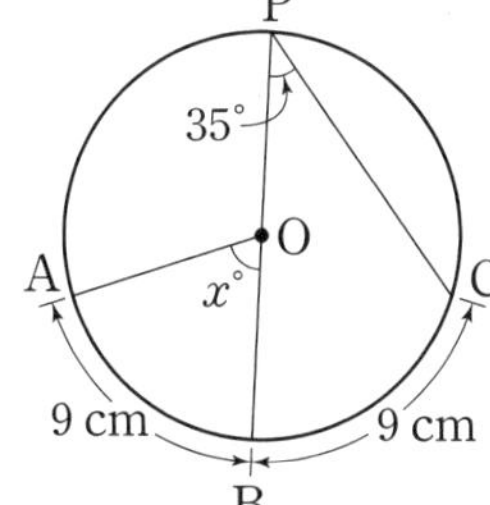

14
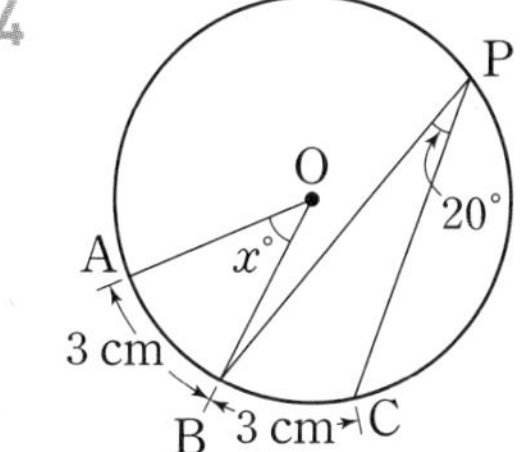

15

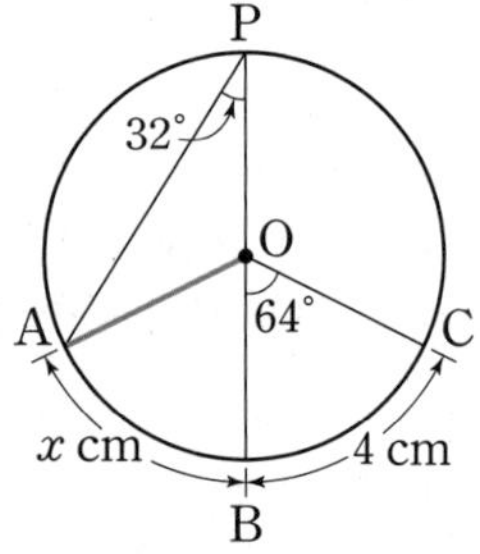

→ $\overline{OA}$를 그으면

∠AOB = 2∠APB = □°

∠AOB = ∠BOC = □°이므로

$\overset{\frown}{AB} = \overset{\frown}{BC}$ = □ cm

따라서 x = □

16

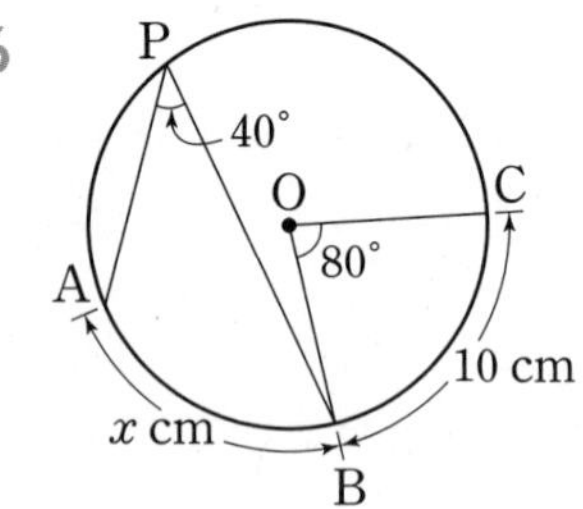

17

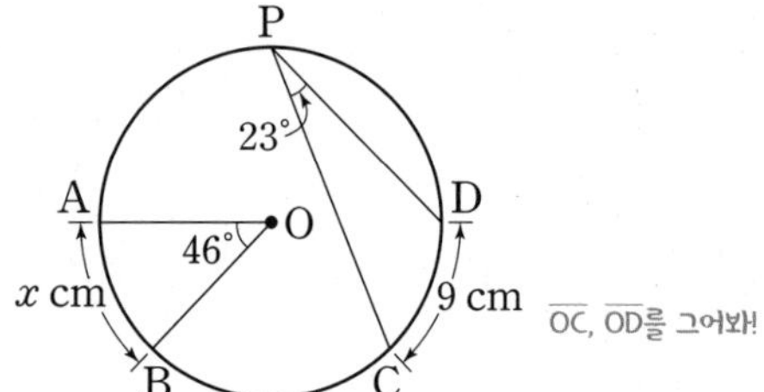

18

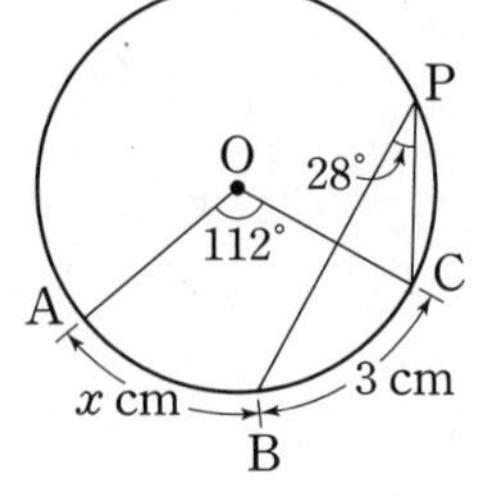

19

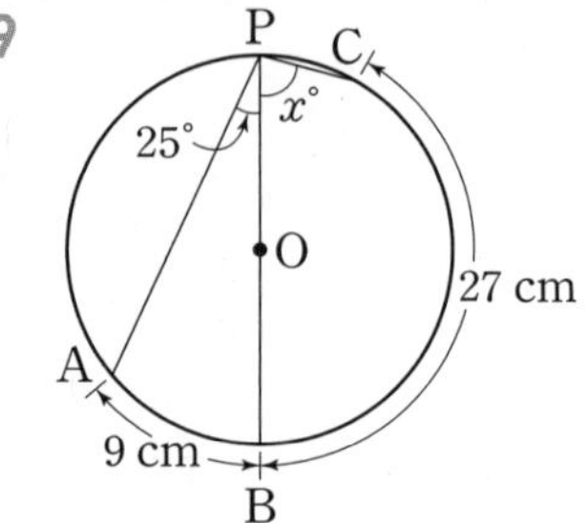

→ $\overset{\frown}{BC} = 3\overset{\frown}{AB}$이므로 ∠BPC = □∠APB

따라서 $x°$ = □ × 25° = □°이므로

x = □

20

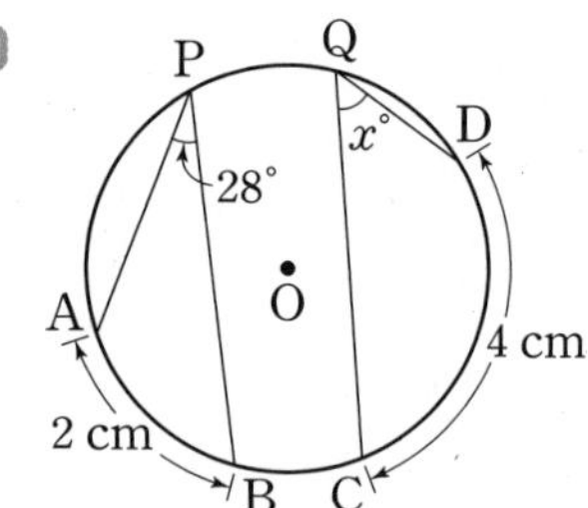

21

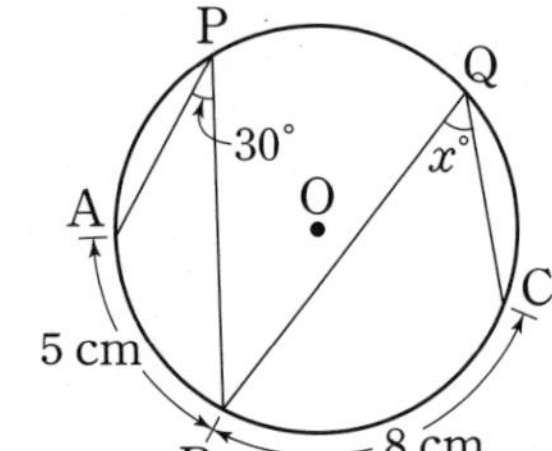

$\overset{\frown}{AB} : \overset{\frown}{BC}$ = : 5 : 8이므로
$\overset{\frown}{BC} = \frac{8}{5}\overset{\frown}{AB}$야!

22

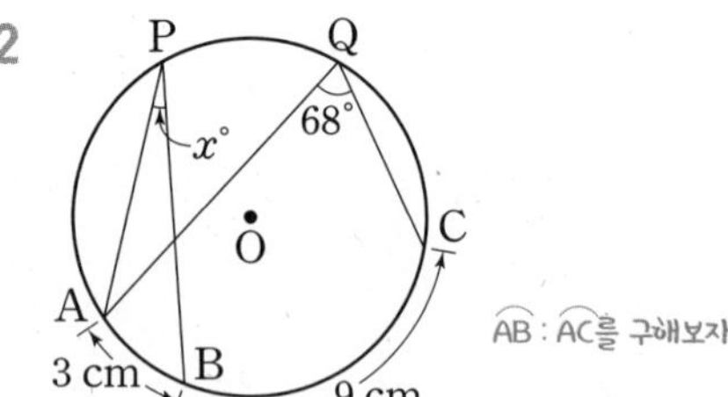

23

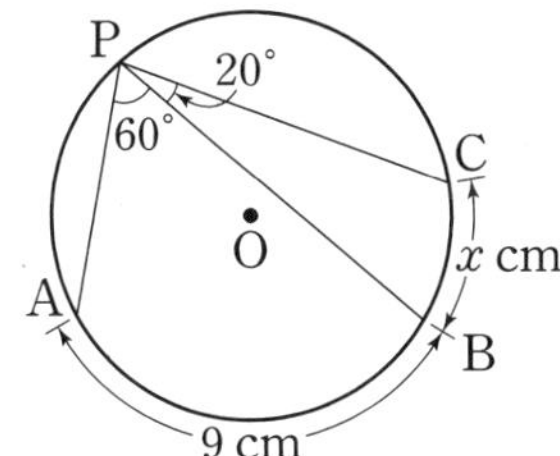

→ $\angle BPC = \frac{1}{3}\angle APB$이므로 $\widehat{BC} = \square \widehat{AB}$

따라서 $x = \square \times 9 = \square$

24

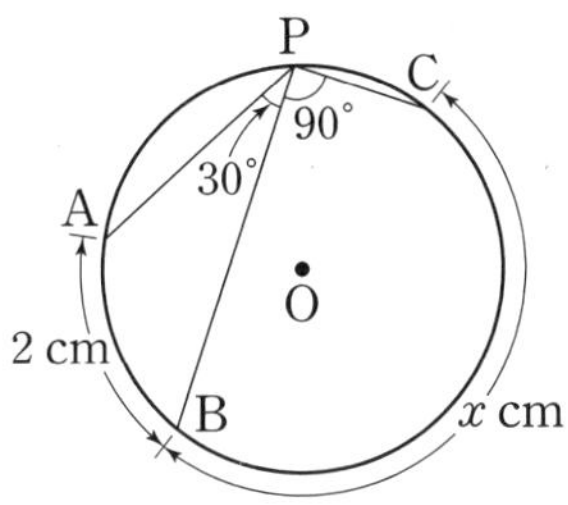

25

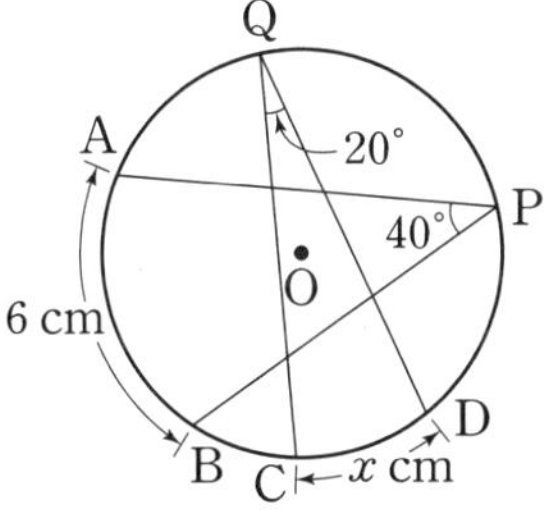

26

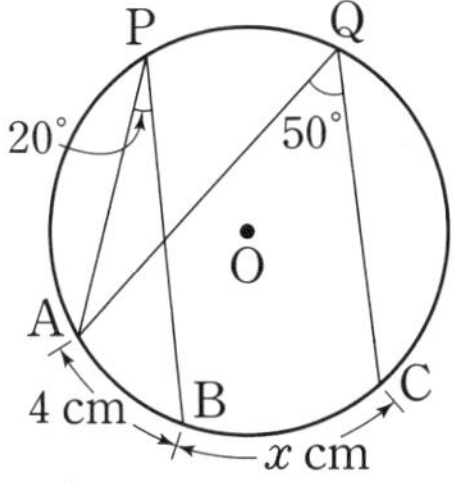

2nd 호의 길이의 비를 알 때 각의 크기 구하기

● 원 O에 내접한 삼각형 ABC에 대하여 호의 길이의 비가 다음과 같을 때, ∠A, ∠B, ∠C의 크기를 각각 구하시오.

27 $\widehat{AB} : \widehat{BC} : \widehat{CA} = 4 : 3 : 2$

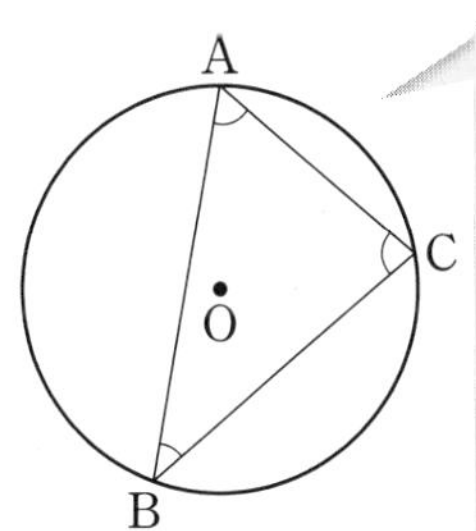

❸ P, O, A, B, ❷, ❶

❶ $\widehat{AB}$ = (원주) $\times \frac{1}{n}$

❷ $\angle AOB = 360° \times \frac{1}{n}$

❸ $\angle APB = \left(360° \times \frac{1}{n}\right) \times \frac{1}{2}$

$= 180° \times \frac{1}{n}$

(단, n은 자연수)

→ $\angle A = 180° \times \frac{3}{4+3+2} = \square°$

$\angle B = 180° \times \frac{\square}{4+3+2} = \square°$

$\angle C = 180° \times \frac{\square}{4+3+2} = \square°$

28 $\widehat{AB} : \widehat{BC} : \widehat{CA} = 5 : 4 : 3$

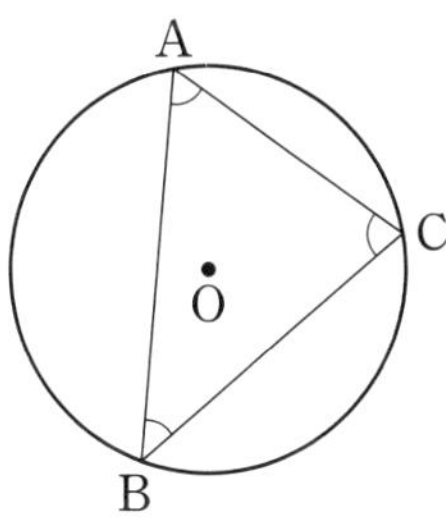

29 $\widehat{AB} : \widehat{BC} : \widehat{CA} = 6 : 5 : 4$

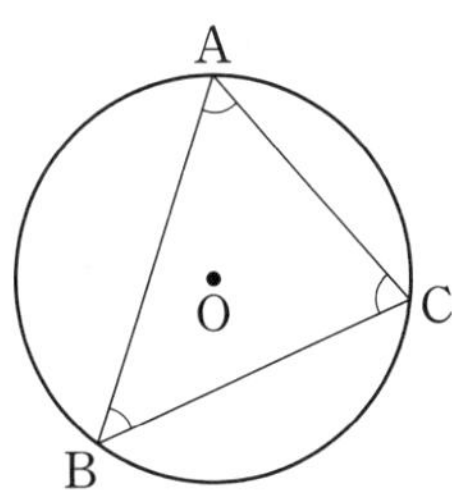

내가 발견한 개념 — 호의 길이의 비와 원주각 사이의 관계는?

$\widehat{AB} : \widehat{BC} : \widehat{CA} = a : b : c$일 때

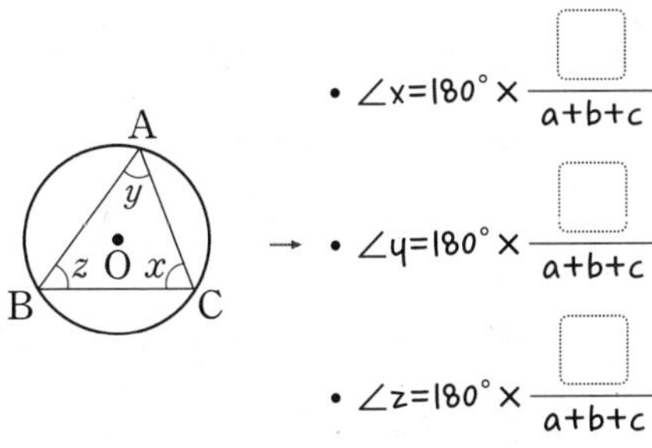

→ • $\angle x = 180° \times \frac{\square}{a+b+c}$

• $\angle y = 180° \times \frac{\square}{a+b+c}$

• $\angle z = 180° \times \frac{\square}{a+b+c}$

04 원주각의 크기가 같으면 네 점은 한 원 위에 있어!

네 점이 한 원 위에 있을 조건

두 점 C, D가 직선 AB에 대하여 같은 쪽에 있을 때

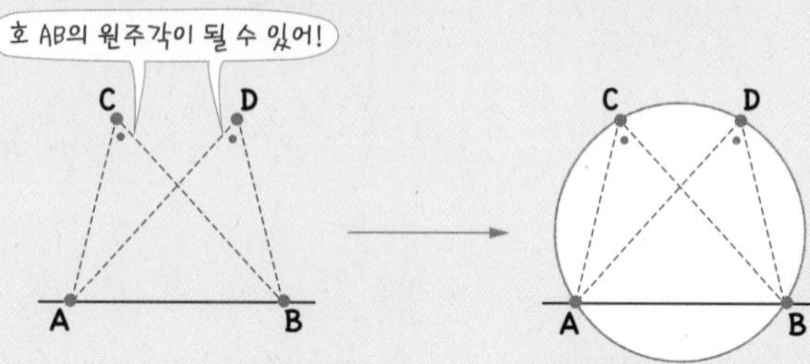

∠ACB = ∠ADB이면 → **네 점 A, B, C, D는 한 원 위에 있다.**

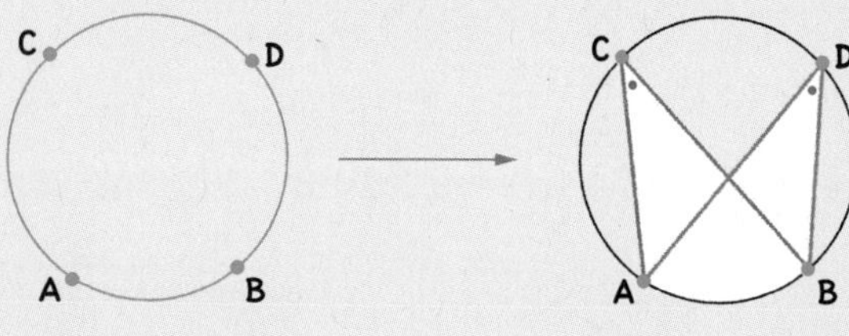

네 점 A, B, C, D가 한 원 위에 있으면 → **∠ACB = ∠ADB**

참고 세 점 A, B, C가 한 원 위에 있고 직선 AB에 대하여 점 C와 같은 쪽에 점 D가 있을 때

(1) 점 D가 원의 내부에 있는 경우

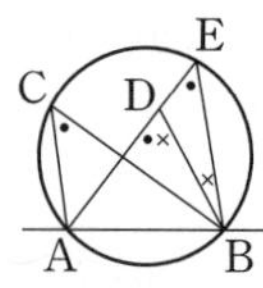

⇨ ∠ACB < ∠ADB

(2) 점 D가 원 위에 있는 경우

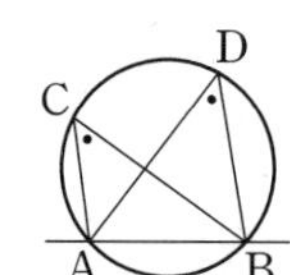

⇨ ∠ACB = ∠ADB

(3) 점 D가 원의 외부에 있는 경우

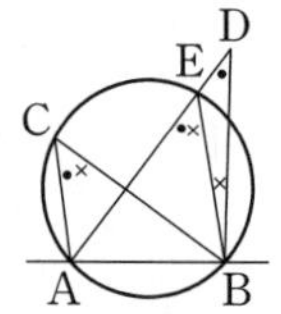

⇨ ∠ACB > ∠ADB

주의 직선 AB에 대하여 두 점 C, D가 다른 쪽에 있으면 네 점 A, B, C, D는 한 원 위에 있다고 할 수 없다.

원리확인 오른쪽 그림에 대하여 □ 안에 알맞은 것을 써넣고, ( ) 안의 알맞은 말에 ○표 하시오.

(단, ∠ABC=80°)

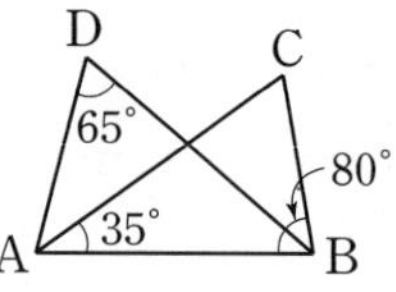

❶ △ABC에서 ∠ACB=□°

❷ ∠ACB □ ∠ADB

❸ 네 점 A, B, C, D는 한 원 위에 (있다, 있지 않다).

1st — 네 점이 한 원 위에 있을 조건 이해하기

● 다음 그림에서 네 점 A, B, C, D가 한 원 위에 있으면 ○표, 한 원 위에 있지 않으면 ×표를 ( ) 안에 써넣으시오.

1

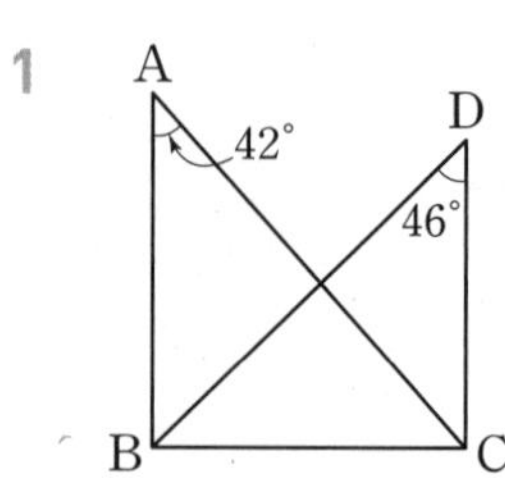

( )

2

A 55° D

55°

B C

( )

3

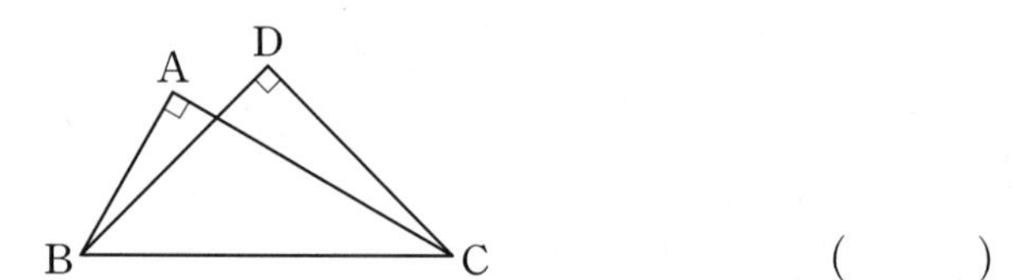

( )

4

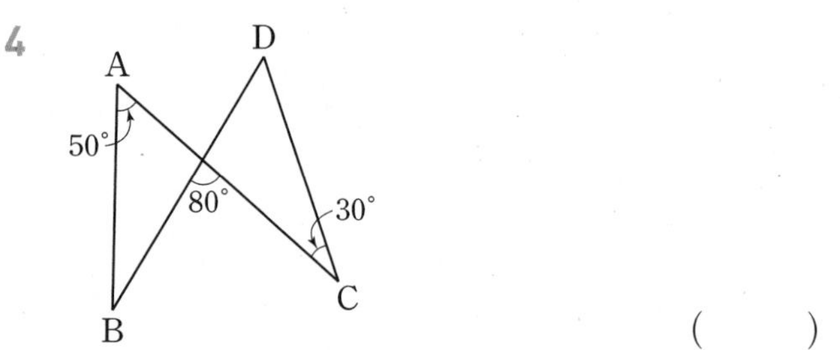

( )

5

A D

65°

85°

30°

B C

( )

● 다음 그림에서 네 점 A, B, C, D가 한 원 위에 있도록 하는 $\angle x$의 크기를 구하시오.

6

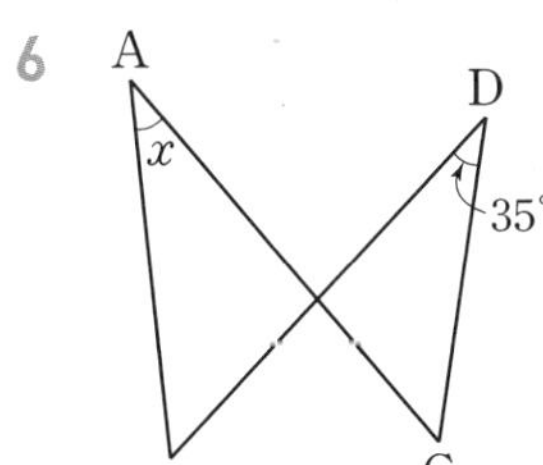

7

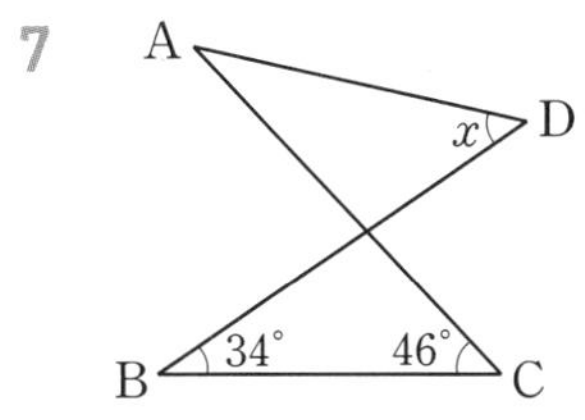

8

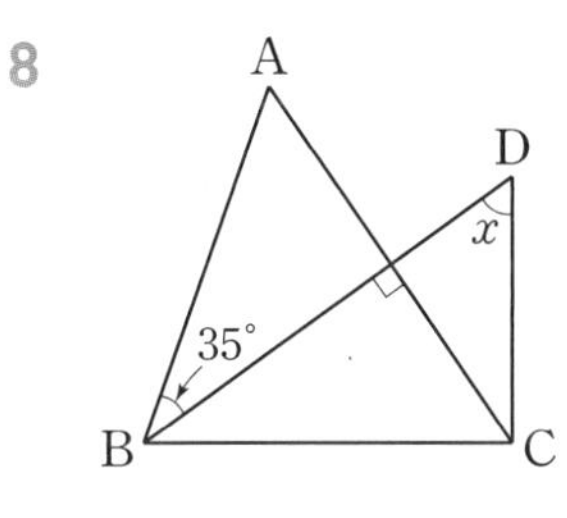

9

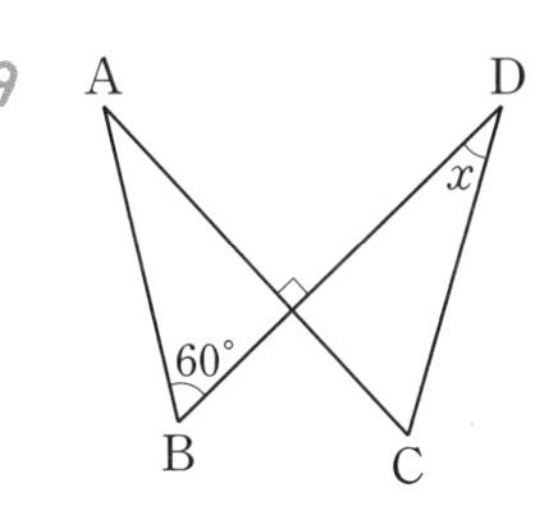

10

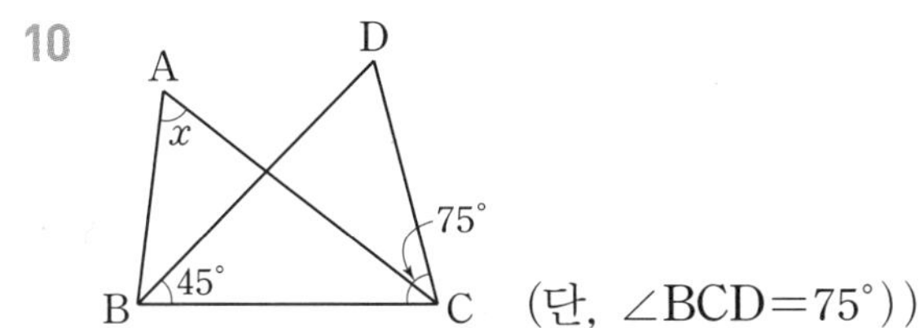
(단, $\angle BCD=75°$)

11

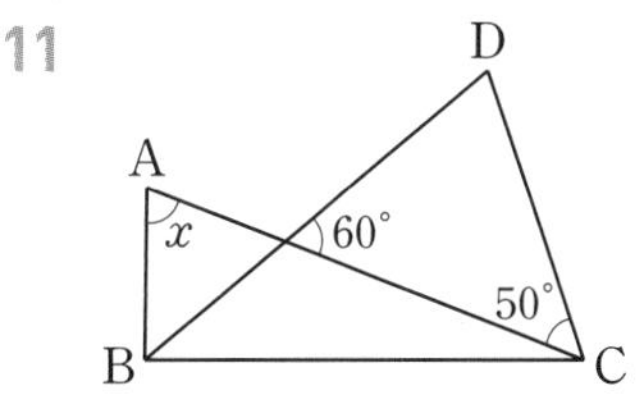

12

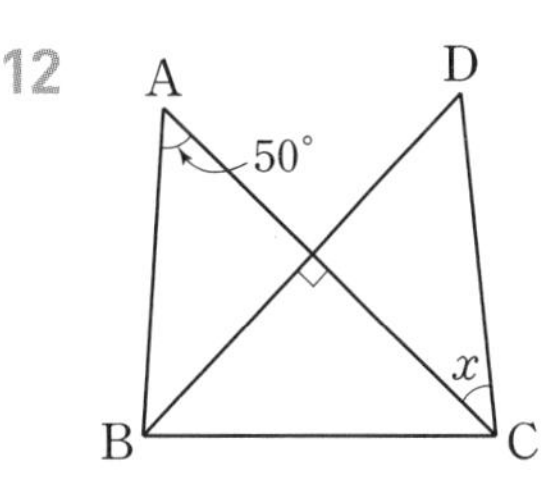

13

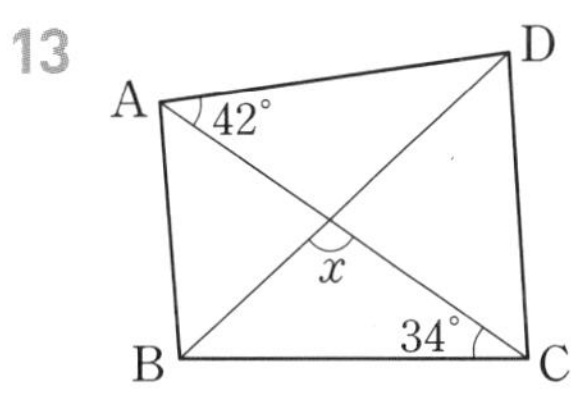

14

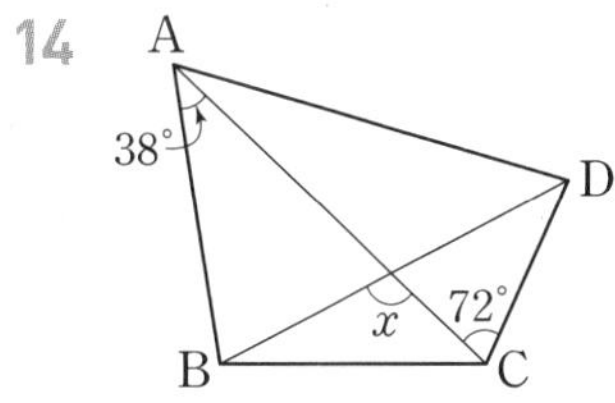

개념모음문제

15 오른쪽 그림에서 네 점 A, B, C, D가 한 원 위에 있을 때, $\angle x$, $\angle y$의 크기를 각각 구하면?

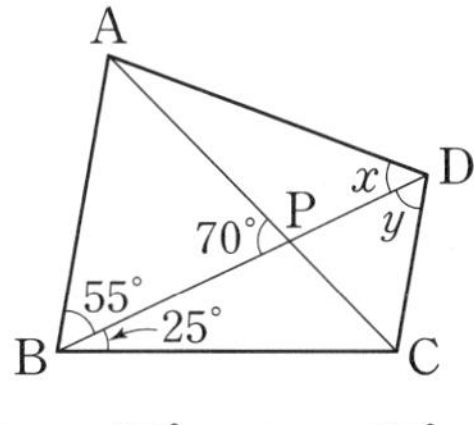

① $\angle x=25°$, $\angle y=45°$ ② $\angle x=25°$, $\angle y=55°$
③ $\angle x=45°$, $\angle y=55°$ ④ $\angle x=45°$, $\angle y=70°$
⑤ $\angle x=55°$, $\angle y=70°$

05 원에 내접하는 사각형의 성질 두 가지를 기억해!

원에 내접하는 사각형의 성질

❶ 한 쌍의 대각의 크기의 합

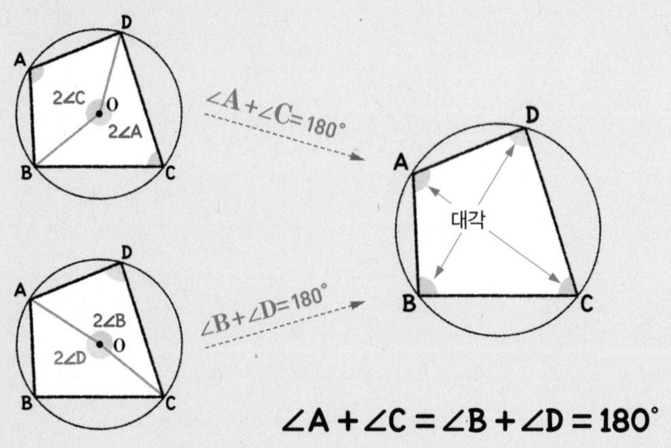

한 쌍의 대각의 크기의 합은 180°이다.

❷ 한 외각의 크기와 그 각에 이웃한 내각의 대각의 크기

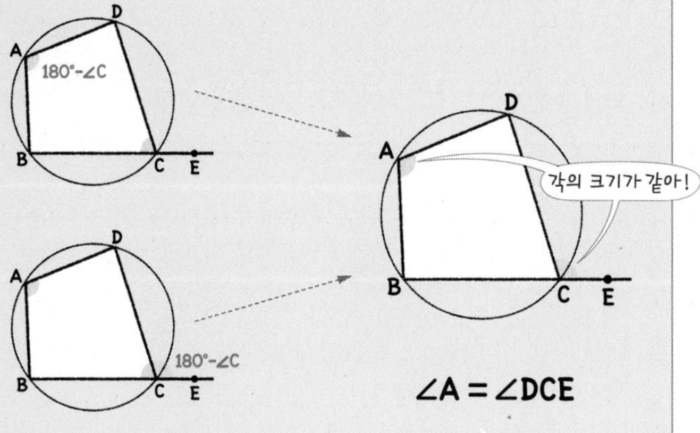

외각의 크기는 그 각에 이웃한 내각의 대각의 크기와 같다.

참고 삼각형은 항상 원에 내접하지만 사각형은 항상 원에 내접하는 것은 아니다.

1st 원에 내접하는 사각형의 성질을 이용하여 각의 크기 구하기(1)

● 다음 그림에서 □ABCD가 원 O에 내접할 때, $\angle x$, $\angle y$의 크기를 각각 구하시오.

1

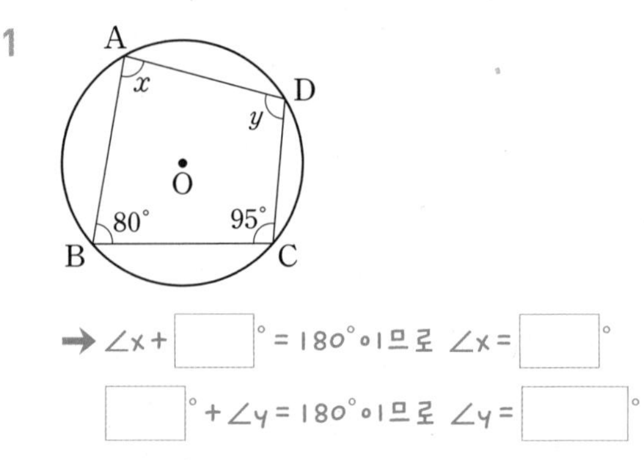

→ $\angle x +$ □° $= 180°$이므로 $\angle x =$ □°

□° $+ \angle y = 180°$이므로 $\angle y =$ □°

2

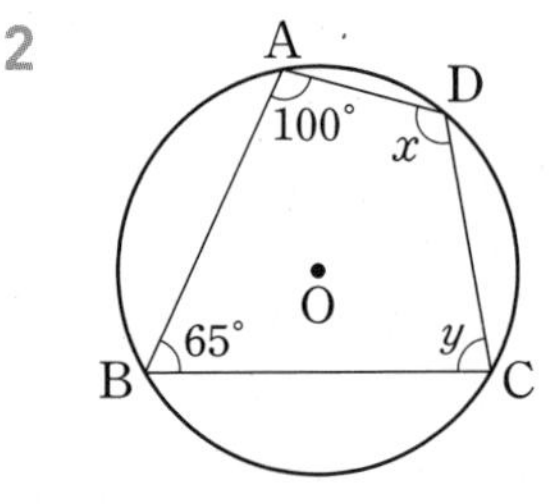

3

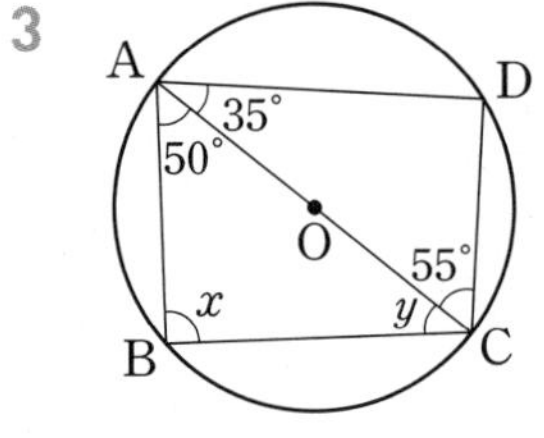

4

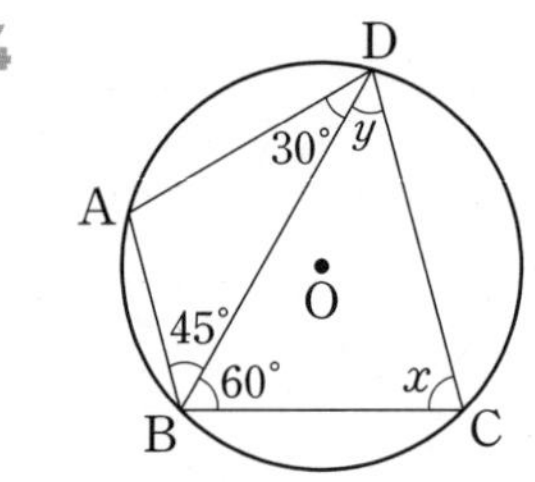

5

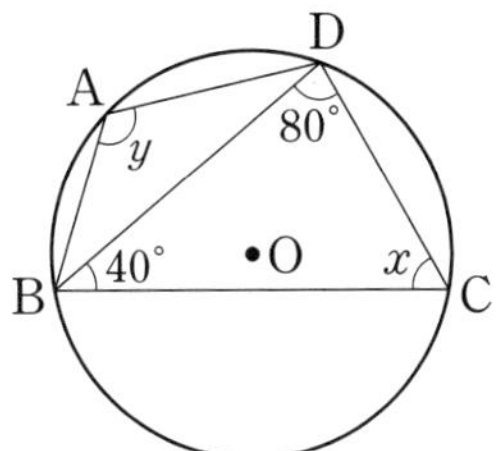

6

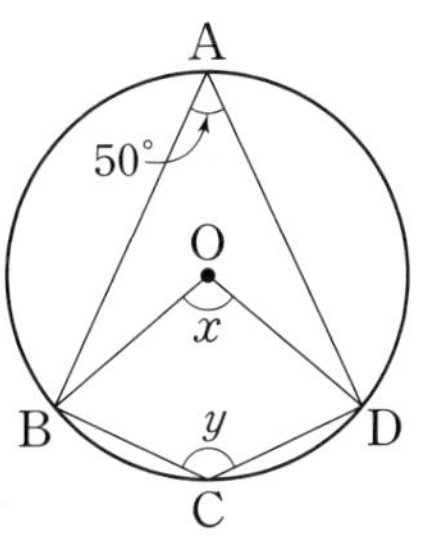

→ ∠x = 2∠BAD = □°

□° + ∠y = 180° 이므로 ∠y = □°

7

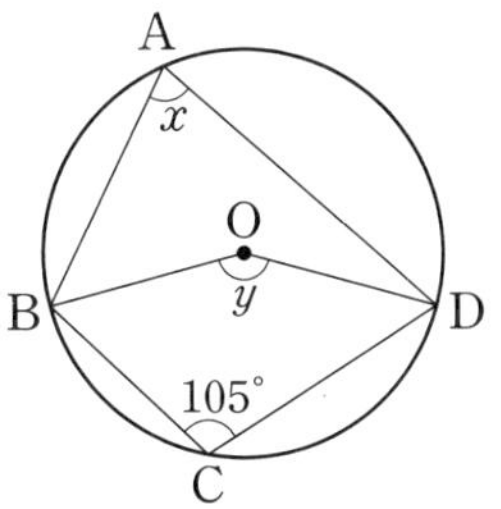

8

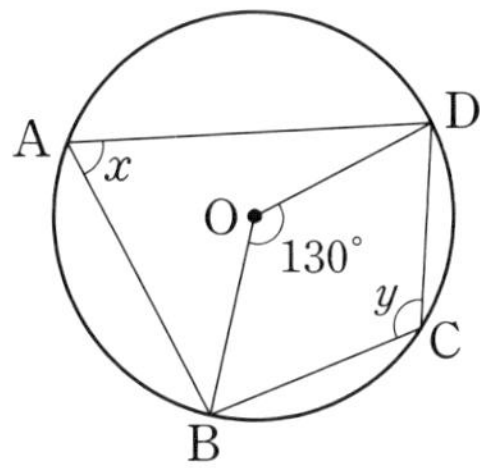

😊 내가 발견한 개념

원에 내접하는 사각형의 대각의 크기의 합은?

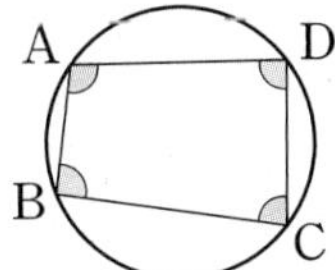

→

• ∠A+∠□ =180°

• ∠□ +∠D=180°

9

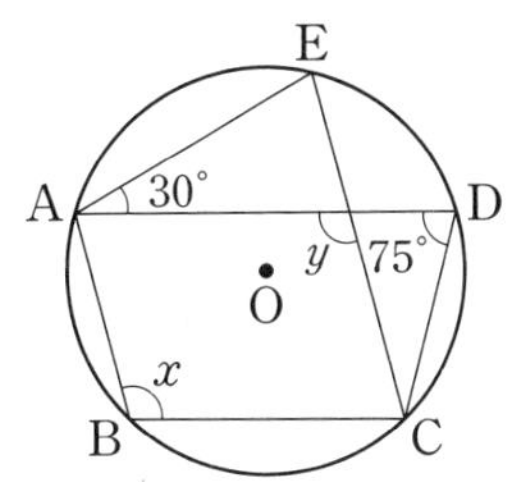

→ ∠AEC = ∠ADC = □° ($\overset{\frown}{AC}$에 대한 원주각)

이므로 ∠y = 30° + □° = □°

□ABCD는 원에 내접하므로

∠x + ∠ADC = 180°, 즉 ∠x + □° = 180°

따라서 ∠x = □°

10

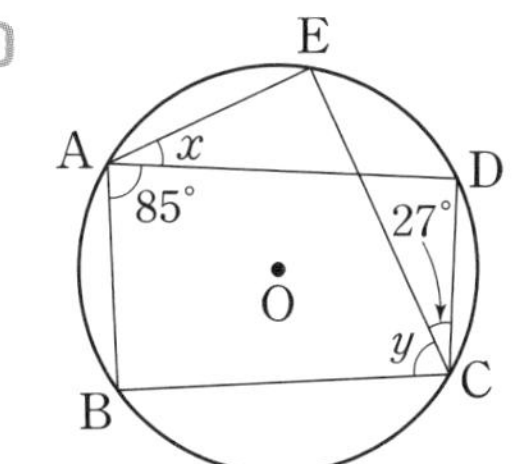

2nd 원에 내접하는 사각형의 성질을 이용하여 각의 크기 구하기(2)

● 다음 그림에서 □ABCD가 원 O에 내접할 때, ∠x, ∠y의 크기를 각각 구하시오.

11

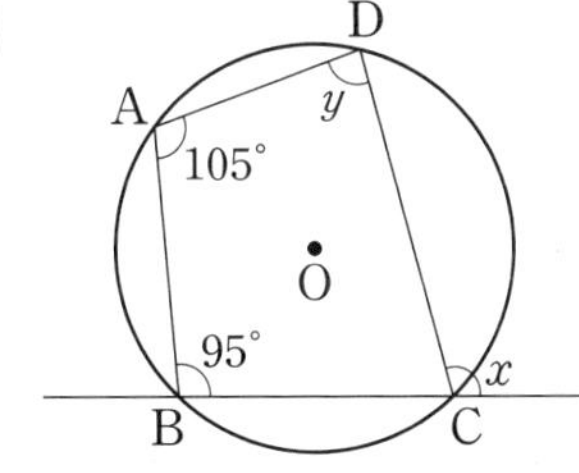

→ ∠x = ∠DAB = □°

95° + ∠y = □° 이므로 ∠y = □°

12

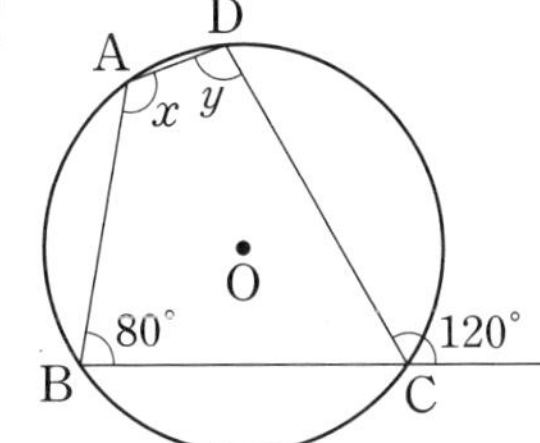

13

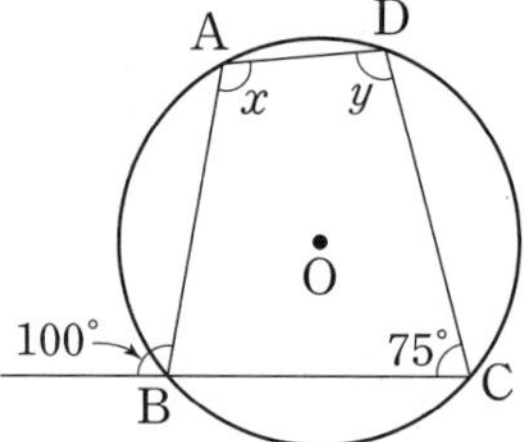

14

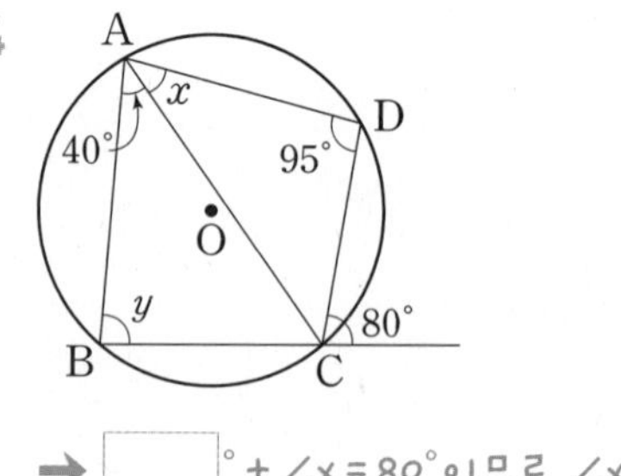

➡ □° + ∠x = 80° 이므로 ∠x = □°

∠y + □° = 180° 이므로 ∠y = □°

15

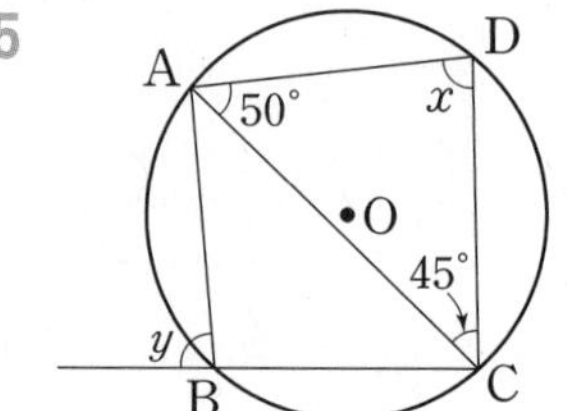

16

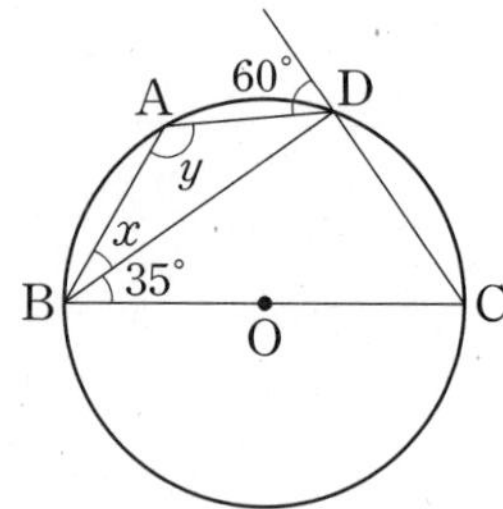

(단, $\overline{BC}$는 지름)

17

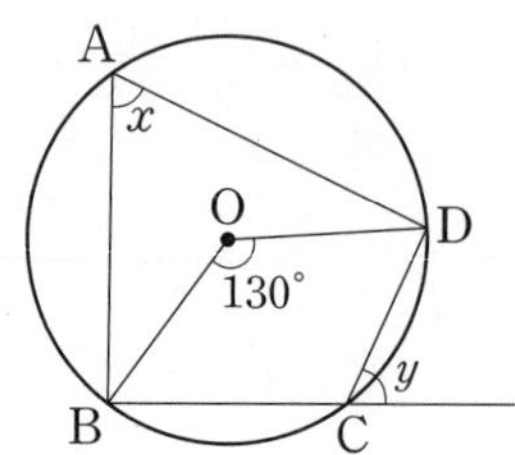

➡ $\angle x = \frac{1}{2} \times$ □° = □°

∠y = ∠x = □°

18

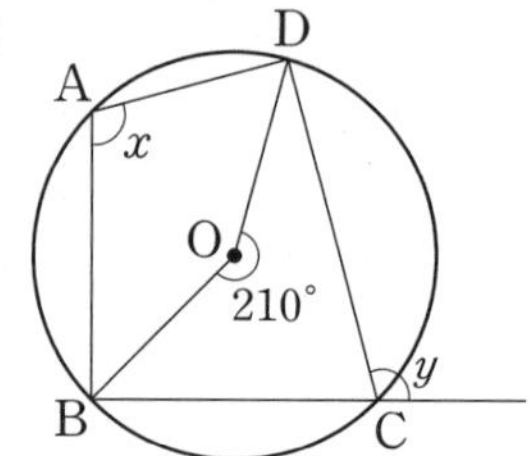

19

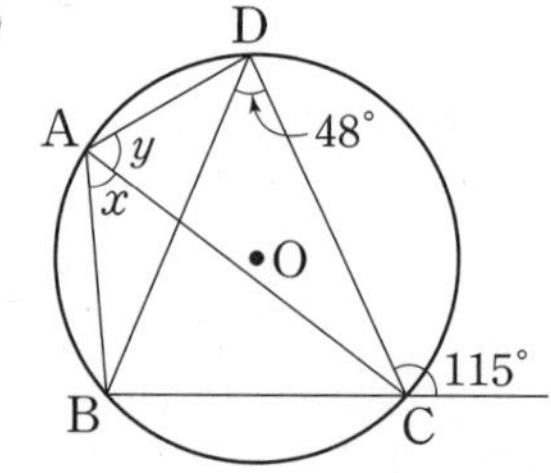

➡ ∠x = ∠BDC = □° ($\overset{\frown}{BC}$에 대한 원주각)

□° + ∠y = 115° 이므로 ∠y = □°

20

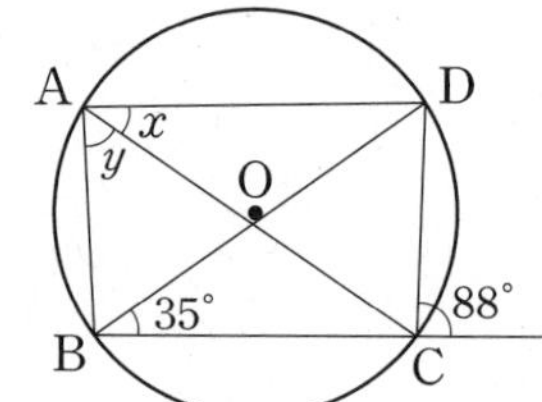

21

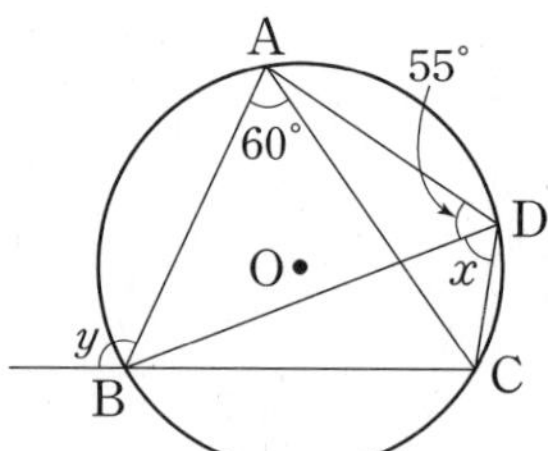

내가 발견한 개념 한 외각과 그 각에 이웃한 내각의 대각의 관계는?

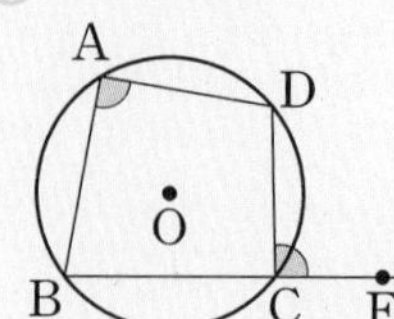

→ • ∠BCD + ∠DCE = □°

• ∠BAD + ∠BCD = □°

• ∠DCE □ ∠BAD

3rd 원에 내접하는 사각형의 성질을 이용하여 각의 크기 구하기(3)

● 다음 그림과 같이 □ABCD가 원에 내접할 때, $\angle x$의 크기를 구하시오.

22

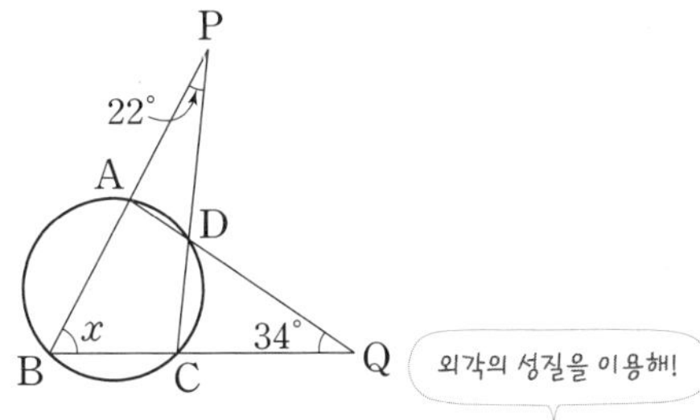

→ △PBC에서 ∠DCQ = ∠x + $\square$°

□ABCD가 원에 내접하므로

∠CDQ = ∠$\square$

△DCQ에서 ∠$\square$ + (∠x + $\square$°) + 34° = 180°

따라서 ∠x = $\square$°

23

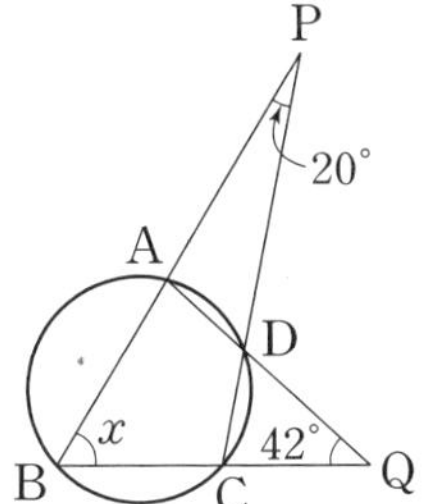

24

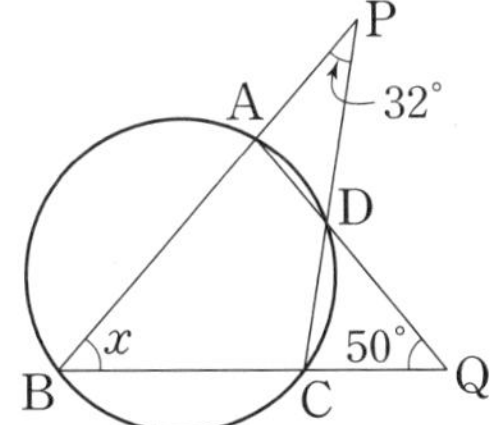

25

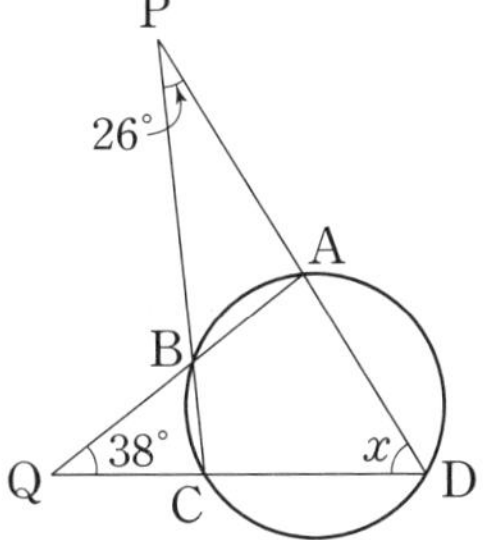

● 다음 그림과 같이 오각형 ABCDE가 원 O에 내접할 때, $\angle x$의 크기를 구하시오.

26

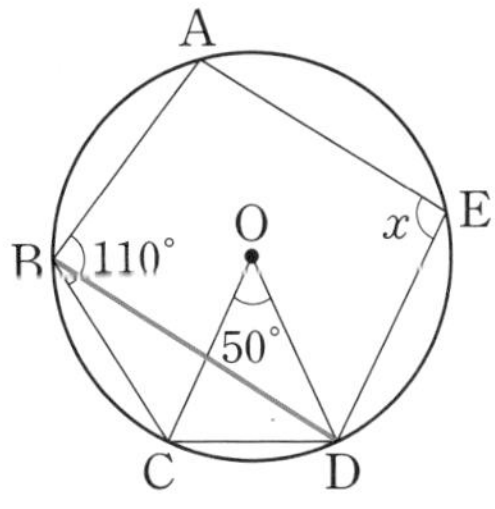

→ $\overline{BD}$를 그으면 $\angle CBD = \frac{1}{2}\angle COD = \square$°

∠ABD = 110° − $\square$° = $\square$°

이때 □ABDE가 원 O에 내접하므로

∠ABD + ∠x = 180°, 즉 $\square$° + ∠x = 180°

따라서 ∠x = $\square$°

27

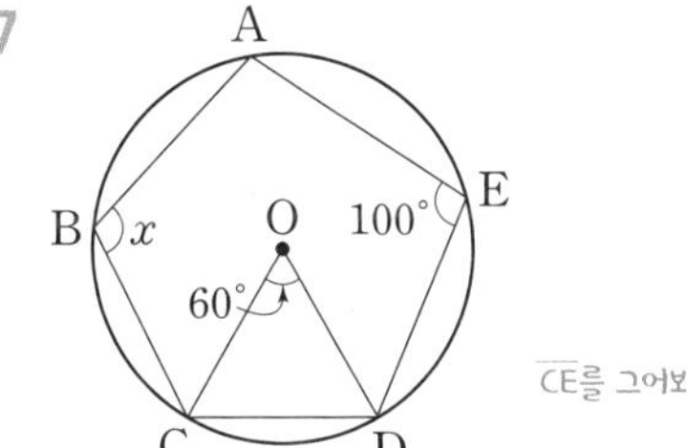

28

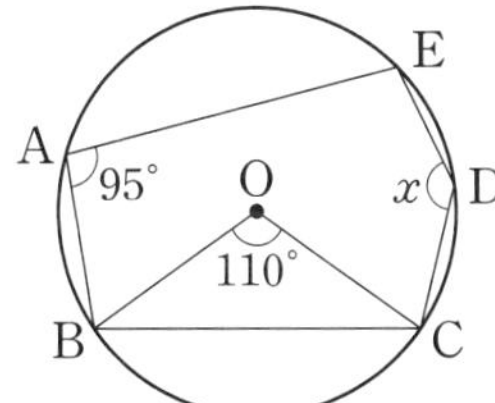

29

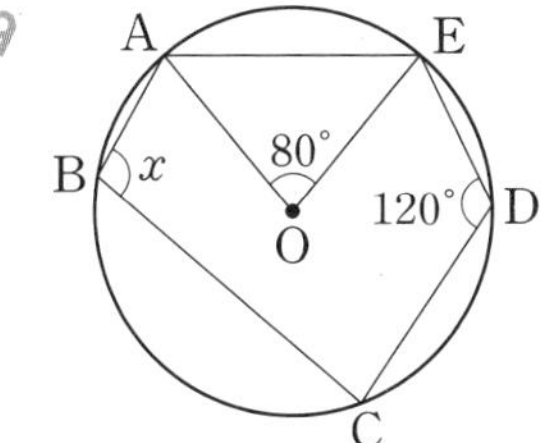

06 한 쌍의 대각의 크기의 합이 180°!

사각형이 원에 내접하기 위한 조건

□ABCD에 대하여

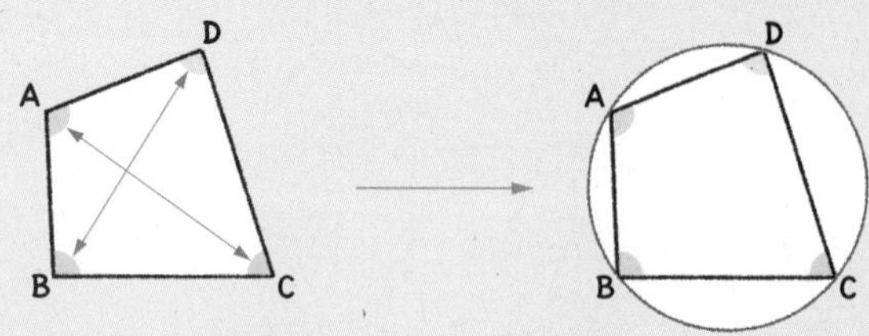

∠A + ∠C = ∠B + ∠D = 180°일 때, □ABCD는 원에 내접한다.

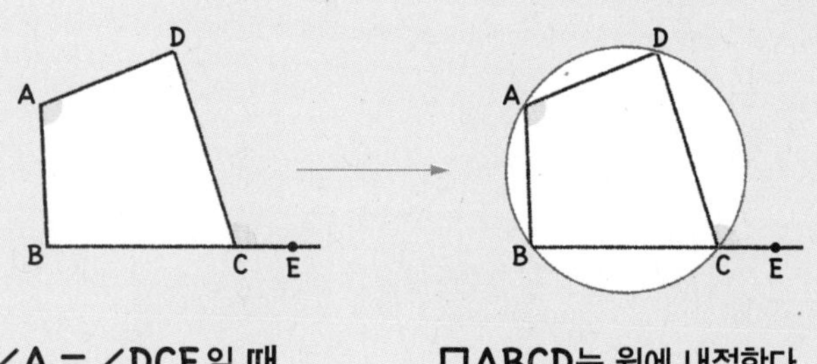

∠A = ∠DCE일 때, □ABCD는 원에 내접한다.

- 사각형이 원에 내접하기 위한 조건
  ① 한 쌍의 대각의 크기의 합이 180°인 사각형은 원에 내접한다.
  ② 한 외각의 크기가 그 각에 이웃한 내각의 대각의 크기와 같은 사각형은 원에 내접한다.

참고 직사각형, 정사각형, 등변사다리꼴은 항상 원에 내접한다.

원리확인 다음 주어진 그림에 대하여 ○ 안에 알맞은 것을 써넣고, ( ) 안에 알맞은 말에 ○표 하시오.

❶ 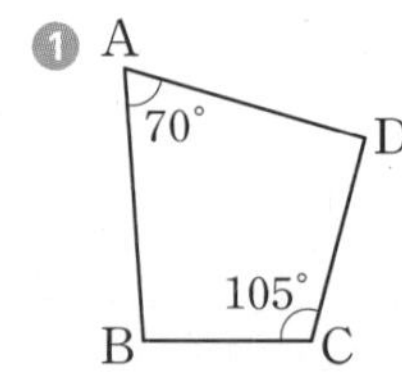

→ ∠BAD + ∠BCD ○ 180°
따라서 □ABCD는 원에 내접(한다, 하지 않는다).

❷ 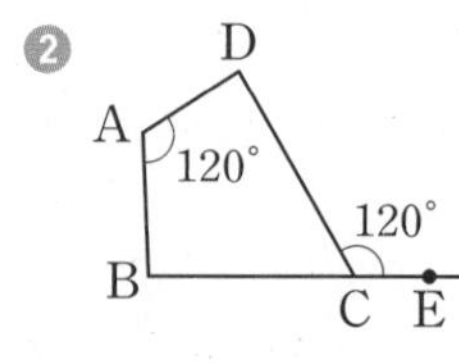

→ ∠BAD ○ ∠DCE
따라서 □ABCD는 원에 내접(한다, 하지 않는다).

1st — 사각형이 원에 내접하기 위한 조건 이해하기

● 다음 그림에서 □ABCD가 원에 내접하면 ○표, 내접하지 않으면 ×표를 ( ) 안에 써넣으시오.

1 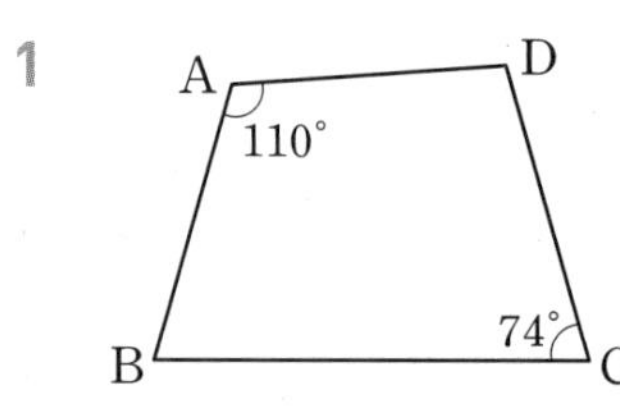

( )

2 ( )

3 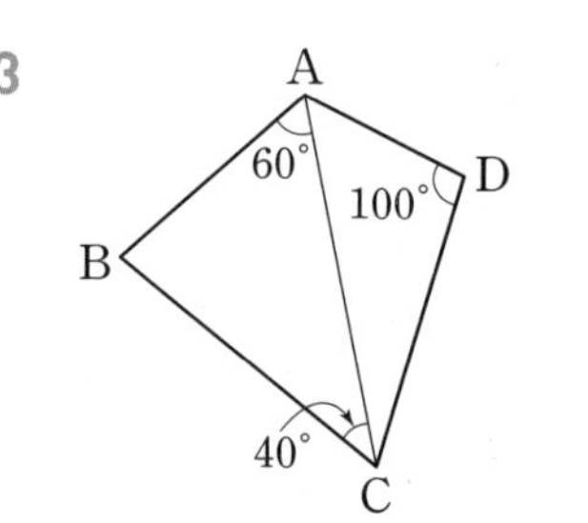

( )

4 ( )

5 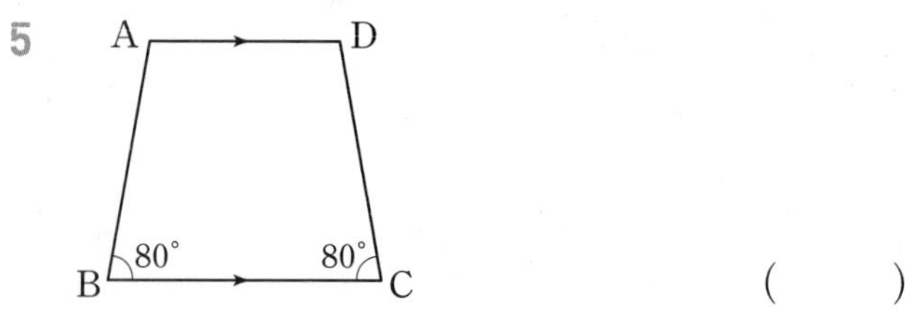

( )

● 다음 그림에서 □ABCD가 원에 내접하도록 하는 $\angle x$의 크기를 구하시오.

6

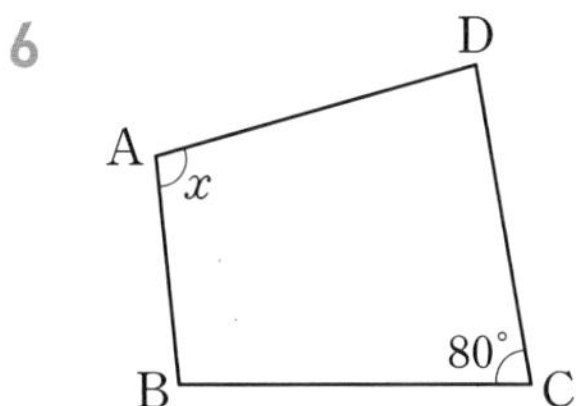

7

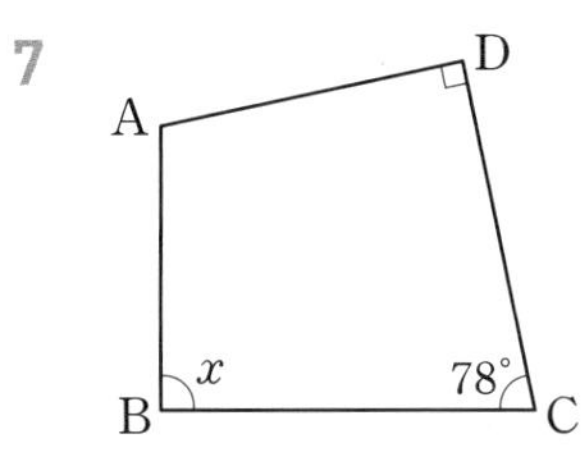

8

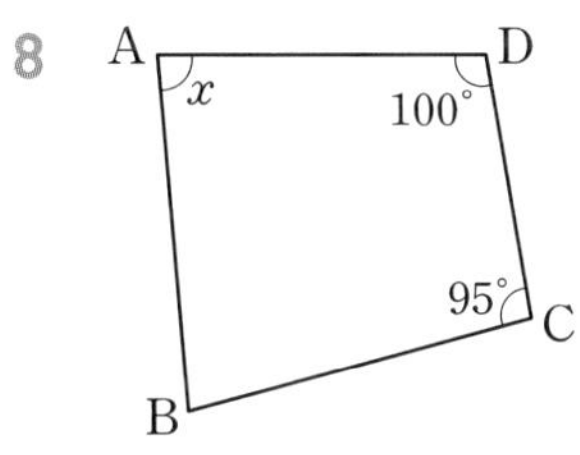

9

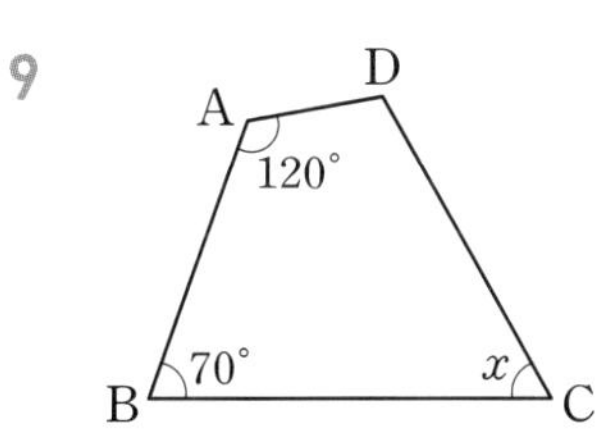

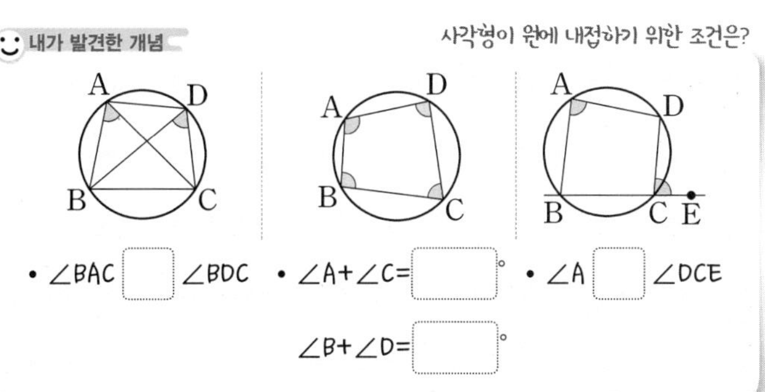

10

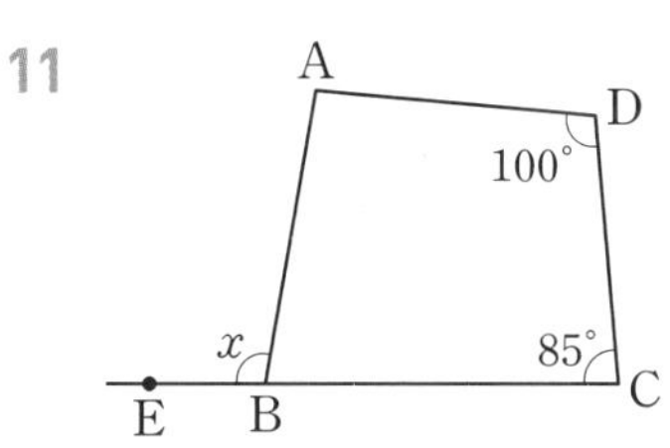

11

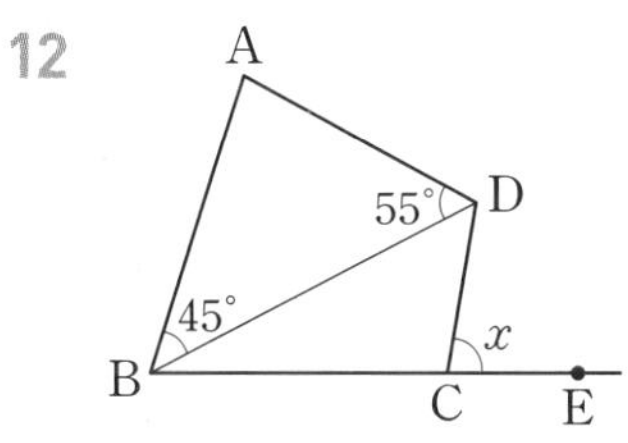

12

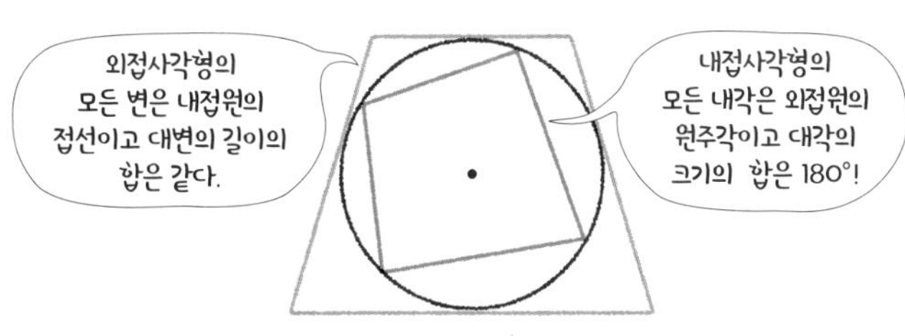

개념모음문제

13 오른쪽 그림에서 □ABCD가 원에 내접하도록 하는 $\angle x$, $\angle y$에 대하여 $\angle x+\angle y$의 크기는?

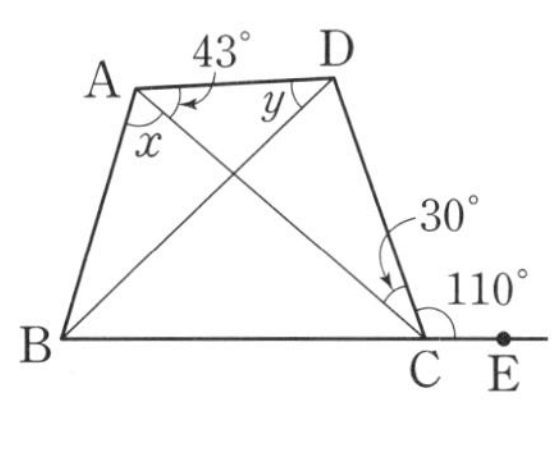

① 73°　② 97°　③ 107°
④ 110°　⑤ 140°

07 (접선과 현이 이루는 각의 크기)=(원주각의 크기)!

접선과 현이 이루는 각

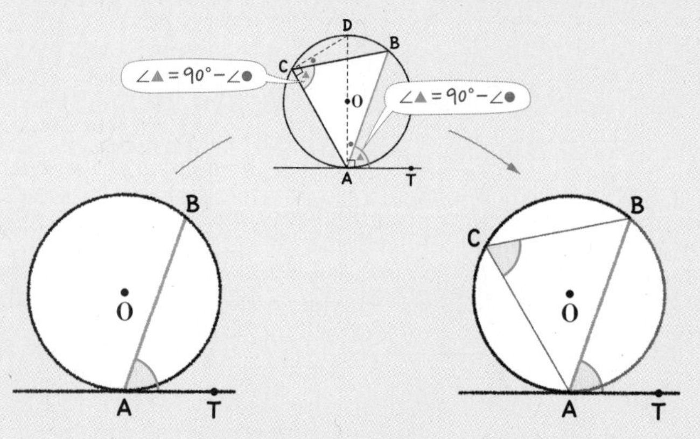

∠BAT=∠BCA

원의 접선과 그 접점을 지나는 현이 이루는 각의 크기는 그 각의 내부에 있는 호에 대한 원주각의 크기와 같다.

원의 접선과 현이 이루는 각의 성질

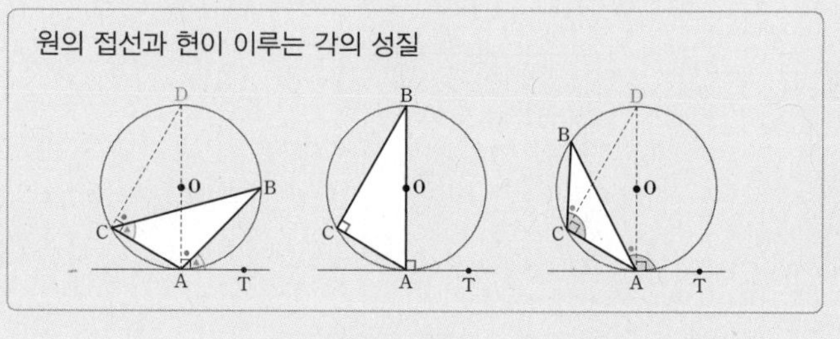

참고 원 O에서 ∠BAT=∠BCA이면 직선 AT는 원 O의 접선이다.

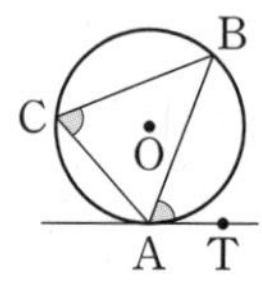

1st — 접선과 현이 이루는 각의 크기 구하기

● 다음 그림에서 직선 AT는 원 O의 접선이고 점 A는 접점일 때, $\angle x$의 크기를 구하시오.

1

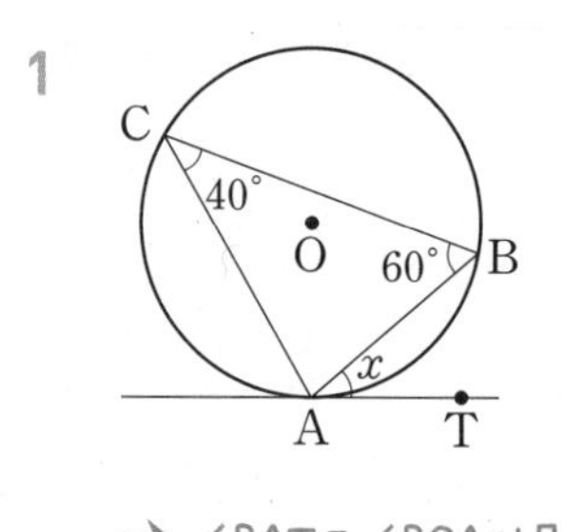

→ ∠BAT=∠BCA이므로 ∠x= ☐°

2

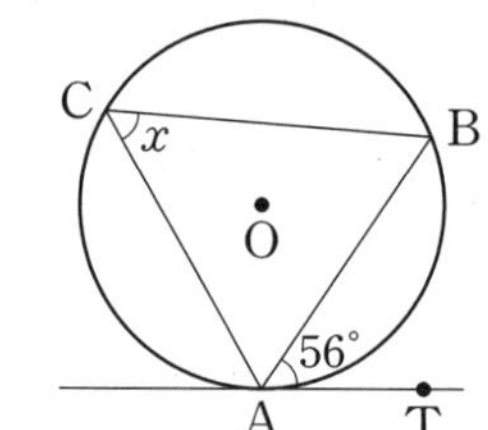

3

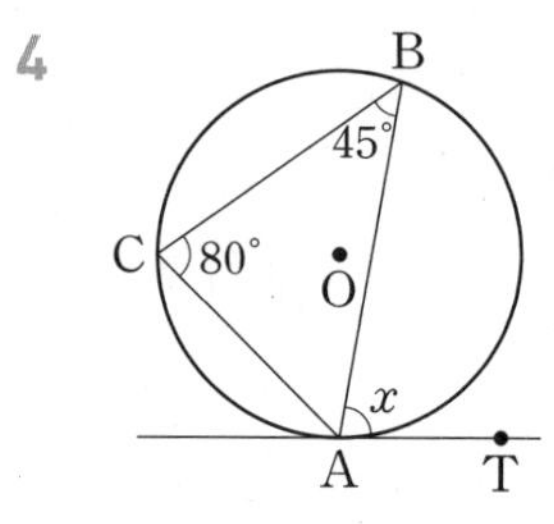

4

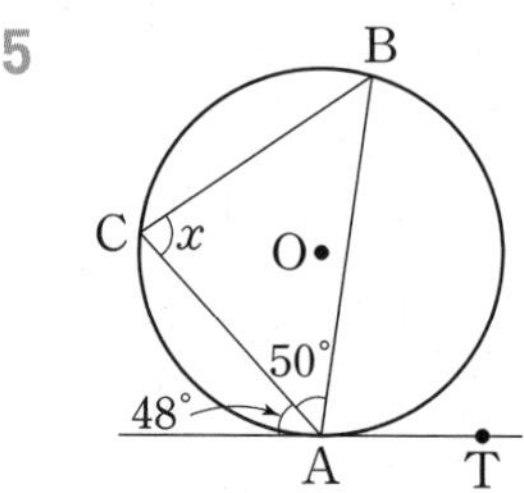

5

6

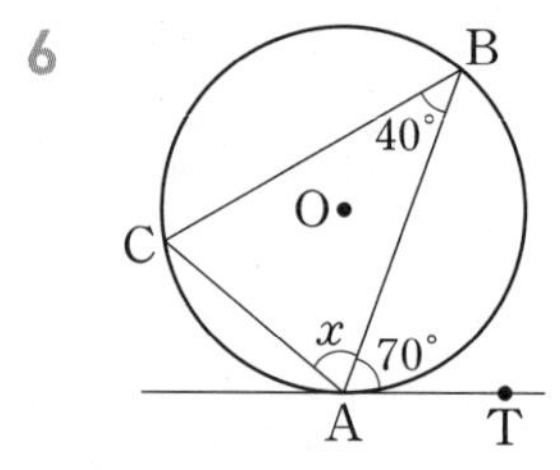

7

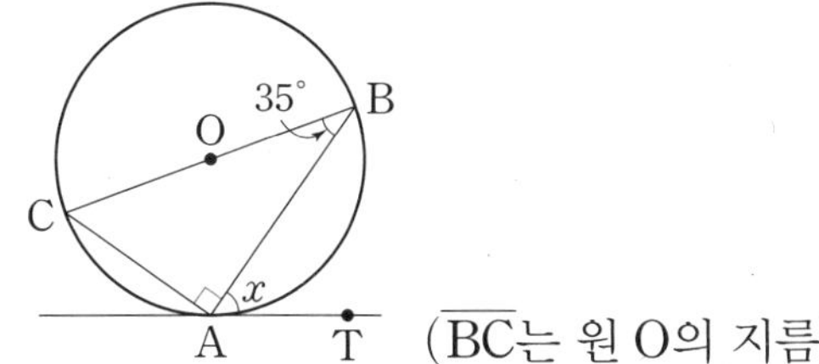

($\overline{BC}$는 원 O의 지름)

→ $\overline{BC}$는 원 O의 지름이므로 $\angle CAB=$ □°

$\triangle ABC$에서

$\angle BCA=180^\circ-($□$^\circ+35^\circ)=$ □°

따라서 $\angle x=\angle BCA=$ □°

8

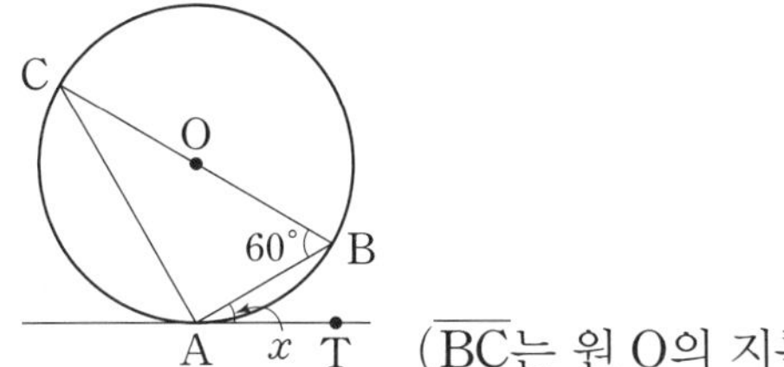

($\overline{BC}$는 원 O의 지름)

9

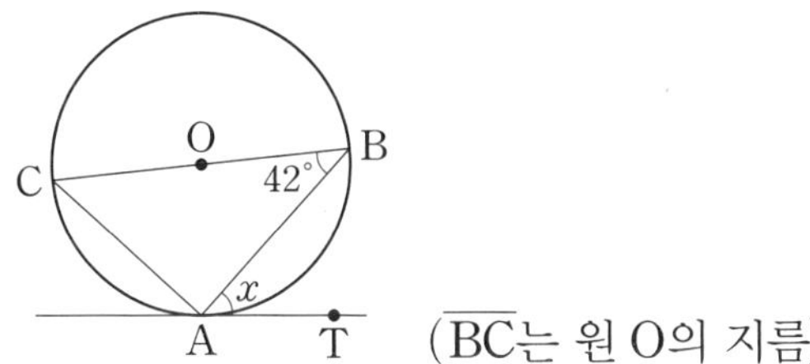

($\overline{BC}$는 원 O의 지름)

10

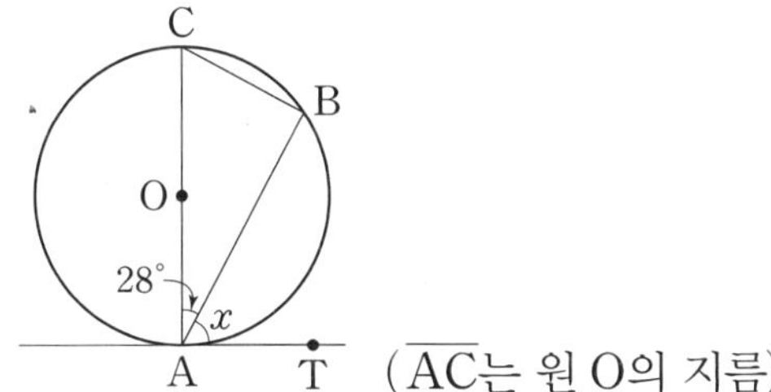

($\overline{AC}$는 원 O의 지름)

11

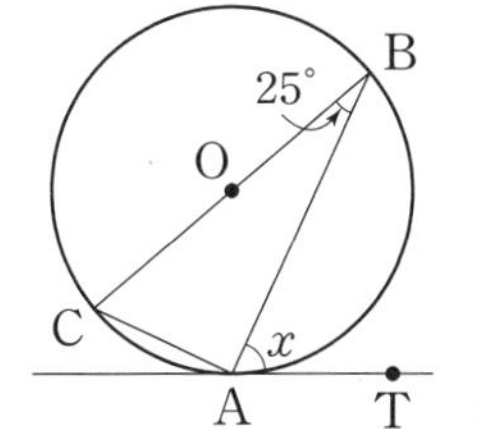

($\overline{BC}$는 원 O의 지름)

12

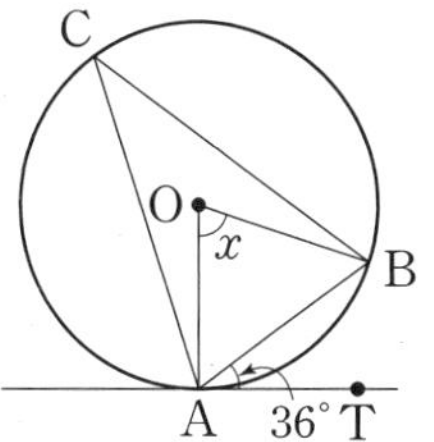

→ $\angle ACB=\angle BAT=$ □°

따라서 $\angle x=2\angle ACB=$ □°

13

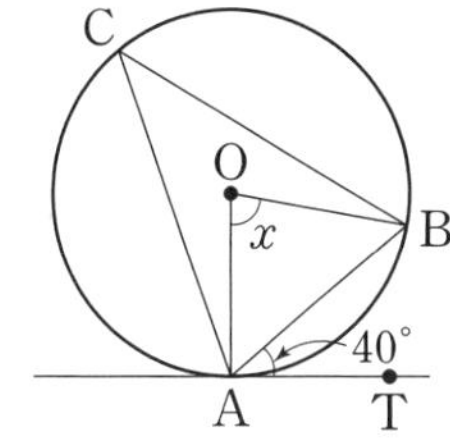

14

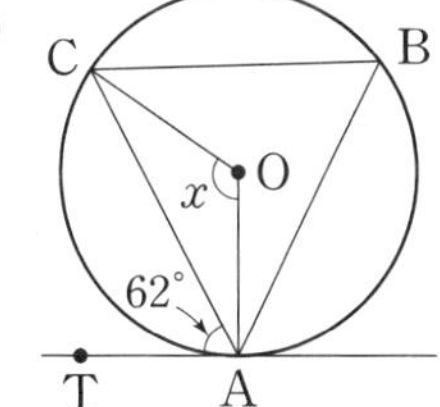

15

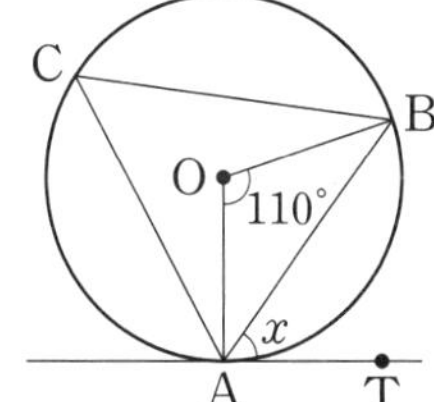

16

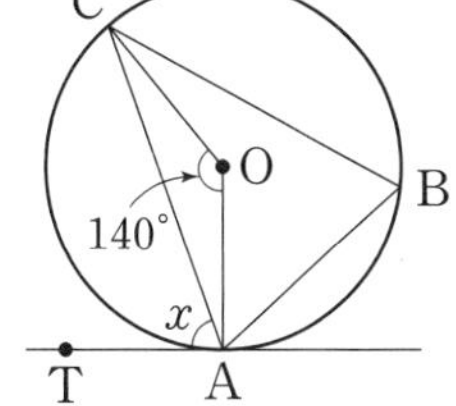

● 다음 그림에서 직선 PA는 원 O의 접선이고 점 A는 접점일 때, $\angle x$의 크기를 구하시오.

17

➡ △CPA에서 ∠CAP = 94° − □° = □°

따라서 ∠x = ∠CAP = □°

18

19

($\overline{BC}$는 원 O의 지름)

➡ $\overline{BC}$는 원 O의 지름이므로 ∠BAC = □°

∠ABC = ∠CAP = □°

△BPA에서

∠x + (28° + □°) + □° = 180°

따라서 ∠x = □°

20

($\overline{BC}$는 원 O의 지름)

21

($\overline{BC}$는 원 O의 지름)

➡ $\overline{AC}$를 그으면

$\overline{BC}$는 원 O의 지름이므로 ∠CAB = □°

∠BCA = ∠BAQ = □°

∠CAP = ∠ABC = 180° − (□° + □°) = □°

△CPA에서 ∠x + ∠CAP = ∠BCA이므로

∠x + □° = □°

따라서 ∠x = □°

22

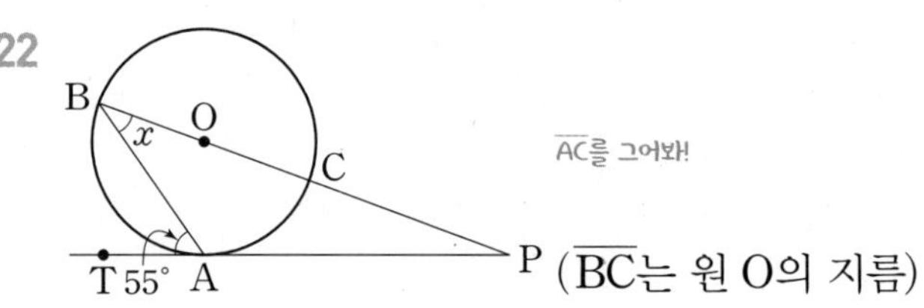

$\overline{AC}$를 그어봐!

($\overline{BC}$는 원 O의 지름)

23

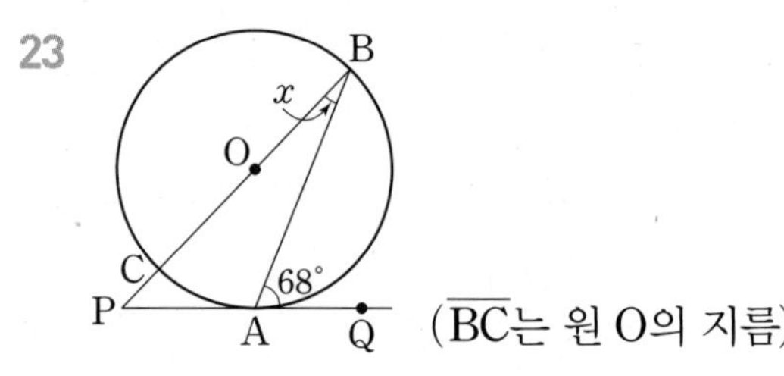

($\overline{BC}$는 원 O의 지름)

24

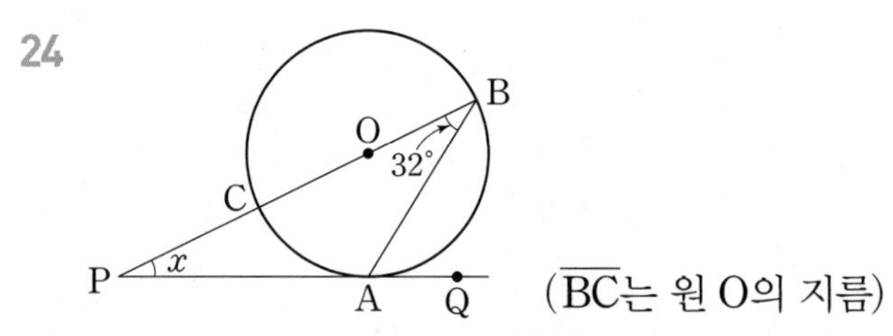

($\overline{BC}$는 원 O의 지름)

내가 발견한 개념

접선과 현이 이루는 각의 크기는?

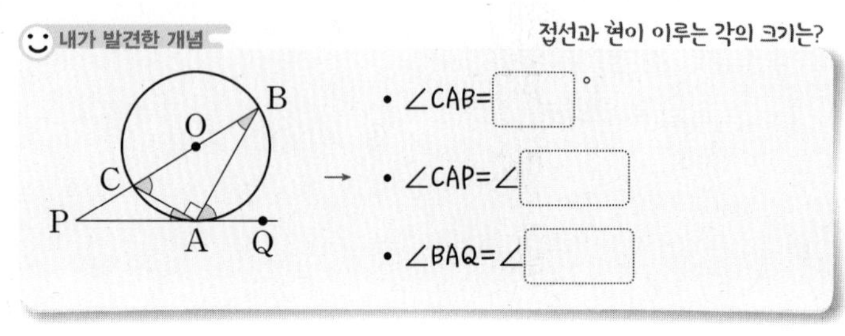

→

• ∠CAB= □°

• ∠CAP=∠□

• ∠BAQ=∠□

2nd 접선과 현이 이루는 각 활용하기

● 다음 그림에서 $\overline{PA}$, $\overline{PB}$는 두 점 A, B를 각각 접점으로 하는 원 O의 접선일 때, $\angle x$의 크기를 구하시오.

25
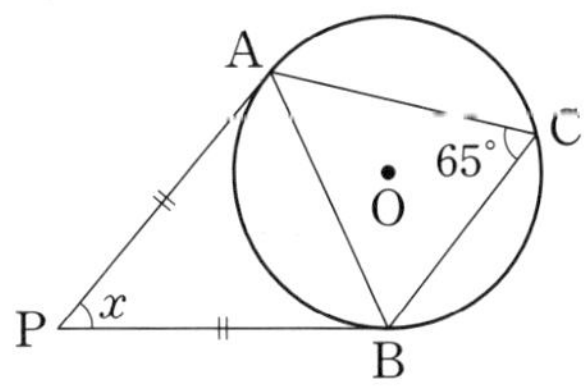

➡ ∠PBA = ∠ACB = ☐°

$\overline{PA}=\overline{PB}$이므로 ∠PAB = ∠PBA = ☐°

△PBA에서

∠x = 180° − (☐° + ☐°) = ☐°

26
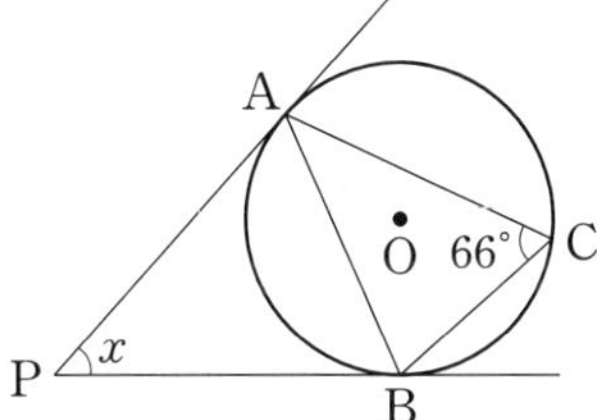

27
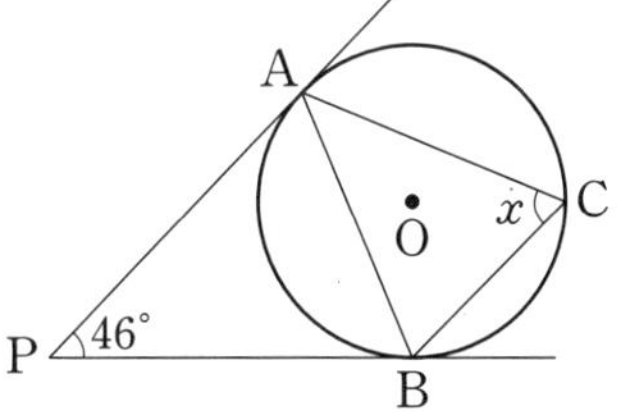

28
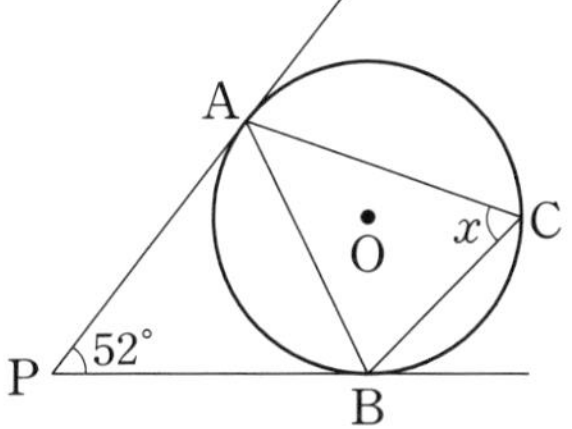

내가 발견한 개념 접선과 현이 이루는 각과 크기가 같은 각은?

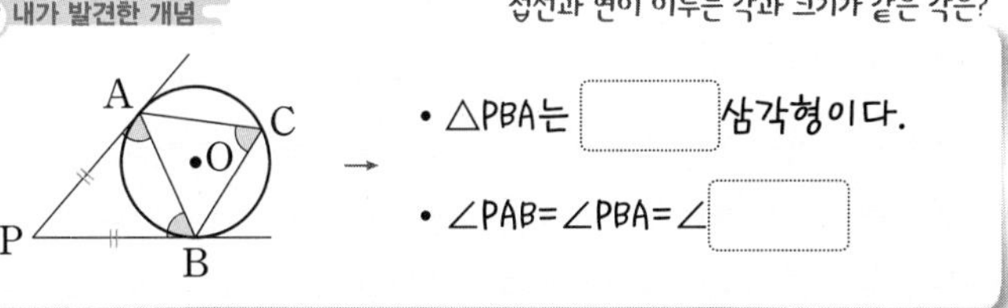

→ • △PBA는 ☐ 삼각형이다.

• ∠PAB=∠PBA=∠☐

● 다음 그림에서 $\overleftrightarrow{AT}$는 원 O의 접선이고 점 A는 접점일 때, $\angle x$의 크기를 구하시오.

29
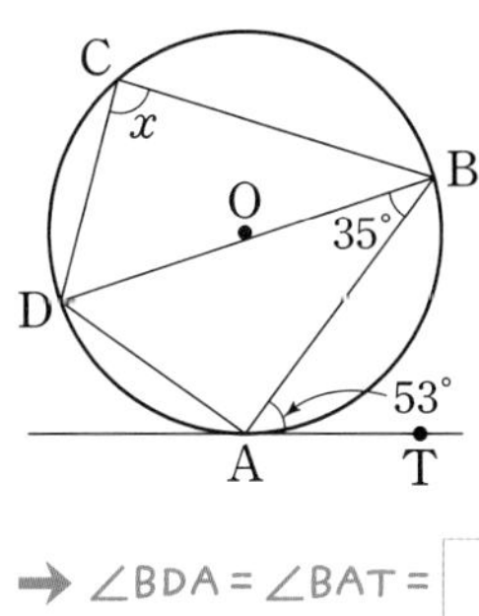

➡ ∠BDA = ∠BAT = ☐°

△ABD에서

∠DAB = 180° − (☐° + 35°) = ☐°

□ABCD는 원 O에 내접하므로

∠BCD + ∠DAB = 180°에서 ∠x + ☐° = 180°

따라서 ∠x = ☐°

30
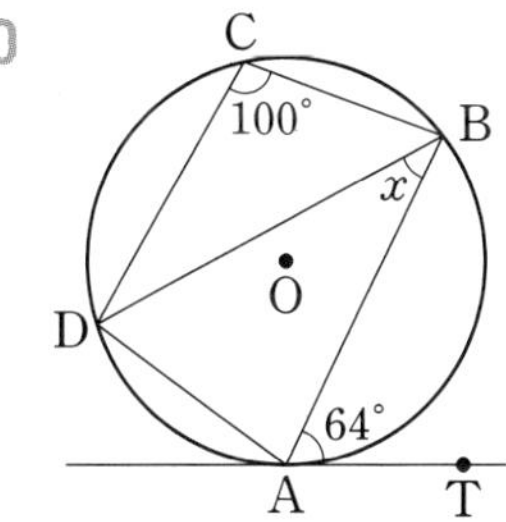

31
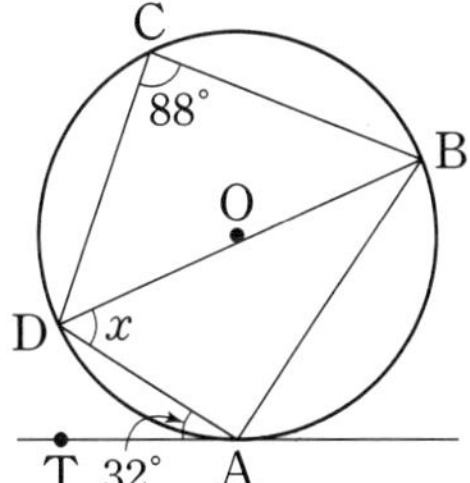

32
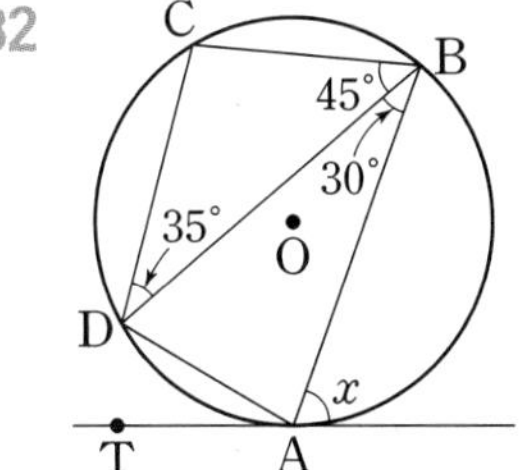

08 접선과 현이 이루는 각을 찾아봐!

두 원에서 접선과 현이 이루는 각

$\overleftrightarrow{PQ}$가 두 원 O, O′의 공통인 접선이고 점 T가 그 접점일 때

① 외접하는 두 원에서 ② 내접하는 두 원에서

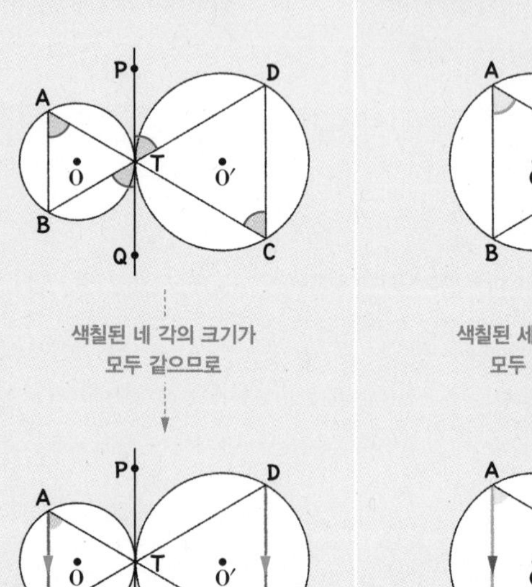

$\overline{AB}\,/\!/\,\overline{DC}$

원리확인 다음 그림에서 $\overleftrightarrow{PQ}$는 두 원의 O, O′의 공통인 접선이고, 점 T는 접점이다. $\angle BAT=45°$, $\angle CDT=60°$일 때, 다음 □ 안에 알맞은 것을 써넣으시오.

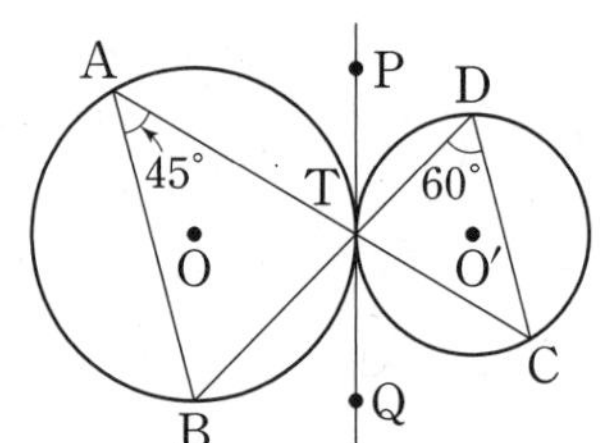

① $\angle TCD=\angle DTP=\angle BTQ$ (맞꼭지각)
$=\angle\square=\square°$

② $\angle ABT=\angle ATP=\angle CTQ$ (맞꼭지각)
$=\angle\square=\square°$

1st — 두 원에서 접선과 현이 이루는 각을 이용하여 각의 크기 구하기

● 아래 그림에서 $\overleftrightarrow{PQ}$가 두 원 O, O′의 공통인 접선이고 점 T는 접점일 때, $\angle x$, $\angle y$의 크기를 각각 구하시오.

1

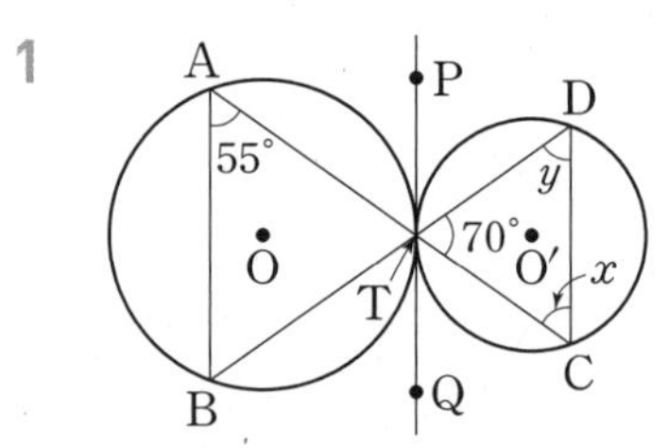

2

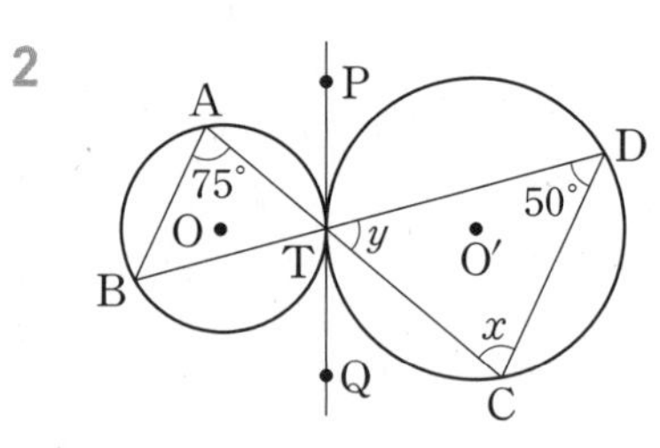

3

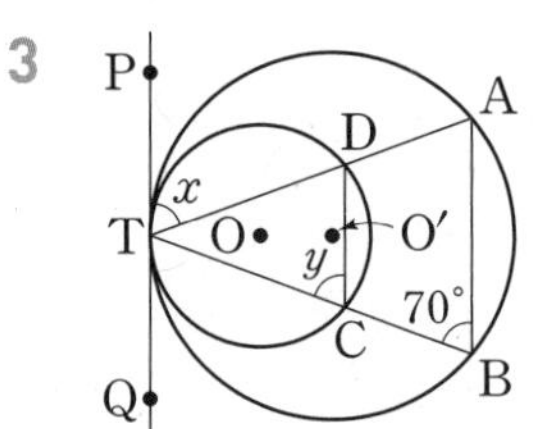

개념모음문제

4 다음 그림에서 $\overleftrightarrow{PQ}$는 두 원 O, O′의 공통인 접선이고 점 T는 접점이다. $\angle TAB=65°$, $\angle TDC=50°$일 때, 다음 중 옳은 것을 모두 고르면? (정답 2개)

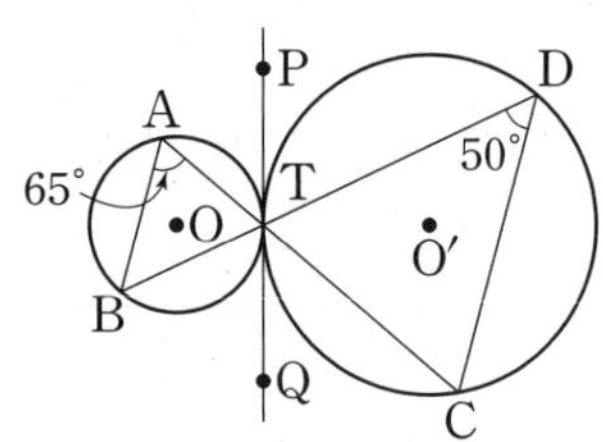

① $\angle DTP=65°$ ② $\angle BAT=\angle CTQ$
③ $\angle ABT=65°$ ④ $\angle CTD=65°$
⑤ $\overline{AB}\,/\!/\,\overline{PQ}$

TEST 4. 원주각

1 오른쪽 그림과 같이 원 O에서 $\angle OBC=34^\circ$일 때, $\angle x$의 크기는?

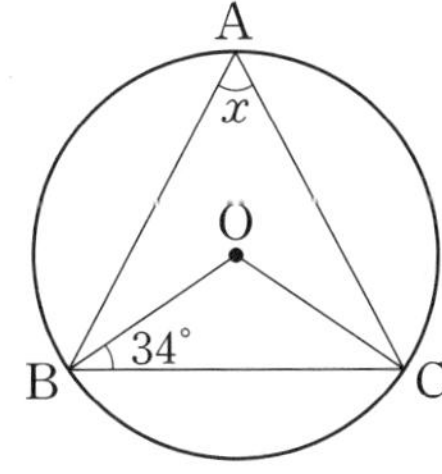

① 56° ② 58°
③ 60° ④ 62°
⑤ 64°

2 오른쪽 그림에서 $\angle ABD=58^\circ$, $\angle BDC=30^\circ$일 때, $\angle BPC$의 크기는?

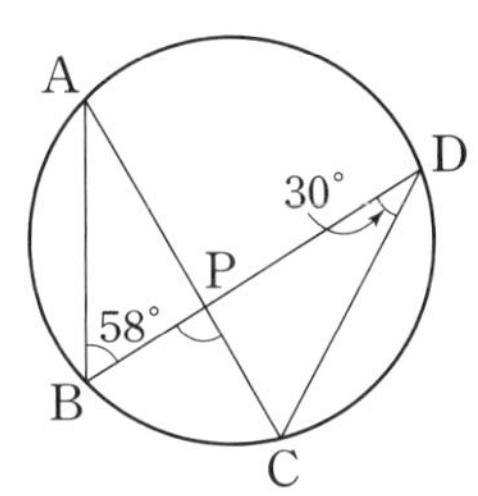

① 86° ② 88°
③ 90° ④ 92°
⑤ 94°

3 오른쪽 그림에서 $\widehat{AB}=\widehat{BC}$이고 $\angle ABD=62^\circ$, $\angle BDC=35^\circ$일 때, $\angle CAD$의 크기는?

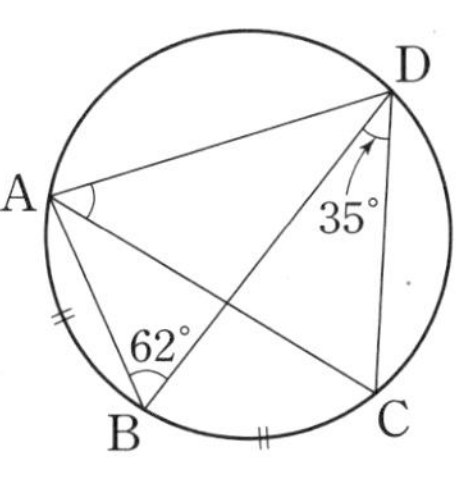

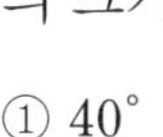

① 40° ② 44°
③ 48° ④ 52° ⑤ 56°

4 다음 중 네 점 A, B, C, D가 한 원 위에 있지 않은 것은?

① (A, B, C, D: 45°, 45°)

②

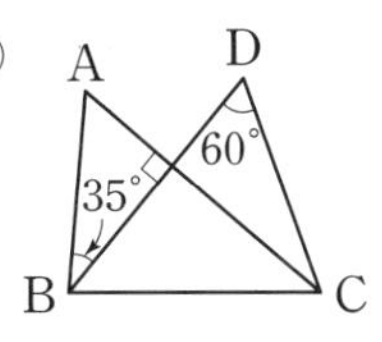

③ (A, B, C, D: 70°, 50°, 60°)

④

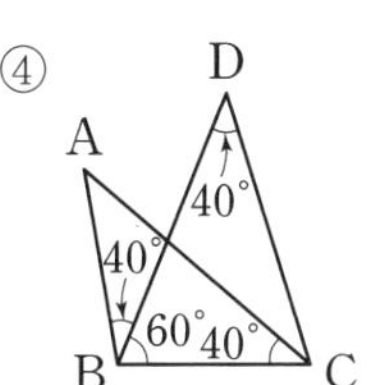

⑤

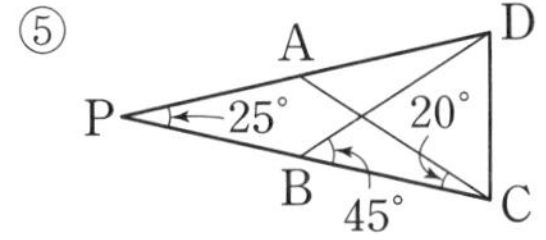

5 오른쪽 그림과 같이 □ABCD는 원 O에 내접하고 $\angle BAD=106^\circ$, $\angle ABC=81^\circ$일 때, $\angle x+\angle y$의 크기를 구하시오.

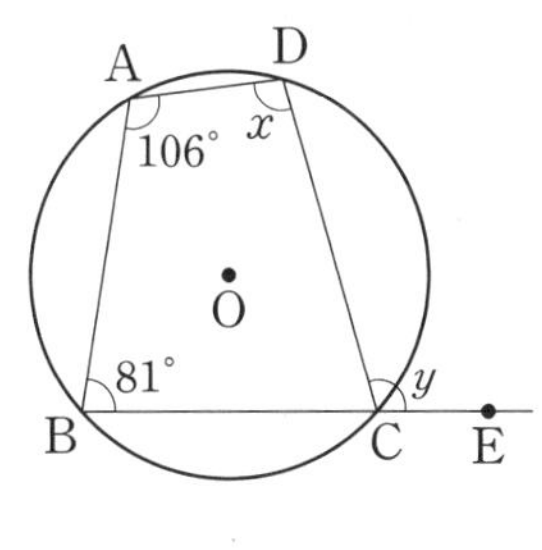

6 오른쪽 그림에서 직선 AT가 원 O의 접선이고 점 A는 접점이다. $\angle BAT=70^\circ$, $\angle CBA=35^\circ$일 때, $\angle x$의 크기를 구하시오.

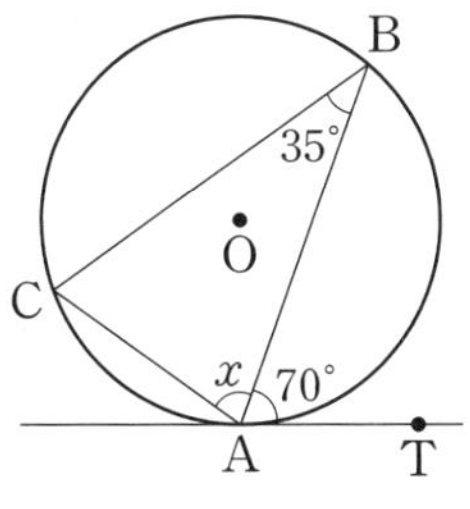

5

자료의 특징이 한눈에 보이는,
통계

대표값으로부터의 거리로 알 수 있는

나 대표값!

자료의 분포 상태

자료 전체의 특징을 대표하는 값!

5명의 100m 달리기 기록

(단위: 초)

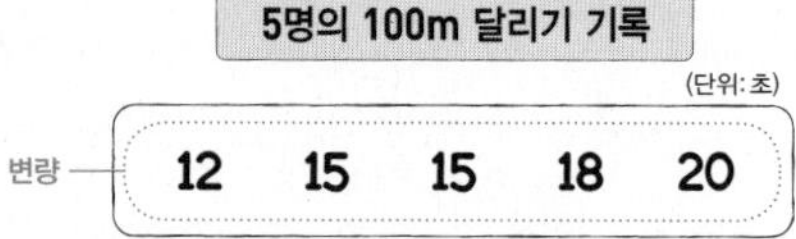

$$\left(\begin{matrix}\text{5명의 100m}\\ \text{달리기 기록의 평균}\end{matrix}\right) = \frac{12+15+15+18+20}{5} = 16\ (\text{초})$$

$$(\text{평균}) = \frac{(\text{변량의 총합})}{(\text{변량의 개수})}$$

1분 동안 윗몸 일으키기 횟수

(단위: 회)

3 15 37 46 72

중앙값은 37 (회)이다.

(중앙값) = (한가운데 있는 값)

좋아하는 운동

야구 야구 야구 농구 축구

최빈값은 야구 이다.

(최빈값) = (가장 많이 나타나는 값)

01~04 대푯값; 평균, 중앙값, 최빈값

자료의 전체의 특징, 특히 자료가 분포한 중심의 위치를 대표할 수 있는 값을 대푯값이라 해. 대푯값으로 쓰이는 것은 자료의 특성에 따라 평균, 중앙값, 최빈값이 있어. 이 중에서도 가장 많이 쓰이는 것이 평균이지. 평균은 변량의 총합을 변량의 개수로 나눈 값이야.

주어진 변량 중 매우 크거나 매우 작은 값이 있는 경우에 평균은 그 극단적인 값에 영향을 많이 받아. 이와 같은 경우에는 변량을 작은 값부터 크기순으로 나열하였을 때 한가운데 있는 값이 평균보다 그 자료 전체의 중심의 위치를 잘 나타낼 수 있는데, 이를 중앙값이라 해.

한편 자료의 변량 중에서 가장 많이 나타나는 값을 최빈값이라 해. 일반적으로 최빈값은 변량의 수가 많고, 변량에 같은 값이 많은 경우에 주로 대푯값으로 사용되기도 해. 또 가장 좋아하는 색깔이나 운동과 같이 숫자로 나타낼 수 없는 경우에도 최빈값을 구할 수 있지.

중앙값과 최빈값은 자료의 극단적인 값에 영향을 받지 않고, 자료의 수가 적거나 자료의 분포의 모양이 복잡해지면 최빈값은 의미가 없을 수도 있어.

따라서 자료의 특징에 따라 평균, 중앙값, 최빈값 중 어느 것이 더 적절한지 판단하는게 중요해!

05~07 산포도

평균은 같지만 자료의 분포 상태가 다른 두 자료의 비교는 어떻게 할까? 우리가 배운 대푯값으로는 자료의 분포 상태를 충분히 나타낼 수 없기 때문에 자료가 흩어져 있는 정도를 하나의 수로 나타낸 값이 필요해. 이 값을 산포도라 해. 산포도에는 편차, 분산, 표준편차가 있는데 각각의 의미와 특징, 구하는 방법을 배우게 될 거야!

평균으로부터 떨어진 정도!

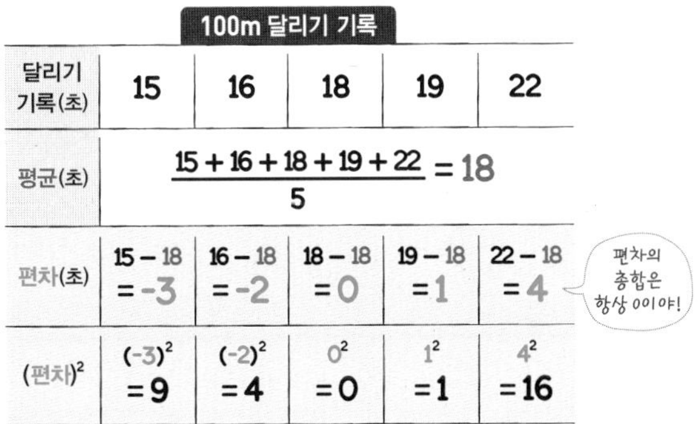

100m 달리기 기록

달리기 기록(초)	15	16	18	19	22
평균(초)	$\frac{15+16+18+19+22}{5}=18$				
편차(초)	15 − 18 = −3	16 − 18 = −2	18 − 18 = 0	19 − 18 = 1	22 − 18 = 4
(편차)^2	$(-3)^2=9$	$(-2)^2=4$	$0^2=0$	$1^2=1$	$4^2=16$

편차의 총합은 항상 0이므로 편차의 제곱으로 평균을 구해!

$(\text{분산})=\frac{9+4+0+1+16}{5}=6$　　$(\text{표준편차})=\sqrt{6}$ (초)

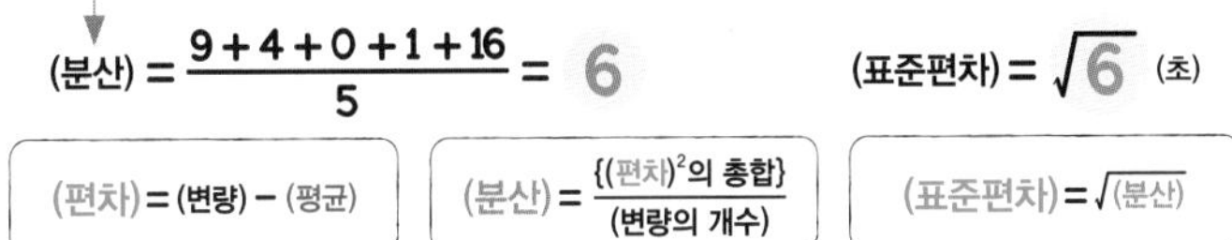

$(\text{편차})=(\text{변량})-(\text{평균})$

$(\text{분산})=\frac{\{(\text{편차})^2\text{의 총합}\}}{(\text{변량의 개수})}$

$(\text{표준편차})=\sqrt{(\text{분산})}$

08 산점도

산점도는 두 변량의 자료를 시각적으로 표현한 것으로 두 변량 x, y의 순서쌍 (x, y)를 좌표로 하는 점을 좌표평면 위에 나타낸 그림이야.

산점도를 이용하면 두 변량 사이의 관계를 좀 더 쉽게 알 수 있지. 순서쌍을 좌표평면 위에 나타내서 함수의 그래프로 오해하기 쉬우니 주의해야 해!

그래프로 나타내는 두 변량!

학생들의 키, 몸무게 기록

키(cm)	150	155	160	165	170
몸무게(kg)	55	50	60	65	60

산점도

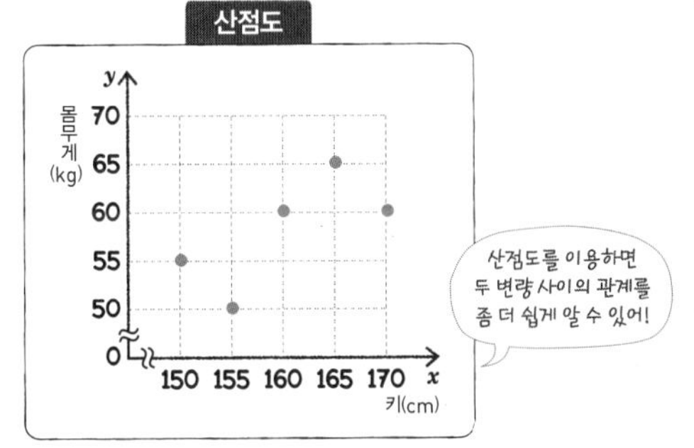

09 상관관계

두 변량 x, y에 대하여 x의 값이 변함에 따라 y의 값이 변하는 경향이 있을 때, 이 두 변량 x, y 사이의 관계를 상관관계라 해. 특히 x의 값이 증가함에 따라 y의 값도 대체로 증가하는 경우를 양의 상관관계라 하고, x의 값이 증가함에 따라 y의 값은 대체로 감소하는 경우를 음의 상관관계라 하는데, 이를 통틀어 상관관계가 있다고 해.

반대로 x의 값이 증가함에 따라 y의 값이 증가하는지 감소하는지 분명하지 않을 경우는 상관관계가 없다고 하지!

그래프로 나타내는 두 변량!

두 변량 x, y에 대하여 x의 값이 변함에 따라 y의 값이 변하는 경향이 있을 때

❶ 양의 상관관계

❷ 음의 상관관계

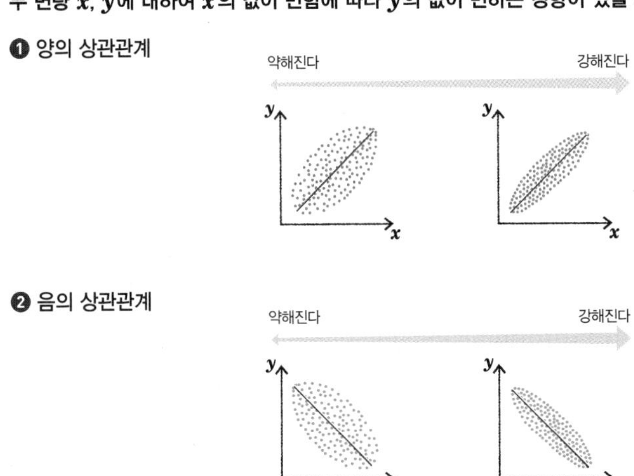

01

가장 많이 사용되는 대푯값!

대푯값; 평균

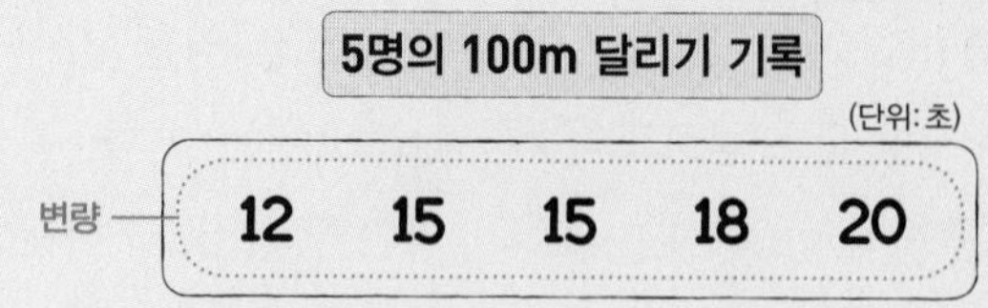

$$\left(\begin{array}{c}\text{5명의 100m}\\\text{달리기 기록의 평균}\end{array}\right)=\frac{12+15+15+18+20}{5}$$
$$=16\ (\text{초})$$

$$(\text{평균})=\frac{(\text{변량의 총합})}{(\text{변량의 개수})}$$

- **대푯값**: 자료 전체의 중심적인 경향이나 특징을 대표적인 하나의 수로 나타낸 값
  → 대푯값에는 평균, 중앙값, 최빈값 등이 있다.
- **평균**: 변량의 총합을 변량의 개수로 나눈 값
  → $(\text{평균})=\frac{(\text{변량의 총합})}{(\text{변량의 개수})}$

참고 ① 변량은 자료를 수량으로 나타낸 것이다.
② 대푯값 중에서 평균이 가장 많이 사용된다.

1st 평균 구하기

● 다음 자료의 평균을 구하시오.

1 1, 2, 3, 4

→ $\frac{1+2+\square+4}{\square}=\square$

2 9, 11, 9, 11

3 2, 4, 5, 3, 6

4 1, 3, 5, 7, 9

5 2, 4, 6, 8, 10

6 2, 2, 4, 6, 3, 1

7 7, 7, 7, 7, 7, 7

8 3, 4, 5, 8, 7, 3

우리 키를 모두 더한 다음
4명으로 나누면 그게 우리의 평균 키!

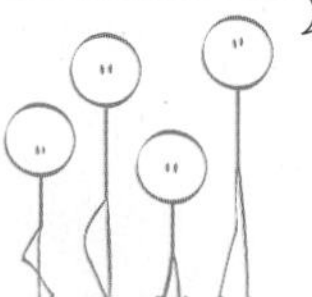

2nd 평균을 이용하여 변량 구하기

● 다음 자료의 평균이 [ ] 안의 수와 같을 때, x의 값을 구하시오.

9 5, x, 2 [4]

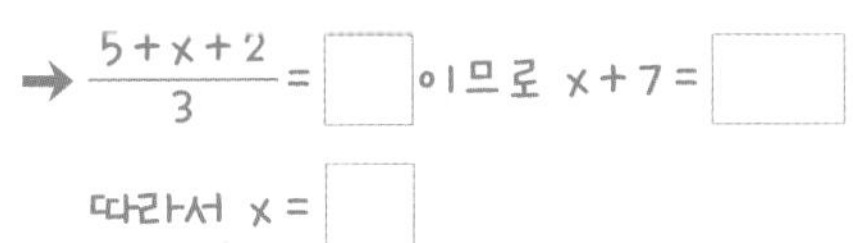

→ $\frac{5+x+2}{3}=\square$이므로 $x+7=\square$

따라서 $x=\square$

10 2, x, 6, 8 [7]

11 13, 15, 12, x [14]

12 3, x, 6, 5, 9 [5]

13 x, 4, 3, 4, 3 [6]

14 1, 13, 2, x, 8, 3 [7]

내가 발견한 개념 자료의 개수가 n개일 때 평균은?

변량 x_1, x_2, x_3, $\cdots$, x_n에 대하여

$(\text{평균})=\frac{x_1+x_2+x_3+\cdots+x_n}{\square}$

3rd 부분의 평균을 이용하여 전체 평균 구하기

● 두 변량 x, y의 평균이 3일 때, 다음 자료의 평균을 구하시오.

15 3, x, y

→ x, y의 평균이 3이므로 $\frac{x+y}{\square}=3$

즉 $x+y=\square$

따라서 3, x, y의 평균은

$\frac{3+x+y}{3}=\frac{3+\square}{3}=\frac{\square}{3}=\square$

16 x, 6, y, 4

17 $2x+3$, $2y+3$

18 x, $x+1$, y, $y+3$

개념모음문제

19 세 변량 a, b, c의 평균이 2일 때, 다음 자료의 평균은?

4, a, b, c, 5

① 1 ② 2 ③ 3
④ 4 ⑤ 5

02

한가운데 있는 값!

대푯값; 중앙값

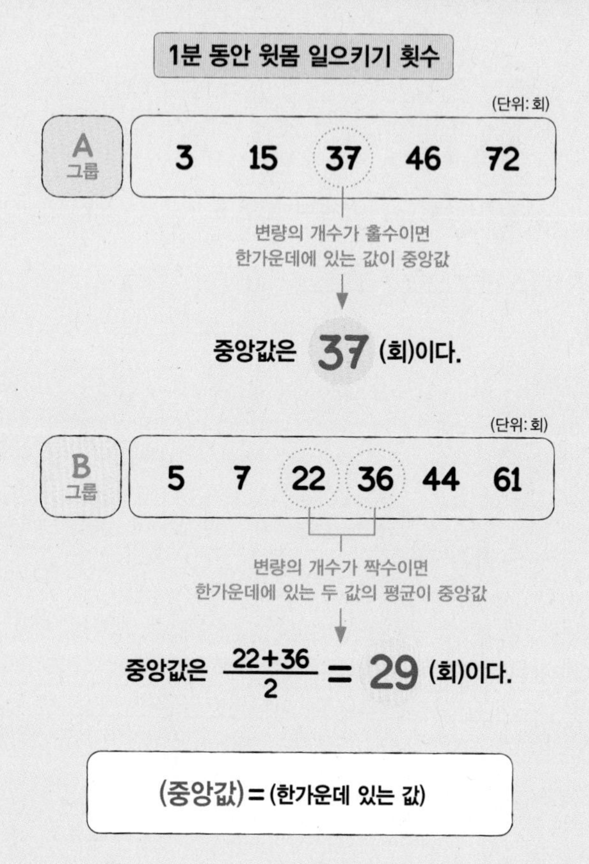

- **중앙값**: 자료의 변량을 작은 값부터 크기순으로 나열했을 때, 한가운데에 있는 값
- **변량의 개수에 따른 중앙값**
  (1) 홀수이면 한가운데에 있는 값이 중앙값이다.
  (2) 짝수이면 한가운데에 있는 두 값의 평균이 중앙값이다.
- **평균과 중앙값의 비교**

	평균	중앙값
장점	모든 자료의 값을 포함하여 계산한다.	자료의 값 중 매우 크거나 매우 작은 값이 있는 경우에 자료의 특징을 가장 잘 대표할 수 있다.
단점	자료의 값 중 매우 크거나 매우 작은 값이 있는 경우 그 값의 영향을 받는다. 예 자료가 1, 2, 3, 3, 3, 72일 때, 대부분의 값이 3이지만 평균은 14가 되어 커진다.	특징이 다른 두 자료의 중앙값이 같을 수 있다. 예 두 자료 1, 2, 5, 7, 8과 2, 3, 5, 10, 36은 서로 다르지만 중앙값은 5로 같다.

1st — 자료의 개수가 홀수일 때 중앙값 구하기

● 다음 자료의 중앙값을 구하시오.

1 5, 2, 8, 6, 4

→ 변량을 작은 값부터 크기순으로 나열하면
2, 4, □, □, 8
변량의 개수가 홀수이므로 중앙값은 한가운데 있는 □이다.

2 13, 11, 17, 9, 3

3 28, 15, 10, 22, 30

4 80, 96, 58, 104, 85, 92, 119

5 110, 125, 205, 221, 196, 143, 217

6 44, 37, 41, 53, 55, 61, 41, 39, 59

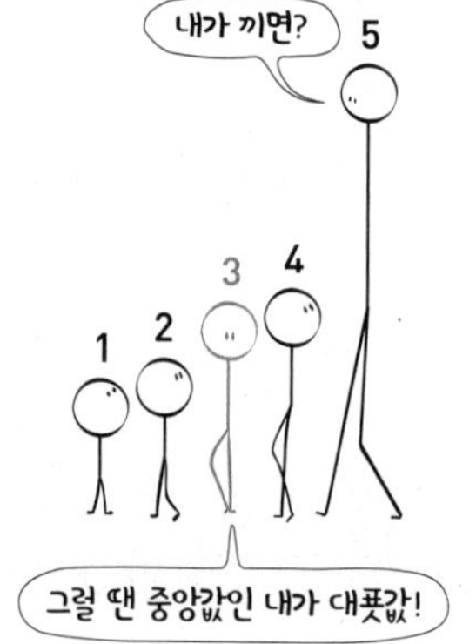

2nd 자료의 개수가 짝수일 때 중앙값 구하기

● 다음 자료의 중앙값을 구하시오.

7 8, 2, 5, 3

→ 변량을 작은 값부터 크기순으로 나열하면
2, ☐, ☐, 8
변량의 개수가 짝수이므로 중앙값은
한가운데 있는 두 값 ☐, ☐의 평균이다.
따라서 중앙값은 $\frac{☐+☐}{2}$ = ☐

8 4, 10, 5, 7

9 20, 15, 8, 13, 11, 17

10 123, 153, 195, 273, 197, 134

11 5, 3, 5, 2, 7, 9, 1, 11

12 19, 16, 13, 18, 24, 26, 17, 10

내가 발견한 개념 한가운데 있는 값!

자료를 작은 값부터 크기순으로 나열하였을 때

- 자료의 개수가 ☐이면 중앙에 있는 값
- 자료의 개수가 ☐이면 중앙에 있는 두 값의 ☐

3rd 중앙값이 주어졌을 때 변량 구하기

● 다음은 자료의 변량을 작은 값부터 크기순으로 나열한 것이다. 이 자료의 중앙값이 [ ] 안에 있는 수와 같을 때, x의 값을 구하시오.

13 1, x, 5, 6 [4]

→ 한가운데에 있는 두 값은 x, ☐이므로
$\frac{x+☐}{2}$ = ☐
따라서 x = ☐

14 8, 10, x, 17 [11]

15 2, 5, x, 14, 19, 20 [12.5]

16 11, 12, x, 22, 24, 26 [21]

17 36, 49, 52, 58, x, 70, 72, 79 [60]

개념모음문제

18 네 개의 변량 84, x, 67, 75의 중앙값이 73일 때, 상수 x의 값은?

① 69 ② 71 ③ 73
④ 75 ⑤ 77

03 가장 많이 나타나는 값!

대푯값; 최빈값

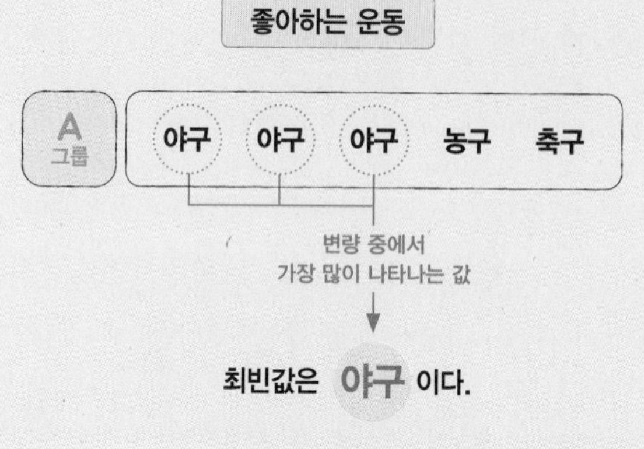

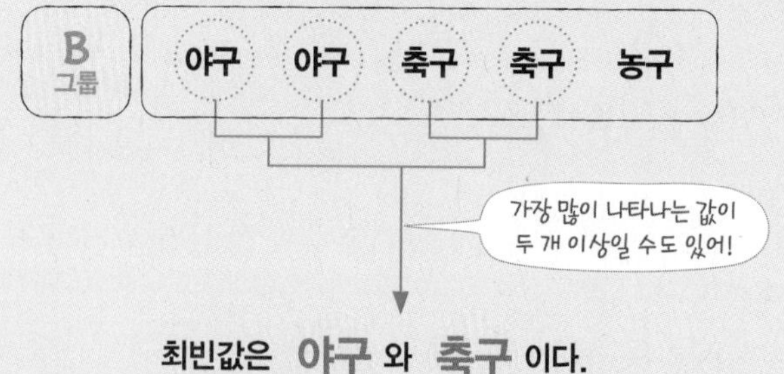

(최빈값) = (가장 많이 나타나는 값)

- **최빈값**: 자료의 변량 중에서 가장 많이 나타나는 값
- 일반적으로 최빈값은 변량의 수가 많고, 변량에 같은 값이 많은 경우에 주로 대푯값으로 사용된다.

참고 최빈값은 선호도를 조사할 때 주로 사용되고, 좋아하는 과일이나 좋아하는 취미 생활처럼 숫자로 나타내지 못하는 자료의 경우에도 구할 수 있다. 또, 자료에 따라서 두 개 이상일 수도 있다.

1st — 최빈값 구하기

● 다음 자료의 최빈값을 구하시오.

1 2, 4, 5, 2, 3

→ 자료의 변량 중에서 ☐가 가장 많이 나타나므로 최빈값은 ☐이다.

2 5, 10, 5, 10, 5

3 10, 14, 15, 14, 11, 12

4 7, 7, 8, 8, 7, 7, 8

5 38, 29, 38, 28, 27, 29, 29

6 4, 4, 7, 6, 6

7 20, 27, 24, 23, 27, 20

8 9, 11, 19, 11, 17, 9, 10

● **주어진 자료의 최빈값을 구하시오.**

9 재윤이네 반 학생 30명의 혈액형

혈액형	A형	B형	O형	AB형
도수(명)	10	8	7	5

10 채린이네 반 학생 25명의 취미

취미	독서	게임	운동	노래
도수(명)	3	8	6	8

11 어느 독서 동호회 회원 20명이 좋아하는 책의 장르

장르	문학	만화	인문	자기 계발	여행
도수(명)	7	3	1	5	4

12 어느 학교의 중학생 40명이 좋아하는 스포츠

스포츠	농구	야구	축구	육상	수영
도수(명)	9	14	14	1	2

13 하윤이네 반 학생 30명이 좋아하는 색깔

색깔	하양	노랑	빨강	파랑	초록
도수(명)	4	7	5	7	7

14 6명의 학생의 1학기 동안의 봉사 활동 시간

학생	설아	보나	성소	은서	다영	수빈
도수 (시간)	24	18	46	32	9	24

15 A, B, C, D, E, F 6곳의 쇼핑몰의 판매 상품의 수

쇼핑몰	A	B	C	D	E	F
도수(개)	321	558	633	558	558	132

내가 발견한 개념 최빈값의 특징은?

• 자료에 따라서 (평균 , 중앙값 , 최빈값)은 두 개 이상일 수도 있다.

개념모음문제

16 다음 표는 학생 수가 같은 A, B 두 반 학생들의 작년 도서관 방문 횟수를 조사하여 나타낸 도수분포표이다. A반의 최빈값을 a회, B반의 최빈값을 b회라 할 때, $a+b$의 값은?

방문 횟수(회)	A반(명)	B반(명)
1	2	1
2	4	4
3	x	5
4	5	6
5	3	4
합계		20

① 3 ② 4 ③ 5
④ 6 ⑤ 7

04 자료 전체의 특징을 대표하는 값!

평균, 중앙값, 최빈값의 활용

오래매달리기 기록

(단위: 분)

1	2	2	3	3
4	5	6	7	9

$$(\text{평균}) = \frac{1+2+2+3+3+4+5+6+7+9}{10} = \frac{42}{10} = 4.2(\text{분})$$

$$(\text{중앙값}) = \frac{3+4}{2} = 3.5(\text{분})$$

$$(\text{최빈값}) = 2(\text{분}),\ 3(\text{분})$$

1st 평균, 중앙값, 최빈값 구하기

● 다음 중 옳은 것은 ○표를, 옳지 않은 것은 ×표를 (   ) 안에 써넣으시오.

1 자료 전체의 특성을 대표적으로 나타내는 값을 평균이라 한다. (   )

2 중앙값은 자료의 변량을 작은 값부터 크기순으로 나열했을 때, 한가운데에 있는 값이다. (   )

3 최빈값은 항상 1개만 존재한다. (   )

4 대푯값 중 가장 많이 사용하는 것은 평균이다. (   )

5 자료 2, 8, 4의 중앙값은 8이다. (   )

6 최빈값은 자료가 수치로 주어지지 않은 경우에도 이용할 수 있다. (   )

7 중앙값은 항상 자료에 있는 값 중 하나이다. (   )

8 대푯값에는 평균, 중앙값, 최빈값 등이 있다. (   )

● 다음 자료의 평균, 중앙값, 최빈값을 각각 구하시오.

9 10, 30, 20, 20

평균 : ____________

중앙값 : ____________

최빈값 : ____________

10 4, 8, 2, 7, 4

평균 : ____________

중앙값 : ____________

최빈값 : ____________

11 9, 13, 9, 16, 11, 38

평균 :

중앙값 :

최빈값 :

12 111, 95, 100, 90, 100, 95, 95

평균 :

중앙값 :

최빈값 :

13 80, 85, 80, 90, 70, 90, 95, 90

평균 :

중앙값 :

최빈값 :

14 85, 115, 90, 90, 95, 80, 75, 95, 85

평균 :

중앙값 :

최빈값 :

● **아래의 줄기와 잎 그림에 대하여 평균, 중앙값, 최빈값을 각각 구하시오.**

15 야구 동호회 회원 10명의 한 달 동안의 야구 경기 관람 횟수

(0|2는 2회)

줄기	잎
0	2, 3, 4, 6, 8
1	0, 1, 6
2	0, 0

평균 :

중앙값 :

최빈값 :

16 어느 반 학생 12명의 등교하는 데 걸리는 시간

(1|1는 11분)

줄기	잎
1	1, 2, 5, 5, 7, 8
2	0, 1, 2, 5
3	1, 3

평균 :

중앙값 :

최빈값 :

개념모음문제

17 오른쪽 그래프는 15명의 학생의 턱걸이 횟수를 조사하여 나타낸 막대그래프이다. 턱걸이 횟수의 평균을 a회, 중앙값을 b회, 최빈값을 c회라 할 때, $a+b+c$의 값은?

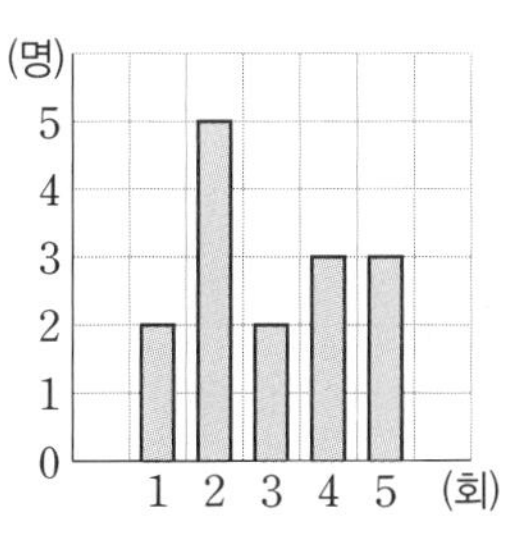

① 6 ② 7 ③ 8
④ 9 ⑤ 10

05 평균으로부터 떨어진 정도!

산포도와 편차

100m 달리기 기록

달리기 기록(초)	15	16	18	19	22
평균(초)	$\frac{15+16+18+19+22}{5}=18$				
편차(초)	15−18 =−3	16−18 =−2	18−18 =0	19−18 =1	22−18 =4

편차의 총합은 항상 0이야!

평균보다 작은 변량의 편차는 음수

평균보다 큰 변량의 편차는 양수

(편차)=(변량)−(평균)

- **산포도**: 변량이 흩어져 있는 정도를 하나의 수로 나타낸 값
  → 변량들이 대푯값에 가까이 모여 있으면 산포도가 작고, 대푯값으로부터 멀리 떨어져 있으면 산포도가 크다.

참고 산포도로 분산과 표준편차가 가장 많이 사용된다.

- **편차**: 어떤 자료의 각 변량에서 평균을 뺀 값
  → (편차)=(변량)−(평균)
  (1) 편차의 총합은 항상 0이다.
  (2) 평균보다 큰 변량의 편차는 양수이고, 평균보다 작은 변량의 편차는 음수이다.
  (3) 편차의 절댓값이
  ① 클수록 그 변량은 평균에서 멀리 떨어져 있다.
  ② 작을수록 그 변량은 평균에 가까이 있다.

1st 편차의 뜻과 성질 알기

● 주어진 자료의 평균이 다음과 같을 때, 표를 완성하시오.

1 (평균)=4

변량	1	3	4	8
편차	−3			

(편차)=(변량)−(평균)임을 이용해!

2 (평균)=7

변량	3	5	8	12
편차				

3 (평균)=11

변량	14	20	6	7	8
편차					

4 (평균)=8

변량				
편차	−7	0	5	2

(변량)=(편차)+(평균)임을 이용해!

● 어떤 자료의 편차가 다음과 같을 때, x의 값을 구하시오.

5 2, 7, −5, x

편차의 총합은 항상 0임을 이용해~

→ 2+7−5+x=□ 이므로 x=□

6 3, x, 0, −4

7 1, 5, −3, x, 2

8 x, 1, −2, 3, −4, 5

내가 발견한 개념 (편차)=(변량)−(평균)!

- (평균)<(변량)이면 편차는 (양수 , 0 , 음수)이다.
- (평균)>(변량)이면 편차는 (양수 , 0 , 음수)이다.
- 편차의 총합은 항상 (양수 , 0 , 음수)이다.

● **다음 중 옳은 것은 ○표를, 옳지 않은 것은 ×표를 ( ) 안에 써넣으시오.**

9 산포도는 변량이 흩어져 있는 정도를 하나의 수로 나타낸 값이다. ( )

10 편차는 평균에서 변량을 뺀 값이다. ( )

11 편차의 총합은 항상 0이다. ( )

12 편차의 절댓값이 작을수록 그 변량은 평균에서 멀리 떨어져 있다. ( )

13 아래는 학생 4명의 과학 점수의 편차를 나타낸 표이다. 다음 물음에 답하시오.

학생	강호	여정	소담	우식
편차(점)	-5	x	1	6

(1) x의 값을 구하시오.

(2) 평균이 91점일 때, 여정이의 과학 점수를 구하시오.

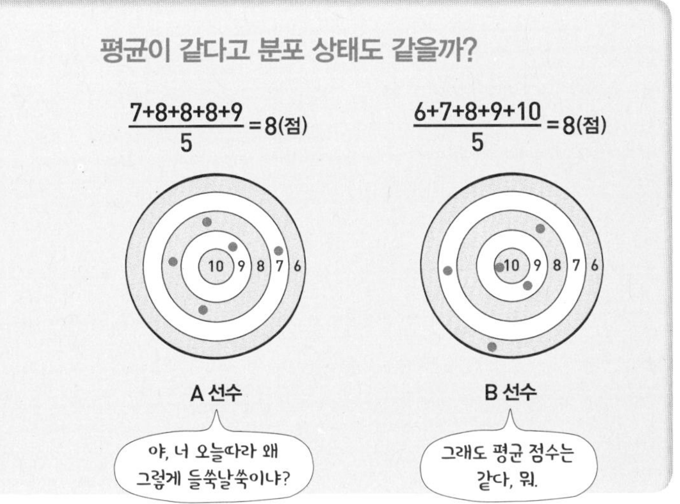

14 다음은 영기의 지난 5일 동안의 TV 시청 시간의 편차를 나타낸 표이다. 평균이 61분일 때, 금요일의 TV 시청 시간을 구하시오.

요일	월요일	화요일	수요일	목요일	금요일
편차(분)	-23	-8	0	11	x

15 다음은 5곳의 소방서의 하루 출동 횟수의 편차를 나타낸 표이다. 평균이 17회일 때, B 소방서의 출동 횟수를 구하시오.

소방서	A	B	C	D	E
편차(회)	9	x	$x+1$	-11	7

16 다음은 학생 6명의 1분 동안의 줄넘기 횟수의 편차를 나타낸 표이다. 평균이 103회일 때, 희진이의 줄넘기 횟수를 구하시오.

학생	동훈	기찬	희진	주리	지우	소정
편차(회)	10	3	x	-4	5	-8

개념모음문제

17 다음은 남학생 5명의 키를 조사하여 나타낸 표이다. 창민이의 편차는?

학생	덕주	재혁	용준	창민	동원
키(cm)	163	172	165	167	183

① -3 cm ② -2 cm ③ -1 cm
④ 1 cm ⑤ 2 cm

06

평균으로부터 떨어진 정도!

분산과 표준편차

100m 달리기 기록

달리기 기록(초)	15	16	18	19	22
편차(초)	-3	-2	0	1	4
(편차)^2	$(-3)^2$ =9	$(-2)^2$ =4	0^2 =0	1^2 =1	4^2 =16

$$(\text{분산})=\frac{(-3)^2+(-2)^2+0^2+1^2+4^2}{5}$$

$$=\frac{9+4+0+1+16}{5}=6$$

편차의 총합은 항상 0이므로 편차의 제곱으로 평균을 구해!

$$(\text{분산})=\frac{\{(\text{편차})^2\text{의 총합}\}}{(\text{변량의 개수})}$$

$$(\text{표준편차})=\sqrt{6}\ (\text{초})$$

변량과 같은 단위를 갖도록 √를 씌워!

$$(\text{표준편차})=\sqrt{(\text{분산})}$$

• **표준편차를 구하는 순서**

(i) 평균 구하기

(ii) 편차 구하기

(iii) (편차)^{2}의 총합 구하기

(iv) 분산 구하기

(v) 표준편차 구하기

참고

① 각 변량이 평균에서 멀리 떨어져 있을수록 분산과 표준편차의 값은 커지고, 각 변량이 평균에 가까이 있을수록 분산과 표준편차의 값은 작아진다.

② 분산은 단위를 갖지 않고, 표준편차는 변량과 같은 단위를 갖는다.

1st — 분산과 표준편차 구하기

● 어떤 자료의 편차가 아래와 같을 때, 다음을 구하시오.

1 $-3,\ -1,\ 1,\ 3$

(1) (편차)^{2}의 총합

→ $(-3)^2+(-1)^2+1^2+\square^2=\square$

(2) 분산

→ $\frac{\{(\text{편차})^2\text{의 총합}\}}{(\text{변량의 개수})}=\frac{\square}{4}=\square$

(3) 표준편차

→ $\sqrt{(\text{분산})}=\square$

2 $4,\ -3,\ 0,\ -2,\ 1$

(1) (편차)^{2}의 총합

(2) 분산

(3) 표준편차

3 $6,\ -3,\ 1,\ -2,\ 3,\ -5$

(1) (편차)^{2}의 총합

(2) 분산

(3) 표준편차

● 주어진 자료에 대하여 다음을 구하시오.

4

7, 5, 4, 6, 8

(1) 평균

(2)

변량	7	5	4	6	8
편차					
$(편차)^2$					

(3) $(편차)^2$의 총합

(4) 분산

(5) 표준편차

5

15, 19, 16, 3, 7, 18

(1) 평균

(2)

변량	15	19	16	3	7	18
편차						
$(편차)^2$						

(3) $(편차)^2$의 총합

(4) 분산

(5) 표준편차

● 주어진 자료의 분산과 표준편차를 각각 구하시오.

6 진호가 다트에 화살을 5번 던져 얻은 점수

(단위: 점)

6, 8, 10, 2, 9

표준편차의 단위는 변량의 단위와 같아!

7 5명의 학생의 1년 동안의 영화 관람 횟수

(단위: 회)

10, 8, 11, 12, 9

8 6명의 유투버가 일주일 동안 업로드한 영상의 개수

(단위: 개)

9, 3, 1, 6, 4, 7

내가 발견한 개념

각 용어를 정리해 봐!

평균 •	• (변량)−(평균)
편차 •	• $\sqrt{(분산)}$
분산 •	• $\frac{(변량의 총합)}{(변량의 개수)}$
표준편차 •	• $\frac{\{(편차)^2의 총합\}}{(변량의 개수)}$

● 어떤 자료의 편차가 아래와 같을 때, 다음을 구하시오.

9

$-4,\ 3,\ x,\ -1$

(1) x의 값

편차의 총합은 항상 0이야!

(2) $(\text{편차})^2$의 총합

(3) 분산

(4) 표준편차

10

$1,\ x,\ -2,\ -5,\ 2$

(1) x의 값

(2) $(\text{편차})^2$의 총합

(3) 분산

(4) 표준편차

11

$-3,\ 2,\ -1,\ -4,\ 3,\ x$

(1) x의 값

(2) $(\text{편차})^2$의 총합

(3) 분산

(4) 표준편차

● 주어진 자료의 평균이 아래와 같을 때, 다음을 구하시오.

12 $(\text{평균})=15$

$9,\ x,\ 23,\ 15$

(1) x의 값

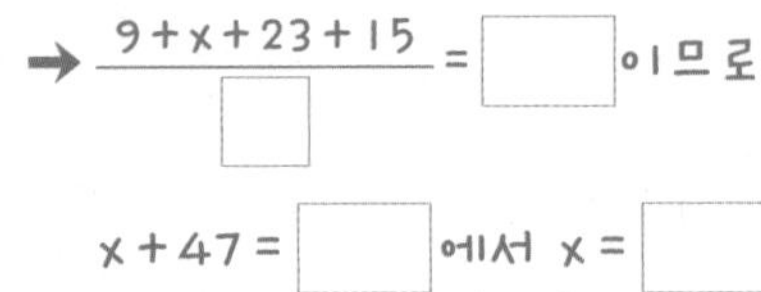

(2) 분산

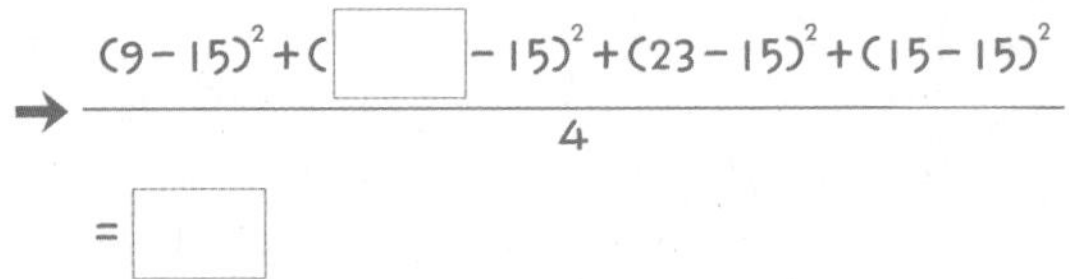

(3) 표준편차

→ √(분산) = ☐

13 $(\text{평균})=4$

$1,\ 5,\ x,\ 3,\ 4$

(1) x의 값

(2) 분산

(3) 표준편차

14 $(\text{평균})=30$

$25,\ 31,\ 28,\ x,\ 34$

(1) x의 값

(2) 분산

(3) 표준편차

2nd 분산을 이용하여 식의 값 구하기

● 어떤 자료의 편차가 아래와 같을 때, 주어진 분산을 이용하여 다음을 구하시오.

15 (분산)$=4$

$-1,\ 3,\ x,\ 1,\ y$

(1) $x+y$의 값

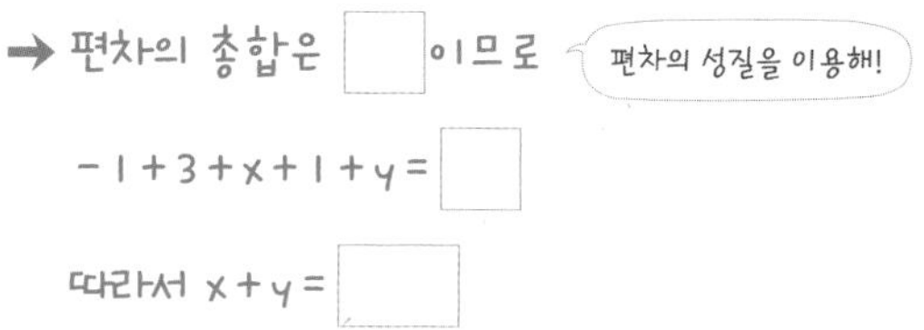

(2) x^2+y^2의 값

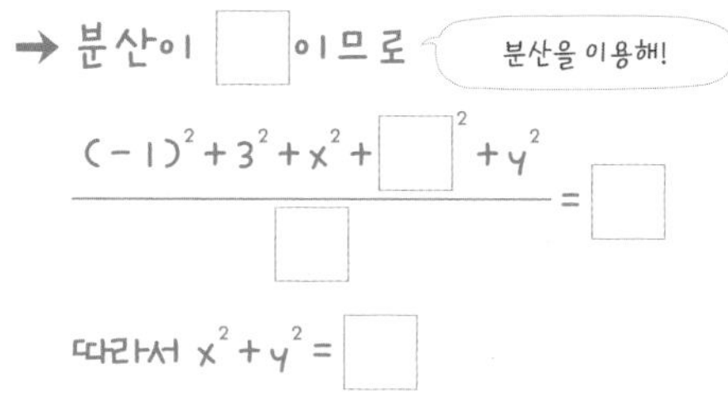

(3) xy의 값

→ $(x+y)^2=x^2+2xy+y^2$이므로 (곱셈 공식을 이용해!)

□ $=$ □ $+2xy$

따라서 $xy=$ □

16 (분산)$=10$

$x,\ -3,\ 1,\ y,\ 4$

(1) $x+y$의 값

(2) x^2+y^2의 값

(3) xy의 값

17 (분산)$=12$

$-1,\ x,\ 4,\ -2,\ 5,\ y$

(1) $x+y$의 값

(2) x^2+y^2의 값

(3) xy의 값

18 (분산)$=17$

$4,\ x,\ -2,\ y,\ -5,\ 3$

(1) $x+y$의 값

(2) x^2+y^2의 값

(3) xy의 값

개념모음문제

19 다음은 어느 농구 선수의 지난 5일 동안의 3점 슛 개수를 조사하여 나타낸 표이다. 평균이 3개이고 분산이 2일 때, ab의 값은?

요일	수	목	금	토	일
개수(개)	5	a	1	b	2

① 6　② 8　③ 10　④ 12　⑤ 14

07 평균으로부터 떨어진 정도!

자료의 분석

A, B 두 팀의 100m 달리기 기록

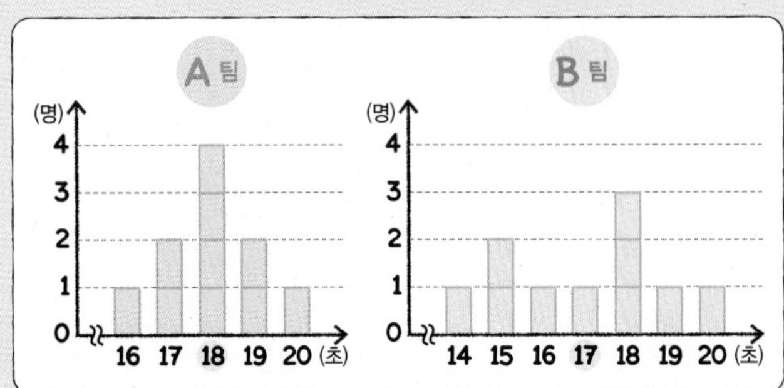

	A 팀	B 팀
평균(초)	18	17
분산	$\frac{6}{5}$	$\frac{17}{5}$
표준편차(초)	$\sqrt{\frac{6}{5}}$	$\sqrt{\frac{17}{5}}$
차이	A 팀이 B 팀보다 • 분산(표준편차)가 **작다.** • 변량의 분포가 **고르다.** • 산포도가 **작다.**	B 팀이 A 팀보다 • 분산(표준편차)가 **크다.** • 변량의 분포가 **고르지 않다.** • 산포도가 **크다.**

평균을 비교하면 B 팀의 기록이 더 좋고,
분산(표준편차)를 비교하면 A 팀의 기록의 분포 상태가 더 고르다.

변량들이 평균 가까이에 모여 있으면 자료의 분포 상태가 고르다고 할 수 있어!

• 분산과 표준편차가 작다.
→ 변량들이 평균을 중심으로 가까이 모여 있다.
• 분산과 표준편차가 크다.
→ 변량들이 평균을 중심으로 넓게 흩어져 있다.
• 분산과 표준편차가 작을수록 변량들이 평균을 중심으로 가까이 모여 있으므로 자료가 더 고르다고 할 수 있다.

1st 자료 분석하기

1 아래는 A, B 두 반 학생들의 수학 점수의 평균과 표준편차를 나타낸 표이다. 다음 중 옳은 것은 ○표를, 옳지 않은 것은 ×표를 (   ) 안에 써넣으시오.

	A반	B반
평균(점)	82	85
표준편차(점)	4.6	3.9

(1) A, B 두 반의 학생 수는 같다. (   )

(2) A반의 수학 성적이 B반의 수학 성적보다 대체로 낮다. (   )

(3) 수학 점수가 가장 높은 학생은 B반에 있다. (   )

(4) A반의 수학 점수의 산포도는 B반의 수학 점수의 산포도보다 크다. (   )

(5) A반의 수학 점수가 B반의 수학 점수보다 더 고르다고 할 수 있다. (   )

내가 발견한 개념 — 평균을 중심으로!

A가 B보다 더 고르다. → (□ 의 산포도) < (□ 의 산포도)

● **주어진 표에 대하여 다음 물음에 답하시오.**

2 세 학생의 일주일 동안의 독서 시간

	태연	민호	민경
평균(분)	50	72	46
표준편차(분)	4.8	4	2.5

(1) 독서 시간이 가장 긴 학생을 말하시오.

(2) 독서 시간이 가장 고른 학생을 말하시오.

(3) 독서 시간이 가장 고르지 않은 학생을 말하시오.

3 세 지역에 거주하는 주민들의 나이

	A 지역	B 지역	C 지역
평균(세)	36.8	41.2	44
표준편차(세)	14.5	15.3	8.6

(1) 주민들의 나이가 가장 어린 지역을 말하시오.

(2) 주민들의 나이가 가장 고른 지역을 말하시오.

(3) 주민들의 나이가 가장 고르지 않은 지역을 말하시오.

4 세 학생의 한 달 동안의 수면 시간

	석천	혜진	지훈
평균(시간)	6.3	7.2	7
표준편차(시간)	2.2	1.3	3.8

(1) 수면 시간이 가장 긴 학생을 말하시오.

(2) 수면 시간이 가장 짧은 학생을 말하시오.

(3) 수면 시간이 가장 고른 학생을 말하시오.

5 세 반 학생들의 1분 동안의 턱걸이 횟수

	1반	2반	3반
평균(회)	5.8	5.3	5.5
표준편차(회)	3	4	2

(1) 턱걸이 횟수가 가장 많은 반을 말하시오.

(2) 턱걸이 횟수가 가장 적은 반을 말하시오.

(3) 턱걸이 횟수가 가장 고른 반을 말하시오.

6 A, B 두 지역의 5일 동안의 일 최고 기온

(단위: ℃)

	월	화	수	목	금
A 지역	18	20	14	21	17
B 지역	25	20	18	16	21

(1) 두 지역의 일 최고 기온의 평균을 각각 구하시오.

(2) 두 지역의 일 최고 기온의 분산을 각각 구하시오.

(3) 두 지역 중 어느 지역의 일 최고 기온이 더 높은지 말하시오.

(4) 두 지역 중 어느 지역의 일 최고 기온이 더 고른지 말하시오.

7 1학년과 2학년의 각 반의 안경을 착용한 학생 수

(단위: 명)

	1반	2반	3반	4반	5반
1학년	14	15	18	12	11
2학년	9	11	10	17	13

(1) 두 학년의 안경을 착용한 학생 수의 평균을 각각 구하시오.

(2) 두 학년의 안경을 착용한 학생 수의 분산을 각각 구하시오.

(3) 두 학년 중 어느 학년이 안경을 착용한 학생 수가 더 적은지 말하시오.

(4) 두 학년 중 어느 학년이 안경을 착용한 학생 수가 더 고르지 않은지 말하시오.

● **주어진 막대그래프에 대하여 다음 물음에 답하시오.**

8 A 동호회 회원 10명과 B 동호회 회원 10명의 지난 주말 동안의 봉사 활동 시간

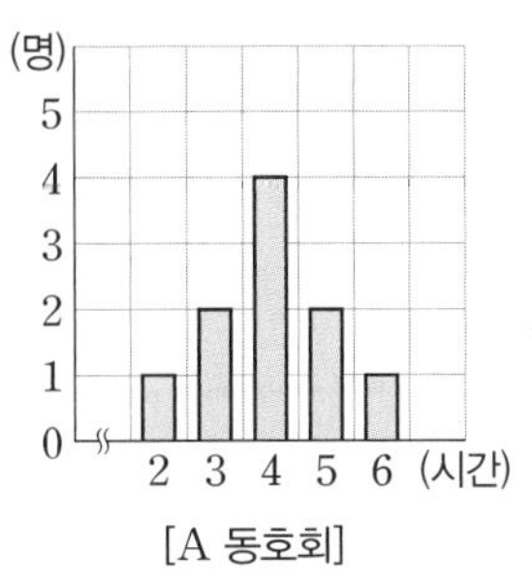

[A 동호회]

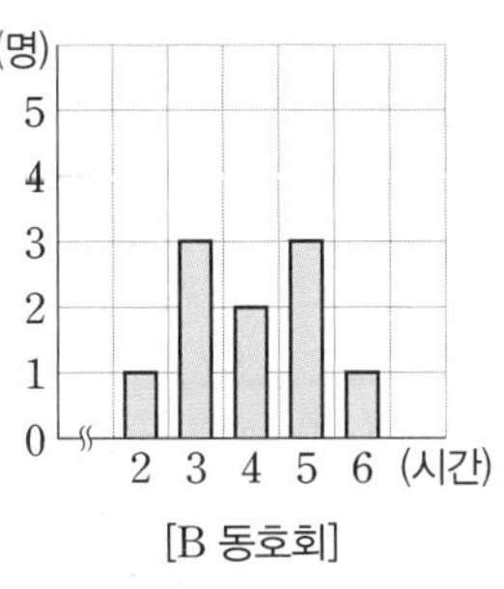

[B 동호회]

(1) 두 동호회의 봉사 활동 시간의 평균을 각각 구하시오.

(2) 두 동호회의 봉사 활동 시간의 분산을 각각 구하시오.

(3) 두 동호회 중 어느 동호회의 봉사 활동 시간이 더 고른지 말하시오.

(4) 두 동호회 중 어느 동호회의 봉사 활동 시간이 평균 가까이에 더 모여 있는지 말하시오.

9 A, B, C 세 반 학생들이 한 달 동안 읽은 책의 권수

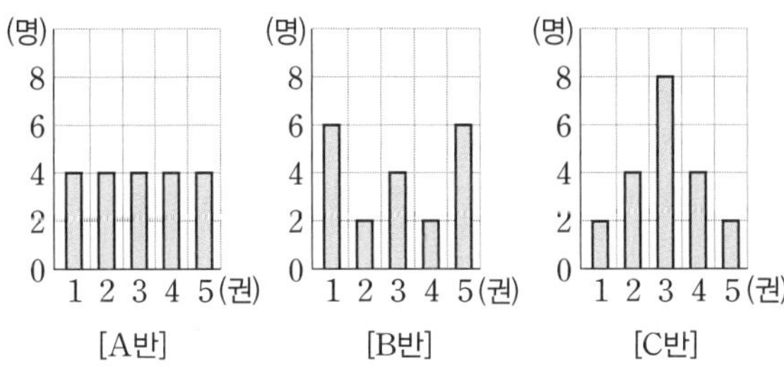

(1) 세 반이 읽은 책의 권수의 평균을 각각 구하시오.

(2) 세 반이 읽은 책의 권수의 분산을 각각 구하시오.

(3) 세 반 중 어느 반의 읽은 책의 권수가 가장 고른지 말하시오.

개념모음문제

10 아래 표는 환희네 학교 5개 반 학생들의 과학 성적의 평균과 표준편차를 나타낸 것이다. 다음 설명 중 옳은 것을 모두 고르면? (정답 2개)

	1반	2반	3반	4반	5반
평균(점)	65	73	62	78	70
표준편차(점)	7.2	4.1	8.7	9.3	6.4

① 산포도는 2반이 가장 작다.
② 4반의 학생 수가 가장 많다.
③ 과학 성적이 가장 높은 학생은 1반에 있다.
④ 과학 성적이 가장 고른 반은 3반이다.
⑤ 5반의 성적이 1반의 성적보다 평균 주위에 몰려 있다.

08 그래프로 나타내는 두 변량!

산점도

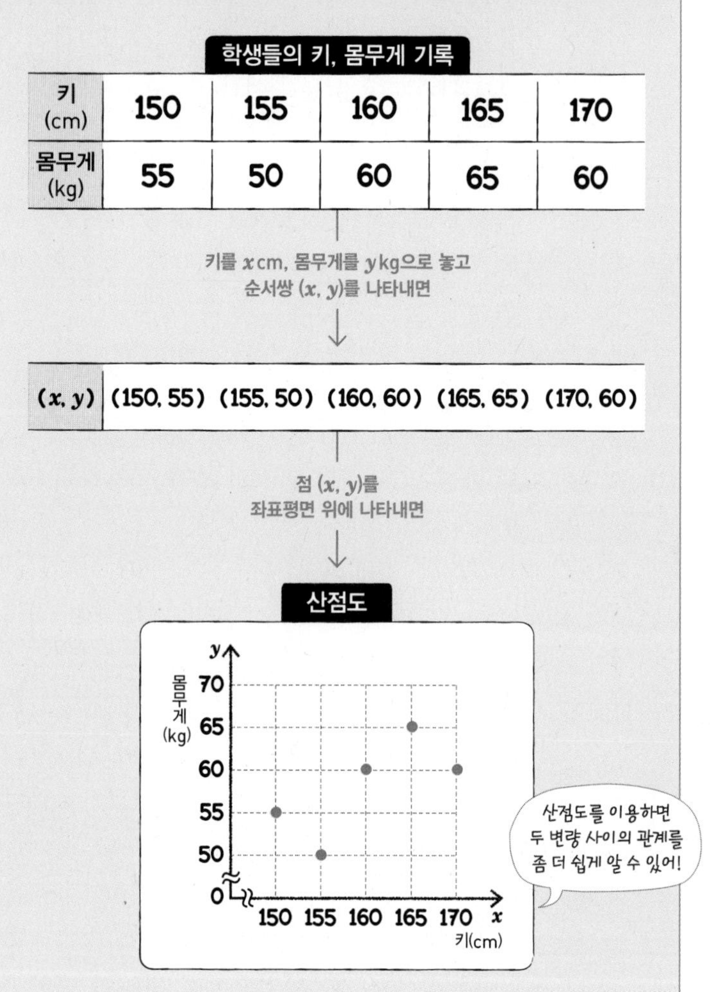

학생들의 키, 몸무게 기록

키 (cm)	150	155	160	165	170
몸무게 (kg)	55	50	60	65	60

(x, y)	(150, 55)	(155, 50)	(160, 60)	(165, 65)	(170, 60)

- **산점도:** 두 변량 x, y의 순서쌍 (x, y)를 좌표로 하는 점을 좌표평면 위에 나타낸 그림
- x, y의 산점도를 주어진 조건에 따라 분석할 때 다음과 같이 기준이 되는 보조선을 이용한다.
  (1) 이상 또는 이하에 대한 조건이 주어질 때, 가로, 세로선을 기준으로 두 변량의 크기를 비교할 수 있다.

$x \le a$, $y \ge b$	$x \ge a$, $y \ge b$
$x \le a$, $y \le b$	$x \ge a$, $y \le b$

  (2) 두 자료를 비교할 때, 대각선을 기준으로 두 변량의 크기를 비교할 수 있다.

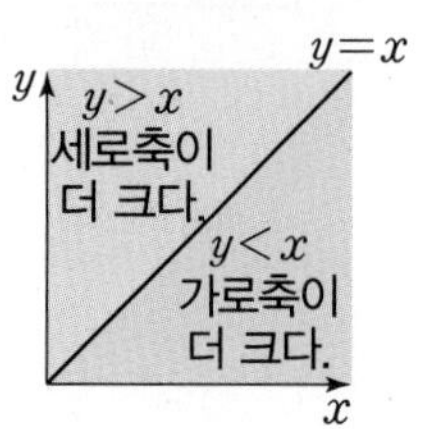

1st 산점도 이해하기

1 다음은 희수네 반 학생 9명의 하루 동안의 휴대전화 사용 시간과 전송한 문자 메시지의 개수를 조사하여 나타낸 표이다. 휴대전화 사용 시간을 x시간, 문자 메시지의 개수를 y라 할 때, x, y의 산점도를 그리시오.

	A	B	C	D	E	F	G	H	I
사용 시간 (시간)	1	4	2	3	5	4	2	3	1
문자 개수(개)	7	7	8	9	9	11	10	8	8

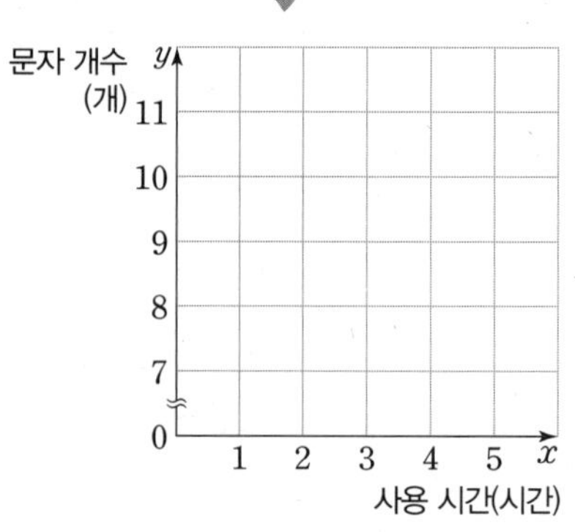

2 다음은 기범이네 반 학생 8명의 수학 점수와 과학 점수를 조사하여 나타낸 표이다. 수학 점수를 x점, 과학 점수를 y점이라 할 때, x, y의 산점도를 그리시오.

(단위: 점)

	A	B	C	D	E	F	G	H
수학	65	50	75	90	75	95	90	80
과학	70	60	80	85	70	80	90	60

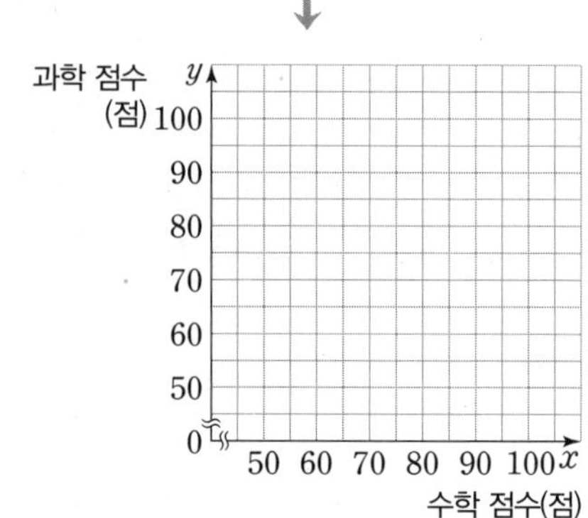

3 다음은 농구부 10명이 자유투를 1차와 2차에 10개씩 던져 넣은 골의 개수를 조사하여 나타낸 표이다. 1차에 넣은 골의 개수를 x, 2차에 넣은 골의 개수를 y라 할 때, x, y의 산점도를 그리시오.

(단위: 개)

	A	B	C	D	E	F	G	H	I	J
1차	7	10	5	8	6	9	7	9	8	9
2차	7	8	6	10	5	8	5	10	8	9

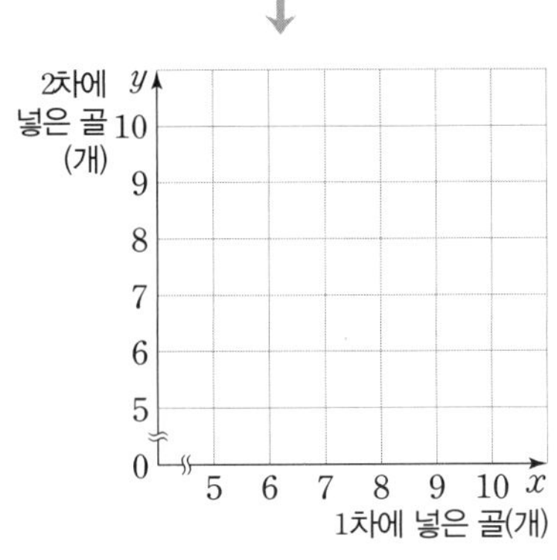

4 다음은 독서 동호회 회원 7명이 지난 달에 도서관에 방문한 횟수와 독서 시간을 조사하여 나타낸 표이다. 도서관에 방문한 횟수를 x회, 독서 시간을 y시간이라 할 때, x, y의 산점도를 그리시오.

	석진	남준	윤기	호석	지민	태영	정국
방문 횟수(회)	5	4	6	3	5	4	3
독서 시간(시간)	7	10	11	7	9	8	9

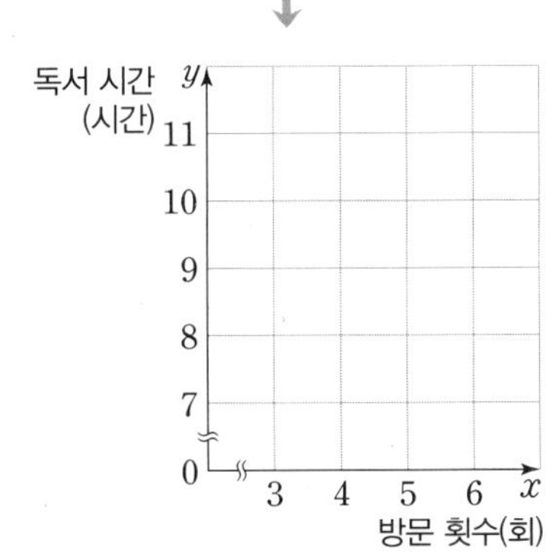

5 다음은 가온이네 반 학생 8명의 일주일 평균 게임 시간과 학습 시간을 조사하여 나타낸 표이다. 게임 시간을 x시간, 학습 시간을 y시간이라 할 때, x, y의 산점도를 그리시오..

(단위: 시간)

	A	B	C	D	E	F	G	H
게임 시간	5	2	6	1	3	4	3	4
학습 시간	1	5	1	6	5	4	4	2

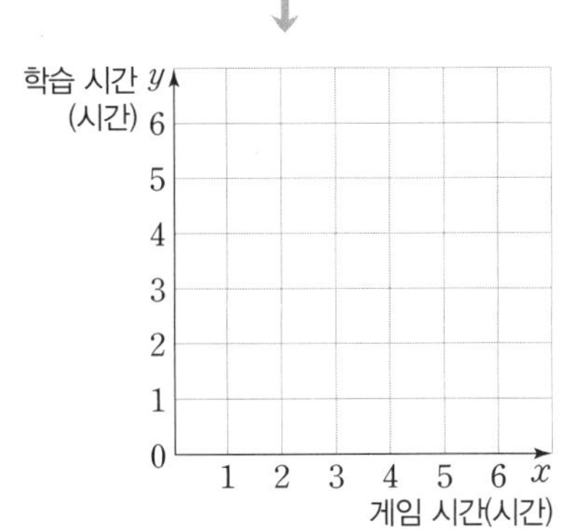

6 다음은 수민이네 반 학생 10명의 한 달 평균 저축 금액과 지출 금액을 조사하여 나타낸 표이다. 저축 금액을 x만 원, 지출 금액을 y만 원이라 할 때, x, y의 산점도를 그리시오.

(단위: 만 원)

	A	B	C	D	E	F	G	H	I	J
저축	3	1	2.5	1.5	4	0.5	2	1.5	1	2
지출	1	4	2	3	1.5	5	5	4	5	3

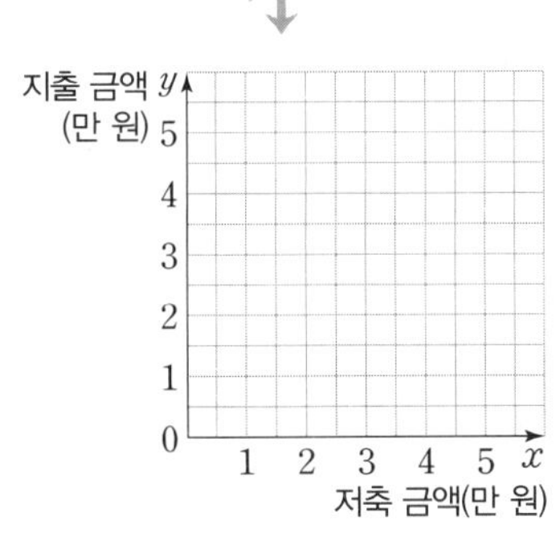

● **주어진 산점도에 대하여 다음을 구하시오.**

7 중학교 학생 15명의 왼쪽 눈의 시력과 오른쪽 눈의 시력

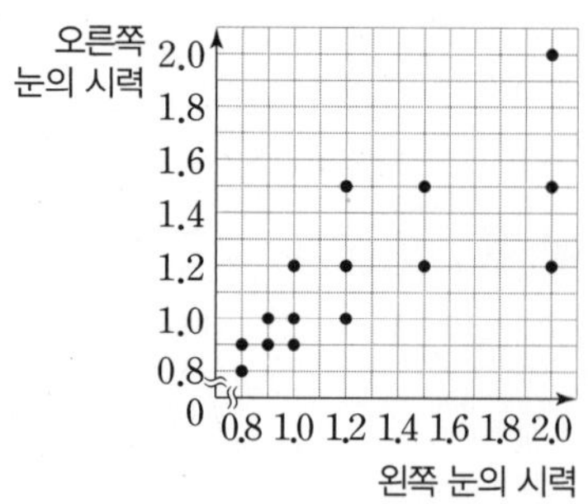

(1) 왼쪽 눈의 시력이 1.0 이하인 학생 수

(2) 오른쪽 눈의 시력이 1.2 초과인 학생 수

(3) 왼쪽 눈의 시력이 0.9 이상 1.5 미만인 학생 수

(4) 왼쪽 눈과 오른쪽 눈의 시력이 모두 1.5 이상인 학생 수

(5) 왼쪽 눈과 오른쪽 눈의 시력이 같은 학생 수

대각선을 그려봐!

(6) 왼쪽 눈의 시력보다 오른쪽 눈의 시력이 더 높은 학생 수

(7) 왼쪽 눈의 시력이 오른쪽 눈의 시력보다 더 높은 학생의 비율

8 식당 10곳의 청결도와 안정성에 대한 평점

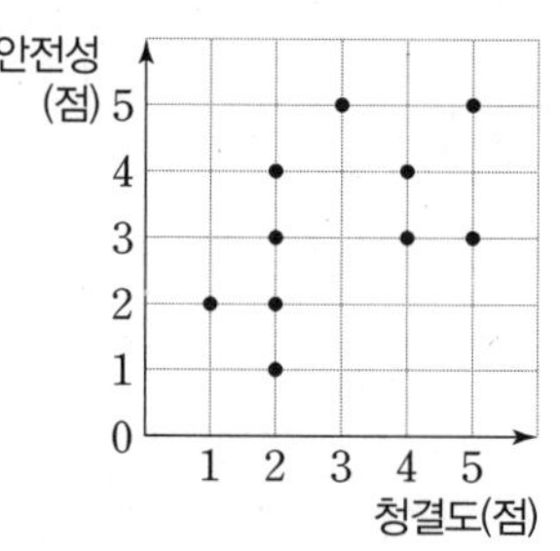

(1) 청결도 평점이 가장 낮은 식당의 안전성 평점

(2) 청결도 평점이 4점 이상인 식당 수

(3) 안전성 평점이 4점 미만인 식당 수

(4) 청결도와 안전성 평점이 모두 2점 이하인 식당 수

(5) 안전성 평점이 5점인 식당의 청결도 평점의 평균

(6) 청결도와 안전성의 평점이 같은 식당의 비율

9 육상부 학생 20명의 50 m 달리기 기록과 제자리멀리뛰기 기록

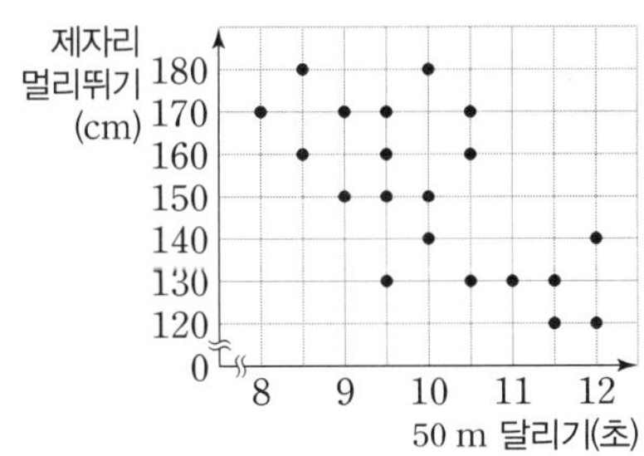

(1) 50 m 달리기 기록이 가장 좋은 학생의 제자리멀리뛰기 기록

(2) 제자리멀리뛰기 기록이 160 cm 초과인 학생 수

(3) 50 m 달리기 기록이 9초 이하인 학생 수

(4) 50 m 달리기 기록은 10초 이상 11초 미만이고, 제자리멀리뛰기 기록은 150 cm 이하인 학생 수

(5) 50 m 달리기 기록이 11초 이상인 학생의 제자리멀리뛰기 기록의 평균

(6) 50 m 달리기 기록이 9초 이하이고 제자리멀리뛰기 기록이 160 cm 이상인 학생의 비율

● **주어진 산점도에 대하여 다음 물음에 답하시오.**

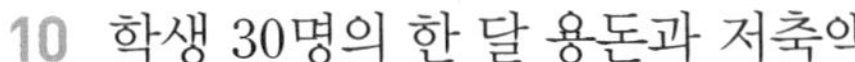

10 학생 30명의 한 달 용돈과 저축액

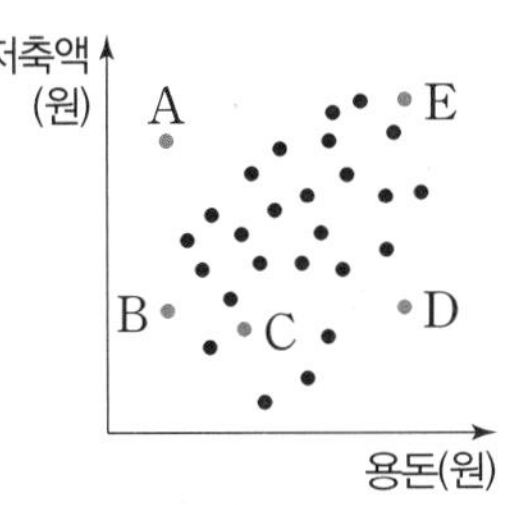

(1) A, B, C, D, E 중에서 용돈에 비하여 저축액이 많은 학생을 찾으시오.

(2) A, B, C, D, E 중에서 용돈에 비하여 저축액이 적은 학생을 찾으시오.

(3) 대체로 용돈이 많은 학생들이 저축액이 (많은 , 적은) 경향이 있다.

11 프로 야구 선수 30명의 작년 홈런 개수와 올해 홈런 개수

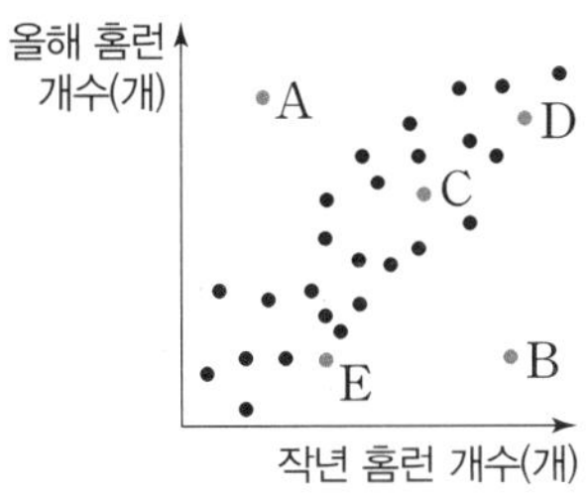

(1) A, B, C, D, E 중에서 작년에 비하여 올해 홈런을 많이 친 선수를 찾으시오.

(2) A, B, C, D, E 중에서 올해에 비하여 작년에 홈런을 많이 친 선수를 찾으시오.

(3) 대체로 작년에 홈런을 많이 친 선수가 올해 홈런을 (많이 , 적게) 친 경향이 있다.

09 그래프로 나타내는 두 변량!

상관관계

두 변량 x, y에 대하여 x의 값이 변함에 따라 y의 값이 변하는 경향이 있을 때

❶ 양의 상관관계

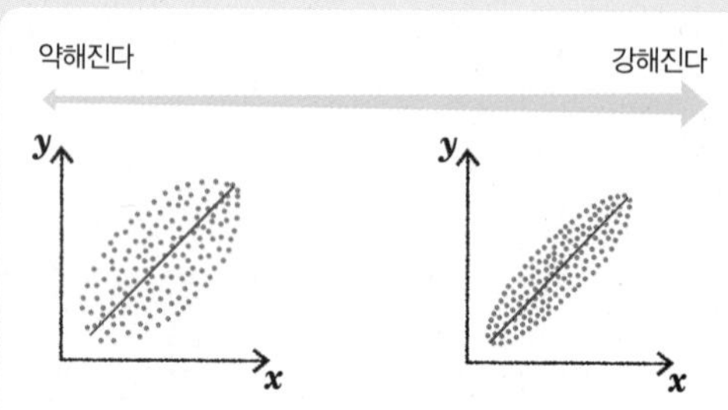

x의 값이 증가함에 따라
y의 값도 대체로 증가하는 경향이 있는 관계

❷ 음의 상관관계

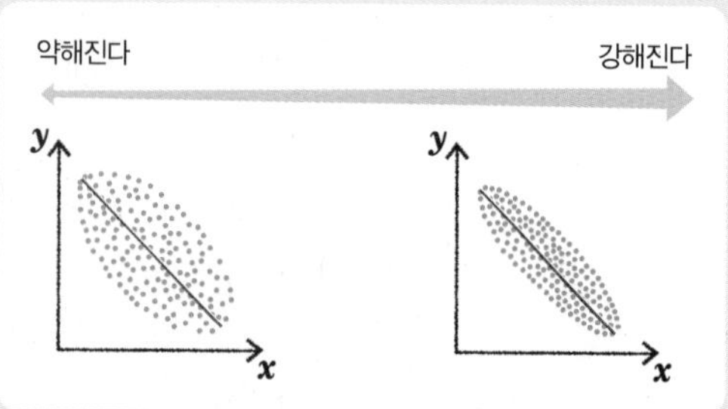

x의 값이 증가함에 따라
y의 값이 대체로 감소하는 경향이 있는 관계

❸ 상관관계가 없다

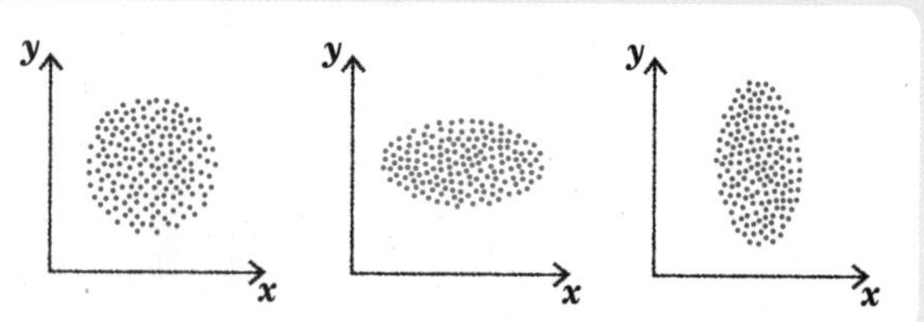

x의 값이 증가함에 따라
y의 값이 증가하는지 감소하는지 분명하지 않을 경우
두 변량 x, y 사이에는 상관관계가 없다고 한다.

1st — 상관관계 이해하기

● 아래 보기의 산점도에 대하여 다음 물음에 답하시오.

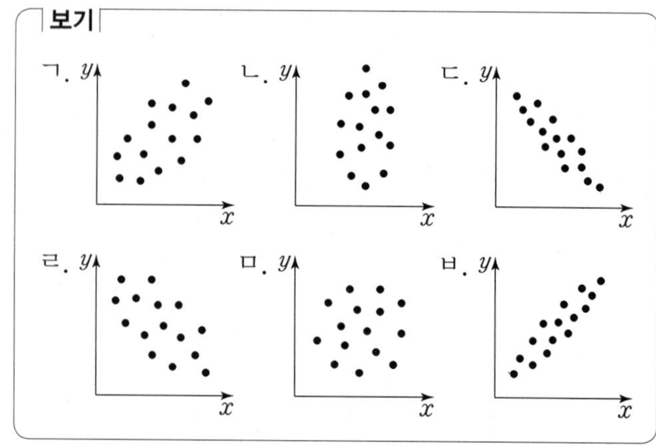

1 양의 상관관계가 있는 것을 모두 고르시오.

2 음의 상관관계가 있는 것을 모두 고르시오.

3 상관관계가 없는 것을 모두 고르시오.

4 가장 강한 양의 상관관계가 있는 것을 고르시오.

5 가장 강한 음의 상관관계가 있는 것을 고르시오.

• 다음 두 변량 사이에 양의 상관관계가 있으면 ○표, 음의 상관관계가 있으면 △표, 상관관계가 없으면 ×표를 (　) 안에 써넣으시오.

6 수면 시간과 활동 시간 (　　)

7 흡연량과 폐암 발생률 (　　)

8 산의 높이와 산꼭대기에서의 기온 (　　)

9 멀리뛰기 기록과 음악 성적 (　　)

10 영화 관람객 수와 입장료 총액 (　　)

11 운동량과 비만도 (　　)

12 키와 머리카락의 개수 (　　)

13 도시 인구 수와 교통량 (　　)

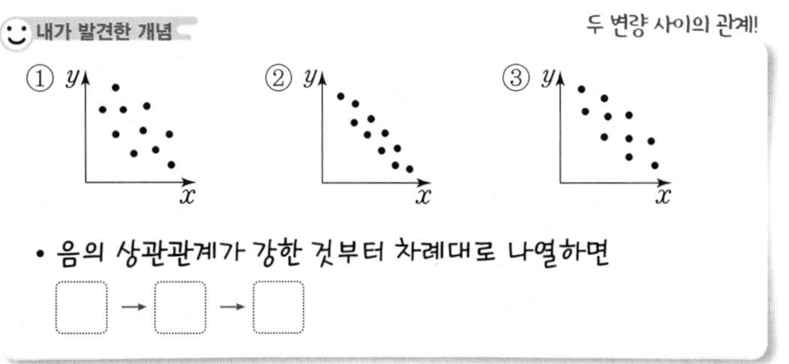

• 아래 보기의 산점도 중에서 다음 두 변량 x, y 사이의 상관관계로 가장 알맞은 것을 고르시오.

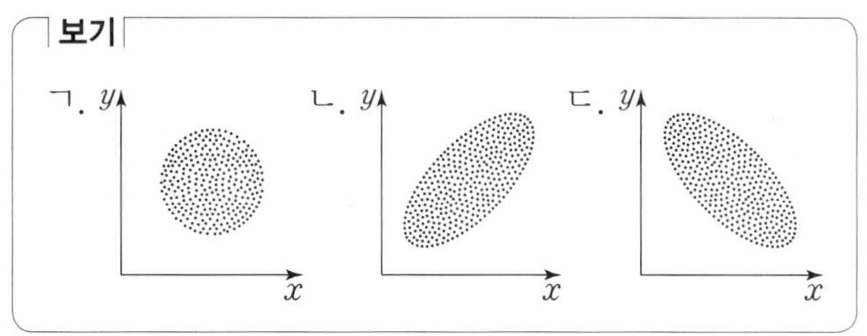

14 손을 자주 씻을수록 질병에 걸리는 횟수가 줄어든다고 할 때, 손을 씻는 횟수 x회와 질병에 걸리는 횟수 y회에 대한 산점도

15 지역의 편의점이 늘어날수록 비만인 청소년이 많아진다고 할 때, 이 지역의 편의점 x개와 비만인 청소년 y명에 대한 산점도

16 몸무게 x kg과 허리둘레의 길이 y cm에 대한 산점도

17 필기구의 수 x개와 수학 성적 y점에 대한 산점도

개념모음문제

18 다음 **보기**를 보고 물음에 답하시오.

보기

ㄱ. 나이와 근육량
ㄴ. 사람의 키와 몸무게
ㄷ. 통학 시간과 학업 성적
ㄹ. 양치 횟수와 충치 개수
ㅁ. 물 섭취량과 소변량

(1) 대체로 양의 상관관계가 있는 것을 모두 고르시오.

(2) 대체로 음의 상관관계가 있는 것을 모두 고르시오.

(3) 대체로 상관관계가 없는 것을 모두 고르시오.

● **주어진 산점도에 대하여 다음 중 옳은 것은 ○표를, 옳지 않은 것은 ×표를 ( ) 안에 써넣으시오.**

19 어느 지역의 여름철 평균 기온과 냉방비

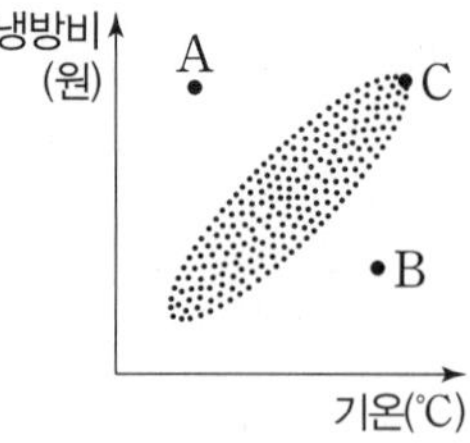

(1) A 지역은 기온에 비하여 냉방비가 많이 나오는 편이다. ( )

(2) C 지역은 기온은 높지만 냉방비는 적게 나오는 편이다. ( )

(3) B 지역은 A 지역에 비하여 냉방비가 많이 나오는 편이다. ( )

(4) 대체로 여름철 평균 기온이 높은 지역이 냉방비도 많이 나오는 경향이 있다. ( )

20 어떤 물건의 판매 가격과 판매량

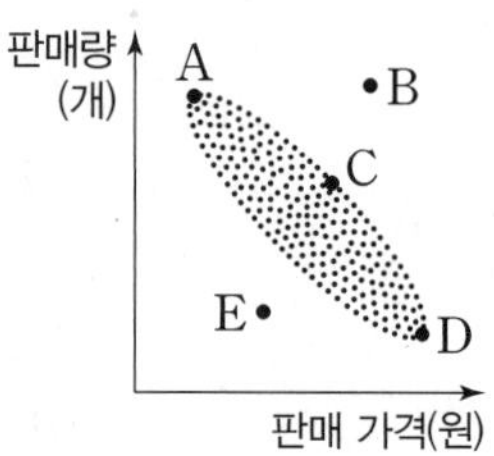

(1) B 물건은 판매 가격도 비싸고 판매량도 많은 편이다. ( )

(2) D 물건은 판매 가격에 비하여 판매량이 많은 편이다. ( )

(3) A, B, C, D, E 중에서 판매 가격에 비하여 판매량이 많은 물건은 A이다. ( )

(4) 대체로 판매 가격이 낮을수록 판매량은 많은 경향이 있다. ( )

21 매주 금요일의 하루 최고 기온과 어느 카페에서 판매하는 차가운 음료의 판매량

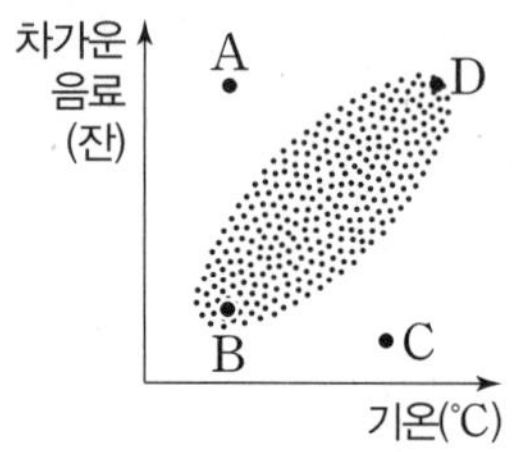

(1) A는 기온에 비하여 차가운 음료가 적게 팔린 날이다. ( )

(2) A, B, C, D 중에서 기온에 비하여 차가운 음료가 적게 팔린 날은 C이다. ( )

(3) B는 D에 비하여 차가운 음료가 많이 팔린 날이다. ( )

(4) 하루 최고 기온이 높을수록 차가운 음료의 판매량도 많은 경향이 있다. ( )

22 어느 중학교 학생들의 국어 점수와 SNS 이용 시간

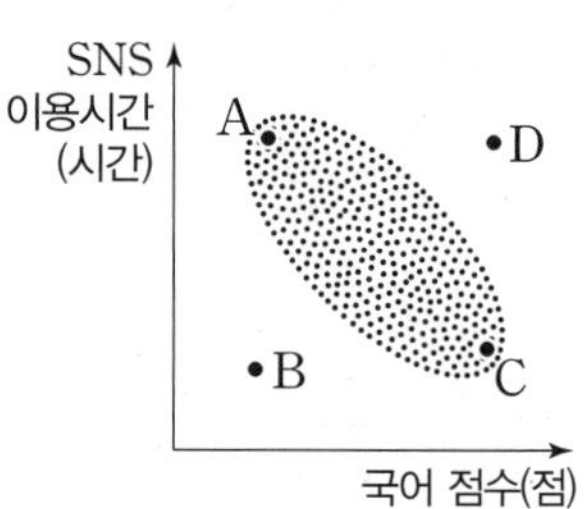

(1) SNS 이용 시간이 많은 것에 비하여 국어 점수가 높은 학생은 D이다. ( )

(2) C는 국어 점수가 높고 SNS 이용 시간이 적은 편이다. ( )

(3) A는 대체로 국어 점수도 높고 SNS 이용 시간도 많은 편이다. ( )

(4) 대체로 국어 점수와 SNS 이용 시간 사이에는 아무 관계가 없다. ( )

23 어느 중학교 학생들의 필기구의 개수와 필통의 무게

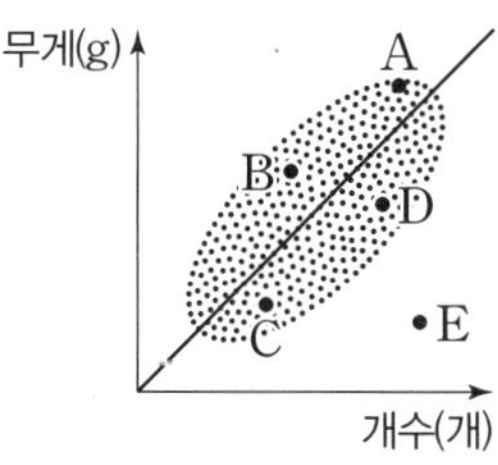

(1) 필기구의 개수와 필통의 무게 사이에는 음의 상관관계가 있다. ( )

(2) A, B, C, D, E 중에서 필통이 가장 무거운 학생은 A이다. ( )

(3) B는 C보다 필기구가 많다. ( )

(4) E는 필기구의 개수에 비하여 필통의 무게가 많이 나간다. ( )

(5) D는 필기구의 개수에 비하여 필통의 무게가 적게 나간다. ( )

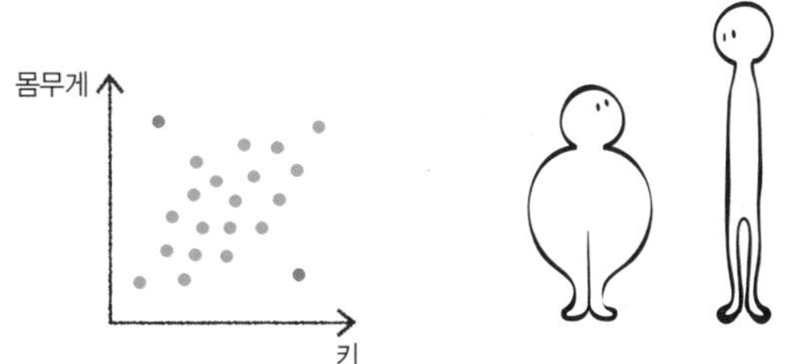

키가 크다고 몸무게가 많이 나가는 건 아니야. 뭐 대체적으로 그렇다는 거지.

24 어느 쇼핑몰의 일별 판매량과 발송한 택배 개수

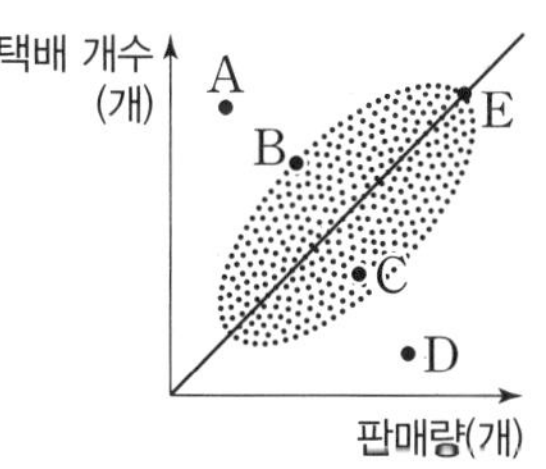

(1) 판매량이 많은 날에 대체로 발송한 택배 개수가 많은 편이다. ( )

(2) A, B, C, D, E 중에서 판매량에 비하여 발송한 택배 개수가 가장 많은 날은 A이다. ( )

(3) B는 판매량에 비하여 발송한 택배 개수가 적다. ( )

(4) D는 판매량에 비하여 발송한 택배 개수가 많다. ( )

(5) E는 판매량도 많고 발송한 택배 개수도 많다. ( )

내가 발견한 개념 — 상관관계의 의미는?

- 양의 상관관계
  → 한 변량이 증가하면 다른 변량은 대체로 ☐
- 음의 상관관계
  → 한 변량이 증가하면 다른 변량은 대체로 ☐

TEST 5. 통계

1 다음은 미림이가 월요일부터 금요일까지 손을 씻는 횟수를 나타낸 표이다. 이 자료의 평균을 구하시오.

요일	월요일	화요일	수요일	목요일	금요일
횟수(회)	9	13	8	10	15

2 다음 자료의 중앙값을 a, 최빈값을 b라 할 때, $a+b$의 값은?

5, 7, 10, 14, 8, 11, 5

① 9 ② 11 ③ 13
④ 15 ⑤ 17

3 다음 자료의 평균이 4, 표준편차가 $\sqrt{2}$일 때, a^2+b^2의 값은?

2, a, 4, b, 6

① 33 ② 34 ③ 35
④ 36 ⑤ 37

4 오른쪽은 학생 15명이 한 달 동안 도서관을 방문한 횟수와 국어 점수를 조사하여 나타낸 산점도이다. 도서관을 9회 이상 방문한 학생 수를 구하시오.

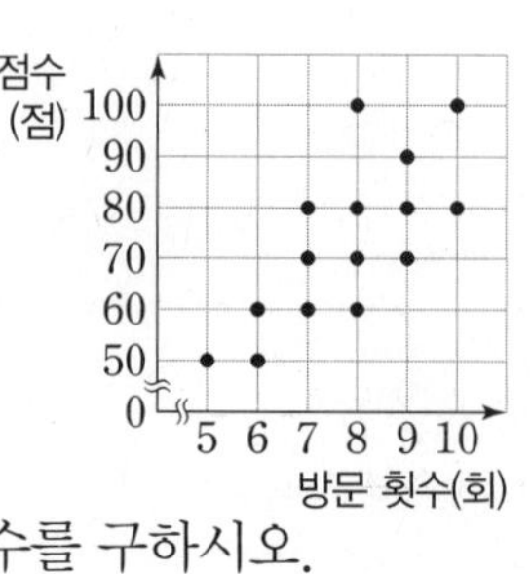

5 오른쪽은 희재네 반 학생 24명의 지난주와 이번 주의 컴퓨터 게임 시간을 조사하여 나타낸 산점도이다. 지난주와 이번 주 모두 컴퓨터 게임을 3시간 이상씩 한 학생은 전체의 몇 %인가?

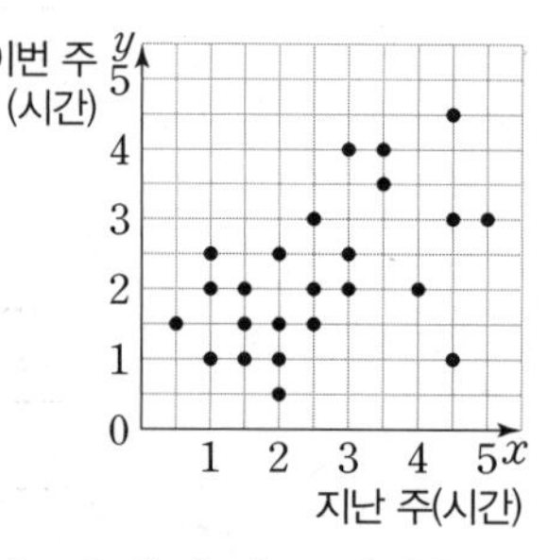

① 8 % ② 16 % ③ 25 %
④ 32 % ⑤ 38 %

6 겨울철 기온이 내려갈수록 감기 환자가 늘어난다고 할 때, 다음 중 겨울철 기온 x ℃, 감기 환자의 수 y명에 대한 산점도로 알맞은 것은?

①
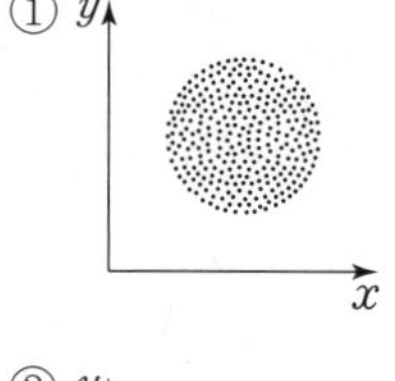

②
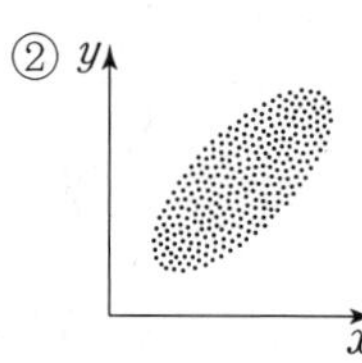

③
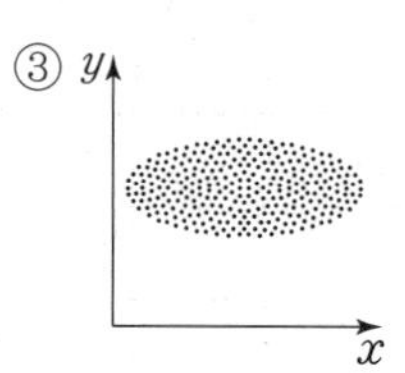

④
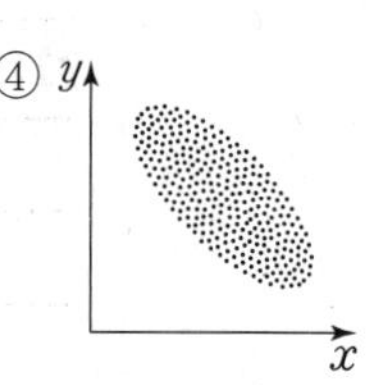

⑤
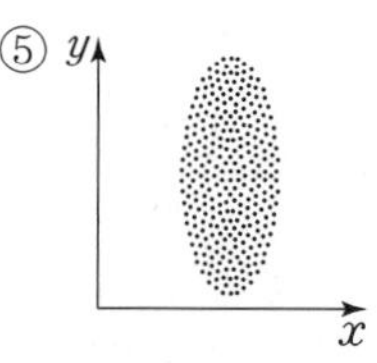

23 $\frac{63\sqrt{3}}{4}$ 24 44
25 $32\sqrt{3}+36$ 26 $12\sqrt{3}+18$
27 ⑤

07 사각형의 넓이 50쪽

원리확인 ❶ 4, 6, 60, 2, 2, 4, 6, 60, $12\sqrt{3}$
❷ 6, $3\sqrt{3}$, 120, 2, 2, 6, $3\sqrt{3}$, 120, 27
❸ 6, 8, 60, $\frac{1}{2}$, $\frac{1}{2}$, 6, 8, 60, $12\sqrt{3}$

1 $28\sqrt{3}$ (✎ 7, 8, 60, $28\sqrt{3}$)
2 $30\sqrt{2}$ 3 44
4 $18\sqrt{3}$
5 90 (✎ $5\sqrt{3}$, 12, 120, 90)
6 24 7 45
8 60
☺ $ab\sin x$, $ab\sin(180°-x)$
9 ③
10 $33\sqrt{3}$ (✎ 12, 11, 60, $33\sqrt{3}$)
11 40 12 $16\sqrt{3}$
13 39
14 $18\sqrt{3}$ (✎ 8, 9, 120, $18\sqrt{3}$)
15 $20\sqrt{2}$ 16 14
17 $30\sqrt{3}$
☺ $\frac{1}{2}ab\sin x$, $\frac{1}{2}ab\sin(180°-x)$
18 ④

TEST 53쪽

1 72.4 m 2 ⑤ 3 ①
4 ③ 5 $6\sqrt{2}$ cm^2 6 ④

3 원과 직선

01 현의 수직이등분선 56쪽

1 5 (✎ 이등분, $\overline{AM}$, 5, 5)
2 7 3 22
4 5 cm 5 12 cm
6 9 cm 7 10 cm
8 6 (✎ 5, 4, 3, 이등분, $\overline{AM}$, 3, 6, 6)
9 $2\sqrt{10}$ 10 5
11 $10\sqrt{5}$
12 18 (✎ $\overline{OC}$, 15, 15, 12, 9, 9, 18, 18)
13 24 14 8
15 5
16 5 cm (✎ $r-2$, $r-2$, 4, 20, 5, 5)
17 9 cm 18 $\frac{15}{2}$ cm
19 13 cm
20 5 cm
(✎ 4, $r-2$, $r-2$, 4, $r-2$, 4, 20, 5, 5)
21 11 cm 22 15 cm
23 17 cm
24 $20\sqrt{3}$
(✎ $\frac{x}{2}$, 20, 10, 20, $\overline{MC}$, 20, 10, 20, 10, $10\sqrt{3}$, $10\sqrt{3}$, $20\sqrt{3}$)
25 $4\sqrt{3}$ 26 $4\sqrt{3}$
27 6

02 현의 길이 60쪽

1 12 (✎ $\overline{AB}$, 12) 2 7
3 14 4 2
5 5
6 $4\sqrt{6}$ (✎ 7, 5, $2\sqrt{6}$, $2\sqrt{6}$, $4\sqrt{6}$)
7 8 8 $3\sqrt{2}$
9 5 10 6
11 55° 12 63°
13 50° 14 75°
☺ =, =, =

03 원의 접선과 반지름 62쪽

1 50° 2 35°
3 145° 4 75°
5 45° 6 110°
7 8 8 13
9 1 10 7
☺ $\overline{PT}$, $\overline{OT}$
11 3 12 9
13 8 14 6
15 ④

04 원과 접선 64쪽

원리확인 ❶ $\overline{PB}$, 7
❷ $\overline{PA}$, 15

1 6 2 $4\sqrt{3}$
3 44 4 64
5 5 (✎ $\overline{AF}$, $\overline{BD}$, 5, 2, $\overline{CF}$, 2, 3, 5)
6 4 7 10
8 6
☺ 2, 2
9 12 (✎ 9, 4, 9, 4, 13, 4, 4, 5, 13, 5, 12, 12)
10 $2\sqrt{15}$ 11 12
12 $\frac{5}{2}$

05 삼각형의 내접원 66쪽

원리확인 ❶ x, y, z
❷ x, y, x, y, z

1 5 2 8
3 7 4 11
5 7 6 42 cm
7 24 cm 8 50 cm
9 34 cm
☺ 2
10 2 (✎ 12, 5, 13, r, r, r, 13, r, r, 2, 4, 2, 2)
11 1 12 3
☺ 정사각형

06 외접사각형의 성질 68쪽

원리확인 ❶ $\overline{AS}$, $\overline{BQ}$, $\overline{CQ}$, $\overline{DS}$
❷ $\overline{DR}$, $\overline{BQ}$, $\overline{DS}$, $\overline{DS}$, $\overline{CQ}$, $\overline{BC}$

1 8 (✎ $\overline{BC}$, 10, 8) 2 20
3 8 4 10
5 50 cm (✎ $\overline{BC}$, 2, 2, 50)
6 40 cm 7 88 cm
8 58 cm
☺ $\overline{BC}$, $\overline{CD}$, $\overline{BC}$
9 5 (✎ 10, 6, 8, $\overline{CD}$, 8, 5)
10 7 11 17
12 16
13 4 (✎ $\overline{CD}$, 12, x, 4)
14 7 15 8
16 11
17 5
(✎ $\overline{DE}$, x, $x-2$, $x-2$, $8-x$, $8-x$, 80, 5)
18 $\frac{51}{5}$ 19 10
20 ④

TEST 71쪽

1 ② 2 ① 3 9 cm
4 ⑤ 5 ④ 6 68 cm^2

4 원주각

01 원주각과 중심각의 크기 74쪽

1 40° (✎ 80, 40) 2 60°
3 115° 4 48°
5 44° 6 96° (✎ 48, 96)
7 104° 8 90°
9 72°
☺ 2, 2
10 75° (✎ 210, 150, 75)
11 105° 12 115°
13 130° 14 150°
15 $\angle x=120°$, $\angle y=60°$
(✎ 240, 120, 240, 120, 60)
16 $\angle x=140°$, $\angle y=110°$
17 $\angle x=80°$, $\angle y=100°$
18 $\angle x=240°$, $\angle y=60°$
19 120° (✎ 24, 48, 36, 72, 48, 72, 120)
20 140° 21 104°
22 120°

23 48° (✎ 42, 84, 84, 48)
24 20°
25 54°
26 40°
27 58° (✎ 64, 116, 116, 58)
28 63°
29 78°
30 66°
☺ 180, $\frac{1}{2}$

02 원주각의 성질 78쪽

원리확인 ❶ 2, 48
❷ $\frac{1}{2}$, 24
❸ $\frac{1}{2}$, 24
❹ ARB, 24

1 52° (✎ 52)
2 36°
3 60°
4 80°
5 $\angle x=34^\circ$, $\angle y=68^\circ$ (✎ 34, 34, 68)
6 $\angle x=35^\circ$, $\angle y=35^\circ$
7 $\angle x=80^\circ$, $\angle y=40^\circ$
8 $\angle x=60^\circ$, $\angle y=60^\circ$
9 $\angle x=55^\circ$, $\angle y=110^\circ$
10 55° (✎ 30, 25, 30, 25, 55)
11 56°
12 70°
13 50°
14 $\angle x=50^\circ$, $\angle y=40^\circ$ (✎ 50, 40)
15 $\angle x=32^\circ$, $\angle y=48^\circ$
16 $\angle x=50^\circ$, $\angle y=42^\circ$
17 $\angle x=35^\circ$, $\angle y=55^\circ$
☺ ACB, DBC
18 $\angle x=30^\circ$, $\angle y=70^\circ$ (✎ 30, 30, 70)
19 $\angle x=30^\circ$, $\angle y=40^\circ$
20 $\angle x=26^\circ$, $\angle y=61^\circ$
21 $\angle x=35^\circ$, $\angle y=85^\circ$
22 $\angle x=62^\circ$, $\angle y=100^\circ$
23 62° (✎ 90, 90, 62)
24 47°
25 40°
26 40° (✎ 90, 50, 90, 50, 40)
27 20°
28 70° (✎ 90, 90, 90, 35, 70)
29 46°
30 70°

03 원주각의 크기와 호의 길이 82쪽

원리확인 ❶ 40
❷ 20
❸ 20
❹ 20

1 35 (✎ 35, 35)
2 20
3 38
4 54
5 60
6 80
7 60
8 7
9 5
10 10
11 35 (✎ 70, 35, 35)
12 30
13 70
14 40
15 4 (✎ 64, 64, 4, 4)
16 10
17 9
18 3
19 75 (✎ 3, 3, 75, 75)
20 56
21 48
22 17
23 3 $\left(✎\ \frac{1}{3}, \frac{1}{3}, 3\right)$
24 6
25 3
26 6
27 $\angle A=60^\circ$, $\angle B=40^\circ$, $\angle C=80^\circ$
(✎ 60, 2, 40, 4, 80)
28 $\angle A=60^\circ$, $\angle B=45^\circ$, $\angle C=75^\circ$
29 $\angle A=60^\circ$, $\angle B=48^\circ$, $\angle C=72^\circ$
☺ a, b, c

04 네 점이 한 원 위에 있을 조건 86쪽

원리확인 ❶ 65
❷ =
❸ 있다

1 ×
2 ○
3 ○
4 ○
5 ×
6 35°
7 46°
8 55°
9 30°
10 60°
11 70°
12 40°
13 104°
14 110°
15 ③

05 원에 내접하는 사각형의 성질 88쪽

1 $\angle x=85^\circ$, $\angle y=100^\circ$ (✎ 95, 85, 80, 100)
2 $\angle x=115^\circ$, $\angle y=80^\circ$
3 $\angle x=90^\circ$, $\angle y=40^\circ$
4 $\angle x=75^\circ$, $\angle y=45^\circ$
5 $\angle x=60^\circ$, $\angle y=120^\circ$
6 $\angle x=100^\circ$, $\angle y=130^\circ$ (✎ 100, 50, 130)
7 $\angle x=75^\circ$, $\angle y=150^\circ$
8 $\angle x=65^\circ$, $\angle y=115^\circ$
☺ C, B
9 $\angle x=105^\circ$, $\angle y=105^\circ$
(✎ 75, 75, 105, 75, 105)
10 $\angle x=27^\circ$, $\angle y=68^\circ$
11 $\angle x=105^\circ$, $\angle y=85^\circ$ (✎ 105, 180, 85)
12 $\angle x=120^\circ$, $\angle y=100^\circ$
13 $\angle x=105^\circ$, $\angle y=100^\circ$
14 $\angle x=40^\circ$, $\angle y=85^\circ$ (✎ 40, 40, 95, 85)
15 $\angle x=85^\circ$, $\angle y=85^\circ$
16 $\angle x=25^\circ$, $\angle y=125^\circ$
17 $\angle x=65^\circ$, $\angle y=65^\circ$ (✎ 130, 65, 65)
18 $\angle x=105^\circ$, $\angle y=105^\circ$
19 $\angle x=48^\circ$, $\angle y=67^\circ$ (✎ 48, 48, 67)
20 $\angle x=35^\circ$, $\angle y=53^\circ$
21 $\angle x=60^\circ$, $\angle y=115^\circ$
☺ 180, 180, =
22 62° (✎ 22, x, x, 22, 62)
23 59°
24 49°
25 58°
26 95° (✎ 25, 25, 85, 85, 95)
27 110°
28 140°
29 100°

06 사각형이 원에 내접하기 위한 조건 92쪽

원리확인 ❶ ≠, 하지 않는다
❷ =, 한다

1 ×
2 ○
3 ○
4 ×
5 ○
6 100°
7 90°
8 85°
9 60°
☺ =, 180, 180, =
10 95°
11 100°
12 80°
13 ③

07 접선과 현이 이루는 각 94쪽

1 40° (✎ 40)
2 56°
3 50°
4 80°
5 82°
6 70°
7 55° (✎ 90, 90, 55, 55)
8 30°
9 48°
10 62°
11 65°
12 72° (✎ 36, 72)
13 80°
14 124°
15 55°
16 70°
17 54° (✎ 40, 54, 54)
18 40°
19 34° (✎ 90, 28, 90, 28, 34)
20 24°
21 30° (✎ 90, 60, 90, 60, 30, 30, 60, 30)
22 35°
23 22°
24 26°
☺ 90, CBA, BCA
25 50° (✎ 65, 65, 65, 65, 50)
26 48°
27 67°
28 64°
☺ 이등변, ACB
29 88° (✎ 53, 53, 92, 92, 88)
30 36°
31 56°
32 70°

수학은 개념이다!

디딤돌의 중학 수학 시리즈는
여러분의 수학 자신감을 높여 줍니다.

개념 이해

디딤돌수학 개념연산

다양한 이미지와 단계별 접근을 통해
개념이 쉽게 이해되는 교재

개념 적용

디딤돌수학 개념기본

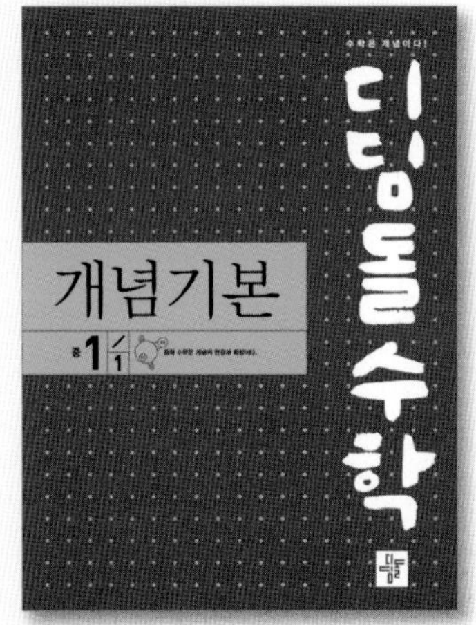

개념 이해, 개념 적용, 개념 완성으로
개념에 강해질 수 있는 교재

개념 응용

최상위수학 라이트

개념을 다양하게 응용하여
문제해결력을 키워주는 교재

개념 완성

디딤돌수학 개념연산과 개념기본은 동일한 학습 흐름으로 구성되어 있습니다.
연계 학습이 가능한 개념연산과 개념기본을 통해
중학 수학 개념을 완성할 수 있습니다.

수학은 개념이다!

디딤돌수학

개념연산

중 3-2 정답과 풀이

디딤돌

수학은 개념이다!

디딤돌수학

개념연산

중 3-2

정답과 풀이

1 삼각비

01 삼각비

본문 8쪽

1 (1) $\frac{3}{5}$ (✎ $\overline{BC}$, 3) (2) $\frac{4}{5}$ (✎ $\overline{AB}$, 4)

(3) $\frac{3}{4}$ $\left(✎ \overline{AB}, \frac{3}{4}\right)$

2 (1) $\frac{\sqrt{3}}{2}$ (2) $\frac{1}{2}$ (3) $\sqrt{3}$ 3 (1) $\frac{\sqrt{3}}{3}$ (2) $\frac{\sqrt{6}}{3}$ (3) $\frac{\sqrt{2}}{2}$

4 (1) $\frac{\sqrt{5}}{3}$ (2) $\frac{2}{3}$ (3) $\frac{\sqrt{5}}{2}$ 5 (1) $\frac{\sqrt{7}}{4}$ (2) $\frac{3}{4}$ (3) $\frac{\sqrt{7}}{3}$

6 (1) $\frac{12}{13}$ (2) $\frac{5}{13}$ (3) $\frac{12}{5}$

7 (✎ 8, 17) (1) $\frac{8}{17}$ (2) $\frac{15}{17}$ (3) $\frac{8}{15}$

8 (1) $\frac{7}{8}$ (2) $\frac{\sqrt{15}}{8}$ (3) $\frac{7\sqrt{15}}{15}$

9 (1) $\frac{\sqrt{2}}{3}$ (2) $\frac{\sqrt{7}}{3}$ (3) $\frac{\sqrt{14}}{7}$ 10 ②

2 (1) $\sin A=\frac{\overline{BC}}{\overline{AC}}=\frac{\sqrt{3}}{2}$

(2) $\cos A=\frac{\overline{AB}}{\overline{AC}}=\frac{1}{2}$

(3) $\tan A=\frac{\overline{BC}}{\overline{AB}}=\sqrt{3}$

3 (1) $\sin B=\frac{\overline{AC}}{\overline{AB}}=\frac{\sqrt{2}}{\sqrt{6}}=\frac{1}{\sqrt{3}}=\frac{\sqrt{3}}{3}$

(2) $\cos B=\frac{\overline{BC}}{\overline{AB}}=\frac{2}{\sqrt{6}}=\frac{2\sqrt{6}}{6}=\frac{\sqrt{6}}{3}$

(3) $\tan B=\frac{\overline{AC}}{\overline{BC}}=\frac{\sqrt{2}}{2}$

4 (1) $\sin C=\frac{\overline{AB}}{\overline{AC}}=\frac{\sqrt{5}}{3}$

(2) $\cos C=\frac{\overline{BC}}{\overline{AC}}=\frac{2}{3}$

(3) $\tan C=\frac{\overline{AB}}{\overline{BC}}=\frac{\sqrt{5}}{2}$

5 (1) $\sin A=\frac{\overline{BC}}{\overline{AC}}=\frac{\sqrt{7}}{4}$

(2) $\cos A=\frac{\overline{AB}}{\overline{AC}}=\frac{3}{4}$

(3) $\tan A=\frac{\overline{BC}}{\overline{AB}}=\frac{\sqrt{7}}{3}$

6 (1) $\sin B=\frac{\overline{AC}}{\overline{BC}}=\frac{12}{13}$

(2) $\cos B=\frac{\overline{AB}}{\overline{BC}}=\frac{5}{13}$

(3) $\tan B=\frac{\overline{AC}}{\overline{AB}}=\frac{12}{5}$

8 피타고라스 정리에 의하여

$\overline{BC}=\sqrt{(\sqrt{15})^2+7^2}=\sqrt{64}=8$

(1) $\sin B=\frac{\overline{AC}}{\overline{BC}}=\frac{7}{8}$

(2) $\cos B=\frac{\overline{AB}}{\overline{BC}}=\frac{\sqrt{15}}{8}$

(3) $\tan B=\frac{\overline{AC}}{\overline{AB}}=\frac{7}{\sqrt{15}}=\frac{7\sqrt{15}}{15}$

9 피타고라스 정리에 의하여

$\overline{BC}=\sqrt{6^2-(2\sqrt{2})^2}=\sqrt{28}=2\sqrt{7}$

(1) $\sin C=\frac{\overline{AB}}{\overline{AC}}=\frac{2\sqrt{2}}{6}=\frac{\sqrt{2}}{3}$

(2) $\cos C=\frac{\overline{BC}}{\overline{AC}}=\frac{2\sqrt{7}}{6}=\frac{\sqrt{7}}{3}$

(3) $\tan C=\frac{\overline{AB}}{\overline{BC}}=\frac{2\sqrt{2}}{2\sqrt{7}}=\frac{\sqrt{2}}{\sqrt{7}}=\frac{\sqrt{14}}{7}$

10 피타고라스 정리에 의하여

$\overline{BC}=\sqrt{10^2-6^2}=\sqrt{64}=8$이므로

$\sin A=\frac{\overline{BC}}{\overline{AC}}=\frac{8}{10}=\frac{4}{5}$,

$\tan C=\frac{\overline{AB}}{\overline{BC}}=\frac{6}{8}=\frac{3}{4}$

따라서 $\sin A\times\tan C=\frac{4}{5}\times\frac{3}{4}=\frac{3}{5}$

02 삼각비의 값이 주어질 때 변의 길이

본문 10쪽

1 9 (✎ x, 9) 2 13

3 $3\sqrt{2}$ (✎ x, $3\sqrt{2}$) 4 15 5 8 (✎ x, 8)

6 12 7 $x=2\sqrt{3}$, $y=2$ (✎ 4, $2\sqrt{3}$, $2\sqrt{3}$, 2)

8 $x=9$, $y=3\sqrt{5}$ 9 $x=2\sqrt{5}$, $y=6$

10 $x=10$, $y=4\sqrt{6}$ 11 $x=2\sqrt{11}$, $y=12$

12 ③

2 $\sin A=\frac{\overline{BC}}{\overline{AC}}=\frac{11}{x}=\frac{11}{13}$이므로

$x=13$

4 $\cos A=\frac{\overline{AB}}{\overline{AC}}=\frac{6\sqrt{3}}{x}=\frac{2\sqrt{3}}{5}$이므로

$x=15$

6 $\tan A=\frac{\overline{BC}}{\overline{AB}}=\frac{3}{x}=\frac{1}{4}$이므로

$x=12$

8 $\cos A=\frac{\overline{AB}}{\overline{AC}}=\frac{6}{x}=\frac{2}{3}$이므로

$x=9$

피타고라스 정리에 의하여

$y=\sqrt{9^2-6^2}=3\sqrt{5}$

9 $\tan A=\frac{\overline{BC}}{\overline{AB}}=\frac{x}{4}=\frac{\sqrt{5}}{2}$이므로

$x=2\sqrt{5}$

피타고라스 정리에 의하여

$y=\sqrt{4^2+(2\sqrt{5})^2}=6$

10 $\cos A=\frac{\overline{AC}}{\overline{AB}}=\frac{x}{14}=\frac{5}{7}$이므로

$x=10$

피타고라스 정리에 의하여

$y=\sqrt{14^2-10^2}=4\sqrt{6}$

11 $\tan B=\frac{\overline{AC}}{\overline{BC}}=\frac{x}{10}=\frac{\sqrt{11}}{5}$이므로

$x=2\sqrt{11}$

피타고라스 정리에 의하여

$y=\sqrt{10^2+(2\sqrt{11})^2}=12$

12 $\sin A=\frac{\overline{BC}}{\overline{AB}}=\frac{\overline{BC}}{8}=\frac{1}{2}$이므로 $\overline{BC}=4$

피타고라스 정리에 의하여

$\overline{AC}=\sqrt{8^2-4^2}=4\sqrt{3}$

따라서 $\triangle ABC=\frac{1}{2}\times4\times4\sqrt{3}=8\sqrt{3}$

03

본문 12쪽

삼각비의 값이 주어질 때 다른 삼각비의 값

1 (1) 3, 2 (2) 3, 2, $\sqrt{5}$ (3) $\frac{\sqrt{5}}{3}$, $\frac{2\sqrt{5}}{5}$

2 (1) 13, 5 (2) 13, 5, 12 (3) $\frac{12}{13}$, $\frac{12}{5}$

3 (1) 2, 3 (2) 2, 3, $\sqrt{13}$ (3) $\frac{3\sqrt{13}}{13}$, $\frac{2\sqrt{13}}{13}$

4 $\cos A=\frac{\sqrt{11}}{6}$, $\tan A=\frac{5\sqrt{11}}{11}$

5 $\sin A=\frac{2\sqrt{6}}{7}$, $\tan A=\frac{2\sqrt{6}}{5}$

6 $\sin A=\frac{8}{17}$, $\cos A=\frac{15}{17}$

7 $\cos C=\frac{\sqrt{7}}{3}$, $\tan C=\frac{\sqrt{14}}{7}$

8 $\sin C=\frac{\sqrt{11}}{4}$, $\tan C=\frac{\sqrt{55}}{5}$

9 $\sin C=\frac{1}{2}$, $\cos C=\frac{\sqrt{3}}{2}$

10 ③

4 $\sin A=\frac{5}{6}$이므로 오른쪽 그림과 같이 $\overline{AC}=6$, $\overline{BC}=5$인 직각삼각형 ABC를 그리면 피타고라스 정리에 의하여

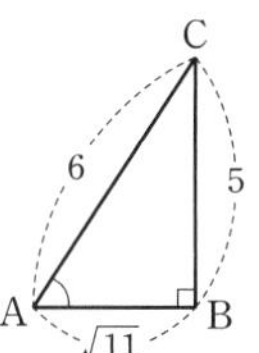

$\overline{AB}=\sqrt{6^2-5^2}=\sqrt{11}$

따라서

$\cos A=\frac{\overline{AB}}{\overline{AC}}=\frac{\sqrt{11}}{6}$,

$\tan A=\frac{\overline{BC}}{\overline{AB}}=\frac{5}{\sqrt{11}}=\frac{5\sqrt{11}}{11}$

5 $\cos A=\frac{5}{7}$이므로 오른쪽 그림과 같이 $\overline{AC}=7$, $\overline{AB}=5$인 직각삼각형 ABC를 그리면 피타고라스 정리에 의하여

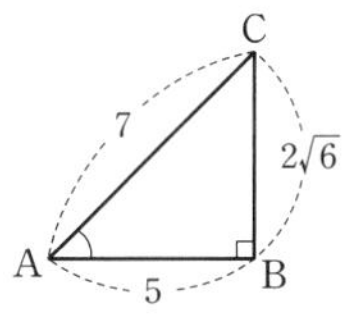

$\overline{BC}=\sqrt{7^2-5^2}=2\sqrt{6}$

따라서

$\sin A=\frac{\overline{BC}}{\overline{AC}}=\frac{2\sqrt{6}}{7}$,

$\tan A=\frac{\overline{BC}}{\overline{AB}}=\frac{2\sqrt{6}}{5}$

6 $\tan A=\frac{8}{15}$이므로 오른쪽 그림과 같이 $\overline{AB}=15$, $\overline{BC}=8$인 직각삼각형 ABC를 그리면 피타고라스 정리에 의하여

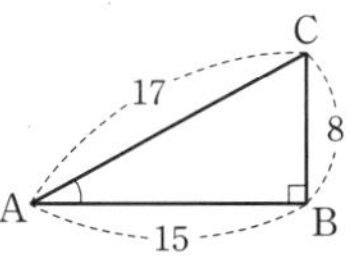

$\overline{AC}=\sqrt{15^2+8^2}=17$

따라서

$\sin A=\frac{\overline{BC}}{\overline{AC}}=\frac{8}{17}$,

$\cos A=\frac{\overline{AB}}{\overline{AC}}=\frac{15}{17}$

7 $\sin C=\frac{\sqrt{2}}{3}$이므로 오른쪽 그림과 같이 $\overline{AC}=3$, $\overline{AB}=\sqrt{2}$인 직각삼각형 ABC를 그리면 피타고라스 정리에 의하여

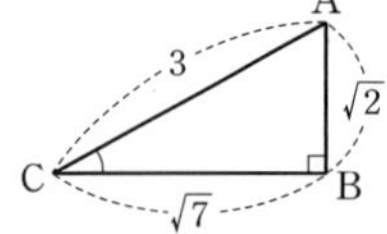

$\overline{BC}=\sqrt{3^2-(\sqrt{2})^2}=\sqrt{7}$

따라서

$\cos C=\frac{\overline{BC}}{\overline{AC}}=\frac{\sqrt{7}}{3}$,

$\tan C=\frac{\overline{AB}}{\overline{BC}}=\frac{\sqrt{2}}{\sqrt{7}}=\frac{\sqrt{14}}{7}$

8 $\cos C=\frac{\sqrt{5}}{4}$이므로 오른쪽 그림과 같이 $\overline{AC}=4$, $\overline{BC}=\sqrt{5}$인 직각삼각형 ABC를 그리면 피타고라스 정리에 의하여

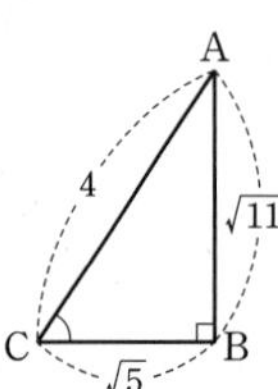

$\overline{AB}=\sqrt{4^2-(\sqrt{5})^2}=\sqrt{11}$

따라서

$\sin C=\frac{\overline{AB}}{\overline{AC}}=\frac{\sqrt{11}}{4}$,

$\tan C=\frac{\overline{AB}}{\overline{BC}}=\frac{\sqrt{11}}{\sqrt{5}}=\frac{\sqrt{55}}{5}$

9 $\tan C=\frac{\sqrt{3}}{3}$이므로 오른쪽 그림과 같이 $\overline{BC}=3$, $\overline{AB}=\sqrt{3}$인 직각삼각형 ABC를 그리면 피타고라스 정리에 의하여

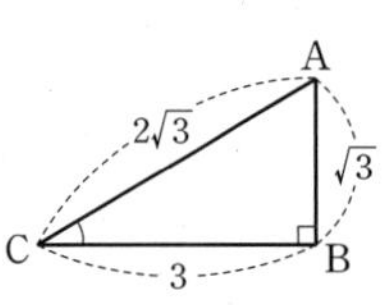

$\overline{AC}=\sqrt{3^2+(\sqrt{3})^2}=2\sqrt{3}$

따라서

$\sin C=\frac{\overline{AB}}{\overline{AC}}=\frac{\sqrt{3}}{2\sqrt{3}}=\frac{1}{2}$,

$\cos C=\frac{\overline{BC}}{\overline{AC}}=\frac{3}{2\sqrt{3}}=\frac{\sqrt{3}}{2}$

10 $\tan A=\frac{1}{3}$이므로 오른쪽 그림과 같이 $\overline{AB}=3$, $\overline{BC}=1$인 직각삼각형 ABC를 그리면 피타고라스 정리에 의하여

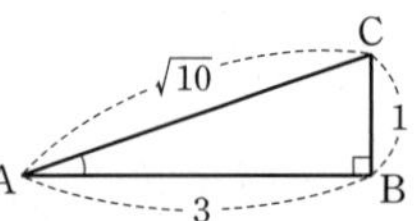

$\overline{AC}=\sqrt{3^2+1^2}=\sqrt{10}$

$\sin A=\frac{\overline{BC}}{\overline{AC}}=\frac{1}{\sqrt{10}}=\frac{\sqrt{10}}{10}$,

$\cos A=\frac{\overline{AB}}{\overline{AC}}=\frac{3}{\sqrt{10}}=\frac{3\sqrt{10}}{10}$

따라서

$\sin A+\cos A=\frac{4\sqrt{10}}{10}=\frac{2\sqrt{10}}{5}$

04 직각삼각형의 닮음과 삼각비

본문 14쪽

원리확인

❶ B, D, C, D

(1) $\overline{BD}$, $\overline{BC}$ (2) $\overline{AC}$, $\overline{AD}$, $\overline{BC}$ (3) $\overline{BC}$, $\overline{AD}$, $\overline{CD}$

❷ E, D, x (1) $\overline{AE}$, $\overline{AC}$, $\frac{15}{17}$

(2) $\overline{DE}$, $\overline{AB}$, $\frac{8}{17}$ (3) $\overline{AD}$, $\overline{BC}$, $\frac{15}{8}$

1 (1) $\angle ACB$ (2) $\angle ABC$

(3) $\sin x=\frac{3}{5}$, $\cos x=\frac{4}{5}$, $\tan x=\frac{3}{4}$

(4) $\sin y=\frac{4}{5}$, $\cos y=\frac{3}{5}$, $\tan y=\frac{4}{3}$

2 (1) $\angle ACB$ (2) $\angle ABC$

(3) $\sin x=\frac{12}{13}$, $\cos x=\frac{5}{13}$, $\tan x=\frac{12}{5}$

(4) $\sin y=\frac{5}{13}$, $\cos y=\frac{12}{13}$, $\tan y=\frac{5}{12}$

3 (1) $\triangle DEC$ (2) $\angle CAB$

(3) $\sin x=\frac{3}{5}$, $\cos x=\frac{4}{5}$, $\tan x=\frac{3}{4}$

4 (1) $\triangle DBE$ (2) $\angle BAC$

(3) $\sin x=\frac{5}{13}$, $\cos x=\frac{12}{13}$, $\tan x=\frac{5}{12}$

5 (1) $\triangle EBD$ (2) $\angle ACB$

(3) $\sin x=\frac{4}{5}$, $\cos x=\frac{3}{5}$, $\tan x=\frac{4}{3}$

6 (1) $\triangle EDC$ (2) $\angle ABC$

(3) $\sin x=\frac{4}{5}$, $\cos x=\frac{3}{5}$, $\tan x=\frac{4}{3}$

☺ b, a, a

7 (1) $\triangle AED$ (2) $\angle ACB$

(3) $\sin x=\frac{15}{17}$, $\cos x=\frac{8}{17}$, $\tan x=\frac{15}{8}$

8 (1) $\triangle AED$ (2) $\angle ABC$

(3) $\sin x=\frac{4}{5}$, $\cos x=\frac{3}{5}$, $\tan x=\frac{4}{3}$

☺ b, a, b

9 (1) $\frac{2\sqrt{5}}{5}$ (2) $\frac{\sqrt{5}}{5}$ (3) 2 (4) $\frac{\sqrt{5}}{5}$ (5) $\frac{2\sqrt{5}}{5}$ (6) $\frac{1}{2}$

10 (1) $\frac{\sqrt{5}}{3}$ (2) $\frac{2}{3}$ (3) $\frac{\sqrt{5}}{2}$ (4) $\frac{2}{3}$ (5) $\frac{\sqrt{5}}{3}$ (6) $\frac{2\sqrt{5}}{5}$

11 (1) $\frac{\sqrt{7}}{4}$ (2) $\frac{3}{4}$ (3) $\frac{\sqrt{7}}{3}$

12 (1) $\frac{2\sqrt{14}}{9}$ (2) $\frac{5}{9}$ (3) $\frac{2\sqrt{14}}{5}$

13 (1) $\frac{\sqrt{11}}{6}$ (2) $\frac{5}{6}$ (3) $\frac{\sqrt{11}}{5}$

14 (1) $\frac{\sqrt{5}}{3}$ (2) $\frac{2}{3}$ (3) $\frac{\sqrt{5}}{2}$

1 (3) $\sin x=\frac{\overline{AB}}{\overline{BC}}=\frac{3}{5}$,

$\cos x=\frac{\overline{AC}}{\overline{BC}}=\frac{4}{5}$,

$\tan x=\frac{\overline{AB}}{\overline{AC}}=\frac{3}{4}$

(4) $\sin y=\frac{\overline{AC}}{\overline{BC}}=\frac{4}{5}$,

$\cos y=\frac{\overline{AB}}{\overline{BC}}=\frac{3}{5}$,

$\tan y=\frac{\overline{AC}}{\overline{AB}}=\frac{4}{3}$

2 (3) $\sin x=\frac{\overline{AB}}{\overline{BC}}=\frac{12}{13}$,

$\cos x=\frac{\overline{AC}}{\overline{BC}}=\frac{5}{13}$,

$\tan x=\frac{\overline{AB}}{\overline{AC}}=\frac{12}{5}$

(4) $\sin y=\frac{\overline{AC}}{\overline{BC}}=\frac{5}{13}$,

$\cos y=\frac{\overline{AB}}{\overline{BC}}=\frac{12}{13}$,

$\tan y=\frac{\overline{AC}}{\overline{AB}}=\frac{5}{12}$

3 (3) $\sin x=\frac{\overline{BC}}{\overline{AC}}=\frac{6}{10}=\frac{3}{5}$,

$\cos x=\frac{\overline{AB}}{\overline{AC}}=\frac{8}{10}=\frac{4}{5}$,

$\tan x=\frac{\overline{BC}}{\overline{AB}}=\frac{6}{8}=\frac{3}{4}$

4 (3) $\sin x=\frac{\overline{BC}}{\overline{AB}}=\frac{5}{13}$,

$\cos x=\frac{\overline{AC}}{\overline{AB}}=\frac{12}{13}$,

$\tan x=\frac{\overline{BC}}{\overline{AC}}=\frac{5}{12}$

5 (3) $\sin x=\frac{\overline{AB}}{\overline{BC}}=\frac{12}{15}=\frac{4}{5}$,

$\cos x=\frac{\overline{AC}}{\overline{BC}}=\frac{9}{15}=\frac{3}{5}$,

$\tan x=\frac{\overline{AB}}{\overline{AC}}=\frac{12}{9}=\frac{4}{3}$

6 (3) $\sin x=\frac{\overline{AC}}{\overline{BC}}=\frac{8}{10}=\frac{4}{5}$,

$\cos x=\frac{\overline{AB}}{\overline{BC}}=\frac{6}{10}=\frac{3}{5}$,

$\tan x=\frac{\overline{AC}}{\overline{AB}}=\frac{8}{6}=\frac{4}{3}$

7 (3) $\sin x=\frac{\overline{AB}}{\overline{BC}}=\frac{15}{17}$,

$\cos x=\frac{\overline{AC}}{\overline{BC}}=\frac{8}{17}$,

$\tan x=\frac{\overline{AB}}{\overline{AC}}=\frac{15}{8}$

8 (3) $\sin x=\frac{\overline{AC}}{\overline{BC}}=\frac{4}{5}$,

$\cos x=\frac{\overline{AB}}{\overline{BC}}=\frac{3}{5}$,

$\tan x=\frac{\overline{AC}}{\overline{AB}}=\frac{4}{3}$

9 $\triangle$ABC에서 $\angle x=\angle BAC$, $\angle y=\angle ACB$

피타고라스 정리에 의하여

$\overline{BC}=\sqrt{(\sqrt{5})^2-1^2}=\sqrt{4}=2$

(1) $\sin x=\frac{\overline{BC}}{\overline{AC}}=\frac{2}{\sqrt{5}}=\frac{2\sqrt{5}}{5}$

(2) $\cos x=\frac{\overline{AB}}{\overline{AC}}=\frac{1}{\sqrt{5}}=\frac{\sqrt{5}}{5}$

(3) $\tan x=\frac{\overline{BC}}{\overline{AB}}=2$

(4) $\sin y=\frac{\overline{AB}}{\overline{AC}}=\frac{1}{\sqrt{5}}=\frac{\sqrt{5}}{5}$

(5) $\cos y=\frac{\overline{BC}}{\overline{AC}}=\frac{2}{\sqrt{5}}=\frac{2\sqrt{5}}{5}$

(6) $\tan y=\frac{\overline{AB}}{\overline{BC}}=\frac{1}{2}$

10 $\triangle$ABC에서 $\angle x=\angle BAC$, $\angle y=\angle ABC$

피타고라스 정리에 의하여

$\overline{AB}=\sqrt{(\sqrt{5})^2+2^2}=\sqrt{9}=3$

(1) $\sin x=\frac{\overline{BC}}{\overline{AB}}=\frac{\sqrt{5}}{3}$

(2) $\cos x=\frac{\overline{AC}}{\overline{AB}}=\frac{2}{3}$

(3) $\tan x=\frac{\overline{BC}}{\overline{AC}}=\frac{\sqrt{5}}{2}$

(4) $\sin y=\frac{\overline{AC}}{\overline{AB}}=\frac{2}{3}$

(5) $\cos y=\frac{\overline{BC}}{\overline{AB}}=\frac{\sqrt{5}}{3}$

(6) $\tan y=\frac{\overline{AC}}{\overline{BC}}=\frac{2}{\sqrt{5}}=\frac{2\sqrt{5}}{5}$

11 $\triangle ABC \backsim \triangle EBD$이므로 $\triangle DBE$에서 $\angle x = \angle BDE$
피타고라스 정리에 의하여
$\overline{DE} = \sqrt{4^2 - (\sqrt{7})^2} = \sqrt{9} = 3$
(1) $\sin x = \frac{\overline{BE}}{\overline{BD}} = \frac{\sqrt{7}}{4}$
(2) $\cos x = \frac{\overline{DE}}{\overline{BD}} = \frac{3}{4}$
(3) $\tan x = \frac{\overline{BE}}{\overline{DE}} = \frac{\sqrt{7}}{3}$

12 $\triangle ABC \backsim \triangle AED$이므로 $\triangle ABC$에서 $\angle x = \angle ABC$
피타고라스 정리에 의하여
$\overline{AC} = \sqrt{9^2 - 5^2} = \sqrt{56} = 2\sqrt{14}$
(1) $\sin x = \frac{\overline{AC}}{\overline{AB}} = \frac{2\sqrt{14}}{9}$
(2) $\cos x = \frac{\overline{BC}}{\overline{AB}} = \frac{5}{9}$
(3) $\tan x = \frac{\overline{AC}}{\overline{BC}} = \frac{2\sqrt{14}}{5}$

13 $\triangle ABC \backsim \triangle AED$이므로 $\triangle ADE$에서 $\angle x = \angle ADE$
피타고라스 정리에 의하여
$\overline{AE} = \sqrt{6^2 - 5^2} = \sqrt{11}$
(1) $\sin x = \frac{\overline{AE}}{\overline{DE}} = \frac{\sqrt{11}}{6}$
(2) $\cos x = \frac{\overline{AD}}{\overline{DE}} = \frac{5}{6}$
(3) $\tan x = \frac{\overline{AE}}{\overline{AD}} = \frac{\sqrt{11}}{5}$

14 $\triangle ABC \backsim \triangle EBD$이므로 $\triangle ABC$에서 $\angle x = \angle BAC$
피타고라스 정리에 의하여
$\overline{BC} = \sqrt{3^2 - 2^2} = \sqrt{5}$
(1) $\sin x = \frac{\overline{BC}}{\overline{AC}} = \frac{\sqrt{5}}{3}$
(2) $\cos x = \frac{\overline{AB}}{\overline{AC}} = \frac{2}{3}$
(3) $\tan x = \frac{\overline{BC}}{\overline{AB}} = \frac{\sqrt{5}}{2}$

05 입체도형에서의 삼각비의 값

본문 18쪽

1 $\sqrt{3}$, $\sqrt{2}$, 1
(1) 1, $\sqrt{3}$, $\frac{\sqrt{3}}{3}$ (2) $\sqrt{2}$, $\sqrt{3}$, $\frac{\sqrt{6}}{3}$ (3) 1, $\sqrt{2}$, $\frac{\sqrt{2}}{2}$

2 $2\sqrt{3}$, $2\sqrt{2}$, 2
(1) 2, $2\sqrt{3}$, $\frac{\sqrt{3}}{3}$ (2) $2\sqrt{2}$, $2\sqrt{3}$, $\frac{\sqrt{6}}{3}$ (3) 2, $2\sqrt{2}$, $\frac{\sqrt{2}}{2}$

3 $4\sqrt{3}$, $4\sqrt{2}$, 4
(1) 4, $4\sqrt{3}$, $\frac{\sqrt{3}}{3}$ (2) $4\sqrt{2}$, $4\sqrt{3}$, $\frac{\sqrt{6}}{3}$ (3) 4, $4\sqrt{2}$, $\frac{\sqrt{2}}{2}$

☺ $\sqrt{2}a$, $\sqrt{3}a$

4 $\sqrt{11}$, 5, 6 (1) $\frac{\sqrt{11}}{6}$ (2) $\frac{5}{6}$ (3) $\frac{\sqrt{11}}{5}$

5 $5\sqrt{2}$, $5\sqrt{2}$, 10
(1) $5\sqrt{2}$, 10, $\frac{\sqrt{2}}{2}$ (2) $5\sqrt{2}$, 10, $\frac{\sqrt{2}}{2}$ (3) $5\sqrt{2}$, $5\sqrt{2}$, 1

6 $4\sqrt{6}$, 10, 14
(1) $4\sqrt{6}$, 14, $\frac{2\sqrt{6}}{7}$ (2) 10, 14, $\frac{5}{7}$ (3) $4\sqrt{6}$, 10, $\frac{2\sqrt{6}}{5}$

☺ $\sqrt{a^2+b^2+c^2}$, $\sqrt{a^2+b^2}$

06 30°, 45°, 60°의 삼각비의 값

본문 20쪽

원리확인

$\sqrt{2}$, 1, $\sqrt{3}$
❶ $\frac{\sqrt{2}}{2}$, $\frac{\sqrt{2}}{2}$, 1
❷ $\frac{1}{2}$, $\frac{\sqrt{3}}{2}$, $\frac{\sqrt{3}}{3}$
❸ $\frac{\sqrt{3}}{2}$, $\frac{1}{2}$, $\sqrt{3}$

1 $\sqrt{2}$ **2** 0 **3** $\frac{3}{2}$ **4** $\frac{\sqrt{3}}{2}$
5 $\frac{\sqrt{3}}{4}$ **6** $\frac{\sqrt{6}}{6}$ **7** $\frac{1}{2}$ **8** $\frac{\sqrt{2}}{2}$
9 $\frac{3}{2}$ **10** 0 **11** $\frac{5}{2}$ **12** $\frac{1}{2}$

☺ 1, $\sqrt{2}$, $\sqrt{3}$, 증가, $\sqrt{3}$, $\sqrt{2}$, 1, 감소, $\sqrt{3}$, 1, $\sqrt{3}$, 증가

13 60° **14** 45° **15** 45° **16** 30°
17 60° **18** 60° **19** 45° **20** 30°
21 30° **22** 10° (✎ 30, 30, 10) **23** 50°
24 75° **25** 10° **26** 10° **27** ④
28 4 (✎ 8, 1, 4) **29** $6\sqrt{2}$ **30** 12
31 9 **32** $x=3\sqrt{3}$, $y=3$ (✎ 6, $\sqrt{3}$, $3\sqrt{3}$, 6, 1, 3)
33 $x=10\sqrt{2}$, $y=10\sqrt{2}$ **34** $x=4\sqrt{3}$, $y=8\sqrt{3}$

☺

35 12 (✎ $\sqrt{2}$, 2, 6, 6, 1, 2, 12) 36 5

37 $5\sqrt{6}$ 38 $14\sqrt{3}$

39 $2\sqrt{5}$ (✎ 1, 2, $2\sqrt{5}$, $2\sqrt{5}$, 1, $2\sqrt{5}$) 40 16

41 10 42 $8\sqrt{3}$ 43 4 (✎ 1, $4\sqrt{3}$, $4\sqrt{3}$, $\sqrt{3}$, 4)

44 22 45 $6\sqrt{3}$ 46 ③

47 $\frac{\sqrt{3}}{3}$ (✎ $\sqrt{3}$, 3) 48 1 49 $\sqrt{3}$

50 $y=\sqrt{3}x+8$ (✎ $\sqrt{3}$, $\sqrt{3}$, 8, 8, $\sqrt{3}$, 8)

51 $y=x+5$ 52 $y=\frac{\sqrt{3}}{3}x+2$ 53 ④

1 $\sin 45^\circ+\cos 45^\circ=\frac{\sqrt{2}}{2}+\frac{\sqrt{2}}{2}=\sqrt{2}$

2 $\sin 60^\circ-\cos 30^\circ=\frac{\sqrt{3}}{2}-\frac{\sqrt{3}}{2}=0$

3 $\sin 30^\circ+\tan 45^\circ=\frac{1}{2}+1=\frac{3}{2}$

4 $\tan 60^\circ-\cos 30^\circ=\sqrt{3}-\frac{\sqrt{3}}{2}=\frac{\sqrt{3}}{2}$

5 $\sin 60^\circ\times\cos 60^\circ=\frac{\sqrt{3}}{2}\times\frac{1}{2}=\frac{\sqrt{3}}{4}$

6 $\cos 45^\circ\times\tan 30^\circ=\frac{\sqrt{2}}{2}\times\frac{\sqrt{3}}{3}=\frac{\sqrt{6}}{6}$

7 $\sin 60^\circ\div\tan 60^\circ=\frac{\sqrt{3}}{2}\div\sqrt{3}=\frac{\sqrt{3}}{2}\times\frac{1}{\sqrt{3}}=\frac{1}{2}$

8 $\cos 60^\circ\div\sin 45^\circ=\frac{1}{2}\div\frac{\sqrt{2}}{2}=\frac{1}{2}\times\frac{2}{\sqrt{2}}=\frac{\sqrt{2}}{2}$

9 $\tan 45^\circ+\cos 30^\circ\times\tan 30^\circ=1+\frac{\sqrt{3}}{2}\times\frac{\sqrt{3}}{3}$

$=1+\frac{1}{2}=\frac{3}{2}$

10 $\sin 30^\circ\div\tan 30^\circ-\cos 30^\circ=\frac{1}{2}\div\frac{\sqrt{3}}{3}-\frac{\sqrt{3}}{2}$

$=\frac{1}{2}\times\sqrt{3}-\frac{\sqrt{3}}{2}=0$

11 $\sin 30^\circ+\tan 60^\circ\div\sin 60^\circ=\frac{1}{2}+\sqrt{3}\div\frac{\sqrt{3}}{2}$

$=\frac{1}{2}+\sqrt{3}\times\frac{2}{\sqrt{3}}=\frac{5}{2}$

12 $(\sin 30^\circ+\cos 30^\circ)(\sin 60^\circ-\cos 60^\circ)$

$=\left(\frac{1}{2}+\frac{\sqrt{3}}{2}\right)\left(\frac{\sqrt{3}}{2}-\frac{1}{2}\right)$

$=\frac{(1+\sqrt{3})(\sqrt{3}-1)}{4}=\frac{2}{4}=\frac{1}{2}$

23 $\cos 60^\circ=\frac{1}{2}$이므로 $2x-40^\circ=60^\circ$, $2x=100^\circ$

따라서 $x=50^\circ$

24 $\tan 45^\circ=1$이므로 $x-30^\circ=45^\circ$

따라서 $x=75^\circ$

25 $\sin 45^\circ=\frac{\sqrt{2}}{2}$이므로 $3x+15^\circ=45^\circ$, $3x=30^\circ$

따라서 $x=10^\circ$

26 $\cos 30^\circ=\frac{\sqrt{3}}{2}$이므로 $5x-20^\circ=30^\circ$, $5x=50^\circ$

따라서 $x=10^\circ$

27 $\tan 60^\circ=\sqrt{3}$이므로 $3x-75^\circ=60^\circ$, $3x=135^\circ$

즉 $x=45^\circ$

따라서 $\sin x\times\cos(x-15^\circ)=\sin 45^\circ\times\cos 30^\circ$

$=\frac{\sqrt{2}}{2}\times\frac{\sqrt{3}}{2}=\frac{\sqrt{6}}{4}$

29 $\cos 45^\circ=\frac{x}{12}=\frac{\sqrt{2}}{2}$이므로 $x=6\sqrt{2}$

30 $\tan 60^\circ=\frac{x}{4\sqrt{3}}=\sqrt{3}$이므로 $x=12$

31 $\sin 60^\circ=\frac{x}{6\sqrt{3}}=\frac{\sqrt{3}}{2}$이므로 $2x=18$

따라서 $x=9$

33 $\sin 45^\circ=\frac{x}{20}=\frac{\sqrt{2}}{2}$에서 $x=10\sqrt{2}$

$\cos 45^\circ=\frac{y}{20}=\frac{\sqrt{2}}{2}$에서 $y=10\sqrt{2}$

34 $\tan 60^\circ=\frac{12}{x}=\sqrt{3}$에서 $x=4\sqrt{3}$

$\sin 60^\circ=\frac{12}{y}=\frac{\sqrt{3}}{2}$에서 $y=8\sqrt{3}$

36 직각삼각형 ABD에서

$\tan 30^\circ=\frac{\overline{AD}}{5\sqrt{3}}=\frac{\sqrt{3}}{3}$이므로 $\overline{AD}=5$

직각삼각형 ADC에서

$\tan 45^\circ=\frac{\overline{AD}}{x}=\frac{5}{x}=1$이므로 $x=5$

37 직각삼각형 ABD에서

$\sin 60^\circ=\frac{\overline{AD}}{10}=\frac{\sqrt{3}}{2}$이므로 $\overline{AD}=5\sqrt{3}$

직각삼각형 ADC에서

$\sin 45^\circ=\frac{\overline{AD}}{x}=\frac{5\sqrt{3}}{x}=\frac{\sqrt{2}}{2}$이므로 $x=5\sqrt{6}$

38 직각삼각형 ABD에서

$\tan 60^\circ=\frac{\overline{AD}}{7}=\sqrt{3}$이므로 $\overline{AD}=7\sqrt{3}$

직각삼각형 ADC에서

$\sin 30^\circ=\frac{\overline{AD}}{x}=\frac{7\sqrt{3}}{x}=\frac{1}{2}$이므로 $x=14\sqrt{3}$

40 직각삼각형 ADC에서

$\tan 60^\circ=\frac{\overline{AC}}{8}=\sqrt{3}$이므로 $\overline{AC}=8\sqrt{3}$

직각삼각형 ABC에서

$\tan 30^\circ=\frac{\overline{AC}}{x+8}=\frac{8\sqrt{3}}{x+8}=\frac{\sqrt{3}}{3}$이므로 $x+8=24$

따라서 $x=16$

41 직각삼각형 ABC에서

$\tan 30^\circ=\frac{\overline{BC}}{15}=\frac{\sqrt{3}}{3}$이므로 $\overline{BC}=5\sqrt{3}$

직각삼각형 BCD에서

$\cos 30^\circ=\frac{\overline{BC}}{x}=\frac{5\sqrt{3}}{x}=\frac{\sqrt{3}}{2}$이므로

$x=10$

42 직각삼각형 BCD에서

$\cos 45^\circ=\frac{\overline{BC}}{4\sqrt{6}}=\frac{\sqrt{2}}{2}$이므로 $\overline{BC}=4\sqrt{3}$

직각삼각형 ABC에서

$\sin 30^\circ=\frac{\overline{BC}}{x}=\frac{4\sqrt{3}}{x}=\frac{1}{2}$이므로

$x=8\sqrt{3}$

44 직각삼각형 BCD에서

$\sin 45^\circ=\frac{\overline{BC}}{11\sqrt{2}}=\frac{\sqrt{2}}{2}$이므로 $\overline{BC}=11$

직각삼각형 ABC에서

$\sin 30^\circ=\frac{\overline{BC}}{x}=\frac{11}{x}=\frac{1}{2}$이므로

$x=22$

45 직각삼각형 ABC에서

$\tan 60^\circ=\frac{\overline{BC}}{2\sqrt{3}}=\sqrt{3}$이므로 $\overline{BC}=6$

직각삼각형 BCD에서

$\tan 30^\circ=\frac{\overline{BC}}{x}=\frac{6}{x}=\frac{\sqrt{3}}{3}$이므로

$x=6\sqrt{3}$

46 $\triangle$ABC에서 $\tan 60^\circ=\frac{\overline{BC}}{\overline{AB}}=\frac{x}{\sqrt{3}}=\sqrt{3}$이므로

$x=3$

$\triangle$BCD에서 $\tan 45^\circ=\frac{\overline{BC}}{\overline{CD}}=\frac{3}{y}=1$이므로

$y=3$

따라서 $xy=9$

48 $a=\tan 45^\circ=1$

49 $a=\tan 60^\circ=\sqrt{3}$

51 (기울기)$=\tan 45^\circ=1$이므로 $a=1$

(y절편)$=5$이므로 $b=5$

따라서 $y=x+5$

52 (기울기)$=\tan 30^\circ=\frac{\sqrt{3}}{3}$이므로 $a=\frac{\sqrt{3}}{3}$

(y절편)$=2$이므로 $b=2$

따라서 $y=\frac{\sqrt{3}}{3}x+2$

53 오른쪽 그림의 직각삼각형 AOB에서

$\tan\theta=\frac{\overline{BO}}{\overline{AO}}=$(직선의 기울기)$=\sqrt{3}$

즉 $\tan\theta=\sqrt{3}$이므로 $\theta=60^\circ$

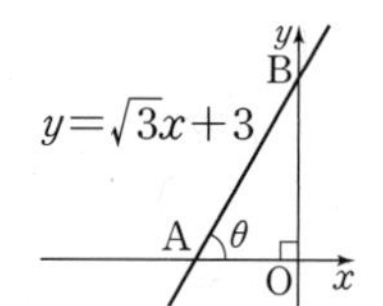

07 임의의 예각의 삼각비의 값

본문 26쪽

1 $\overline{AB}$ (✎ $\overline{OA}$, 1, $\overline{AB}$) **2** $\overline{OB}$ **3** $\overline{CD}$

4 $\overline{OB}$ **5** $\overline{AB}$

6 $\overline{OB}$ (✎ OAB, y, y, $\overline{OB}$, $\overline{OB}$, $\overline{OB}$)

7 ○ **8** × **9** ○ **10** ○

☺ $\cos x$, $\sin x$, $\tan x$

11 (1) 0.5299 (2) 0.8480 (3) 0.6249 (4) 0.8480 (5) 0.5299

12 (1) 0.8988 (2) 0.4384 (3) 2.0503 (4) 0.4384 (5) 0.8988

13 ④

2 직각삼각형 AOB에서

$\cos x=\frac{\overline{OB}}{\overline{OA}}=\frac{\overline{OB}}{1}=\overline{OB}$

3 직각삼각형 COD에서

$\tan x=\frac{\overline{CD}}{\overline{OD}}=\frac{\overline{CD}}{1}=\overline{CD}$

4 직각삼각형 AOB에서

$\sin y=\frac{\overline{OB}}{\overline{OA}}=\frac{\overline{OB}}{1}=\overline{OB}$

5 직각삼각형 AOB에서

$\cos y=\frac{\overline{AB}}{\overline{OA}}=\frac{\overline{AB}}{1}=\overline{AB}$

7 $\overline{AB}/\!/\overline{CD}$이므로 $\angle OAB=\angle OCD$(동위각)

즉 $\angle y=\angle z$

따라서 $\cos z=\cos y=\frac{\overline{AB}}{\overline{OA}}=\frac{\overline{AB}}{1}=\overline{AB}$

8 $\overline{AB}/\!/\overline{CD}$이므로 $\angle OCD=\angle OAB$(동위각)

즉 $\angle z=\angle y$

따라서 $\tan y=\tan z=\frac{\overline{OD}}{\overline{CD}}=\frac{1}{\overline{CD}}$

9 직각삼각형 AOB에서

$\cos x=\frac{\overline{OB}}{\overline{OA}}=\frac{\overline{OB}}{1}=\overline{OB}$

직각삼각형 AOB에서

$\sin y=\frac{\overline{OB}}{\overline{OA}}=\frac{\overline{OB}}{1}=\overline{OB}$

따라서 $\cos x=\sin y$

10 직각삼각형 AOB에서

$\cos x=\frac{\overline{OB}}{\overline{OA}}=\frac{\overline{OB}}{1}=\overline{OB}$이므로

$\overline{BD}=\overline{OD}-\overline{OB}=1-\cos x$

11 (1) 직각삼각형 AOB에서

$\sin 32^\circ=\frac{\overline{AB}}{\overline{OA}}=0.5299$

(2) 직각삼각형 AOB에서

$\cos 32^\circ=\frac{\overline{OB}}{\overline{OA}}=0.8480$

(3) 직각삼각형 COD에서

$\tan 32^\circ=\frac{\overline{CD}}{\overline{OD}}=0.6249$

(4) $\triangle AOB$에서 $\angle OAB=58^\circ$이므로

$\sin 58^\circ=\frac{\overline{OB}}{\overline{OA}}=0.8480$

(5) $\triangle AOB$에서 $\angle OAB=58^\circ$이므로

$\cos 58^\circ=\frac{\overline{AB}}{\overline{OA}}=0.5299$

12 (1) 직각삼각형 AOB에서

$\sin 64^\circ=\frac{\overline{AB}}{\overline{OA}}=0.8988$

(2) 직각삼각형 AOB에서

$\cos 64^\circ=\frac{\overline{OB}}{\overline{OA}}=0.4384$

(3) 직각삼각형 COD에서

$\tan 64^\circ=\frac{\overline{CD}}{\overline{OD}}=2.0503$

(4) $\triangle AOB$에서 $\angle OAB=26^\circ$이므로

$\sin 26^\circ=\frac{\overline{OB}}{\overline{OA}}=0.4384$

(5) $\triangle AOB$에서 $\angle OAB=26^\circ$이므로

$\cos 26^\circ=\frac{\overline{AB}}{\overline{OA}}=0.8988$

13 직각삼각형 AOB에서

$\sin 53^\circ=\frac{\overline{AB}}{\overline{OA}}=0.8$, $\cos 53^\circ=\frac{\overline{OB}}{\overline{OA}}=0.6$

직각삼각형 COD에서

$\tan 53^\circ=\frac{\overline{CD}}{\overline{OD}}=1.33$

따라서 $\sin 53^\circ+\cos 53^\circ+\tan 53^\circ=0.8+0.6+1.33$

$=2.73$

08 0°, 90°의 삼각비의 값

본문 28쪽

1 0 **2** 0 **3** 0 **4** 1

5 1

6

0	$\frac{1}{2}$	$\frac{\sqrt{2}}{2}$	$\frac{\sqrt{3}}{2}$	1
1	$\frac{\sqrt{3}}{2}$	$\frac{\sqrt{2}}{2}$	$\frac{1}{2}$	0
0	$\frac{\sqrt{3}}{3}$	1	$\sqrt{3}$	정할 수 없다.

☺ 1, 증가, 0, 감소, 0, 증가

7 1 **8** 1 **9** 2 **10** 1

11 $\sqrt{3}$ **12** 2 **13** $\frac{\sqrt{2}}{2}$ **14** 1

15 >	16 >	17 <	18 >
19 <	20 >	21 <	22 <

7 $\sin 0^\circ - \cos 90^\circ + \tan 45^\circ$
$= 0 - 0 + 1$
$= 1$

8 $\sin 90^\circ \times \cos 0^\circ + \cos 90^\circ \times \sin 0^\circ$
$= 1 \times 1 + 0 \times 0$
$= 1$

9 $(1 + \sin 90^\circ)(1 - \tan 0^\circ)$
$= (1+1)(1-0)$
$= 2$

10 $(\sin 0^\circ + \cos 0^\circ)(\sin 90^\circ - \cos 90^\circ)$
$= (0+1)(1-0)$
$= 1$

11 $\cos 0^\circ \times \tan 60^\circ + \sin 0^\circ \times \cos 30^\circ$
$= 1 \times \sqrt{3} + 0 \times \frac{\sqrt{3}}{2}$
$= \sqrt{3}$

12 $\sin 90^\circ \div \cos 60^\circ + \tan 0^\circ$
$= 1 \div \frac{1}{2} + 0$
$= 2$

13 $\sin 45^\circ \times \sin 90^\circ + \cos 45^\circ \times \cos 90^\circ$
$= \frac{\sqrt{2}}{2} \times 1 + \frac{\sqrt{2}}{2} \times 0$
$= \frac{\sqrt{2}}{2}$

14 $\sin 90^\circ \times \cos 60^\circ + \cos 0^\circ \times \sin 30^\circ$
$= 1 \times \frac{1}{2} + 1 \times \frac{1}{2}$
$= 1$

15 $\sin 60^\circ = \frac{\sqrt{3}}{2}$, $\cos 45^\circ = \frac{\sqrt{2}}{2}$이므로
$\sin 60^\circ > \cos 45^\circ$

16 $\tan 45^\circ = 1$, $\cos 30^\circ = \frac{\sqrt{3}}{2}$이므로
$\tan 45^\circ > \cos 30^\circ$

17 $\angle x$의 크기가 0°에서 90°로 증가할 때, $\sin x$의 값은 증가하므로
$\sin 25^\circ < \sin 72^\circ$

18 $\angle x$의 크기가 0°에서 90°로 증가할 때, $\cos x$의 값은 감소하므로
$\cos 16^\circ > \cos 35^\circ$

19 $\angle x$의 크기가 0°에서 90°로 증가할 때, $\tan x$의 값은 증가하므로
$\tan 37^\circ < \tan 56^\circ$

20 $\sin 75^\circ > \sin 45^\circ = \frac{\sqrt{2}}{2}$, $\cos 75^\circ < \cos 45^\circ = \frac{\sqrt{2}}{2}$이므로
$\sin 75^\circ > \cos 75^\circ$

21 $\cos 53^\circ < 1$, $\tan 53^\circ > \tan 45^\circ = 1$이므로
$\cos 53^\circ < \tan 53^\circ$

22 $\sin 84^\circ < 1$, $\tan 84^\circ > \tan 45^\circ = 1$이므로
$\sin 84^\circ < \tan 84^\circ$

09 삼각비의 표

본문 30쪽

1 0.6293 2 0.8391 3 40 4 39
5 78.8 (✎ 0.7880, 78.8) 6 13.27
7 51 (✎ 62.93, 0.6293, 51, 51) 8 53
9 ④

6 $\tan 53^\circ = \frac{x}{10}$이므로 $1.3270 = \frac{x}{10}$
따라서 $x = 13.27$

8 $\sin x^\circ = \frac{7.986}{10} = 0.7986$이므로 $x^\circ = 53^\circ$
따라서 $x = 53$

9 $\sin 67^\circ = \frac{x}{100} = 0.9205$이므로 $x = 92.05$
$\cos 67^\circ = \frac{y}{100} = 0.3907$이므로 $y = 39.07$
따라서 $x + y = 92.05 + 39.07 = 131.12$

TEST 1. 삼각비

본문 31쪽

1 ③	**2** ⑤	**3** $\frac{17}{13}$
4 ⑤	**5** ③	**6** 0.3410

1 $\overline{AB}=\sqrt{5^2+(2\sqrt{6})^2}=\sqrt{49}=7$

③ $\tan A=\frac{\overline{BC}}{\overline{AC}}=\frac{5}{2\sqrt{6}}=\frac{5\sqrt{6}}{12}$

2 $\sin A=\frac{4}{5}$이므로 오른쪽 그림과 같이 $\overline{AC}=5$, $\overline{BC}=4$인 직각삼각형 ABC를 그리면 피타고라스 정리에 의하여

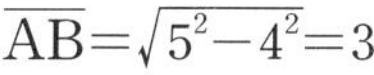

$\overline{AB}=\sqrt{5^2-4^2}=3$

따라서 $\tan A=\frac{\overline{BC}}{\overline{AB}}=\frac{4}{3}$

3 $\triangle$ABC에서 $\angle x=\angle BAC$, $\angle y=\angle ABC$

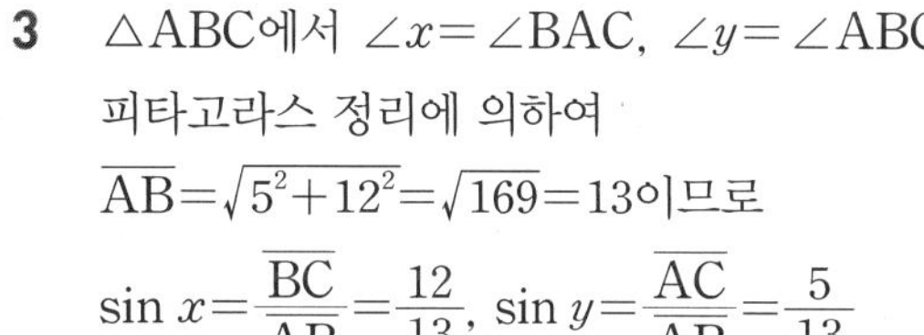

피타고라스 정리에 의하여

$\overline{AB}=\sqrt{5^2+12^2}=\sqrt{169}=13$이므로

$\sin x=\frac{\overline{BC}}{\overline{AB}}=\frac{12}{13}$, $\sin y=\frac{\overline{AC}}{\overline{AB}}=\frac{5}{13}$

따라서 $\sin x+\sin y=\frac{17}{13}$

4 ① $\sin 90°+\cos 0°-\tan 45°=1+1-1=1$

② $\sin 30°\times\cos 45°=\frac{1}{2}\times\frac{\sqrt{2}}{2}=\frac{\sqrt{2}}{4}$

③ $\cos 60°\div\sin 45°=\frac{1}{2}\div\frac{\sqrt{2}}{2}=\frac{1}{2}\times\frac{2}{\sqrt{2}}=\frac{\sqrt{2}}{2}$

④ $\tan 0°+\sin 60°\times\cos 30°=0+\frac{\sqrt{3}}{2}\times\frac{\sqrt{3}}{2}=\frac{3}{4}$

⑤ $\tan 60°\div\sin 60°\times\cos 45°=\sqrt{3}\div\frac{\sqrt{3}}{2}\times\frac{\sqrt{2}}{2}=\sqrt{2}$

5 직각삼각형 ABC에서

$\tan 60°=\frac{\overline{BC}}{7}=\sqrt{3}$이므로 $\overline{BC}=7\sqrt{3}$

직각삼각형 DBC에서

$\sin 45°=\frac{\overline{BC}}{\overline{BD}}=\frac{7\sqrt{3}}{\overline{BD}}=\frac{\sqrt{2}}{2}$이므로 $\overline{BD}=7\sqrt{6}$

6 직각삼각형 COD에서 $\tan 47°=\frac{\overline{CD}}{\overline{OD}}=1.0724$

직각삼각형 AOB에서 $\angle OAB=43°$이므로

$\cos 43°=\frac{\overline{AB}}{\overline{OA}}=0.7314$

따라서 $\tan 47°-\cos 43°=1.0724-0.7314$

$=0.3410$

2 삼각비의 활용

01 직각삼각형의 변의 길이

본문 34쪽

원리확인

❶ $\overline{AB}$, 20, 20, $\frac{\sqrt{3}}{2}$, $10\sqrt{3}$

❷ $\overline{BC}$, 20, 20, $\frac{1}{2}$, 10

1 $6\cos 45°$ (✎ 6, 6, 6) **2** $10\sin 35°$

3 $6\tan 43°$ **4** $\frac{8}{\tan 62°}$ **5** $\frac{7}{\sin 58°}$

6 $8\cos 40°$, $8\sin 40°$ **7** $\frac{9}{\cos 27°}$, $9\tan 27°$

8 $10\cos 60°$, $10\sin 60°$ **9** $5\tan 65°$, $\frac{5}{\cos 65°}$

10 $\frac{6}{\sin 55°}$, $\frac{6}{\tan 55°}$ **11** 6.472 **12** 4.7672

13 10 **14** 10

☺ $b\cos A$, $b\sin A$, $\frac{c}{\cos A}$, $c\tan A$, $\frac{a}{\sin A}$, $\frac{a}{\tan A}$

15 (1) $\frac{\overline{BC}}{\overline{AB}}=\tan 42°$ (2) 90 m **16** 750 m

17 (1) 1.6 m (2) 24 m (3) 25.6 m

18 43.4 m **19** (1) 6.4 m (2) 8 m (3) 14.4 m

20 14.5 m

21 (1) 60 m (2) $20\sqrt{3}$ m (3) $(60+20\sqrt{3})$ m

22 $(40+40\sqrt{3})$ m

2 $\sin A=\frac{x}{10}$이므로

$x=10\sin A=10\sin 35°$

3 $\tan A=\frac{x}{6}$이므로

$x=6\tan A=6\tan 43°$

4 $\tan A=\frac{8}{x}$이므로

$x=\frac{8}{\tan A}=\frac{8}{\tan 62°}$

5 $\sin A=\frac{7}{x}$이므로

$x=\frac{7}{\sin A}=\frac{7}{\sin 58°}$

11 $x=8\cos 36°=8\times0.8090=6.472$

12 $x=4\tan 50°=4\times1.1918=4.7672$

13 $x=\dfrac{8}{\cos 40°}=\dfrac{8}{0.8}=10$

14 $x=\dfrac{6}{\tan 30°}=\dfrac{6}{0.6}=10$

15 (2) (나무의 높이)$=\overline{BC}=\overline{AB}\tan 42°$
$=100\times0.90=90(\text{m})$

16 (지면으로부터 전망대까지의 높이)
$=\overline{BC}=\overline{AC}\sin A$
$=1500\times\sin30°=1500\times0.5=750(\text{m})$

17 (2) $\overline{BC}=\overline{AB}\tan A=20\times\tan 50°=20\times1.2=24(\text{m})$
(3) (나무의 높이)$=\overline{BH}+\overline{BC}=1.6+24=25.6(\text{m})$

18 $\overline{BC}=\overline{AB}\tan A=30\times\tan 55°=30\times1.4=42(\text{m})$
이므로
(건물의 높이)$=\overline{BH}+\overline{BC}=1.4+42=43.4(\text{m})$

19 (1) $\overline{AB}=\overline{BC}\tan C=4\times\tan 58°=4\times1.6=6.4(\text{m})$
(2) $\overline{AC}=\dfrac{\overline{BC}}{\cos C}=\dfrac{4}{\cos 58°}=\dfrac{4}{0.5}=8(\text{m})$
(3) (부러지기 전 나무의 높이)$=\overline{AB}+\overline{AC}$
$=6.4+8$
$=14.4(\text{m})$

20 $\overline{AB}=\overline{BC}\tan C=9\times\tan 25°=9\times0.5=4.5(\text{m})$
$\overline{AC}=\dfrac{\overline{BC}}{\cos C}=\dfrac{9}{\cos 25°}=\dfrac{9}{0.9}=10(\text{m})$이므로
(부러지기 전 깃대의 높이)$=\overline{AB}+\overline{AC}$
$=4.5+10$
$=14.5(\text{m})$

21 (2) $\overline{AD}=\overline{BD}=60$ m이므로
$\overline{CD}=\overline{AD}\tan(\angle CAD)=60\times\tan 30°$
$=60\times\dfrac{\sqrt{3}}{3}=20\sqrt{3}(\text{m})$
(3) ((나) 건물의 높이)$=\overline{BD}+\overline{CD}=60+20\sqrt{3}(\text{m})$

22 $\overline{AD}=\overline{BD}=40$ m이므로
$\overline{CD}=\overline{AD}\tan(\angle CAD)=40\times\tan 60°$
$=40\times\sqrt{3}=40\sqrt{3}(\text{m})$
따라서 (전망대 타워의 높이)$=\overline{BD}+\overline{CD}$
$=40+40\sqrt{3}(\text{m})$

02 일반 삼각형의 변의 길이(1)

본문 38쪽

1 (1) 10, 60, 10, $\sqrt{3}$, $5\sqrt{3}$ (2) 10, 60, 10, 1, 5
(3) $\overline{BH}$, 5, 10 (4) $5\sqrt{3}$, 10, 175, $5\sqrt{7}$
2 $\sqrt{37}$ 3 $2\sqrt{13}$ 4 $2\sqrt{21}$ 5 $3\sqrt{7}$
6 $\sqrt{82}$ 7 $3\sqrt{91}$ m 8 $\sqrt{21}$ m 9 $20\sqrt{5}$ m

2 점 A에서 $\overline{BC}$에 내린 수선의 발을 H라 하면
삼각형 ABH에서
$\overline{AH}=10\sin 30°=10\times\dfrac{1}{2}=5$
$\overline{BH}=10\cos 30°=10\times\dfrac{\sqrt{3}}{2}=5\sqrt{3}$
따라서 $\overline{CH}=\overline{BC}-\overline{BH}=7\sqrt{3}-5\sqrt{3}=2\sqrt{3}$이므로
직각삼각형 AHC에서 피타고라스 정리에 의하여
$\overline{AC}=\sqrt{5^2+(2\sqrt{3})^2}=\sqrt{37}$

3 점 A에서 $\overline{BC}$에 내린 수선의 발을 H라 하면
삼각형 ABH에서
$\overline{AH}=6\sqrt{2}\sin 45°=6\sqrt{2}\times\dfrac{\sqrt{2}}{2}=6$
$\overline{BH}=6\sqrt{2}\cos 45°=6\sqrt{2}\times\dfrac{\sqrt{2}}{2}=6$
따라서 $\overline{CH}=\overline{BC}-\overline{BH}=10-6=4$이므로
직각삼각형 AHC에서 피타고라스 정리에 의하여
$\overline{AC}=\sqrt{6^2+4^2}=\sqrt{52}=2\sqrt{13}$

4 점 A에서 $\overline{BC}$에 내린 수선의 발을 H라 하면
삼각형 AHC에서
$\overline{AH}=8\sin 60°=8\times\dfrac{\sqrt{3}}{2}=4\sqrt{3}$
$\overline{CH}=8\cos 60°=8\times\dfrac{1}{2}=4$
따라서 $\overline{BH}=\overline{BC}-\overline{CH}=10-4=6$이므로
직각삼각형 ABH에서 피타고라스 정리에 의하여
$\overline{AB}=\sqrt{(4\sqrt{3})^2+6^2}=\sqrt{84}=2\sqrt{21}$

5 점 B에서 $\overline{AC}$에 내린 수선의 발을 H라 하면
삼각형 BCH에서
$\overline{BH}=6\sqrt{3}\sin 30°=6\sqrt{3}\times\dfrac{1}{2}=3\sqrt{3}$

$\overline{CH}=6\sqrt{3}\cos 30^\circ=6\sqrt{3}\times\frac{\sqrt{3}}{2}=9$

따라서 $\overline{AH}=\overline{AC}-\overline{CH}=15-9=6$이므로

직각삼각형 ABH에서 피타고라스 정리에 의하여

$\overline{AB}=\sqrt{(3\sqrt{3})^2+6^2}=\sqrt{63}=3\sqrt{7}$

6 점 C에서 AB에 내린 수선의 발을 H라 하면

삼각형 AHC에서

$\overline{CH}=8\sin 45^\circ=8\times\frac{\sqrt{2}}{2}=4\sqrt{2}$

$\overline{AH}=8\cos 45^\circ=8\times\frac{\sqrt{2}}{2}=4\sqrt{2}$

따라서 $\overline{BH}=\overline{AB}-\overline{AH}=9\sqrt{2}-4\sqrt{2}=5\sqrt{2}$이므로

직각삼각형 BCH에서 피타고라스 정리에 의하여

$\overline{BC}=\sqrt{(4\sqrt{2})^2+(5\sqrt{2})^2}=\sqrt{82}$

7 점 A에서 $\overline{BC}$에 내린 수선의 발을 H라 하면

삼각형 ABH에서

$\overline{AH}=30\sin 60^\circ=30\times\frac{\sqrt{3}}{2}=15\sqrt{3}(\text{m})$

$\overline{BH}=30\cos 60^\circ=30\times\frac{1}{2}=15(\text{m})$

따라서 $\overline{CH}=\overline{BC}-\overline{BH}=27-15=12(\text{m})$이므로

직각삼각형 AHC에서 피타고라스 정리에 의하여

$\overline{AC}=\sqrt{(15\sqrt{3})^2+12^2}=3\sqrt{91}(\text{m})$

8 점 A에서 $\overline{BC}$에 내린 수선의 발을 H라 하면

삼각형 ABH에서

$\overline{AH}=6\sin 30^\circ=6\times\frac{1}{2}=3(\text{m})$

$\overline{BH}=6\cos 30^\circ=6\times\frac{\sqrt{3}}{2}=3\sqrt{3}(\text{m})$

따라서 $\overline{CH}=\overline{BC}-\overline{BH}=5\sqrt{3}-3\sqrt{3}=2\sqrt{3}(\text{m})$이므로

직각삼각형 AHC에서 피타고라스 정리에 의하여

$\overline{AC}=\sqrt{3^2+(2\sqrt{3})^2}=\sqrt{21}(\text{m})$

9 점 A에서 $\overline{BC}$에 내린 수선의 발을 H라 하면

삼각형 AHC에서

$\overline{AH}=20\sqrt{2}\sin 45^\circ=20\sqrt{2}\times\frac{\sqrt{2}}{2}=20(\text{m})$

$\overline{CH}=20\sqrt{2}\cos 45^\circ=20\sqrt{2}\times\frac{\sqrt{2}}{2}=20(\text{m})$

따라서 $\overline{BH}=\overline{BC}-\overline{CH}=60-20=40(\text{m})$이므로

직각삼각형 ABH에서 피타고라스 정리에 의하여

$\overline{AB}=\sqrt{20^2+40^2}=20\sqrt{5}(\text{m})$

03 일반 삼각형의 변의 길이(2)

본문 40쪽

1 (1) 12, 12, $6\sqrt{3}$ (2) 90, 30 (3) 30, 45
(4) $6\sqrt{3}$, $6\sqrt{3}$, $6\sqrt{6}$

2 $4\sqrt{3}$　3 $9\sqrt{2}$　4 12　5 $6\sqrt{2}$

6 $6\sqrt{2}$　7 $240\sqrt{2}$ m　8 $50\sqrt{6}$ m　9 $100\sqrt{6}$ m

2 점 B에서 $\overline{AC}$에 내린 수선의 발을 H라 하면

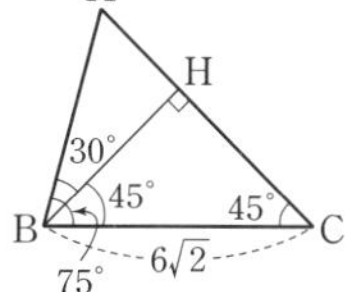

$\overline{BH}=6\sqrt{2}\sin 45^\circ=6\sqrt{2}\times\frac{\sqrt{2}}{2}=6$

△ABH에서

∠ABH$=75^\circ-45^\circ=30^\circ$이므로

$\overline{AB}=\frac{6}{\cos 30^\circ}=6\div\frac{\sqrt{3}}{2}=4\sqrt{3}$

3 점 B에서 $\overline{AC}$에 내린 수선의 발을 H라 하면

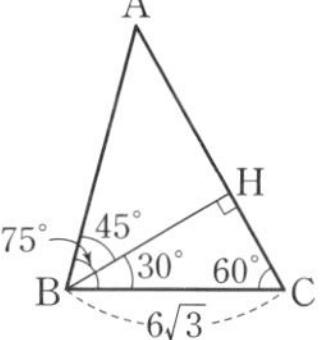

$\overline{BH}=6\sqrt{3}\sin 60^\circ=6\sqrt{3}\times\frac{\sqrt{3}}{2}=9$

△ABH에서

∠ABH$=75^\circ-30^\circ=45^\circ$이므로

$\overline{AB}=\frac{9}{\cos 45^\circ}=9\div\frac{\sqrt{2}}{2}=9\sqrt{2}$

4 점 B에서 $\overline{AC}$에 내린 수선의 발을 H라 하면

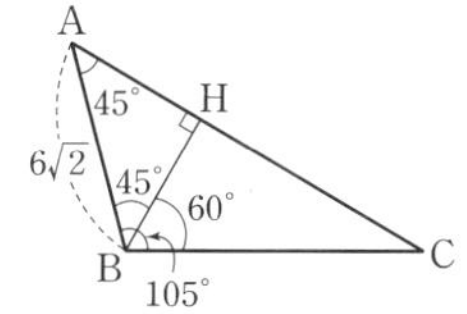

$\overline{BH}=6\sqrt{2}\sin 45^\circ=6\sqrt{2}\times\frac{\sqrt{2}}{2}=6$

△BCH에서

∠CBH$=105^\circ-45^\circ=60^\circ$이므로

$\overline{BC}=\frac{6}{\cos 60^\circ}=6\div\frac{1}{2}=12$

5 점 A에서 $\overline{BC}$에 내린 수선의 발을 H라 하면

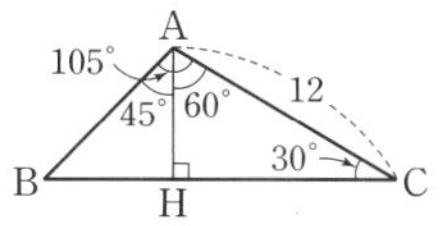

$\overline{AH}=12\sin 30^\circ=12\times\frac{1}{2}=6$

△ABH에서

∠BAH$=105^\circ-60^\circ=45^\circ$이므로

$\overline{AB}=\frac{6}{\cos 45^\circ}=6\div\frac{\sqrt{2}}{2}=6\sqrt{2}$

6 점 C에서 $\overline{AB}$에 내린 수선의 발을 H라 하면

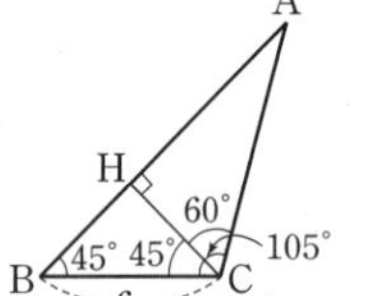

$\overline{CH}=6\sin 45°=6\times\frac{\sqrt{2}}{2}=3\sqrt{2}$

△AHC에서

$\angle ACH=105°-45°=60°$이므로

$\overline{AC}=\frac{3\sqrt{2}}{\cos 60°}=3\sqrt{2}\div\frac{1}{2}=6\sqrt{2}$

7 점 A에서 $\overline{BC}$에 내린 수선의 발을 H라 하면

△ABH에서

$\overline{AH}=480\sin 30°$

$=480\times\frac{1}{2}=240(\text{m})$

△AHC에서

$\angle CAH=105°-60°=45°$이므로

$\overline{AC}=\frac{240}{\cos 45°}=240\div\frac{\sqrt{2}}{2}=240\sqrt{2}(\text{m})$

8 점 B에서 $\overline{AC}$에 내린 수선의 발을 H라 하면

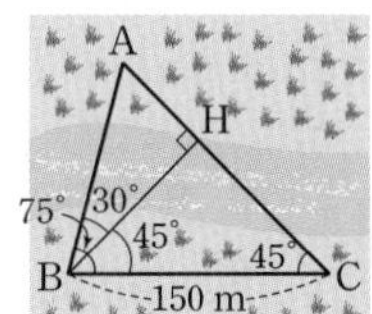

△BCH에서

$\overline{BH}=150\sin 45°$

$=150\times\frac{\sqrt{2}}{2}=75\sqrt{2}(\text{m})$

△ABH에서

$\angle ABH=75°-45°=30°$이므로

$\overline{AB}=\frac{75\sqrt{2}}{\cos 30°}=75\sqrt{2}\div\frac{\sqrt{3}}{2}=50\sqrt{6}(\text{m})$

9 점 A에서 $\overline{BC}$에 내린 수선의 발을 H라 하면

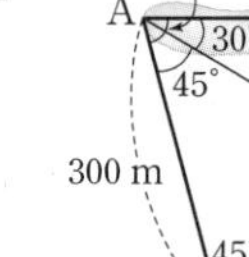

△ABH에서

$\overline{AH}=300\sin 45°$

$=300\times\frac{\sqrt{2}}{2}=150\sqrt{2}(\text{m})$

△ACH에서

$\angle CAH=75°-45°=30°$이므로

$\overline{AC}=\frac{150\sqrt{2}}{\cos 30°}=150\sqrt{2}\div\frac{\sqrt{3}}{2}=100\sqrt{6}(\text{m})$

04 예각삼각형의 높이

본문 42쪽

1 (1) 60 (2) 60, $\sqrt{3}$ (3) 45 (4) 45, h (5) 6, $\sqrt{3}$, 6, 3, 1

2 $3\sqrt{2}(3-\sqrt{3})$ **3** $\sqrt{3}$ **4** $\frac{15-5\sqrt{3}}{2}$

5 $6(3-\sqrt{3})$ **6** $\frac{5\sqrt{3}}{2}$ **7** $150(3-\sqrt{3})$ m

8 $\frac{2\sqrt{3}}{5}$ km **9** $(45\sqrt{2}-15\sqrt{6})$ m

2 $\overline{AH}=h$라 하면

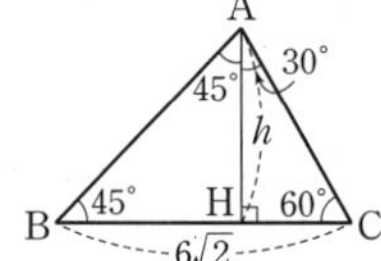

$\overline{BH}=\overline{AH}\tan 45°=h$,

$\overline{CH}=\overline{AH}\tan 30°=\frac{\sqrt{3}}{3}h$

$\overline{BC}=\overline{BH}+\overline{CH}$이므로 $6\sqrt{2}=h+\frac{\sqrt{3}}{3}h$

따라서 $h=6\sqrt{2}\times\frac{3}{3+\sqrt{3}}=3\sqrt{2}(3-\sqrt{3})$

3 $\overline{AH}=h$라 하면

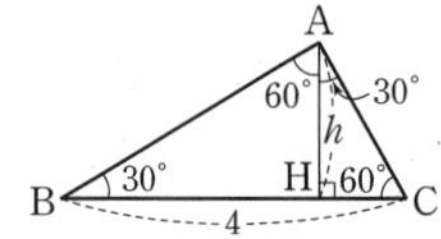

$\overline{BH}=\overline{AH}\tan 60°=\sqrt{3}h$,

$\overline{CH}=\overline{AH}\tan 30°=\frac{\sqrt{3}}{3}h$

$\overline{BC}=\overline{BH}+\overline{CH}$이므로 $4=\sqrt{3}h+\frac{\sqrt{3}}{3}h$

따라서 $h=4\times\frac{3}{4\sqrt{3}}=\sqrt{3}$

4 $\overline{AH}=h$라 하면

$\overline{BH}=\overline{AH}\tan 45°=h$,

$\overline{CH}=\overline{AH}\tan 60°=\sqrt{3}h$

$\overline{BC}=\overline{BH}+\overline{CH}$이므로 $5\sqrt{3}=h+\sqrt{3}h$

따라서 $h=\frac{5\sqrt{3}}{\sqrt{3}+1}=\frac{5\sqrt{3}(\sqrt{3}-1)}{2}=\frac{15-5\sqrt{3}}{2}$

5 $\overline{AH}=h$라 하면

$\overline{BH}=\overline{AH}\tan 30°=\frac{\sqrt{3}}{3}h$,

$\overline{CH}=\overline{AH}\tan 45°=h$

$\overline{BC}=\overline{BH}+\overline{CH}$이므로 $12=\frac{\sqrt{3}}{3}h+h$

따라서 $h=12\times\frac{3}{3+\sqrt{3}}=6(3-\sqrt{3})$

6 $\overline{AH}=h$라 하면

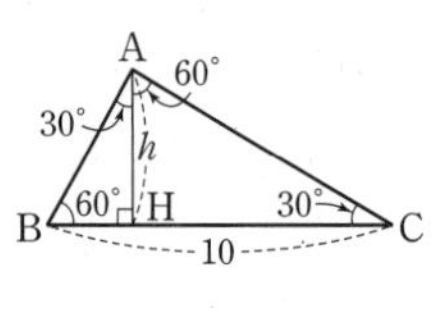

$\overline{BH}=\overline{AH}\tan 30°=\frac{\sqrt{3}}{3}h$,

$\overline{CH}=\overline{AH}\tan 60°=\sqrt{3}h$

$\overline{BC}=\overline{BH}+\overline{CH}$이므로 $10=\frac{\sqrt{3}}{3}h+\sqrt{3}h$

따라서 $h=10\times\frac{3}{4\sqrt{3}}=\frac{5\sqrt{3}}{2}$

7 A 지점에서 $\overline{BC}$에 내린 수선의 발을 H라 하고, $\overline{AH}=h$ m라 하면

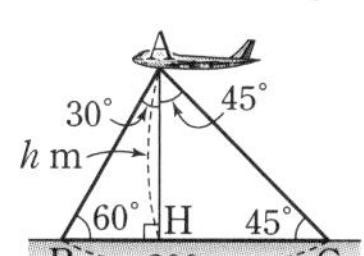

$\overline{BH}=\overline{AH}\tan 30°=\frac{\sqrt{3}}{3}h(\text{m})$,

$\overline{CH}=\overline{AH}\tan 45°=h(\text{m})$

$\overline{BC}=\overline{BH}+\overline{CH}$이므로 $300=\frac{\sqrt{3}}{3}h+h$

$h=300\times\frac{3}{3+\sqrt{3}}=150(3-\sqrt{3})$

따라서 비행기는 지면으로부터 $150(3-\sqrt{3})$ m 높이에 있다.

8 C에서 $\overline{AB}$에 내린 수선의 발을 H라 하고, $\overline{CH}=h$ km라 하면

$\overline{AH}=\overline{CH}\tan 60°$

$=\sqrt{3}h(\text{km})$,

$\overline{BH}=\overline{CH}\tan 30°$

$=\frac{\sqrt{3}}{3}h(\text{km})$

$\overline{AB}=\overline{AH}+\overline{BH}$이므로 $1.6=\sqrt{3}h+\frac{\sqrt{3}}{3}h$

$h=1.6\times\frac{3}{4\sqrt{3}}=\frac{2\sqrt{3}}{5}$

따라서 도로의 길이는 $\frac{2\sqrt{3}}{5}$ km이다.

9 A 지점에서 $\overline{CD}$에 내린 수선의 발을 H라 하고, $\overline{AH}=h$ m라 하면

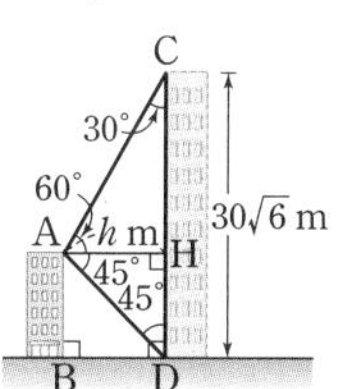

$\overline{DH}=\overline{AH}\tan 45°=h(\text{m})$,

$\overline{CH}=\overline{AH}\tan 60°=\sqrt{3}h(\text{m})$

$\overline{CD}=\overline{DH}+\overline{CH}$이므로

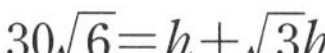

$30\sqrt{6}=h+\sqrt{3}h$

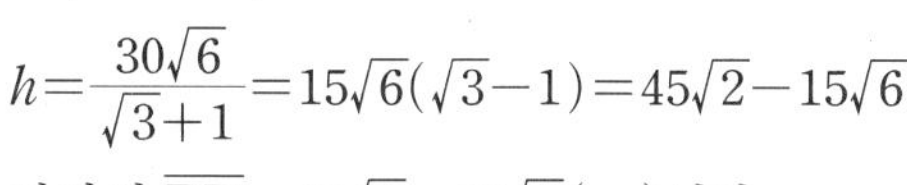

$h=\frac{30\sqrt{6}}{\sqrt{3}+1}=15\sqrt{6}(\sqrt{3}-1)=45\sqrt{2}-15\sqrt{6}$

따라서 $\overline{BD}=45\sqrt{2}-15\sqrt{6}(\text{m})$이다.

05 둔각삼각형의 높이

본문 44쪽

1 (1) 120, 60, 60, 30 (2) 30, 60 (3) 30, 3
(4) 60, $\sqrt{3}$ (5) $\overline{CH}$, 6, $\sqrt{3}$, 3, 6, 6, 3, $3\sqrt{3}$

2 $3+\sqrt{3}$ **3** $2(3+\sqrt{3})$ **4** $2(\sqrt{3}+1)$ **5** $\sqrt{2}(3+\sqrt{3})$

6 $4\sqrt{3}$ **7** $15(3+\sqrt{3})$ m **8** $6(\sqrt{3}+1)$ m

9 $10\sqrt{3}$ m

2 $\overline{AH}=h$라 하면

△ACH에서

$\overline{CH}=\overline{AH}\tan 45°=h$

△ABH에서

$\overline{BH}=\overline{AH}\tan 60°=\sqrt{3}h$

$\overline{BC}=\overline{BH}-\overline{CH}$이므로 $2\sqrt{3}=\sqrt{3}h-h$

$(\sqrt{3}-1)h=2\sqrt{3}$

따라서 $h=\frac{2\sqrt{3}}{\sqrt{3}-1}=\sqrt{3}(\sqrt{3}+1)=3+\sqrt{3}$

3 $\overline{AH}=h$라 하면

△ACH에서 $\overline{CH}=\overline{AH}\tan 30°=\frac{\sqrt{3}}{3}h$

△ABH에서 $\overline{BH}=\overline{AH}\tan 45°=h$

$\overline{BC}=\overline{BH}-\overline{CH}$이므로 $4=h-\frac{\sqrt{3}}{3}h$

$\frac{3-\sqrt{3}}{3}h=4$

따라서 $h=4\times\frac{3}{3-\sqrt{3}}=2(3+\sqrt{3})$

4 $\overline{AH}=h$라 하면

△ACH에서

$\overline{CH}=\overline{AH}\tan 45°=h$

△ABH에서

$\overline{BH}=\overline{AH}\tan 60°=\sqrt{3}h$

$\overline{BC}=\overline{BH}-\overline{CH}$이므로 $4=\sqrt{3}h-h$

$(\sqrt{3}-1)h=4$

따라서 $h=\frac{4}{\sqrt{3}-1}=2(\sqrt{3}+1)$

5 $\overline{AH}=h$라 하면

△ACH에서 $\overline{CH}=\overline{AH}\tan 30°=\frac{\sqrt{3}}{3}h$

△ABH에서 $\overline{BH}=\overline{AH}\tan 45°=h$

$\overline{BC}=\overline{BH}-\overline{CH}$이므로 $2\sqrt{2}=h-\frac{\sqrt{3}}{3}h$

$\frac{3-\sqrt{3}}{3}h=2\sqrt{2}$

따라서 $h=2\sqrt{2}\times\frac{3}{3-\sqrt{3}}=\sqrt{2}(3+\sqrt{3})$

6 $\overline{AH}=h$라 하면

△ACH에서

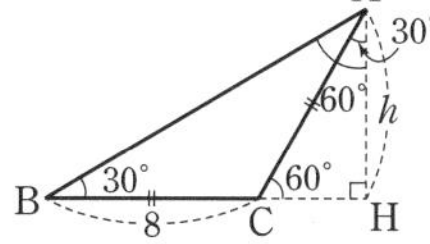

$\overline{CH}=\overline{AH}\tan 30°=\frac{\sqrt{3}}{3}h$

△ABH에서 $\overline{BH}=\overline{AH}\tan 60°=\sqrt{3}h$

$\overline{BC}=\overline{BH}-\overline{CH}$이므로 $8=\sqrt{3}h-\frac{\sqrt{3}}{3}h$

$\frac{2\sqrt{3}}{3}h=8$

따라서 $h=8\times\frac{3}{2\sqrt{3}}=4\sqrt{3}$

7 $\triangle$ACD에서

$\overline{CD}=\overline{AD}\tan 30^\circ=\frac{\sqrt{3}}{3}\overline{AD}$

$\triangle$ABD에서 $\overline{BD}=\overline{AD}\tan 45^\circ=\overline{AD}$

$\overline{BC}=\overline{BD}-\overline{CD}$이므로 $30=\overline{AD}-\frac{\sqrt{3}}{3}\overline{AD}$

$\frac{3-\sqrt{3}}{3}\times\overline{AD}=30$

따라서 $\overline{AD}=30\times\frac{3}{3-\sqrt{3}}=15(3+\sqrt{3})(\text{m})$

8 $\triangle$DBC에서

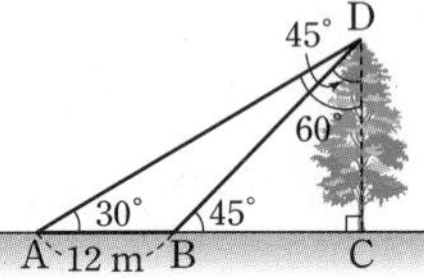

$\overline{BC}=\overline{CD}\tan 45^\circ=\overline{CD}$

$\triangle$DAC에서

$\overline{AC}=\overline{CD}\tan 60^\circ=\sqrt{3}\,\overline{CD}$

$\overline{AB}=\overline{AC}-\overline{BC}$이므로 $12=\sqrt{3}\,\overline{CD}-\overline{CD}$

$(\sqrt{3}-1)\overline{CD}=12$

따라서 $\overline{CD}=\frac{12}{\sqrt{3}-1}=6(\sqrt{3}+1)(\text{m})$

9 $\triangle$ADB에서

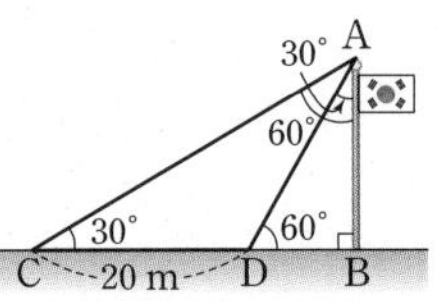

$\overline{BD}=\overline{AB}\tan 30^\circ=\frac{\sqrt{3}}{3}\overline{AB}$

$\triangle$ACB에서

$\overline{BC}=\overline{AB}\tan 60^\circ=\sqrt{3}\,\overline{AB}$

$\overline{CD}=\overline{BC}-\overline{BD}$이므로 $20=\sqrt{3}\,\overline{AB}-\frac{\sqrt{3}}{3}\overline{AB}$

$\frac{2\sqrt{3}}{3}\overline{AB}=20$

따라서 $\overline{AB}=20\times\frac{3}{2\sqrt{3}}=10\sqrt{3}(\text{m})$

06 삼각형의 넓이

본문 46쪽

원리확인

❶ $\sin 45^\circ$, $\frac{\sqrt{2}}{2}$, $4\sqrt{2}$, $4\sqrt{2}$, $22\sqrt{2}$

❷ 60, $\sin 60^\circ$, $\frac{\sqrt{3}}{2}$, $3\sqrt{3}$, $3\sqrt{3}$, $6\sqrt{3}$

1 14 (✐ 8, 30, 14) **2** $9\sqrt{2}$ **3** $15\sqrt{3}$
4 24 **5** $27\sqrt{3}$ **6** $12\sqrt{3}$ (✐ 6, 8, 120, $12\sqrt{3}$)
7 $5\sqrt{2}$ **8** 6 **9** $18\sqrt{3}$ **10** 12
11 15 (✐ $8\sqrt{2}$, 60, 4, 60, 15) **12** 9
13 12 **14** $6\sqrt{2}$

☺ c, $\frac{1}{2}ac\sin B$

15 $6\sqrt{3}$ (✐ 12, 120, 54, $3\sqrt{3}$, 54, $6\sqrt{3}$)
16 8 **17** 9 **18** 13

☺ 180, $\frac{1}{2}ac\sin(180^\circ-B)$

19 (1) $4\sqrt{3}$ (2) $12\sqrt{3}$ (3) $16\sqrt{3}$
20 (1) $6\sqrt{3}$ (2) $18\sqrt{3}$ (3) $12\sqrt{3}$ (4) $30\sqrt{3}$
21 14 **22** $\frac{6+\sqrt{3}}{4}$ **23** $\frac{63\sqrt{3}}{4}$ **24** 44
25 $32\sqrt{3}+36$ **26** $12\sqrt{3}+18$
27 ⑤

2 $\triangle ABC=\frac{1}{2}\times 6\times 6\times\sin 45^\circ=9\sqrt{2}$

3 $\triangle ABC=\frac{1}{2}\times 6\times 10\times\sin 60^\circ=15\sqrt{3}$

4 $\triangle ABC=\frac{1}{2}\times 12\times 8\times\sin 30^\circ=24$

5 $\triangle ABC=\frac{1}{2}\times 9\times 12\times\sin 60^\circ=27\sqrt{3}$

7 $\triangle ABC=\frac{1}{2}\times 5\times 4\times\sin(180^\circ-135^\circ)=5\sqrt{2}$

8 $\triangle ABC=\frac{1}{2}\times 6\times 4\times\sin(180^\circ-150^\circ)=6$

9 $\triangle ABC=\frac{1}{2}\times 8\times 9\times\sin(180^\circ-120^\circ)=18\sqrt{3}$

10 $\triangle ABC=\frac{1}{2}\times 8\times 6\times\sin(180^\circ-150^\circ)=12$

12 $\frac{1}{2}\times 8\times x\times\sin 30^\circ=18$에서 $2x=18$

따라서 $x=9$

13 $\frac{1}{2}\times 6\sqrt{3}\times x\times\sin 60^\circ=54$에서 $\frac{9}{2}x=54$

따라서 $x=12$

14 $\frac{1}{2}\times 16\times x\times\sin 45^\circ=48$에서 $4\sqrt{2}x=48$

따라서 $x=6\sqrt{2}$

16 $\frac{1}{2}\times 4\sqrt{2}\times x\times \sin(180^\circ-135^\circ)=16$에서 $2x=16$

따라서 $x=8$

17 $\frac{1}{2}\times x\times 12\times \sin(180^\circ-150^\circ)=27$에서 $3x=27$

따라서 $x=9$

18 $\frac{1}{2}\times x\times 8\sqrt{3}\times \sin(180^\circ-120^\circ)=78$에서 $6x=78$

따라서 $x=13$

19 (1) $\triangle ABD=\frac{1}{2}\times 4\times 4\times \sin(180^\circ-120^\circ)=4\sqrt{3}$

(2) $\triangle BCD=\frac{1}{2}\times 4\sqrt{3}\times 4\sqrt{3}\times \sin 60^\circ=12\sqrt{3}$

(3) $\square ABCD=\triangle ABD+\triangle BCD=4\sqrt{3}+12\sqrt{3}=16\sqrt{3}$

20 (1) $\overline{AC}=\overline{BC}\sin 60^\circ=12\times\frac{\sqrt{3}}{2}=6\sqrt{3}$

(2) $\triangle ABC=\frac{1}{2}\times 6\times 6\sqrt{3}=18\sqrt{3}$

(3) $\triangle ACD=\frac{1}{2}\times 6\sqrt{3}\times 8\times \sin 30^\circ=12\sqrt{3}$

(4) $\square ABCD=\triangle ABC+\triangle ACD=18\sqrt{3}+12\sqrt{3}=30\sqrt{3}$

21 $\square ABCD=\triangle ABD+\triangle BCD$

$=\frac{1}{2}\times 2\sqrt{2}\times 2\times \sin(180^\circ-135^\circ)$

$+\frac{1}{2}\times 4\sqrt{2}\times 6\times \sin 45^\circ$

$=2+12=14$

22 $\square ABCD=\triangle ABC+\triangle ACD$

$=\frac{1}{2}\times\sqrt{3}\times\sqrt{6}\times \sin 45^\circ$

$+\frac{1}{2}\times 1\times 1\times \sin(180^\circ-120^\circ)$

$=\frac{3}{2}+\frac{\sqrt{3}}{4}=\frac{6+\sqrt{3}}{4}$

23 $\square ABCD=\triangle ABC+\triangle ACD$

$=\frac{1}{2}\times 6\times 9\times \sin 60^\circ$

$+\frac{1}{2}\times 3\times 3\sqrt{3}\times \sin(180^\circ-150^\circ)$

$=\frac{27\sqrt{3}}{2}+\frac{9\sqrt{3}}{4}=\frac{63\sqrt{3}}{4}$

24 $\overline{AC}=\sqrt{6^2+8^2}=10$이므로

$\square ABCD=\triangle ABC+\triangle ACD$

$=\frac{1}{2}\times 8\times 6+\frac{1}{2}\times 10\times 8\times \sin 30^\circ$

$=24+20=44$

25 $\overline{AC}=16\sin 60^\circ=8\sqrt{3}$이므로

$\square ABCD=\triangle ABC+\triangle ACD$

$=\frac{1}{2}\times 8\times 8\sqrt{3}+\frac{1}{2}\times 8\sqrt{3}\times 6\times \sin 60^\circ$

$=32\sqrt{3}+36$

26 $\overline{BD}=\frac{6}{\cos 45^\circ}=6\sqrt{2}$이므로

$\square ABCD=\triangle ABD+\triangle BCD$

$=\frac{1}{2}\times 4\sqrt{2}\times 6\sqrt{2}\times \sin 60^\circ$

$+\frac{1}{2}\times 6\times 6\sqrt{2}\times \sin 45^\circ$

$=12\sqrt{3}+18$

27 정육각형은 가장 긴 세 대각선에 의하여 서로 합동인 6개의 정삼각형으로 나누어 지고 정삼각형 1개의 넓이는

6 cm
60°

$\frac{1}{2}\times 6\times 6\times \sin 60^\circ=9\sqrt{3}(\text{cm}^2)$

따라서 정육각형의 넓이는 $6\times 9\sqrt{3}=54\sqrt{3}(\text{cm}^2)$

07 사각형의 넓이

본문 50쪽

원리확인

❶ 4, 6, 60, 2, 2, 4, 6, 60, $12\sqrt{3}$

❷ 6, $3\sqrt{3}$, 120, 2, 2, 6, $3\sqrt{3}$, 120, 27

❸ 6, 8, 60, $\frac{1}{2}$, $\frac{1}{2}$, 6, 8, 60, $12\sqrt{3}$

1 $28\sqrt{3}$ (✎ 7, 8, 60, $28\sqrt{3}$) 2 $30\sqrt{2}$

3 44 4 $18\sqrt{3}$ 5 90 (✎ $5\sqrt{3}$, 12, 120, 90)

6 24 7 45 8 60

☺ $ab\sin x$, $ab\sin(180^\circ-x)$

9 ③ 10 $33\sqrt{3}$ (✎ 12, 11, 60, $33\sqrt{3}$)

11 40 12 $16\sqrt{3}$ 13 39

14 $18\sqrt{3}$ (✎ 8, 9, 120, $18\sqrt{3}$) 15 $20\sqrt{2}$

16 14 17 $30\sqrt{3}$

☺ $\frac{1}{2}ab\sin x$, $\frac{1}{2}ab\sin(180^\circ-x)$

18 ④

2 $\square ABCD=6\times 10\times \sin 45^\circ=30\sqrt{2}$

3 $\square ABCD=8\times11\times\sin 30°=44$

4 $\square ABCD=6\times6\times\sin 60°=18\sqrt{3}$

6 $\square ABCD=4\times6\sqrt{2}\times\sin(180°-135°)=24$

7 $\square ABCD=9\times10\times\sin(180°-150°)=45$

8 $\square ABCD=4\sqrt{6}\times5\sqrt{3}\times\sin(180°-135°)=60$

9 $\square ABCD=8\times12\times\sin 60°=48\sqrt{3}(cm^2)$이므로

$\triangle AMC=\frac{1}{2}\times\triangle ABC=\frac{1}{2}\times\frac{1}{2}\times\square ABCD$

$=\frac{1}{4}\times48\sqrt{3}=12\sqrt{3}(cm^2)$

11 $\square ABCD=\frac{1}{2}\times8\sqrt{2}\times10\times\sin 45°=40$

12 $\square ABCD=\frac{1}{2}\times8\times8\times\sin 60°=16\sqrt{3}$

13 $\square ABCD=\frac{1}{2}\times12\times13\times\sin 30°=39$

15 $\square ABCD=\frac{1}{2}\times8\times10\times\sin(180°-135°)=20\sqrt{2}$

16 $\square ABCD=\frac{1}{2}\times8\times7\times\sin(180°-150°)=14$

17 $\square ABCD=\frac{1}{2}\times10\times12\times\sin(180°-120°)=30\sqrt{3}$

18 $\overline{AC}=\overline{BD}=x$ cm라 하면 넓이가 $25\sqrt{3}$ cm^2이므로

$\frac{1}{2}\times x\times x\times\sin(180°-120°)=25\sqrt{3}$, $x^2=100$

따라서 $x=10$이므로 대각선 AC의 길이는 10 cm이다.

TEST 2. 삼각비의 활용

본문 53쪽

1 72.4 m	**2** ⑤	**3** ①
4 ③	**5** $6\sqrt{2}$ cm^2	**6** ④

1 $\triangle ABC$에서

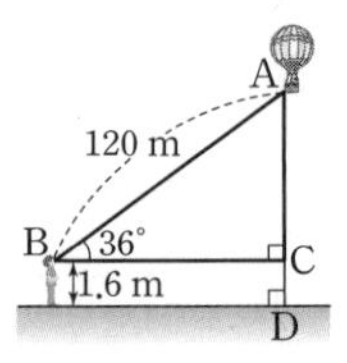

$\overline{AC}=\overline{AB}\sin 36°$

$=120\times0.59=70.8(m)$

따라서 애드벌룬의 지면으로부터의 높이는

$\overline{AD}=\overline{AC}+\overline{CD}=70.8+1.6=72.4(m)$

2 점 A에서 $\overline{BC}$에 내린 수선의 발을 H라 하면

$\triangle AHC$에서

$\overline{AH}=\overline{AC}\sin 45°=12\times\frac{\sqrt{2}}{2}=6\sqrt{2}(cm)$

$\triangle ABH$에서 $\overline{AB}=\frac{\overline{AH}}{\sin 60°}=6\sqrt{2}\div\frac{\sqrt{3}}{2}=4\sqrt{6}(cm)$

3 나무의 높이를 $\overline{AH}=h$ m라 하면 $\triangle ABH$에서

$\overline{BH}=\frac{\overline{AH}}{\tan 45°}=h(m)$

$\triangle AHC$에서 $\overline{CH}=\frac{\overline{AH}}{\tan 30°}=\sqrt{3}h(m)$

이때 $\overline{BC}=\overline{BH}+\overline{CH}$이므로 $40=h+\sqrt{3}h$

$h=\frac{40}{1+\sqrt{3}}=20(\sqrt{3}-1)$

따라서 나무의 높이는 $20(\sqrt{3}-1)$ m이다.

4 굴뚝의 높이를 $\overline{AD}=h$ m라 하면

$\triangle ABD$에서

$\overline{BD}=\overline{AD}\tan 60°=\sqrt{3}h(m)$

$\triangle ACD$에서 $\overline{CD}=\overline{AD}\tan 30°=\frac{\sqrt{3}}{3}h(m)$

이때 $\overline{BC}=\overline{BD}-\overline{CD}$이므로

$60=\sqrt{3}h-\frac{\sqrt{3}}{3}h$, $\frac{2\sqrt{3}}{3}h=60$, $h=30\sqrt{3}$

따라서 굴뚝의 높이는 $30\sqrt{3}$ m이다.

5 $\triangle ABC=\frac{1}{2}\times9\times8\times\sin 45°=18\sqrt{2}(cm^2)$

따라서 $\triangle GBC=\frac{1}{3}\triangle ABC=\frac{1}{3}\times18\sqrt{2}=6\sqrt{2}(cm^2)$

6 $\square ABCD=\frac{1}{2}\times12\times14\times\sin x=42\sqrt{3}(cm^2)$이므로

$84\sin x=42\sqrt{3}$, $\sin x=\frac{\sqrt{3}}{2}$

따라서 $\angle x=60°$

3 원과 직선

01 현의 수직이등분선

본문 56쪽

1 5 (✎ 이등분, $\overline{AM}$, 5, 5)　2 7
3 22　4 5 cm　5 12 cm　6 9 cm
7 10 cm　8 6 (✎ 5, 4, 3, 이등분, $\overline{AM}$, 3, 6, 6)
9 $2\sqrt{10}$　10 5　11 $10\sqrt{5}$
12 18 (✎ $\overline{OC}$, 15, 15, 12, 9, 9, 18, 18)
13 24　14 8　15 5
16 5 cm (✎ $r-2$, $r-2$, 4, 20, 5, 5)
17 9 cm　18 $\frac{15}{2}$ cm　19 13 cm
20 5 cm (✎ 4, $r-2$, $r-2$, 4, $r-2$, 4, 20, 5, 5)
21 11 cm　22 15 cm　23 17 cm
24 $20\sqrt{3}$ (✎ $\frac{x}{2}$, 20, 10, 20, $\overline{MC}$, 20, 10, 20, 10, $10\sqrt{3}$, $10\sqrt{3}$, $20\sqrt{3}$)
25 $4\sqrt{3}$　26 $4\sqrt{3}$　27 6

2 원의 중심에서 현에 내린 수선은 현을 이등분하므로
$\overline{AM}=\overline{BM}=\frac{1}{2}\overline{AB}=\frac{1}{2}\times 14=7$(cm)
따라서 $x=7$

3 원의 중심에서 현에 내린 수선은 현을 이등분하므로
$\overline{AB}=2\overline{AM}=2\times 11=22$(cm)
따라서 $x=22$

4 현 CD가 현 AB의 수직이등분선이므로 현 CD는 원의 중심을 지나는 지름이다.
따라서 원의 반지름의 길이는
$\frac{1}{2}\times\overline{CD}=\frac{1}{2}\times 10=5$(cm)

5 현 AB가 현 CD의 수직이등분선이므로 현 AB는 원의 중심을 지나는 지름이다.
따라서 원의 반지름의 길이는
$\frac{1}{2}\times\overline{AB}=\frac{1}{2}\times 24=12$(cm)

6 현 AB가 현 CD의 수직이등분선이므로 현 AB는 원의 중심을 지나는 지름이다.
따라서 원의 반지름의 길이는
$\frac{1}{2}\times\overline{AB}=\frac{1}{2}\times(4+14)=9$(cm)

7 현 CD가 현 AB의 수직이등분선이므로 현 CD는 원의 중심을 지나는 지름이다.
따라서 원의 반지름의 길이는
$\frac{1}{2}\times\overline{CD}=\frac{1}{2}\times(7+13)=10$(cm)

9 원의 중심에서 현에 내린 수선은 현을 이등분하므로
$\overline{MB}=\frac{1}{2}\times\overline{AB}=\frac{1}{2}\times 12=6$(cm)
△OMB가 직각삼각형이므로
$\overline{OB}=\sqrt{2^2+6^2}=\sqrt{40}=2\sqrt{10}$(cm)
따라서 $x=2\sqrt{10}$

10 원의 중심에서 현에 내린 수선은 현을 이등분하므로
$\overline{MB}=\frac{1}{2}\times\overline{AB}=\frac{1}{2}\times 24=12$(cm)
△OMB가 직각삼각형이므로
$\overline{OM}=\sqrt{13^2-12^2}=\sqrt{25}=5$(cm)
따라서 $x=5$

11 원의 중심에서 현에 내린 수선은 현을 이등분하므로
$\overline{AM}=\frac{1}{2}\times\overline{AB}=\frac{1}{2}\times 40=20$(cm)
△AOM이 직각삼각형이므로
$\overline{AO}=\sqrt{20^2+10^2}=\sqrt{500}=10\sqrt{5}$(cm)
따라서 $x=10\sqrt{5}$

13 $\overline{OA}$를 그으면 $\overline{OA}=\overline{OC}=13$ cm이므로
직각삼각형 OAM에서
$\overline{AM}=\sqrt{13^2-5^2}=12$(cm)
따라서 $\overline{AB}=2\times 12=24$(cm)이므로 $x=24$

14 $\overline{OA}$를 그으면 $\overline{OA}=\overline{OC}=17$ cm이고,
$\overline{AM}=\frac{1}{2}\times\overline{AB}=\frac{1}{2}\times 30=15$(cm)이므로
직각삼각형 AOM에서
$\overline{OM}=\sqrt{17^2-15^2}=8$(cm)
따라서 $x=8$

15 $\overline{OA}$를 그으면 $\overline{OA}=\overline{OC}=5\sqrt{2}$ cm이고,
$\overline{AM}=\frac{1}{2}\times\overline{AB}=\frac{1}{2}\times 10=5$(cm)이므로
직각삼각형 OAM에서
$\overline{OM}=\sqrt{(5\sqrt{2})^2-5^2}=5$(cm)
따라서 $x=5$

17 원 O의 반지름의 길이를 r cm라 하면
$\overline{OM}=(r-4)$ cm
$\overline{OA}$를 그으면 직각삼각형 OAM에서
$r^2=(2\sqrt{14})^2+(r-4)^2$, $8r=72$, 즉 $r=9$
따라서 원 O의 반지름의 길이는 9 cm이다.

18 원 O의 반지름의 길이를 r cm라 하면
$\overline{OM}=(r-3)$ cm이고, $\overline{AM}=\frac{1}{2}\times 12=6$(cm)
$\overline{OA}$를 그으면 직각삼각형 OAM에서
$r^2=6^2+(r-3)^2$, $6r=45$, 즉 $r=\frac{15}{2}$
따라서 원 O의 반지름의 길이는 $\frac{15}{2}$ cm이다.

19 원 O의 반지름의 길이를 r cm라 하면
$\overline{OM}=(r-8)$ cm이고, $\overline{AM}=\frac{1}{2}\times 24=12$(cm)
$\overline{OA}$를 그으면 직각삼각형 OAM에서
$r^2=12^2+(r-8)^2$, $16r=208$, 즉 $r=13$
따라서 원 O의 반지름의 길이는 13 cm이다.

21 원의 중심을 O라 하고 $\overline{CM}$의 연장선을 그으면 직선 CM은 원의 중심을 지나므로 점 M은 $\overline{CO}$ 위의 점이다.

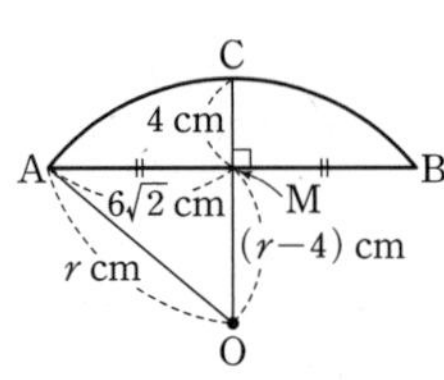

원 O의 반지름의 길이를 r cm라 하면 $\overline{OM}=(r-4)$ cm
$\overline{OA}$를 그으면 직각삼각형 AOM에서
$r^2=(6\sqrt{2})^2+(r-4)^2$, $8r=88$, 즉 $r=11$
따라서 원 O의 반지름의 길이는 11 cm이다.

22 원의 중심을 O라 하고 $\overline{CM}$의 연장선을 그으면 직선 CM은 원의 중심을 지나므로 점 M은 $\overline{CO}$ 위의 점이다.

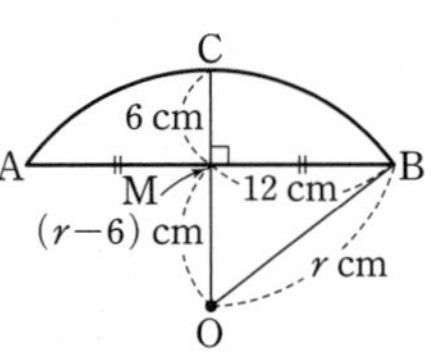

원 O의 반지름의 길이를 r cm라 하면 $\overline{OM}=(r-6)$ cm
$\overline{OB}$를 그으면 직각삼각형 OBM에서
$r^2=12^2+(r-6)^2$, $12r=180$, 즉 $r=15$
따라서 원 O의 반지름의 길이는 15 cm이다.

23 원의 중심을 O라 하고 $\overline{CM}$의 연장선을 그으면 직선 CM은 원의 중심을 지나므로 점 M은 $\overline{CO}$ 위의 점이다.
원 O의 반지름의 길이를 r cm라 하면 $\overline{OM}=(r-2)$ cm

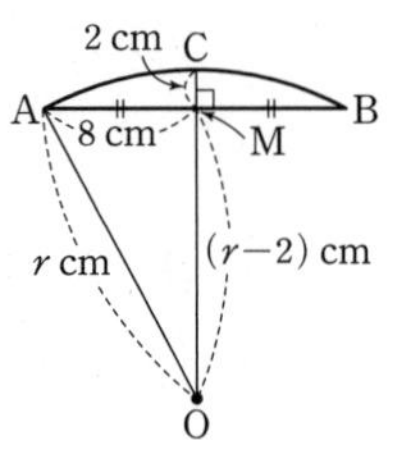

$\overline{OA}$를 그으면 직각삼각형 AOM에서
$r^2=8^2+(r-2)^2$, $4r=68$, 즉 $r=17$
따라서 원 O의 반지름의 길이는 17 cm이다.

25 원의 중심 O에서 현 AB에 수선을 그어 $\overline{AB}$와의 교점을 M, 원과의 교점을 C라 하면

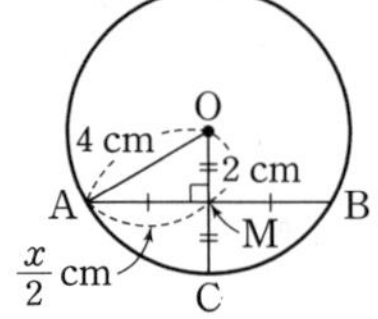

$\overline{OA}=4$ cm
$\overline{MO}=\overline{MC}=\frac{1}{2}\overline{OC}=\frac{1}{2}\times 4=2$(cm)
직각삼각형 OAM에서
$\frac{x}{2}=\sqrt{4^2-2^2}=2\sqrt{3}$(cm)
따라서 $x=2\times 2\sqrt{3}=4\sqrt{3}$

26 원의 중심 O에서 현 AB에 수선을 그어 $\overline{AB}$와의 교점을 M, 원과의 교점을 C라 하면 $\overline{OA}=x$ cm

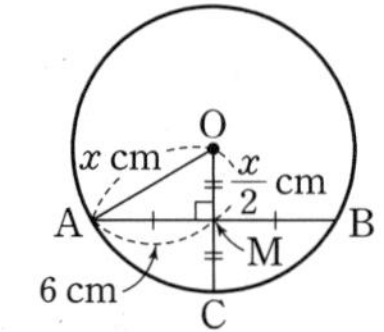

$\overline{MO}=\overline{MC}=\frac{1}{2}\overline{OC}=\frac{x}{2}$ cm
$\overline{AM}=\frac{1}{2}\overline{AB}=\frac{1}{2}\times 12=6$(cm)
직각삼각형 OAM에서
$6^2+\left(\frac{x}{2}\right)^2=x^2$, $36+\frac{x^2}{4}=x^2$, $\frac{3}{4}x^2=36$, 즉 $x^2=48$
$x>0$이므로 $x=4\sqrt{3}$

27 원의 중심 O에서 현 AB에 수선을 그어 $\overline{AB}$와의 교점을 M, 원과의 교점을 C라 하면

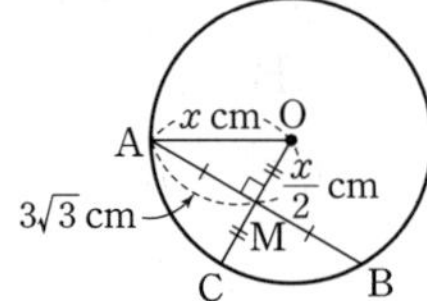

$\overline{MO}=\overline{MC}=\frac{1}{2}\overline{OC}=\frac{x}{2}$ cm
$\overline{AM}=\frac{1}{2}\overline{AB}=\frac{1}{2}\times 6\sqrt{3}=3\sqrt{3}$(cm)
직각삼각형 OAM에서
$(3\sqrt{3})^2+\left(\frac{x}{2}\right)^2=x^2$, $27+\frac{x^2}{4}=x^2$, $\frac{3}{4}x^2=27$, 즉 $x^2=36$
$x>0$이므로 $x=6$

02 현의 길이

본문 60쪽

1 12 (✎ $\overline{AB}$, 12)　2 7　3 14
4 2　5 5
6 $4\sqrt{6}$ (✎ 7, 5, $2\sqrt{6}$, $2\sqrt{6}$, $4\sqrt{6}$)
7 8　8 $3\sqrt{2}$　9 5　10 6
11 55°　12 63°　13 50°　14 75°
☺ =, =, =

2 $\overline{AB}=\overline{CD}=16$이므로 $x=\overline{ON}=7$

3 $\overline{OM}=\overline{ON}=3$이므로 $x=\overline{CD}=2\overline{ND}=14$

4 $\overline{ON}\perp\overline{AC}$이므로 $\overline{AN}=\overline{CN}=5$
즉 $\overline{AB}=\overline{AC}=10$이므로
$x=\overline{ON}=2$

5 $\overline{OM}\perp\overline{AB}$이므로 $\overline{AM}=\overline{BM}=9$
즉 $\overline{AB}=\overline{CD}=18$이므로
$x=\overline{OM}=5$

7 직각삼각형 AOM에서 $\overline{AM}=\sqrt{(2\sqrt{5})^2-2^2}=4$
$\overline{OM}=\overline{ON}=2$이므로
$x=\overline{AD}=2\times4=8$

8 $\overline{OM}=\overline{ON}=3$이므로 $\overline{CD}=\overline{AB}=6$
$\overline{ON}\perp\overline{CD}$이므로 $\overline{CN}=\frac{1}{2}\overline{CD}=3$
직각삼각형 OCN에서
$x=\sqrt{3^2+3^2}=3\sqrt{2}$

9 직각삼각형 OAM에서 $\overline{OM}=\sqrt{9^2-(2\sqrt{14})^2}=5$
$\overline{AB}=\overline{CD}=4\sqrt{14}$이므로
$x=\overline{OM}=5$

10 $\overline{ON}\perp\overline{CD}$이므로 $\overline{CN}=\frac{1}{2}\overline{CD}=8$
직각삼각형 OCN에서 $\overline{ON}=\sqrt{10^2-8^2}=6$
$\overline{AB}=\overline{CD}=16$이므로 $x=\overline{ON}=6$

11 $\overline{OM}=\overline{ON}$이므로 $\overline{AB}=\overline{AC}$
따라서 $\triangle ABC$는 $\overline{AB}=\overline{AC}$인 이등변삼각형이므로
$\angle x=\angle B=55°$

12 $\overline{OM}=\overline{ON}$이므로 $\overline{AB}=\overline{AC}$
따라서 $\triangle ABC$는 $\overline{AB}=\overline{AC}$인 이등변삼각형이므로
$\angle x=\angle C=63°$

13 $\overline{OM}=\overline{ON}$이므로 $\overline{AB}=\overline{AC}$
따라서 $\triangle ABC$는 $\overline{AB}=\overline{AC}$인 이등변삼각형이므로
$\angle x=\frac{1}{2}\times(180°-80°)=50°$

14 $\overline{OM}=\overline{ON}$이므로 $\overline{AB}=\overline{AC}$
따라서 $\triangle ABC$는 $\overline{AB}=\overline{AC}$인 이등변삼각형이므로
$\angle x=\frac{1}{2}\times(180°-30°)=75°$

03 원의 접선과 반지름

본문 62쪽

1 50°　2 35°　3 145°　4 75°
5 45°　6 110°　7 8　8 13
9 1　10 7
☺ $\overline{PT}$, $\overline{OT}$
11 3　12 9　13 8　14 6
15 ④

1 $\overline{PA}$가 원 O의 접선이므로 $\angle PAO=90°$
따라서 직각삼각형 OPA에서
$\angle x=180°-(90°+40°)=50°$

2 $\overline{PA}$가 원 O의 접선이므로 $\angle PAO=90°$
따라서 직각삼각형 OAP에서
$\angle x=180°-(90°+55°)=35°$

3 $\overline{PA}$, $\overline{PB}$가 원 O의 접선이므로 $\angle PAO=\angle PBO=90°$
따라서 □OAPB에서 내각의 크기의 합은 360°이므로
$\angle x=360°-(90°+90°+35°)=145°$

4 $\overline{PA}$, $\overline{PB}$가 원 O의 접선이므로 $\angle PAO=\angle PBO=90°$
따라서 □AOBP에서 내각의 크기의 합은 360°이므로
$\angle x=360°-(90°+90°+105°)=75°$

5 $\overline{PA}$, $\overline{PB}$가 원 O의 접선이므로 $\angle PAO=\angle PBO=90°$
따라서 □OAPB에서 내각의 크기의 합은 360°이므로
$\angle x=360°-(90°+90°+135°)=45°$

6 $\overline{PA}$, $\overline{PB}$가 원 O의 접선이므로 $\angle PAO=\angle PBO=90°$
따라서 □AOBP에서 내각의 크기의 합은 360°이므로
$\angle x=360°-(90°+90°+70°)=110°$

7 $\overline{PA}$가 원 O의 접선이므로 $\angle PAO=90°$
따라서 직각삼각형 OAP에서
$x=\sqrt{10^2-6^2}=\sqrt{64}=8$

8 $\overline{PA}$가 원 O의 접선이므로 $\angle PAO=90°$
따라서 직각삼각형 OPA에서
$x=\sqrt{12^2+5^2}=\sqrt{169}=13$

9 $\overline{PA}$가 원 O의 접선이므로 $\angle PAO=90°$
따라서 직각삼각형 OAP에서
$x=\sqrt{(\sqrt{10})^2-3^2}=1$

10 $\overline{PA}$가 원 O의 접선이므로 $\angle PAO=90°$
따라서 직각삼각형 OAP에서
$x=\sqrt{15^2-(4\sqrt{11})^2}=\sqrt{49}=7$

11 $\triangle OPA$는 $\angle PAO=90°$인 직각삼각형이고
$\overline{OA}=\overline{OB}=x$이므로
$(x+3)^2=x^2+(3\sqrt{3})^2$, $6x=18$
따라서 $x=3$

12 $\triangle OPA$는 $\angle PAO=90°$인 직각삼각형이고
$\overline{OA}=\overline{OB}=8$이므로
$x+8=\sqrt{8^2+15^2}$, $x+8=\sqrt{289}=17$
따라서 $x=9$

13 $\triangle OPA$는 $\angle PAO=90°$인 직각삼각형이고
$\overline{OA}=\overline{OB}=6$이므로
$x=\sqrt{10^2-6^2}=8$

14 $\triangle OAP$는 $\angle PAO=90°$인 직각삼각형이고
$\overline{OB}=\overline{OA}=9$이므로
$x+9=\sqrt{12^2+9^2}$, $x+9=\sqrt{225}=15$
따라서 $x=6$

15 $\angle OAP=90°$이므로 $\overline{OA}=\overline{OB}=r$ cm라 하면
직각삼각형 APO에서
$(4+r)^2=8^2+r^2$, $8r=48$, 즉 $r=6$
따라서 원 O의 넓이는 $\pi\times6^2=36\pi(\text{cm}^2)$

04 원과 접선

본문 64쪽

원리확인

❶ $\overline{PB}$, 7　　❷ $\overline{PA}$, 15

1 6　2 $4\sqrt{3}$　3 44　4 64
5 5 (✎ $\overline{AF}$, $\overline{BD}$, 5, 2, $\overline{CF}$, 2, 3, 5)　6 4
7 10　8 6
☺ 2, 2
9 12 (✎ 9, 4, 9, 4, 13, 4, 4, 5, 13, 5, 12, 12)
10 $2\sqrt{15}$　11 12　12 $\frac{5}{2}$

1 $\overline{PA}=\overline{PB}=6\sqrt{3}$이고, $\triangle OPA$는 $\angle PAO=90°$인 직각삼각형이므로
$x=\sqrt{12^2-(6\sqrt{3})^2}=\sqrt{36}=6$

2 $\overline{PO}=4+4=8$
$\triangle OAP$는 $\angle PAO=90°$인 직각삼각형이므로
$x=\sqrt{8^2-4^2}=\sqrt{48}=4\sqrt{3}$

3 $\overline{PA}=\overline{PB}$이므로 $\triangle PBA$는 $\angle PAB=\angle PBA$인 이등변삼각형이다.
따라서 $x=180-2\times68=44$

4 $\overline{PA}=\overline{PB}$이므로 $\triangle PAB$는 $\angle PAB=\angle PBA$인 이등변삼각형이다.
따라서 $x=\frac{1}{2}\times(180-52)=64$

6 $\overline{BE}=\overline{BD}=3$
$\overline{AD}=\overline{AF}=10+3=13$이므로 $\overline{CE}=\overline{CF}=13-12=1$
따라서 $x=\overline{BE}+\overline{CE}=3+1=4$

7 $\overline{BE}=\overline{BD}=18-12=6$
$\overline{AF}=\overline{AD}=18$이므로 $\overline{CE}=\overline{CF}=18-14=4$
따라서 $x=\overline{BE}+\overline{CE}=6+4=10$

8 $\overline{BE}=\overline{BD}=11-7=4$
$\overline{AF}=\overline{AD}=11$이므로 $\overline{CE}=\overline{CF}=11-9=2$
따라서 $x=\overline{BE}+\overline{CE}=4+2=6$

10 $\overline{DE}=\overline{DA}=3$, $\overline{CE}=\overline{CB}=5$이므로
$\overline{DC}=\overline{DE}+\overline{CE}=3+5=8$
점 D에서 $\overline{CB}$에 내린 수선의 발을 H라 하면
$\overline{HB}=\overline{DA}=3$이므로 $\overline{CH}=5-3=2$
$\triangle DHC$에서 $\overline{DH}=\sqrt{8^2-2^2}=\sqrt{60}=2\sqrt{15}$
따라서 $x=\overline{DH}=2\sqrt{15}$

11 $\overline{DE}=\overline{DA}=12$, $\overline{CE}=\overline{CB}=3$이므로
$\overline{DC}=\overline{DE}+\overline{CE}=12+3=15$
점 C에서 $\overline{DA}$에 내린 수선의 발을 H라 하면
$\overline{HA}=\overline{CB}=3$이므로 $\overline{DH}=12-3=9$
$\triangle DHC$에서 $\overline{CH}=\sqrt{15^2-9^2}=12$
따라서 $x=\overline{CH}=12$

12 $\overline{DE}=\overline{DA}=x$, $\overline{CE}=\overline{CB}=10$이므로
$\overline{DC}=\overline{DE}+\overline{CE}=x+10$
점 D에서 $\overline{CB}$에 내린 수선의 발을 H라 하면
$\overline{DH}=\overline{AB}=2\overline{AO}=10$이고 $\overline{HB}=\overline{DA}=x$이므로
$\overline{CH}=10-x$
$\triangle$DHC에서
$10^2+(10-x)^2=(x+10)^2$, $40x=100$
따라서 $x=\frac{5}{2}$

05 삼각형의 내접원

본문 66쪽

원리확인

❶ x, y, z ❷ x, y, x, y, z

1 5 2 8 3 7 4 11
5 7 6 42 cm 7 24 cm 8 50 cm
9 34 cm
☺ 2
10 2 (✎ 12, 5, 13, r, r, r, 13, r, r, 2, 4, 2, 2)
11 1 12 3
☺ 정사각형

1 $\overline{BE}=\overline{BD}=4$, $\overline{CF}=\overline{CE}=7-4=3$
따라서 $x=\overline{AF}=8-3=5$

2 $\overline{BE}=\overline{BD}=9-6=3$
$\overline{AF}=\overline{AD}=6$이므로 $\overline{CE}=\overline{CF}=11-6=5$
따라서 $x=\overline{BE}+\overline{CE}=3+5=8$

3 $\overline{AD}=\overline{AF}=8-5=3$
$\overline{CE}=\overline{CF}=5$이므로 $\overline{BD}=\overline{BE}=9-5=4$
따라서 $x=\overline{BD}+\overline{AD}=4+3=7$

4 $\overline{BE}=\overline{BD}=6$
$\overline{AF}=\overline{AD}=14-6=8$이므로
$\overline{CE}=\overline{CF}=13-8=5$
따라서 $x=\overline{BE}+\overline{CE}=6+5=11$

5 $\overline{CF}=\overline{CE}=12-x$
$\overline{BD}=\overline{BE}=x$이므로 $\overline{AF}=\overline{AD}=10-x$
$\overline{AF}+\overline{CF}=\overline{AC}$이므로 $(10-x)+(12-x)=8$, $2x=14$
따라서 $x=7$

6 ($\triangle$ABC의 둘레의 길이)$=2\times(5+7+9)=42$(cm)

7 ($\triangle$ABC의 둘레의 길이)$=2\times(3+3+6)=24$(cm)

8 ($\triangle$ABC의 둘레의 길이)$=2\times(6+11+8)=50$(cm)

9 $\overline{AF}=\overline{AD}=9$ cm, $\overline{CE}=\overline{CF}=15-9=6$(cm)
따라서 ($\triangle$ABC의 둘레의 길이)$=2\times(9+6+2)$
$=34$(cm)

11 $\triangle$ABC는 직각삼각형이므로 $\overline{AC}=\sqrt{3^2+4^2}=5$
원 O의 반지름의 길이를 r라 하면 □ODBE는 한 변의 길이가 r인 정사각형이므로
$\overline{BD}=\overline{BE}=r$, $\overline{AF}=\overline{AD}=3-r$, $\overline{CF}=\overline{CE}=4-r$
이때 $\overline{AC}=\overline{AF}+\overline{CF}$이므로
$5=(3-r)+(4-r)$, $2r=2$, 즉 $r=1$
따라서 원 O의 반지름의 길이는 1이다.

12 $\triangle$ABC는 직각삼각형이므로 $\overline{AB}=\sqrt{17^2-15^2}=8$
원 O의 반지름의 길이를 r라 하면 □ADOF는 한 변의 길이가 r인 정사각형이므로
$\overline{AD}=\overline{AF}=r$, $\overline{CE}=\overline{CF}=15-r$,
$\overline{BD}=\overline{BE}=17-(15-r)=r+2$
이때 $\overline{AB}=\overline{AD}+\overline{BD}$이므로
$8=r+(r+2)$, $2r=6$, 즉 $r=3$
따라서 원 O의 반지름의 길이는 3이다.

06 외접사각형의 성질

본문 68쪽

원리확인

❶ $\overline{AS}$, $\overline{BQ}$, $\overline{CQ}$, $\overline{DS}$
❷ $\overline{DR}$, $\overline{BQ}$, $\overline{DS}$, $\overline{DS}$, $\overline{CQ}$, $\overline{BC}$

1 8 (✎ $\overline{BC}$, 10, 8) 2 20 3 8
4 10 5 50 cm (✎ $\overline{BC}$, 2, 2, 50)
6 40 cm 7 88 cm 8 58 cm
☺ $\overline{BC}$, $\overline{CD}$, $\overline{BC}$

9 5 (✎ 10, 6, 8, $\overline{CD}$, 8, 5)   10 7
11 17   12 16   13 4 (✎ $\overline{CD}$, 12, x, 4)
14 7   15 8   16 11
17 5 (✎ $\overline{DE}$, x, $x-2$, $x-2$, $8-x$, $8-x$, 80, 5)
18 $\frac{51}{5}$ 19 10   20 ④

2 $\overline{AB}+\overline{CD}=\overline{AD}+\overline{BC}$이므로
$11+15=6+x$
따라서 $x=20$

3 $\overline{AB}+\overline{CD}=\overline{AD}+\overline{BC}$이므로
$(x+7)+9=12+12$
따라서 $x=8$

4 $\overline{AB}+\overline{CD}=\overline{AD}+\overline{BC}$이므로
$13+13=8+(x+8)$
따라서 $x=10$

6 $\overline{AB}+\overline{CD}=\overline{AD}+\overline{BC}$이므로
(□ABCD의 둘레의 길이)$=\overline{AB}+\overline{BC}+\overline{CD}+\overline{DA}$
$=2(\overline{AD}+\overline{BC})$
$=2\times(7+13)$
$=40(\text{cm})$

7 $\overline{AB}+\overline{CD}=\overline{AD}+\overline{BC}$이므로
(□ABCD의 둘레의 길이)$=\overline{AB}+\overline{BC}+\overline{CD}+\overline{DA}$
$=2(\overline{AB}+\overline{CD})$
$=2\times(24+20)$
$=88(\text{cm})$

8 $\overline{AB}+\overline{CD}=\overline{AD}+\overline{BC}$이므로
(□ABCD의 둘레의 길이)$=\overline{AB}+\overline{BC}+\overline{CD}+\overline{DA}$
$=2(\overline{AD}+\overline{BC})$
$=2\times(13+16)$
$=58(\text{cm})$

10 △ABC는 직각삼각형이므로
$\overline{AB}=\sqrt{13^2-12^2}=5$
$\overline{AB}+\overline{CD}=\overline{AD}+\overline{BC}$이므로 $5+14=x+12$
따라서 $x=7$

11 △BCD는 직각삼각형이므로
$\overline{CD}=\sqrt{17^2-15^2}=8$
$\overline{AB}+\overline{CD}=\overline{AD}+\overline{BC}$이므로 $x+8=10+15$
따라서 $x=17$

12 △BCD는 직각삼각형이므로
$\overline{CD}=\sqrt{15^2-12^2}=9$
$\overline{AB}+\overline{CD}=\overline{AD}+\overline{BC}$이므로 $19+9=x+12$
따라서 $x=16$

14 $\overline{CF}=\overline{OF}=x$ cm이므로
$\overline{AB}+\overline{CD}=\overline{AD}+\overline{BC}$에서
$18+12=10+(13+x)$
따라서 $x=7$

15 $\overline{AB}$의 길이는 원 O의 지름의 길이와 같으므로
$\overline{AB}=2\times3=6(\text{cm})$
$\overline{AB}+\overline{CD}=\overline{AD}+\overline{BC}$이므로
$6+x=4+10$
따라서 $x=8$

16 $\overline{DC}$의 길이는 원 O의 지름의 길이와 같으므로
$\overline{DC}=2\times4=8(\text{cm})$
$\overline{AB}+\overline{CD}=\overline{AD}+\overline{BC}$이므로
$x+8=5+14$
따라서 $x=11$

18 □ABED가 원 O에 외접하므로
$\overline{AB}+\overline{DE}=\overline{AD}+\overline{BE}$에서 $9+x=12+\overline{BE}$
즉 $\overline{BE}=x-3$이므로 $\overline{CE}=12-(x-3)=15-x$
직각삼각형 DEC에서
$(15-x)^2+9^2=x^2$, $30x=306$
따라서 $x=\frac{51}{5}$

19 직각삼각형 ABE에서
$\overline{AE}=\sqrt{13^2-12^2}=5$이므로 $\overline{BC}=5+x$
□EBCD가 원 O에 외접하므로
$\overline{EB}+\overline{CD}=\overline{ED}+\overline{BC}$에서 $13+12=x+(5+x)$
따라서 $x=10$

20 $\overline{AB}$는 원 O의 지름의 길이와 같으므로
$\overline{AB}=2\times5=10(\text{cm})$
$\overline{AB}+\overline{CD}=\overline{AD}+\overline{BC}$이므로
$\overline{AD}+\overline{BC}=10+16=26(\text{cm})$
따라서
□ABCD$=\frac{1}{2}\times(\overline{AD}+\overline{BC})\times\overline{AB}$
$=\frac{1}{2}\times26\times10$
$=130(\text{cm}^2)$

TEST 3. 원과 직선

본문 71쪽

1 ②	2 ①	3 9 cm
4 ⑤	5 ④	6 68 cm^2

1 $\overline{AH}=\frac{1}{2}\times8=4(cm)$이므로
$\overline{OA}=\sqrt{4^2+3^2}=5(cm)$
따라서 원 O의 둘레의 길이는
$2\pi\times5=10\pi(cm)$

2 $\overline{OM}=\overline{ON}$이므로 $\overline{AB}=\overline{CD}$
직각삼각형 OAM에서
$\overline{AM}=\sqrt{(4\sqrt{2})^2-4^2}=4(cm)$
따라서 $\overline{CD}=\overline{AB}=2\overline{AM}=8(cm)$

3 $\overrightarrow{PT}$가 원 O의 접선이므로 $\overline{OT}\perp\overline{PT}$
원 O의 반지름의 길이를 r cm라 하면 △OPT에서
$(6+r)^2=12^2+r^2$, $12r=108$, 즉 $r=9$
따라서 원 O의 반지름의 길이는 9 cm이다.

4 $\overline{BD}=\overline{BE}=x$ cm라 하면
$\overline{AD}=\overline{AB}+\overline{BD}=12+x(cm)$
$\overline{CE}=(8-x)$ cm
$\overline{AF}=\overline{AC}+\overline{CF}=\overline{AC}+\overline{CE}$
$=10+(8-x)=18-x(cm)$
$\overline{AD}=\overline{AF}$이므로
$12+x=18-x$, $2x=6$, 즉 $x=3$
따라서 $\overline{BD}$의 길이는 3 cm이다.

5 (△ABC의 둘레의 길이)$=2(\overline{AF}+\overline{DB}+\overline{CF})$
$=2(\overline{AF}+6+8)=46(cm)$
따라서 $\overline{AF}=9$ cm

6 $\overline{AB}$는 원 O의 지름의 길이와 같으므로
$\overline{AB}=2\times4=8(cm)$
$\overline{AB}+\overline{CD}=\overline{AD}+\overline{BC}$이므로
$\overline{AD}+\overline{BC}=8+9=17(cm)$
따라서
$\square ABCD=\frac{1}{2}\times(\overline{AD}+\overline{BC})\times\overline{AB}$
$=\frac{1}{2}\times17\times8$
$=68(cm^2)$

4 원주각

01 원주각과 중심각의 크기

본문 74쪽

1 40° (✎ 80, 40)　2 60°　3 115°
4 48°　5 44°　6 96° (✎ 48, 96)
7 104°　8 90°　9 72°
☺ 2, 2
10 75° (✎ 210, 150, 75)　11 105°　12 115°
13 130°　14 150°
15 $\angle x=120°$, $\angle y=60°$ (✎ 240, 120, 240, 120, 60)
16 $\angle x=140°$, $\angle y=110°$
17 $\angle x=80°$, $\angle y=100°$
18 $\angle x=240°$, $\angle y=60°$
19 120° (✎ 24, 48, 36, 72, 48, 72, 120)
20 140°　21 104°　22 120°
23 48° (✎ 42, 84, 84, 48)　24 20°
25 54°　26 40°　27 58° (✎ 64, 116, 116, 58)
28 63°　29 78°　30 66°
☺ 180, $\frac{1}{2}$

2 $\angle x=\frac{1}{2}\angle AOB=\frac{1}{2}\times120°=60°$

3 $\angle x=\frac{1}{2}\angle AOB=\frac{1}{2}\times230°=115°$

4 $\angle x=\frac{1}{2}\angle AOB=\frac{1}{2}\times96°=48°$

5 $\angle x=\frac{1}{2}\angle AOB=\frac{1}{2}\times88°=44°$

7 $\angle x=2\angle APB=2\times52°=104°$

8 $\angle x=2\angle APB=2\times45°=90°$

9 $\angle x=2\angle APB=2\times36°=72°$

11 $\angle x=\frac{1}{2}\times(360°-150°)=\frac{1}{2}\times210°=105°$

12 $\angle x=\frac{1}{2}\times(360°-130°)=\frac{1}{2}\times230°=115°$

13 $\angle x=360^\circ-2\angle \text{APB}=360^\circ-2\times115^\circ$
$=360^\circ-230^\circ=130^\circ$

14 $\angle x=360^\circ-2\angle \text{APB}=360^\circ-2\times105^\circ$
$=360^\circ-210^\circ=150^\circ$

16 $\angle x=2\angle \text{BAD}=2\times70^\circ=140^\circ$
$\angle y=\frac{1}{2}\times(360^\circ-140^\circ)=\frac{1}{2}\times220^\circ=110^\circ$

17 $\angle x=\frac{1}{2}\angle \text{BOD}=\frac{1}{2}\times160^\circ=80^\circ$
$\angle y=\frac{1}{2}\times(360^\circ-160^\circ)=\frac{1}{2}\times200^\circ=100^\circ$

18 $\angle x=2\angle \text{ABC}=2\times120^\circ=240^\circ$
$\angle y=\frac{1}{2}\times(360^\circ-240^\circ)=\frac{1}{2}\times120^\circ=60^\circ$

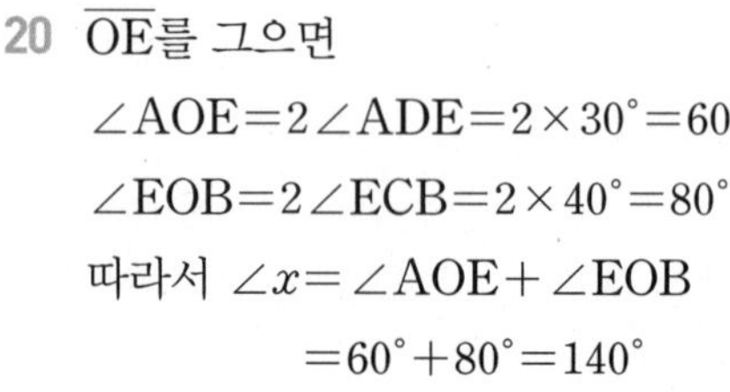

20 $\overline{\text{OE}}$를 그으면
$\angle \text{AOE}=2\angle \text{ADE}=2\times30^\circ=60^\circ$
$\angle \text{EOB}=2\angle \text{ECB}=2\times40^\circ=80^\circ$
따라서 $\angle x=\angle \text{AOE}+\angle \text{EOB}$
$=60^\circ+80^\circ=140^\circ$

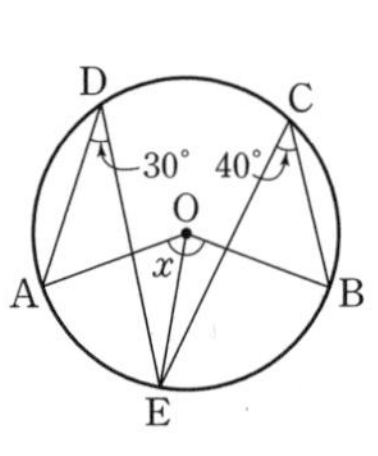

21 $\overline{\text{OE}}$를 그으면
$\angle \text{AOE}=2\angle \text{ADE}=2\times28^\circ=56^\circ$
$\angle \text{EOB}=2\angle \text{ECB}=2\times24^\circ=48^\circ$
따라서 $\angle x=\angle \text{AOE}+\angle \text{EOB}$
$=56^\circ+48^\circ=104^\circ$

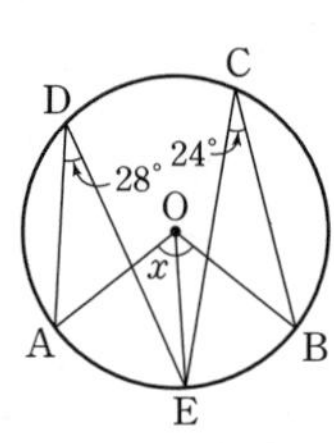

22 $\overline{\text{OE}}$를 그으면
$\angle \text{AOE}=2\angle \text{ADE}=2\times35^\circ=70^\circ$
$\angle \text{EOB}=2\angle \text{ECB}=2\times25^\circ=50^\circ$
따라서 $\angle x=\angle \text{AOE}+\angle \text{EOB}$
$=70^\circ+50^\circ=120^\circ$

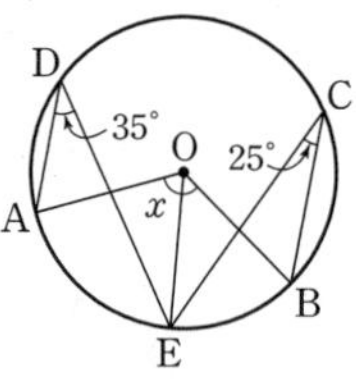

24 $\angle \text{AOB}=2\angle \text{APB}=2\times70^\circ=140^\circ$
$\triangle$OAB에서 $\angle x=\frac{1}{2}\times(180^\circ-140^\circ)=20^\circ$

25 $\angle \text{AOB}=2\angle \text{APB}=2\times36^\circ=72^\circ$
$\triangle$OAB에서 $\angle x=\frac{1}{2}\times(180^\circ-72^\circ)=54^\circ$

26 $\angle \text{AOB}=2\angle \text{APB}=2\times50^\circ=100^\circ$
$\triangle$OAB에서 $\angle x=\frac{1}{2}\times(180^\circ-100^\circ)=40^\circ$

28 $\overline{\text{OA}}$, $\overline{\text{OB}}$를 그으면
□AOBP에서
$\angle \text{AOB}=360^\circ-(90^\circ+54^\circ+90^\circ)$
$=126^\circ$
따라서 $\angle x=\frac{1}{2}\angle \text{AOB}=\frac{1}{2}\times126^\circ=63^\circ$

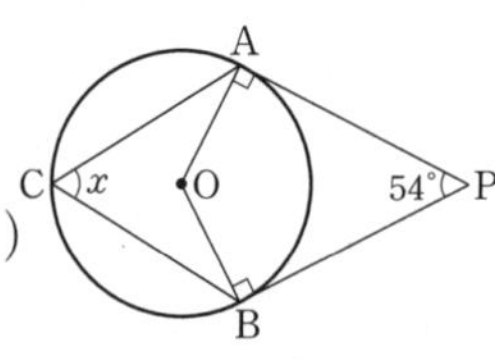

29 $\overline{\text{OA}}$, $\overline{\text{OB}}$를 그으면
$\angle \text{AOB}=2\angle \text{ACB}$
$=2\times51^\circ=102^\circ$
□APBO에서
$\angle x=360^\circ-(90^\circ+102^\circ+90^\circ)$
$=78^\circ$

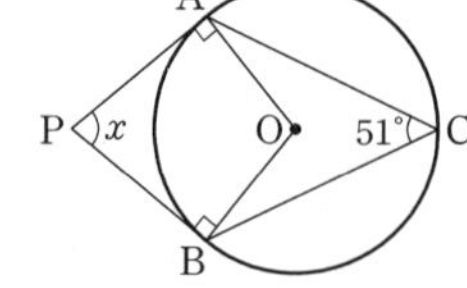

30 $\overline{\text{OA}}$, $\overline{\text{OB}}$를 그으면
□APBO에서
$\angle \text{AOB}$
$=360^\circ-(90^\circ+48^\circ+90^\circ)$
$=132^\circ$
따라서 $\angle x=\frac{1}{2}\angle \text{AOB}=\frac{1}{2}\times132^\circ=66^\circ$

02 원주각의 성질

본문 78쪽

원리확인

❶ 2, 48 ❷ $\frac{1}{2}$, 24
❸ $\frac{1}{2}$, 24 ❹ ARB, 24

1 52° (✎ 52) 2 36° 3 60°
4 80° 5 $\angle x=34^\circ$, $\angle y=68^\circ$ (✎ 34, 34, 68)
6 $\angle x=35^\circ$, $\angle y=35^\circ$ 7 $\angle x=80^\circ$, $\angle y=40^\circ$
8 $\angle x=60^\circ$, $\angle y=60^\circ$ 9 $\angle x=55^\circ$, $\angle y=110^\circ$
10 55° (✎ 30, 25, 30, 25, 55) 11 56°
12 70° 13 50°
14 $\angle x=50^\circ$, $\angle y=40^\circ$ (✎ 50, 40)
15 $\angle x=32^\circ$, $\angle y=48^\circ$ 16 $\angle x=50^\circ$, $\angle y=42^\circ$
17 $\angle x=35^\circ$, $\angle y=55^\circ$
☺ ACB, DBC
18 $\angle x=30^\circ$, $\angle y=70^\circ$ (✎ 30, 30, 70)

19 $\angle x=30^\circ$, $\angle y=40^\circ$ 20 $\angle x=26^\circ$, $\angle y=61^\circ$
21 $\angle x=35^\circ$, $\angle y=85^\circ$ 22 $\angle x=62^\circ$, $\angle y=100^\circ$
23 62° (✎ 90, 90, 62) 24 47° 25 40°
26 40° (✎ 90, 50, 90, 50, 40) 27 20°
28 70° (✎ 90, 90, 90, 35, 70) 29 46°
30 70°

2 $\angle x=\angle \mathrm{APB}=36^\circ$

3 $\angle x=\angle \mathrm{APB}=60^\circ$

4 $\angle x=\angle \mathrm{APB}=80^\circ$

6 $\angle x=\frac{1}{2}\angle \mathrm{AOB}=\frac{1}{2}\times 70^\circ=35^\circ$
$\angle y=\angle \mathrm{APB}=35^\circ$

7 $\angle x=2\angle \mathrm{APB}=2\times 40^\circ=80^\circ$
$\angle y=\angle \mathrm{APB}=40^\circ$

8 $\angle x=\frac{1}{2}\angle \mathrm{AOB}=\frac{1}{2}\times 120^\circ=60^\circ$
$\angle y=\angle \mathrm{APB}=60^\circ$

9 $\angle x=\angle \mathrm{APB}=55^\circ$
$\angle y=2\angle \mathrm{APB}=2\times 55^\circ=110^\circ$

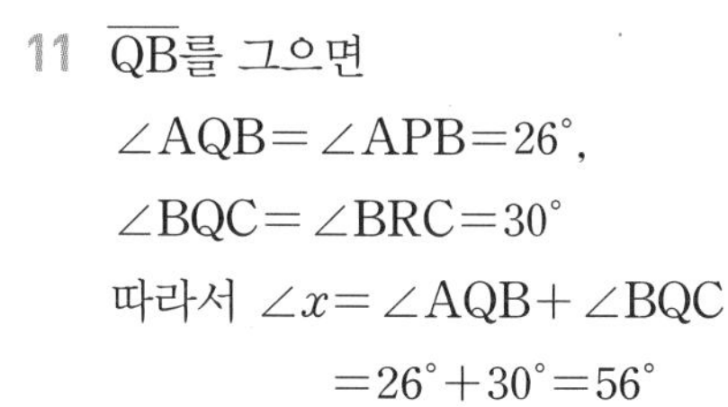

11 $\overline{\mathrm{QB}}$를 그으면
$\angle \mathrm{AQB}=\angle \mathrm{APB}=26^\circ$,
$\angle \mathrm{BQC}=\angle \mathrm{BRC}=30^\circ$
따라서 $\angle x=\angle \mathrm{AQB}+\angle \mathrm{BQC}$
$=26^\circ+30^\circ=56^\circ$

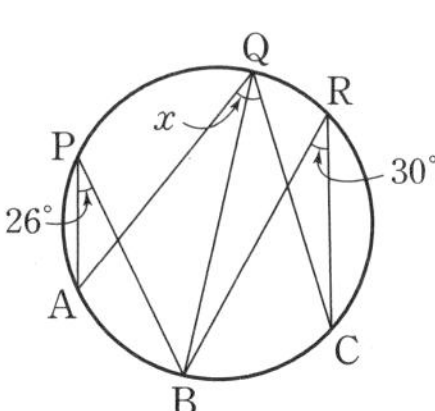

12 $\overline{\mathrm{QB}}$를 그으면
$\angle \mathrm{AQB}=\angle \mathrm{APB}=42^\circ$,
$\angle \mathrm{BQC}=\angle \mathrm{BRC}=28^\circ$
따라서 $\angle x=\angle \mathrm{AQB}+\angle \mathrm{BQC}$
$=42^\circ+28^\circ=70^\circ$

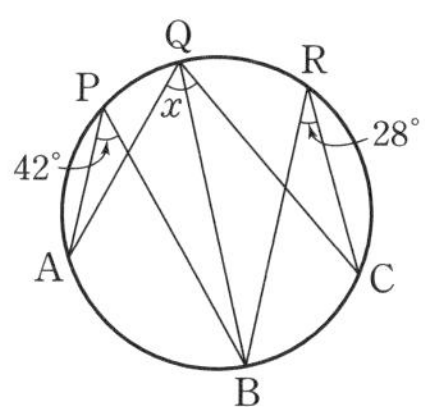

13 $\overline{\mathrm{PB}}$를 그으면
$\angle \mathrm{APB}=\angle \mathrm{AQB}=24^\circ$,
$\angle \mathrm{BPC}=\angle \mathrm{BRC}=26^\circ$
따라서 $\angle x=\angle \mathrm{APB}+\angle \mathrm{BPC}$
$=24^\circ+26^\circ=50^\circ$

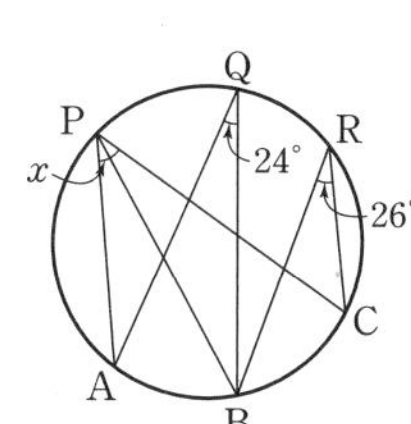

15 $\angle x=\angle \mathrm{ADB}=32^\circ$
$\angle y=\angle \mathrm{DBC}=48^\circ$

16 $\angle x=\angle \mathrm{DBC}=50^\circ$
$\angle y=\angle \mathrm{ADB}=42^\circ$

17 $\angle x=\angle \mathrm{ADB}=35^\circ$
$\angle y=\angle \mathrm{DBC}=55^\circ$

19 $\angle x=\angle \mathrm{ADB}=30^\circ$
$\triangle \mathrm{PBC}$에서 $30^\circ+\angle y=70^\circ$
따라서 $\angle y=40^\circ$

20 $\angle x=\angle \mathrm{DAC}=26^\circ$
$\triangle \mathrm{PBC}$에서 $\angle y=26^\circ+35^\circ=61^\circ$

21 $\angle x=\angle \mathrm{ADB}=35^\circ$
$\triangle \mathrm{PBC}$에서 $\angle y=50^\circ+35^\circ=85^\circ$

22 $\angle x=\angle \mathrm{BAC}=62^\circ$
$\triangle \mathrm{PCD}$에서 $\angle y=62^\circ+38^\circ=100^\circ$

24 $\angle \mathrm{ACB}=90^\circ$이므로 $\triangle \mathrm{ABC}$에서
$\angle x=180^\circ-(90^\circ+43^\circ)=47^\circ$

25 $\angle \mathrm{ABC}=90^\circ$이고
$\angle \mathrm{ACB}=50^\circ$($\overset{\frown}{\mathrm{AB}}$에 대한 원주각)
따라서 $\triangle \mathrm{ABC}$에서
$\angle x=180^\circ-(90^\circ+50^\circ)=40^\circ$

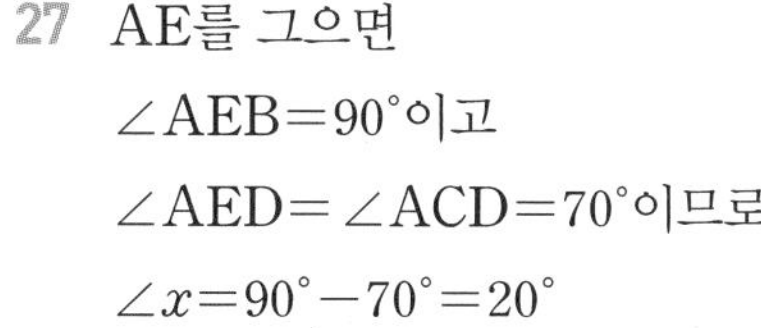

27 $\overline{\mathrm{AE}}$를 그으면
$\angle \mathrm{AEB}=90^\circ$이고
$\angle \mathrm{AED}=\angle \mathrm{ACD}=70^\circ$이므로
$\angle x=90^\circ-70^\circ=20^\circ$

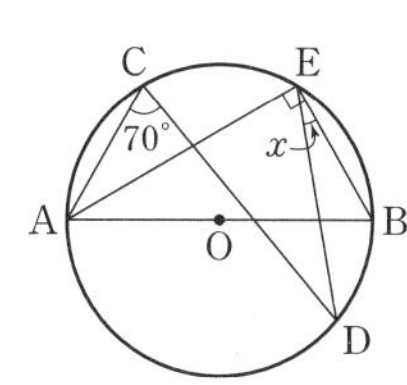

29 $\overline{\mathrm{AD}}$를 그으면
$\angle \mathrm{ADE}=180^\circ-\angle \mathrm{ADB}$
$=180^\circ-90^\circ=90^\circ$
이고 $\triangle \mathrm{EAD}$에서
$\angle \mathrm{EAD}=180^\circ-(90^\circ+67^\circ)$
$=23^\circ$
이므로 $\angle x=2\angle \mathrm{CAD}=46^\circ$

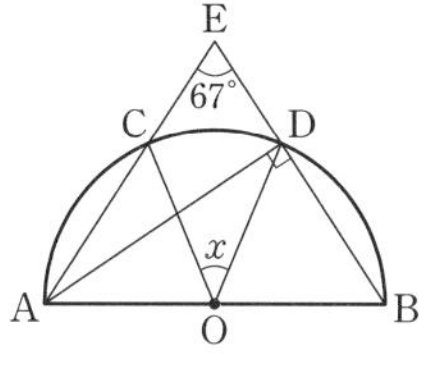

30 $\overline{AD}$를 그으면

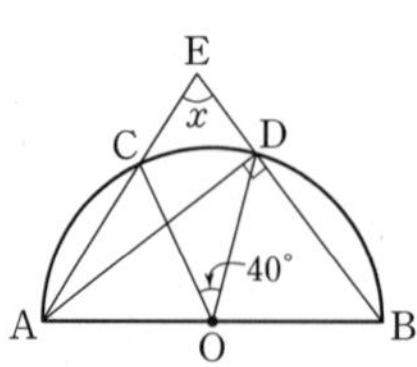

$\angle ADE = 180° - \angle ADB$
$= 180° - 90° = 90°$

$\angle CAD = \frac{1}{2}\angle COD$
$= \frac{1}{2} \times 40° = 20°$

이므로 $\triangle EAD$에서

$\angle x = 180° - (90° + 20°) = 70°$

03 원주각의 크기와 호의 길이

본문 82쪽

원리확인

❶ 40 ❷ 20 ❸ 20 ❹ 20

1 35 (✐35, 35)		**2** 20	**3** 38
4 54	**5** 60	**6** 80	**7** 60
8 7	**9** 5	**10** 10	
11 35 (✐70, 35, 35)		**12** 30	**13** 70
14 40	**15** 4 (✐64, 64, 4, 4)		**16** 10
17 9	**18** 3	**19** 75 (✐3, 3, 75, 75)	
20 56	**21** 48	**22** 17	
23 3 $\left(✐\frac{1}{3}, \frac{1}{3}, 3\right)$		**24** 6	**25** 3
26 6			

27 $\angle A = 60°$, $\angle B = 40°$, $\angle C = 80°$ (✐60, 2, 40, 4, 80)

28 $\angle A = 60°$, $\angle B = 45°$, $\angle C = 75°$

29 $\angle A = 60°$, $\angle B = 48°$, $\angle C = 72°$

☺ a, b, c

2 $\widehat{AB} = \widehat{CD}$이므로 $x° = \angle APB = 20°$
따라서 $x = 20$

3 $\widehat{AB} = \widehat{CD}$이므로 $x° = \angle APB = 38°$
따라서 $x = 38$

4 $\widehat{AB} = \widehat{CD}$이므로 $x° = \angle CBD = 54°$
따라서 $x = 54$

5 $\widehat{AB} = \widehat{CD}$이므로 $\angle ACB = \angle CBD = 30°$
$\triangle PBC$에서 $x° = 30° + 30° = 60°$
따라서 $x = 60$

6 $\widehat{AB} = \widehat{CD}$이므로 $\angle ADB = \angle CAD = 40°$
$\triangle PDA$에서 $x° = 40° + 40° = 80°$
따라서 $x = 80$

7 $\widehat{AB} = \widehat{CD}$이므로 $\angle DBC = \angle ACB = 30°$
$\triangle PBC$에서 $x° = 30° + 30° = 60°$
따라서 $x = 60$

8 $\angle APB = \angle CQD = 40°$이므로 $\widehat{AB} = \widehat{CD} = 7$ cm
따라서 $x = 7$

9 $\angle APB = \angle CQD = 32°$이므로 $\widehat{CD} = \widehat{AB} = 5$ cm
따라서 $x = 5$

10 $\angle APB = \angle BPC = 25°$이므로 $\widehat{BC} = \widehat{AB} = 10$ cm
따라서 $x = 10$

12 $\overline{OC}$를 그으면

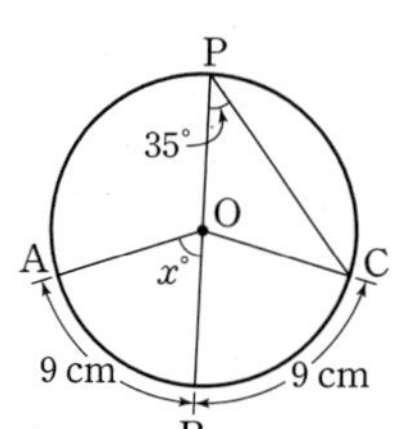

$\widehat{AB} = \widehat{BC}$이므로
$\angle BOC = \angle AOB = 60°$
따라서
$x° = \frac{1}{2}\angle BOC = \frac{1}{2} \times 60° = 30°$
이므로 $x = 30$

13 $\overline{OC}$를 그으면

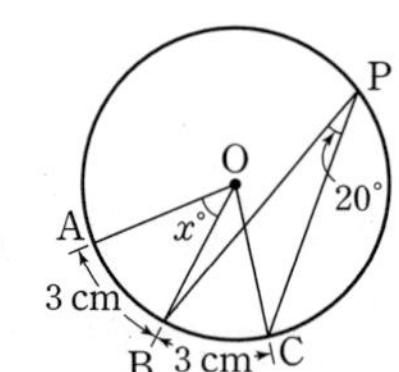

$\angle BOC = 2\angle BPC = 2 \times 35° = 70°$
$\widehat{AB} = \widehat{BC}$이므로 $x° = \angle BOC = 70°$
따라서 $x = 70$

14 $\overline{OC}$를 그으면

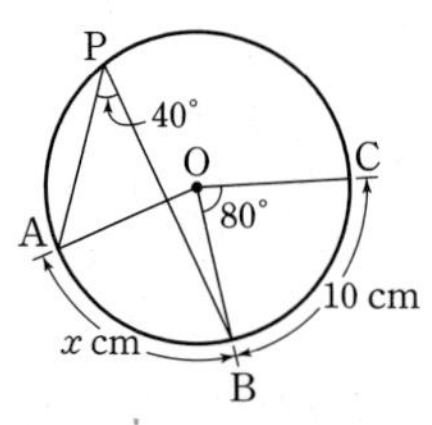

$\angle BOC = 2\angle BPC = 2 \times 20° = 40°$
$\widehat{AB} = \widehat{BC}$이므로 $x° = \angle BOC = 40°$
따라서 $x = 40$

16 $\overline{OA}$를 그으면

P
40°
O
C
80°
A
10 cm
x cm
B

$\angle AOB = 2\angle APB$
$= 2 \times 40° = 80°$
$\angle AOB = \angle BOC = 80°$이므로
$\widehat{AB} = \widehat{BC} = 10$ cm
따라서 $x = 10$

17 $\overline{OC}$, $\overline{OD}$를 그으면

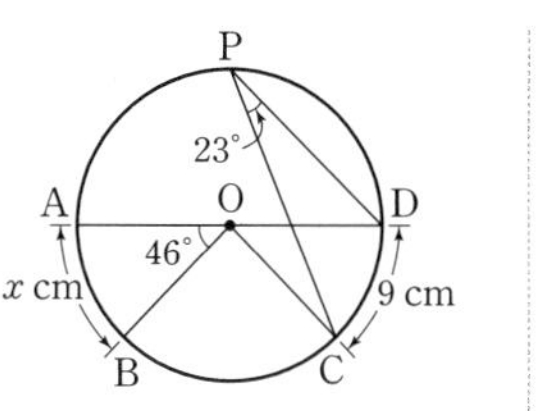

$\angle COD=2\angle CPD$

$=2\times23^\circ=46^\circ$

$\angle AOB=\angle COD=46^\circ$이므로

$\widehat{AB}=\widehat{CD}=9$ cm

따라서 $x=9$

18 $\overline{OB}$를 그으면

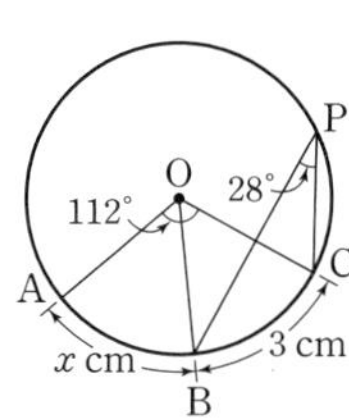

$\angle BOC=2\angle BPC=2\times28^\circ=56^\circ$

이고 $\angle AOB=112^\circ-56^\circ=56^\circ$

이므로 $\angle AOB=\angle BOC=56^\circ$

따라서 $\widehat{AB}=\widehat{BC}=3$ cm이므로

$x=3$

20 $\widehat{CD}=2\widehat{AB}$이므로 $\angle CQD=2\angle APB$

따라서 $x^\circ=2\times28^\circ=56^\circ$이므로 $x=56$

21 $\widehat{BC}=\frac{8}{5}\widehat{AB}$이므로

$\angle BQC=\frac{8}{5}\angle APB$

따라서 $x^\circ=\frac{8}{5}\times30^\circ=48^\circ$이므로

$x=48$

22 $\widehat{AB}=\frac{1}{4}\widehat{AC}$이므로

$\angle APB=\frac{1}{4}\angle AQC$

따라서 $x^\circ=\frac{1}{4}\times68^\circ=17^\circ$이므로

$x=17$

24 $\angle BPC=3\angle APB$이므로 $\widehat{BC}=3\widehat{AB}$

따라서 $x=3\times2=6$

25 $\angle CQD=\frac{1}{2}\angle APB$이므로 $\widehat{CD}=\frac{1}{2}\widehat{AB}$

따라서 $x=\frac{1}{2}\times6=3$

26 $\angle AQC=\frac{5}{2}\angle APB$이므로

$\widehat{AC}=\frac{5}{2}\widehat{AB}$

즉 $x+4=\frac{5}{2}\times4$, $x+4=10$

따라서 $x=6$

28 $\angle A=180^\circ\times\frac{4}{5+4+3}=60^\circ$

$\angle B=180^\circ\times\frac{3}{5+4+3}=45^\circ$

$\angle C=180^\circ\times\frac{5}{5+4+3}=75^\circ$

29 $\angle A=180^\circ\times\frac{5}{6+5+4}=60^\circ$

$\angle B=180^\circ\times\frac{4}{6+5+4}=48^\circ$

$\angle C=180^\circ\times\frac{6}{6+5+4}=72^\circ$

04 네 점이 한 원 위에 있을 조건

본문 86쪽

원리확인

❶ 65　❷ =　❸ 있다

1 ×	2 ○	3 ○	4 ○
5 ×	6 35°	7 46°	8 55°
9 30°	10 60°	11 70°	12 40°
13 104°	14 110°	15 ③	

1 $\angle BAC\neq\angle BDC$이므로 네 점 A, B, C, D는 한 원 위에 있지 않다.

2 $\angle ACB=\angle ADB$이므로 네 점 A, B, C, D는 한 원 위에 있다.

3 $\angle BAC=\angle BDC$이므로 네 점 A, B, C, D는 한 원 위에 있다.

4 $\angle BDC+30^\circ=80^\circ$이므로 $\angle BDC=50^\circ$

따라서 $\angle BAC=\angle BDC$이므로 네 점 A, B, C, D는 한 원 위에 있다.

5 $\angle BDC+30^\circ=85^\circ$이므로 $\angle BDC=55^\circ$

따라서 $\angle BAC\neq\angle BDC$이므로 네 점 A, B, C, D는 한 원 위에 있지 않다.

6 네 점 A, B, C, D가 한 원 위에 있으려면

$\angle BAC=\angle BDC$이어야 하므로

$\angle x=\angle BDC=35^\circ$

7 네 점 A, B, C, D가 한 원 위에 있으려면
$\angle ADB=\angle ACB$이어야 하므로
$\angle x=\angle ACB=46°$

8 네 점 A, B, C, D가 한 원 위에 있으려면
$\angle BAC=\angle BDC$이어야 한다.
이때 $\angle BAC+35°=90°$이므로 $\angle BAC=55°$
따라서 $\angle x=\angle BAC=55°$

9 네 점 A, B, C, D가 한 원 위에 있으려면
$\angle BAC=\angle BDC$이어야 한다.
이때 $\angle BAC+60°=90°$이므로 $\angle BAC=30°$
따라서 $\angle x=\angle BAC=30°$

10 네 점 A, B, C, D가 한 원 위에 있으려면
$\angle BAC=\angle BDC$이어야 한다.
이때 $\triangle DBC$에서 $\angle BDC+45°+75°=180°$이므로
$\angle BDC=60°$
따라서 $\angle x=\angle BDC=60°$

11 네 점 A, B, C, D가 한 원 위에 있으려면
$\angle BAC=\angle BDC$이어야 한다.
이때 $60°+50°+\angle BDC=180°$이므로 $\angle BDC=70°$
따라서 $\angle x=\angle BDC=70°$

12 네 점 A, B, C, D가 한 원 위에 있으려면
$\angle ABD=\angle ACD$이어야 한다.
이때 $50°+\angle ABD=90°$이므로 $\angle ABD=40°$
따라서 $\angle x=\angle ABD=40°$

13 네 점 A, B, C, D가 한 원 위에 있으려면
$\angle DBC=\angle DAC=42°$
이때 $42°+\angle x+34°=180°$이므로 $\angle x=104°$

14 네 점 A, B, C, D가 한 원 위에 있으려면
$\angle ABD=\angle ACD=72°$이어야 한다.
따라서 $\angle x=38°+72°=110°$

15 네 점 A, B, C, D가 한 원 위에 있으려면
$\angle ACB=\angle ADB=\angle x$
이때 $25°+\angle x=70°$이므로 $\angle x=45°$
또 $\angle BAC=\angle BDC=\angle y$이므로 $\triangle ABP$에서
$\angle y+55°+70°=180°$
따라서 $\angle y=55°$

05 원에 내접하는 사각형의 성질

본문 88쪽

1 $\angle x=85°$, $\angle y=100°$ (✎ 95, 85, 80, 100)
2 $\angle x=115°$, $\angle y=80°$ 3 $\angle x=90°$, $\angle y=40°$
4 $\angle x=75°$, $\angle y=45°$ 5 $\angle x=60°$, $\angle y=120°$
6 $\angle x=100°$, $\angle y=130°$ (✎ 100, 50, 130)
7 $\angle x=75°$, $\angle y=150°$ 8 $\angle x=65°$, $\angle y=115°$
☺ C, B
9 $\angle x=105°$, $\angle y=105°$ (✎ 75, 75, 105, 75, 105)
10 $\angle x=27°$, $\angle y=68°$
11 $\angle x=105°$, $\angle y=85°$ (✎ 105, 180, 85)
12 $\angle x=120°$, $\angle y=100°$ 13 $\angle x=105°$, $\angle y=100°$
14 $\angle x=40°$, $\angle y=85°$ (✎ 40, 40, 95, 85)
15 $\angle x=85°$, $\angle y=85°$ 16 $\angle x=25°$, $\angle y=125°$
17 $\angle x=65°$, $\angle y=65°$ (✎ 130, 65, 65)
18 $\angle x=105°$, $\angle y=105°$
19 $\angle x=48°$, $\angle y=67°$ (✎ 48, 48, 67)
20 $\angle x=35°$, $\angle y=53°$ 21 $\angle x=60°$, $\angle y=115°$
☺ 180, 180, =
22 62° (✎ 22, x, x, 22, 62) 23 59°
24 49° 25 58°
26 95° (✎ 25, 25, 85, 85, 95) 27 110°
28 140° 29 100°

2 $65°+\angle x=180°$이므로 $\angle x=115°$
$100°+\angle y=180°$이므로 $\angle y=80°$

3 $\overline{AC}$가 원 O의 지름이므로 $\angle x=\angle D=90°$
$\triangle ABC$에서 $50°+90°+\angle y=180°$이므로 $\angle y=40°$

4 $\triangle ABD$에서 $\angle DAB=180°-(30°+45°)=105°$이므로
$105°+\angle x=180°$
따라서 $\angle x=75°$
$45°+60°+30°+\angle y=180°$이므로 $\angle y=45°$

5 $\triangle BCD$에서 $40°+\angle x+80°=180°$이므로 $\angle x=60°$
$\angle BAD+\angle BCD=180°$이므로 $\angle y+60°=180°$
따라서 $\angle y=120°$

7 $\angle x+105°=180°$이므로 $\angle x=75°$
$\angle y=2\angle BAD=2\times 75°=150°$

8 $\angle x=\frac{1}{2}\angle \mathrm{BOD}=\frac{1}{2}\times 130^\circ=65^\circ$

$65^\circ+\angle y=180^\circ$이므로 $\angle y=115^\circ$

10 $\angle x=\angle \mathrm{ECD}=27^\circ$ ($\widehat{\mathrm{ED}}$에 대한 원주각)

□ABCE는 원에 내접하므로

$(27^\circ+85^\circ)+\angle y=180^\circ$

따라서 $\angle y=68^\circ$

12 $\angle x=120^\circ$

$80^\circ+\angle y=180^\circ$이므로 $\angle y=100^\circ$

13 $\angle x+75^\circ=180^\circ$이므로 $\angle x=105^\circ$

$\angle y=100^\circ$

15 △ACD에서 $50^\circ+45^\circ+\angle x=180^\circ$이므로 $\angle x=85^\circ$

$\angle y=\angle x=85^\circ$

16 $\angle x+35^\circ=60^\circ$이므로 $\angle x=25^\circ$

$\angle \mathrm{BDC}=90^\circ$이므로 △BCD에서

$\angle \mathrm{BCD}=180^\circ-(90^\circ+35^\circ)=55^\circ$

따라서 $\angle y+55^\circ=180^\circ$이므로 $\angle y=125^\circ$

18 $\angle x=\frac{1}{2}\times 210^\circ=105^\circ$

$\angle y=\angle x=105^\circ$

20 $\angle x=\angle \mathrm{DBC}=35^\circ$ ($\widehat{\mathrm{CD}}$에 대한 원주각)

$35^\circ+\angle y=88^\circ$이므로 $\angle y=53^\circ$

21 $\angle x=\angle \mathrm{BAC}=60^\circ$ ($\widehat{\mathrm{BC}}$에 대한 원주각)

$\angle y=55^\circ+60^\circ=115^\circ$

23 △PBC에서 $\angle \mathrm{DCQ}=\angle x+20^\circ$

□ABCD가 원에 내접하므로 $\angle \mathrm{CDQ}=\angle x$

△DCQ에서 $\angle x+(\angle x+20^\circ)+42^\circ=180^\circ$

$2\angle x=118^\circ$

따라서 $\angle x=59^\circ$

24 △PBC에서 $\angle \mathrm{DCQ}=\angle x+32^\circ$

□ABCD가 원에 내접하므로 $\angle \mathrm{CDQ}=\angle x$

△DCQ에서 $\angle x+(\angle x+32^\circ)+50^\circ=180^\circ$

$2\angle x=98^\circ$

따라서 $\angle x=49^\circ$

25 △PCD에서 $\angle \mathrm{BCQ}=\angle x+26^\circ$

□ABCD가 원에 내접하므로 $\angle \mathrm{CBQ}=\angle x$

△BQC에서 $\angle x+(\angle x+26^\circ)+38^\circ=180^\circ$

$2\angle x=116^\circ$

따라서 $\angle x=58^\circ$

27 $\overline{\mathrm{CE}}$를 그으면

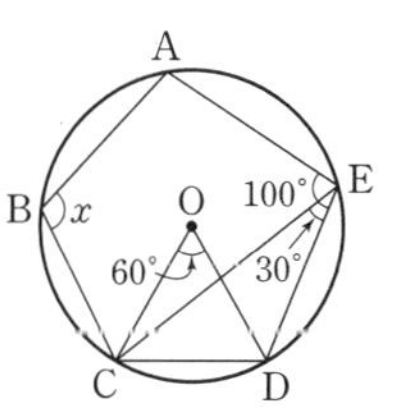

$\angle \mathrm{CED}=\frac{1}{2}\angle \mathrm{COD}$

$=\frac{1}{2}\times 60^\circ=30^\circ$

이므로 $\angle \mathrm{AEC}=100^\circ-30^\circ=70^\circ$

□ABCE는 원 O에 내접하므로

$\angle x+70^\circ=180^\circ$

따라서 $\angle x=110^\circ$

28  $\overline{\mathrm{AC}}$를 그으면

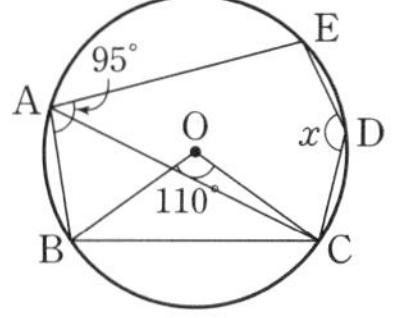

$\angle \mathrm{BAC}=\frac{1}{2}\angle \mathrm{BOC}$

$=\frac{1}{2}\times 110^\circ=55^\circ$

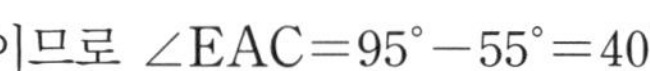 이므로 $\angle \mathrm{EAC}=95^\circ-55^\circ=40^\circ$

□ACDE는 원 O에 내접하므로

$40^\circ+\angle x=180^\circ$

따라서 $\angle x=140^\circ$

29  $\overline{\mathrm{AD}}$를 그으면

$\angle \mathrm{ADE}=\frac{1}{2}\angle \mathrm{AOE}$

$=\frac{1}{2}\times 80^\circ=40^\circ$

이므로 $\angle \mathrm{ADC}=120^\circ-40^\circ=80^\circ$

□ABCD가 원 O에 내접하므로

$\angle x+80^\circ=180^\circ$

따라서 $\angle x=100^\circ$

06 사각형이 원에 내접하기 위한 조건

본문 92쪽

원리확인

❶ ≠, 하지 않는다　　❷ =, 한다

1 ×	2 ○	3 ○	4 ×
5 ○	6 100°	7 90°	8 85°
9 60°			

☺ =, 180, 180, =

10 95°	11 100°	12 80°	13 ③

1 $\angle A+\angle C=110°+74°=184°\neq180°$
따라서 □ABCD는 원에 내접하지 않는다.

2 $\angle BAC=\angle BDC=45°$
따라서 네 점 A, B, C, D가 한 원 위에 있으므로 □ABCD는 원에 내접한다.

3 △ABC에서 $\angle B=180°-(60°+40°)=80°$
$\angle B+\angle D=80°+100°=180°$
따라서 □ABCD는 원에 내접한다.

4 $\angle A\neq\angle DCE$
따라서 □ABCD는 원에 내접하지 않는다.

5 $\overline{AD}/\!/\overline{BC}$이므로 $\angle A+\angle B=180°$이고
$\angle B=\angle C$이므로
$\angle A+\angle C=180°$
따라서 □ABCD는 원에 내접한다.

6 □ABCD가 원에 내접하려면 $\angle A+\angle C=180°$이어야 하므로 $\angle x+80°=180°$
따라서 $\angle x=100°$

7 □ABCD가 원에 내접하려면 $\angle B+\angle D=180°$이어야 하므로 $\angle x+90°=180°$
따라서 $\angle x=90°$

8 □ABCD가 원에 내접하려면 $\angle A+\angle C=180°$이어야 하므로 $\angle x+95°=180°$
따라서 $\angle x=85°$

9 □ABCD가 원에 내접하려면 $\angle A+\angle C=180°$이어야 하므로 $120°+\angle x=180°$
따라서 $\angle x=60°$

10 □ABCD가 원에 내접하려면
$\angle DCE=\angle A$이어야 하므로 $\angle x=95°$

11 □ABCD가 원에 내접하려면
$\angle ABE=\angle D$이어야 하므로 $\angle x=100°$

12 △ABD에서 $\angle A=180°-(45°+55°)=80°$
□ABCD가 원에 내접하려면
$\angle DCE=\angle A$이어야 하므로 $\angle x=80°$

13 □ABCD가 원에 내접하려면 $\angle BAD=\angle DCE$이어야 하므로 $\angle x+43°=110°$
따라서 $\angle x=67°$
$\angle ACB=180°-(110°+30°)=40°$
□ABCD가 원에 내접하려면 $\angle ADB=\angle ACB$이어야 하므로 $\angle y=40°$
따라서 $\angle x+\angle y=67°+40°=107°$

07 접선과 현이 이루는 각

본문 94쪽

1 40° (✎ 40) 2 56° 3 50°
4 80° 5 82° 6 70°
7 55° (✎ 90, 90, 55, 55) 8 30° 9 48°
10 62° 11 65° 12 72° (✎ 36, 72)
13 80° 14 124° 15 55° 16 70°
17 54° (✎ 40, 54, 54) 18 40°
19 34° (✎ 90, 28, 90, 28, 34) 20 24°
21 30° (✎ 90, 60, 90, 60, 30, 30, 60, 30)
22 35° 23 22° 24 26°
☺ 90, CBA, BCA
25 50° (✎ 65, 65, 65, 65, 50) 26 48°
27 67° 28 64°
☺ 이등변, ACB
29 88° (✎ 53, 53, 92, 92, 88) 30 36°
31 56° 32 70°

2 $\angle BAT=\angle BCA$이므로 $\angle x=56°$

3 $\angle CAT=\angle CBA$이므로 $\angle x=50°$

4 $\angle BAT=\angle BCA$이므로 $\angle x=80°$

5 $\angle BAT=180°-(50°+48°)=82°$
$\angle BAT=\angle BCA$이므로 $\angle x=82°$

6 $\angle BCA=\angle BAT=70°$이므로
△ABC에서 $\angle x=180°-(40°+70°)=70°$

8 $\overline{BC}$는 원 O의 지름이므로 $\angle CAB=90^\circ$
$\triangle ABC$에서 $\angle BCA=180^\circ-(90^\circ+60^\circ)=30^\circ$
따라서 $\angle x=\angle BCA=30^\circ$

9 $\overline{BC}$는 원 O의 지름이므로 $\angle CAB=90^\circ$
$\triangle ABC$에서 $\angle BCA=180^\circ-(90^\circ+42^\circ)=48^\circ$
따라서 $\angle x=\angle BCA=48^\circ$

10 $\overline{AC}$는 원 O의 지름이므로 $\angle ABC=90^\circ$
$\triangle ABC$에서 $\angle BCA=180^\circ-(90^\circ+28^\circ)=62^\circ$
따라서 $\angle x=\angle BCA=62^\circ$

11 $\overline{BC}$는 원 O의 지름이므로 $\angle CAB=90^\circ$
$\triangle ABC$에서 $\angle BCA=180^\circ-(90^\circ+25^\circ)=65^\circ$
따라서 $\angle x=\angle BCA=65^\circ$

13 $\angle ACB=\angle BAT=40^\circ$
따라서 $\angle x=2\angle ACB=2\times 40^\circ=80^\circ$

14 $\angle ABC=\angle TAC=62^\circ$
따라서 $\angle x=2\angle ABC=2\times 62^\circ=124^\circ$

15 $\angle ACB=\frac{1}{2}\angle AOB=\frac{1}{2}\times 110^\circ=55^\circ$
따라서 $\angle x=\angle ACB=55^\circ$

16 $\angle ABC=\frac{1}{2}\angle AOC=\frac{1}{2}\times 140^\circ=70^\circ$
따라서 $\angle x=\angle ABC=70^\circ$

18 $\triangle CPA$에서 $\angle CAP=70^\circ-30^\circ=40^\circ$
따라서 $\angle x=\angle CAP=40^\circ$

20 $\overline{BC}$는 원 O의 지름이므로 $\angle CAB=90^\circ$
$\angle BCA=\angle BAP=33^\circ$
$\triangle CPA$에서 $33^\circ+(90^\circ+33^\circ)+\angle x=180^\circ$
따라서 $\angle x=24^\circ$

22 $\overline{AC}$를 그으면 $\overline{BC}$는 원 O의 지름이므로
$\angle BAC=90^\circ$,
$\angle BCA=\angle BAT=55^\circ$
$\triangle ACB$에서 $\angle x+55^\circ+90^\circ=180^\circ$
따라서 $\angle x=35^\circ$

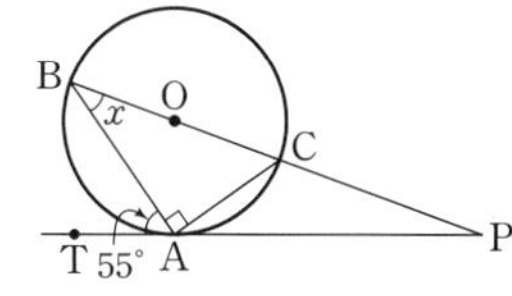

23 $\overline{AC}$를 그으면
$\overline{BC}$는 원 O의 지름이므로
$\angle CAB=90^\circ$,
$\angle BCA=\angle BAQ=68^\circ$
$\triangle ABC$에서 $\angle x+68^\circ+90^\circ=180^\circ$
따라서 $\angle x=22^\circ$

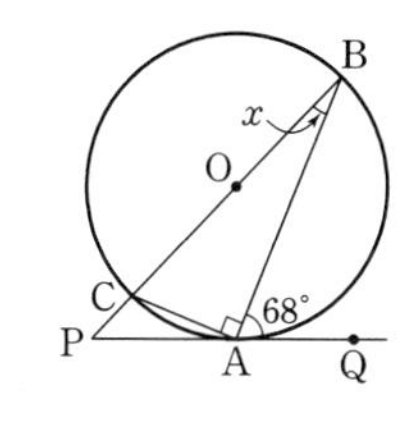

24 $\overline{AC}$를 그으면
$\overline{BC}$는 원 O의 지름이므로
$\angle CAB=90^\circ$
$\triangle ABC$에서
$\angle BCA=180^\circ-(90^\circ+32^\circ)=58^\circ$
$\angle CAP=\angle CBA=32^\circ$
$\triangle CPA$에서 $\angle x+32^\circ=58^\circ$
따라서 $\angle x=26^\circ$

26 $\angle PBA=\angle ACB=66^\circ$
$\overline{PA}=\overline{PB}$이므로 $\angle PAB=\angle PBA=66^\circ$
$\triangle APB$에서 $\angle x=180^\circ-(66^\circ+66^\circ)=48^\circ$

27 $\overline{PA}=\overline{PB}$이므로
$\angle PBA=\frac{1}{2}\times(180^\circ-46^\circ)=67^\circ$
따라서 $\angle x=\angle PBA=67^\circ$

28 $\overline{PA}=\overline{PB}$이므로
$\angle PBA=\frac{1}{2}\times(180^\circ-52^\circ)=64^\circ$
따라서 $\angle x=\angle PBA=64^\circ$

30 $\angle BDA=\angle BAT=64^\circ$
$\square ABCD$는 원 O에 내접하므로
$100^\circ+\angle DAB=180^\circ$에서
$\angle DAB=80^\circ$
$\triangle ABD$에서 $\angle x+64^\circ+80^\circ=180^\circ$
따라서 $\angle x=36^\circ$

31 $\angle DBA=\angle DAT=32^\circ$
$\square ABCD$는 원 O에 내접하므로 $\angle DAB+88^\circ=180^\circ$에서
$\angle DAB=92^\circ$
$\triangle ABD$에서 $\angle x+92^\circ+32^\circ=180^\circ$
따라서 $\angle x=56^\circ$

32 $\triangle BCD$에서 $\angle BCD=180^\circ-(45^\circ+35^\circ)=100^\circ$
$\square ABCD$는 원 O에 내접하므로 $100^\circ+\angle DAB=180^\circ$에서
$\angle DAB=80^\circ$

$\triangle$ABD에서 $\angle BDA=180^\circ-(80^\circ+30^\circ)=70^\circ$
따라서 $\angle x=\angle BDA=70^\circ$

08 두 원에서 접선과 현이 이루는 각

본문 98쪽

원리확인

❶ BAT, 45 ❷ CDT, 60

1 $\angle x=55^\circ$, $\angle y=55^\circ$ 2 $\angle x=75^\circ$, $\angle y=55^\circ$
3 $\angle x=70^\circ$, $\angle y=70^\circ$ 4 ①, ④

1 $\angle x=\angle DTP=\angle BTQ=\angle BAT=55^\circ$
$\triangle$CDT에서 $\angle y=180^\circ-(70^\circ+55^\circ)=55^\circ$

2 $\angle x=\angle PTD=\angle BTQ=\angle BAT=75^\circ$
$\triangle$CDT에서 $\angle y=180^\circ-(50^\circ+75^\circ)=55^\circ$

3 원 O′에서 $\angle x=\angle ABT=70^\circ$
원 O에서 $\angle y=\angle x=70^\circ$

4 ① $\angle DCT=\angle DTP=\angle BTQ=\angle TAB=65^\circ$
② $\angle BAT=65^\circ$, $\angle CTQ=50^\circ$이므로
$\angle BAT\neq\angle CTQ$
③ $\angle ABT=\angle PTA=\angle CTQ=\angle TDC=50^\circ$
④ $\angle CTD=180^\circ-(50^\circ+65^\circ)=65^\circ$
⑤ $\overline{AB}/\!/\overline{DC}$

TEST 4. 원주각

본문 99쪽

1 ①	2 ②	3 ③
4 ②	5 205°	6 75°

1 $\triangle$OBC에서 $\overline{OB}=\overline{OC}$이므로
$\angle BOC=180^\circ-(34^\circ+34^\circ)=112^\circ$
따라서 $\angle x=\frac{1}{2}\angle BOC=\frac{1}{2}\times112^\circ=56^\circ$

2 $\angle ACD=\angle ABD=58^\circ$ ($\widehat{AD}$에 대한 원주각)
$\triangle$PCD에서
$\angle BPC=\angle PDC+\angle PCD=30^\circ+58^\circ=88^\circ$

3 $\widehat{AB}=\widehat{BC}$이므로 $\angle ADB=\angle BDC=35^\circ$
$\angle ACD=\angle ABD=62^\circ$ ($\widehat{AD}$에 대한 원주각)
$\triangle$ACD에서 $\angle CAD=180^\circ-(35^\circ+35^\circ+62^\circ)=48^\circ$

4 ① $\angle ADB=\angle ACB$
② $\angle BAC=180^\circ-(35^\circ+90^\circ)=55^\circ$이므로
$\angle BAC\neq\angle BDC$
③ $\angle ADB=180^\circ-(70^\circ+50^\circ)=60^\circ$이므로
$\angle ADB=\angle ACB$
④ $\angle BAC=180^\circ-(40^\circ+60^\circ+40^\circ)=40^\circ$이므로
$\angle BAC=\angle BDC$
⑤ $\triangle$APC에서 $\angle DAC=25^\circ+20^\circ=45^\circ$이므로
$\angle DAC=\angle DBC$
따라서 네 점 A, B, C, D가 한 원 위에 있지 않은 것은 ②이다.

5 $81^\circ+\angle x=180^\circ$이므로 $\angle x=99^\circ$
$\angle y=\angle BAD=106^\circ$
따라서 $\angle x+\angle y=99^\circ+106^\circ=205^\circ$

6 $\angle BCA=\angle BAT=70^\circ$
따라서 $\triangle$ABC에서 $\angle x=180^\circ-(35^\circ+70^\circ)=75^\circ$

5 통계

01 대푯값; 평균

본문 102쪽

1 2.5 (✎3, 4, 2.5) 2 10 3 4
4 5 5 6 6 3 7 7
8 5 9 5 (✎4, 12, 5) 10 12
11 16 12 2 13 16 14 15
☺ n
15 3 (✎2, 6, 6, 9, 3)
16 4 17 9 18 4 19 ③

2 $(\text{평균})=\dfrac{9+11+9+11}{4}=10$

3 $(\text{평균})=\dfrac{2+4+5+3+6}{5}=4$

4 $(\text{평균})=\dfrac{1+3+5+7+9}{5}=5$

5 $(\text{평균})=\dfrac{2+4+6+8+10}{5}=6$

6 $(\text{평균})=\dfrac{2+2+4+6+3+1}{6}=3$

7 $(\text{평균})=\dfrac{7+7+7+7+7+7}{6}=7$

8 $(\text{평균})=\dfrac{3+4+5+8+7+3}{6}=5$

10 $(\text{평균})=\dfrac{2+x+6+8}{4}=7$이므로 $x+16=28$
따라서 $x=12$

11 $(\text{평균})=\dfrac{13+15+12+x}{4}=14$이므로 $x+40=56$
따라서 $x=16$

12 $(\text{평균})=\dfrac{3+x+6+5+9}{5}=5$이므로 $x+23=25$
따라서 $x=2$

13 $(\text{평균})=\dfrac{x+4+3+4+3}{5}=6$이므로 $x+14=30$
따라서 $x=16$

14 $(\text{평균})=\dfrac{1+13+2+x+8+3}{6}=7$이므로 $x+27=42$
따라서 $x=15$

16 $x+y=6$이므로
$(\text{평균})=\dfrac{x+6+y+4}{4}=\dfrac{6+10}{4}=4$

17 $x+y=6$이므로
$(\text{평균})=\dfrac{2x+3+2y+3}{2}=\dfrac{2(x+y+3)}{2}$
$=x+y+3=6+3=9$

18 $x+y=6$이므로
$(\text{평균})=\dfrac{x+x+1+y+y+3}{4}=\dfrac{2(x+y)+4}{4}$
$=\dfrac{12+4}{4}=4$

19 a, b, c의 평균이 2이므로
$\dfrac{a+b+c}{3}=2$, 즉 $a+b+c=6$
따라서 4, a, b, c, 5의 평균은
$\dfrac{4+a+b+c+5}{5}=\dfrac{6+9}{5}=\dfrac{15}{5}=3$

02 대푯값; 중앙값

본문 104쪽

1 5 (✎5, 6, 5) 2 11 3 22
4 92 5 196 6 44
7 4 (✎3, 5, 3, 5, 3, 5, 4) 8 6
9 14 10 174 11 5 12 $\dfrac{35}{2}$
☺ 홀수, 짝수, 평균
13 3 (✎5, 5, 4, 3) 14 12 15 11
16 20 17 62 18 ②

2 변량을 작은 값부터 크기순으로 나열하면
3, 9, 11, 13, 17
변량의 개수가 홀수이므로 중앙값은 11이다.

3 변량을 작은 값부터 크기순으로 나열하면
10, 15, 22, 28, 30
변량의 개수가 홀수이므로 중앙값은 22이다.

4 변량을 작은 값부터 크기순으로 나열하면
58, 80, 85, 92, 96, 104, 119
변량의 개수가 홀수이므로 중앙값은 92이다.

5 변량을 작은 값부터 크기순으로 나열하면
110, 125, 143, 196, 205, 217, 221
변량의 개수가 홀수이므로 중앙값은 196이다.

6 변량을 작은 값부터 크기순으로 나열하면
37, 39, 41, 41, 44, 53, 55, 59, 61
변량의 개수가 홀수이므로 중앙값은 44이다.

8 변량을 작은 값부터 크기순으로 나열하면
4, 5, 7, 10
변량의 개수가 짝수이므로 중앙값은 $\frac{5+7}{2}=6$이다.

9 변량을 작은 값부터 크기순으로 나열하면
8, 11, 13, 15, 17, 20
변량의 개수가 짝수이므로 중앙값은 $\frac{13+15}{2}=14$이다.

10 변량을 작은 값부터 크기순으로 나열하면
123, 134, 153, 195, 197, 273
변량의 개수가 짝수이므로 중앙값은 $\frac{153+195}{2}=174$이다.

11 변량을 작은 값부터 크기순으로 나열하면
1, 2, 3, 5, 5, 7, 9, 11
변량의 개수가 짝수이므로 중앙값은 $\frac{5+5}{2}=5$이다.

12 변량을 작은 값부터 크기순으로 나열하면
10, 13, 16, 17, 18, 19, 24, 26
변량의 개수가 짝수이므로 중앙값은 $\frac{17+18}{2}=\frac{35}{2}$이다.

14 한가운데에 있는 두 값은 10, x이므로
$\frac{10+x}{2}=11$, $10+x=22$
따라서 $x=12$

15 한가운데에 있는 두 값은 x, 14이므로
$\frac{x+14}{2}=12.5$, $x+14=25$
따라서 $x=11$

16 한가운데에 있는 두 값은 x, 22이므로
$\frac{x+22}{2}=21$, $x+22=42$
따라서 $x=20$

17 한가운데에 있는 두 값은 58, x이므로
$\frac{58+x}{2}=60$, $58+x=120$
따라서 $x=62$

18 x를 제외한 나머지 변량을 작은 값부터 크기순으로 나열하면
67, 75, 84
중앙값이 73이므로 x는 67과 75 사이의 수이어야 하고, 전체 자료를 작은 값부터 크기순으로 나열하면
67, x, 75, 84
(중앙값)$=\frac{x+75}{2}=73$이므로 $x+75=146$
따라서 $x=71$

03 대푯값; 최빈값

본문 106쪽

1 2 (✎2, 2) 2 5 3 14
4 7 5 29 6 4, 6 7 20, 27
8 9, 11 9 A형 10 게임, 노래
11 문학 12 야구, 축구
13 노랑, 파랑, 초록
14 24시간 15 558개 ☺ 최빈값
16 ⑤

2 자료의 변량 중에서 5가 가장 많이 나타나므로 최빈값은 5이다.

3 자료의 변량 중에서 14가 가장 많이 나타나므로 최빈값은 14이다.

4 자료의 변량 중에서 7이 가장 많이 나타나므로 최빈값은 7이다.

5 자료의 변량 중에서 29가 가장 많이 나타나므로 최빈값은 29이다.

6 자료의 변량 중에서 4, 6이 가장 많이 나타나므로 최빈값은 4, 6이다.

7 자료의 변량 중에서 20, 27이 가장 많이 나타나므로 최빈값은 20, 27이다.

8 자료의 변량 중에서 9, 11이 가장 많이 나타나므로 최빈값은 9, 11이다.

9 주어진 표에서 도수가 가장 큰 것은 A형이므로 최빈값은 A형이다.

10 주어진 표에서 도수가 가장 큰 것은 게임, 노래이므로 최빈값은 게임, 노래이다.

11 주어진 표에서 도수가 가장 큰 것은 문학이므로 최빈값은 문학이다.

12 주어진 표에서 도수가 가장 큰 것은 야구, 축구이므로 최빈값은 야구, 축구이다.

13 주어진 표에서 도수가 가장 큰 것은 노랑, 파랑, 초록이므로 최빈값은 노랑, 파랑, 초록이다.

14 주어진 표에서 24가 가장 많이 나타나므로 최빈값은 24시간이다.

15 주어진 표에서 558이 가장 많이 나타나므로 최빈값은 558개이다.

16 A, B 두 반의 학생 수가 같으므로
$2+4+x+5+3=20$, $x=6$
따라서 A반의 최빈값은 3회이므로 $a=3$
B반의 최빈값은 4회이므로 $b=4$
따라서 $a+b=7$

04 평균, 중앙값, 최빈값의 활용

본문 108쪽

1 × 2 ○ 3 × 4 ○
5 × 6 ○ 7 × 8 ○
9 평균: 20, 중앙값: 20, 최빈값: 20
10 평균: 5, 중앙값: 4, 최빈값: 4
11 평균: 16, 중앙값: 12, 최빈값: 9
12 평균: 98, 중앙값: 95, 최빈값: 95
13 평균: 85, 중앙값: 87.5, 최빈값: 90
14 평균: 90, 중앙값: 90, 최빈값: 85, 90, 95
15 평균: 10회, 중앙값: 9회, 최빈값: 20회
16 평균: 20분, 중앙값: 19분, 최빈값: 15분
17 ③

1 자료 전체의 특성을 대표적으로 나타내는 값을 대푯값이라 한다.

3 최빈값은 한 개일 수도 있고 여러 개일 수도 있다.

5 변량을 작은 값부터 크기순으로 나열하면 2, 4, 8이므로 주어진 자료의 중앙값은 4이다.

7 변량의 개수가 짝수이면 한가운데에 있는 두 값의 평균이 중앙값이므로 중앙값이 자료에 없는 값일 수도 있다.

9 $(\text{평균})=\dfrac{10+30+20+20}{4}=20$
변량을 작은 값부터 크기순으로 나열하면 10, 20, 20, 30
변량의 개수가 짝수이므로
중앙값은 $\dfrac{20+20}{2}=20$
자료의 변량 중에서 20이 가장 많이 나타나므로 최빈값은 20이다.

10 $(\text{평균})=\dfrac{4+8+2+7+4}{5}=5$
변량을 작은 값부터 크기순으로 나열하면 2, 4, 4, 7, 8
변량의 개수가 홀수이므로 중앙값은 4이다.
자료의 변량 중에서 4가 가장 많이 나타나므로 최빈값은 4이다.

11 $(\text{평균})=\dfrac{9+13+9+16+11+38}{6}=16$
변량을 작은 값부터 크기순으로 나열하면
9, 9, 11, 13, 16, 38
변량의 개수가 짝수이므로
중앙값은 $\dfrac{11+13}{2}=12$
자료의 변량 중에서 9가 가장 많이 나타나므로 최빈값은 9이다.

12 $(\text{평균})=\dfrac{111+95+100+90+100+95+95}{7}=98$
변량을 작은 값부터 크기순으로 나열하면
90, 95, 95, 95, 100, 100, 111
변량의 개수가 홀수이므로 중앙값은 95이다.
자료의 변량 중에서 95가 가장 많이 나타나므로 최빈값은 95이다.

13 $(\text{평균})=\dfrac{80+85+80+90+70+90+95+90}{8}=85$
변량을 작은 값부터 크기순으로 나열하면
70, 80, 80, 85, 90, 90, 90, 95

변량의 개수가 짝수이므로

중앙값은 $\frac{85+90}{2}=\frac{175}{2}=87.5$

자료의 변량 중에서 90이 가장 많이 나타나므로 최빈값은 90이다.

14 $(\text{평균})=\frac{85+115+90+90+95+80+75+95+85}{9}=90$

변량을 작은 값부터 크기순으로 나열하면

75, 80, 85, 85, 90, 90, 95, 95, 115

변량의 개수가 홀수이므로 중앙값은 90이다.

자료의 변량 중에서 85, 90, 95가 가장 많이 나타나므로 최빈값은 85, 90, 95이다.

15 $(\text{평균})=\frac{2+3+4+6+8+10+11+16+20+20}{10}$

$=10(\text{회})$

변량을 작은 값부터 크기순으로 나열하면

2, 3, 4, 6, 8, 10, 11, 16, 20, 20

변량의 개수가 짝수이므로

중앙값은 $\frac{8+10}{2}=9(\text{회})$

자료의 변량 중에서 20이 가장 많이 나타나므로 최빈값은 20회이다.

16 $(\text{평균})=\frac{11+12+15+15+17+18+20+21+22+25+31+33}{12}$

$=20(\text{분})$

변량을 작은 값부터 크기순으로 나열하면

11, 12, 15, 15, 17, 18, 20, 21, 22, 25, 31, 33

변량의 개수가 짝수이므로

중앙값은 $\frac{18+20}{2}=19(\text{분})$

자료의 변량 중에서 15가 가장 많이 나타나므로 최빈값은 15분이다.

17 $(\text{평균})=\frac{1\times2+2\times5+3\times2+4\times3+5\times3}{15}=3(\text{회})$이므로

$a=3$

변량을 작은 값부터 크기순으로 나열했을 때, 8번째 자료의 값이 3회이므로

$b=3$

최빈값은 2회이므로

$c=2$

따라서 $a+b+c=3+3+2=8$

05 산포도와 편차

본문 110쪽

1 -1, 0, 4　**2** -4, -2, 1, 5

3 3, 9, -5, -4, -3　**4** 1, 8, 13, 10

5 -4 (✎ 0, -4)　**6** 1　**7** -5

8 -3

☺ 양수, 음수, 0

9 ○　**10** ×　**11** ○　**12** ×

13 (1) -2 (2) 89점　**14** 81분　**15** 14회

16 97회　**17** ①

6 $3+x+0-4=0$이므로 $x=1$

7 $1+5-3+x+2=0$이므로 $x=-5$

8 $x+1-2+3-4+5=0$이므로 $x=-3$

10 편차는 변량에서 평균을 뺀 값이다.

12 편차의 절댓값이 작을수록 그 변량은 평균에 가까이 있다.

13 (1) 편차의 총합이 0이므로 $-5+x+1+6=0$

따라서 $x=-2$

(2) (여정이의 과학 점수)=(편차)+(평균)

$=-2+91=89(\text{점})$

14 편차의 총합이 0이므로

$-23-8+0+11+x=0$, $x=20$

따라서

(금요일의 TV 시청 시간)=(편차)+(평균)

$=20+61$

$=81(\text{분})$

15 편차의 총합이 0이므로

$9+x+x+1-11+7=0$

$2x+6=0$, $x=-3$

따라서

(B 소방서의 출동 횟수)=(편차)+(평균)

$=-3+17$

$=14(\text{회})$

16 편차의 총합이 0이므로

$10+3+x-4+5-8=0$에서 $x=-6$

따라서

(희진이의 줄넘기 횟수)=(편차)+(평균)

$=-6+103$

$=97$(회)

17 (평균)$=\dfrac{163+172+165+167+183}{5}=170$(cm)

따라서

(창민이의 편차)$=167-170=-3$(cm)

06 분산과 표준편차

본문 112쪽

1 (1) 20 (✎ 3, 20) (2) 5 (✎ 20, 5) (3) $\sqrt{5}$ (✎ $\sqrt{5}$)

2 (1) 30 (2) 6 (3) $\sqrt{6}$ **3** (1) 84 (2) 14 (3) $\sqrt{14}$

4 (1) 6 (2)

1	−1	−2	0	2
1	1	4	0	4

(3) 10 (4) 2 (5) $\sqrt{2}$

5 (1) 13 (2)

2	6	3	−10	−6	5
4	36	9	100	36	25

(3) 210 (4) 35 (5) $\sqrt{35}$

6 분산: 8, 표준편차: $2\sqrt{2}$점

7 분산: 2, 표준편차: $\sqrt{2}$회

8 분산: 7, 표준편차: $\sqrt{7}$개

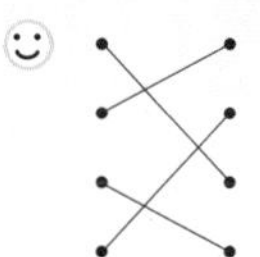

9 (1) 2 (2) 30 (3) 7.5 (4) $\sqrt{7.5}$

10 (1) 4 (2) 50 (3) 10 (4) $\sqrt{10}$

11 (1) 3 (2) 48 (3) 8 (4) $2\sqrt{2}$

12 (1) 13 (✎ 4, 15, 60, 13) (2) 26 (✎ 13, 26)

(3) $\sqrt{26}$ (✎ $\sqrt{26}$)

13 (1) 7 (2) 4 (3) 2 **14** (1) 32 (2) 10 (3) $\sqrt{10}$

15 (1) −3 (✎ 0, 0, −3) (2) 9 (✎ 4, 1, 5, 4, 9)

(3) 0 (✎ 9, 9, 0)

16 (1) −2 (2) 24 (3) −10

17 (1) −6 (2) 26 (3) 5 **18** (1) 0 (2) 48 (3) −24

19 ④

2 (1) {(편차)^{2}의 총합}$=4^2+(-3)^2+0^2+(-2)^2+1^2=30$

(2) (분산)$=\dfrac{30}{5}=6$

(3) (표준편차)$=\sqrt{6}$

3 (1) {(편차)^{2}의 총합}

$=6^2+(-3)^2+1^2+(-2)^2+3^2+(-5)^2=84$

(2) (분산)$=\dfrac{84}{6}=14$

(3) (표준편차)$=\sqrt{14}$

4 (1) (평균)$=\dfrac{7+5+4+6+8}{5}=6$

(3) {(편차)^{2}의 총합}$=1+1+4+0+4=10$

(4) (분산)$=\dfrac{10}{5}=2$

(5) (표준편차)$=\sqrt{2}$

5 (1) (평균)$=\dfrac{15+19+16+3+7+18}{6}=13$

(3) {(편차)^{2}의 총합}$=4+36+9+100+36+25=210$

(4) (분산)$=\dfrac{210}{6}=35$

(5) (표준편차)$=\sqrt{35}$

6 (평균)$=\dfrac{6+8+10+2+9}{5}=7$(점)

각 변량의 편차는 −1, 1, 3, −5, 2(점)

(편차)^{2}의 총합은 $(-1)^2+1^2+3^2+(-5)^2+2^2=40$

따라서 분산은 $\dfrac{40}{5}=8$, 표준편차는 $\sqrt{8}=2\sqrt{2}$(점)이다.

7 (평균)$=\dfrac{10+8+11+12+9}{5}=10$(회)

각 변량의 편차는 0, −2, 1, 2, −1(회)

(편차)^{2}의 총합은 $0^2+(-2)^2+1^2+2^2+(-1)^2=10$

따라서 분산은 $\dfrac{10}{5}=2$, 표준편차는 $\sqrt{2}$회이다.

8 (평균)$=\dfrac{9+3+1+6+4+7}{6}=5$(개)

각 변량의 편차는 4, −2, −4, 1, −1, 2(개)

(편차)^{2}의 총합은

$4^2+(-2)^2+(-4)^2+1^2+(-1)^2+2^2=42$

따라서 분산은 $\dfrac{42}{6}=7$, 표준편차는 $\sqrt{7}$개이다.

9 (1) $-4+3+x-1=0$이므로 $x=2$

(2) {(편차)^{2}의 총합}$=(-4)^2+3^2+2^2+(-1)^2=30$

(3) (분산)$=\dfrac{30}{4}=7.5$

(4) (표준편차)$=\sqrt{7.5}$

10 (1) $1+x-2-5+2=0$이므로 $x=4$

(2) $\{(\text{편차})^2\text{의 총합}\}=1^2+4^2+(-2)^2+(-5)^2+2^2=50$

(3) $(\text{분산})=\frac{50}{5}=10$

(4) $(\text{표준편차})=\sqrt{10}$

11 (1) $-3+2-1-4+3+x=0$이므로 $x=3$

(2) $\{(\text{편차})^2\text{의 총합}\}$

$=(-3)^2+2^2+(-1)^2+(-4)^2+3^2+3^2=48$

(3) $(\text{분산})=\frac{48}{6}=8$

(4) $(\text{표준편차})=\sqrt{8}=2\sqrt{2}$

13 (1) 평균이 4이므로 $\frac{1+5+x+3+4}{5}=4$

따라서 $x=7$

(2) (분산)

$=\frac{(1-4)^2+(5-4)^2+(7-4)^2+(3-4)^2+(4-4)^2}{5}$

$=\frac{20}{5}=4$

(3) $(\text{표준편차})=\sqrt{4}=2$

14 (1) 평균이 30이므로 $\frac{25+31+28+x+34}{5}=30$

따라서 $x=32$

(2) (분산)

$=\frac{(25-30)^2+(31-30)^2+(28-30)^2+(32-30)^2+(34-30)^2}{5}$

$=\frac{50}{5}=10$

(3) $(\text{표준편차})=\sqrt{10}$

16 (1) $x-3+1+y+4=0$이므로 $x+y=-2$

(2) 분산이 10이므로 $\frac{x^2+(-3)^2+1^2+y^2+4^2}{5}=10$

따라서 $x^2+y^2=24$

(3) $(x+y)^2=x^2+2xy+y^2$이므로

$(-2)^2=24+2xy$, $2xy=-20$

따라서 $xy=-10$

17 (1) $-1+x+4-2+5+y=0$이므로 $x+y=-6$

(2) 분산이 12이므로

$\frac{(-1)^2+x^2+4^2+(-2)^2+5^2+y^2}{6}=12$

따라서 $x^2+y^2=26$

(3) $(x+y)^2=x^2+2xy+y^2$이므로

$(-6)^2=26+2xy$, $2xy=10$

따라서 $xy=5$

18 (1) $4+x-2+y-5+3=0$이므로 $x+y=0$

(2) 분산이 17이므로

$\frac{4^2+x^2+(-2)^2+y^2+(-5)^2+3^2}{6}=17$

따라서 $x^2+y^2=48$

(3) $(x+y)^2=x^2+2xy+y^2$이므로

$0^2=48+2xy$, $2xy=-48$

따라서 $xy=-24$

19 평균이 3개이므로 $\frac{5+a+1+b+2}{5}=3$

따라서 $a+b=7$

각 변량의 편차가 2, $a-3$, -2, $b-3$, -1(개)이고 분산이 2이므로

$\frac{2^2+(a-3)^2+(-2)^2+(b-3)^2+(-1)^2}{5}=2$

$a^2+b^2-6(a+b)=-17$, $a^2+b^2-6\times7=-17$

따라서 $a^2+b^2=25$

이때 $(a+b)^2=a^2+2ab+b^2$이므로

$7^2=25+2ab$, $2ab=24$

따라서 $ab=12$

07 자료의 분석

본문 116쪽

1 (1) × (2) ○ (3) × (4) ○ (5) ×

☺ A, B

2 (1) 민호 (2) 민경 (3) 태연

3 (1) A 지역 (2) C 지역 (3) B 지역

4 (1) 혜진 (2) 석천 (3) 혜진

5 (1) 1반 (2) 2반 (3) 3반

6 (1) A 지역: 18 ℃, B 지역: 20 ℃

(2) A 지역: 6, B 지역: 9.2 (3) B 지역 (4) A 지역

7 (1) 1학년: 14명, 2학년: 12명 (2) 1학년: 6, 2학년: 8

(3) 2학년 (4) 2학년

8 (1) A 동호회: 4시간, B 동호회: 4시간

(2) A 동호회: 1.2, B 동호회: 1.4 (3) A 동호회

(4) A 동호회

9 (1) A반: 3권, B반: 3권, C반: 3권

(2) A반: 2, B반: 2.6, C반: 1.2 (3) C반

10 ①, ⑤

1 (1) 주어진 자료만으로는 두 반의 학생 수를 알 수 없다.
(2) A반의 평균이 B반의 평균보다 낮으므로 A반의 수학 성적이 B반의 수학 성적보다 대체로 낮다.
(3) 수학 점수가 가장 높은 학생이 속한 반은 알 수 없다.
(4) A반의 표준편차가 B반의 표준편차보다 크므로 A반의 수학 점수의 산포도가 B반의 수학 점수의 산포도보다 크다.
(5) B반의 표준편차가 A반의 표준편차보다 작으므로 B반의 수학 점수가 A반의 수학 점수보다 더 고르다고 할 수 있다.

2 (1) 독서 시간이 가장 긴 학생은 평균이 가장 큰 학생이므로 민호이다.
(2) 독서 시간이 가장 고른 학생은 표준편차가 가장 작은 학생이므로 민경이다.
(3) 독서 시간이 가장 고르지 않은 학생은 표준편차가 가장 큰 학생이므로 태연이다.

3 (1) 주민들의 나이가 가장 어린 지역은 평균이 가장 작은 지역이므로 A 지역이다.
(2) 주민들의 나이가 가장 고른 지역은 표준편차가 가장 작은 지역이므로 C 지역이다.
(3) 주민들의 나이가 가장 고르지 않은 지역은 표준편차가 가장 큰 지역이므로 B 지역이다.

4 (1) 수면 시간이 가장 긴 학생은 평균이 가장 큰 학생이므로 혜진이다.
(2) 수면 시간이 가장 짧은 학생은 평균이 가장 작은 학생이므로 석천이다.
(3) 수면 시간이 가장 고른 학생은 표준편차가 가장 작은 학생이므로 혜진이다.

5 (1) 턱걸이 횟수가 가장 많은 반은 평균이 가장 큰 반이므로 1반이다.
(2) 턱걸이 횟수가 가장 적은 반은 평균이 가장 작은 반이므로 2반이다.
(3) 턱걸이 횟수가 가장 고른 반은 표준편차가 가장 작은 반이므로 3반이다.

6 (1) $(\text{A 지역의 평균})=\frac{18+20+14+21+17}{5}=18(℃)$
$(\text{B 지역의 평균})=\frac{25+20+18+16+21}{5}=20(℃)$
(2) A 지역의 각 변량의 편차는 $0,\ 2,\ -4,\ 3,\ -1(℃)$이므로
$(\text{A 지역의 분산})=\frac{0^2+2^2+(-4)^2+3^2+(-1)^2}{5}=6$
B 지역의 각 변량의 편차는 $5,\ 0,\ -2,\ -4,\ 1(℃)$이므로
$(\text{B 지역의 분산})=\frac{5^2+0^2+(-2)^2+(-4)^2+1^2}{5}$
$=\frac{46}{5}=9.2$
(3) 일 최고 기온이 더 높은 지역은 평균이 더 큰 지역이므로 B 지역이다.
(4) 일 최고 기온이 더 고른 지역은 분산이 더 작은 지역이므로 A 지역이다.

7 (1) $(\text{1학년의 평균})=\frac{14+15+18+12+11}{5}=14(\text{명})$
$(\text{2학년의 평균})=\frac{9+11+10+17+13}{5}=12(\text{명})$
(2) 1학년의 각 변량의 편차는 $0,\ 1,\ 4,\ -2,\ -3$(명)이므로
$(\text{1학년의 분산})=\frac{0^2+1^2+4^2+(-2)^2+(-3)^2}{5}=6$
2학년의 각 변량의 편차는 $-3,\ -1,\ -2,\ 5,\ 1$(명)이므로
$(\text{2학년의 분산})=\frac{(-3)^2+(-1)^2+(-2)^2+5^2+1^2}{5}$
$=8$
(3) 안경을 착용한 학생 수가 더 적은 학년은 평균이 더 작은 학년이므로 2학년이다.
(4) 안경을 착용한 학생 수가 더 고르지 않은 학년은 분산이 더 큰 학년이므로 2학년이다.

8 (1) (A 동호회의 평균)
$=\frac{2\times1+3\times2+4\times4+5\times2+6\times1}{10}=4(\text{시간})$
(B 동호회의 평균)
$=\frac{2\times1+3\times3+4\times2+5\times3+6\times1}{10}=4(\text{시간})$
(2) (A 동호회의 분산)
$=\frac{(-2)^2\times1+(-1)^2\times2+0^2\times4+1^2\times2+2^2\times1}{10}$
$=1.2$
(B 동호회의 분산)
$=\frac{(-2)^2\times1+(-1)^2\times3+0^2\times2+1^2\times3+2^2\times1}{10}$
$=1.4$
(3) 봉사 활동 시간이 더 고른 동호회는 분산이 더 작은 동호회이므로 A 동호회이다.
(4) 평균 가까이에 더 모여 있는 동호회는 분산이 더 작은 동호회이므로 A 동호회이다.

9 세 반 A, B, C의 학생 수는 각각 20명씩이다.

(1) (A반의 평균)

$=\frac{1\times4+2\times4+3\times4+4\times4+5\times4}{20}=3$(권)

(B반의 평균)

$=\frac{1\times6+2\times2+3\times4+4\times2+5\times6}{20}=3$(권)

(C반의 평균)

$=\frac{1\times2+2\times4+3\times8+4\times4+5\times2}{20}=3$(권)

(2) (A반의 분산)

$=\frac{(-2)^2\times4+(-1)^2\times4+0^2\times4+1^2\times4+2^2\times4}{20}$

$=2$

(B반의 분산)

$=\frac{(-2)^2\times6+(-1)^2\times2+0^2\times4+1^2\times2+2^2\times6}{20}$

$=2.6$

(C반의 분산)

$=\frac{(-2)^2\times2+(-1)^2\times4+0^2\times8+1^2\times4+2^2\times2}{20}$

$=1.2$

(3) 읽은 책의 권수가 가장 고른 반은 분산이 가장 작은 반이므로 C반이다.

10 ②, ③ 각 반의 학생 수와 최고 득점자는 알 수 없다.

④ 과학 성적이 가장 고른 반은 표준편차가 가장 작은 2반이다.

08 산점도

본문 120쪽

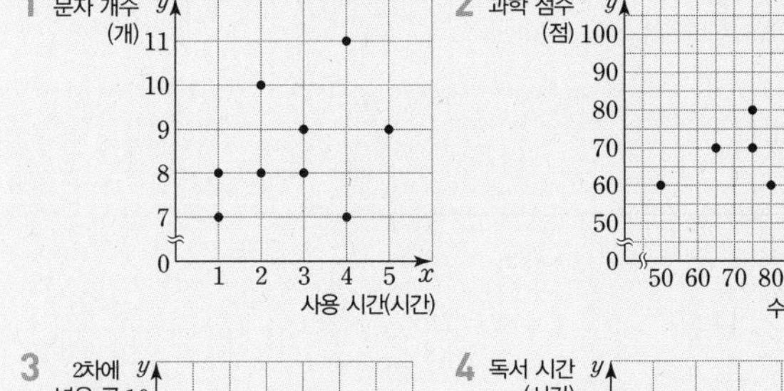

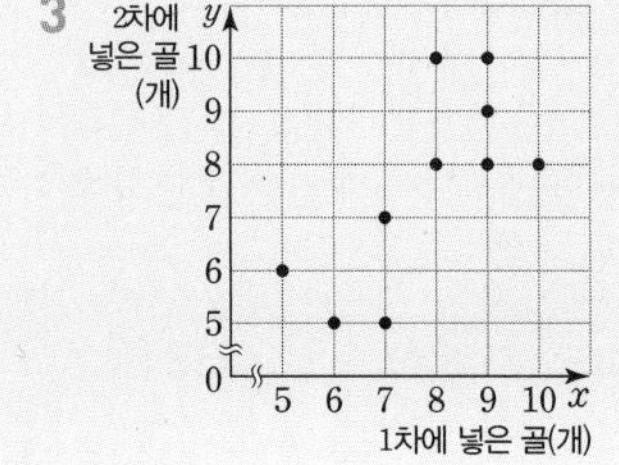

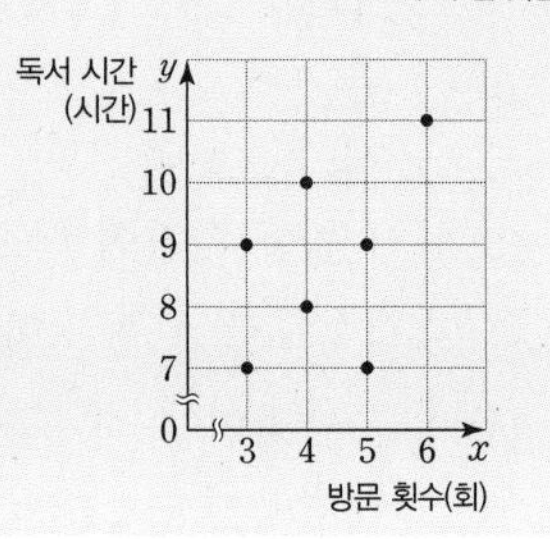

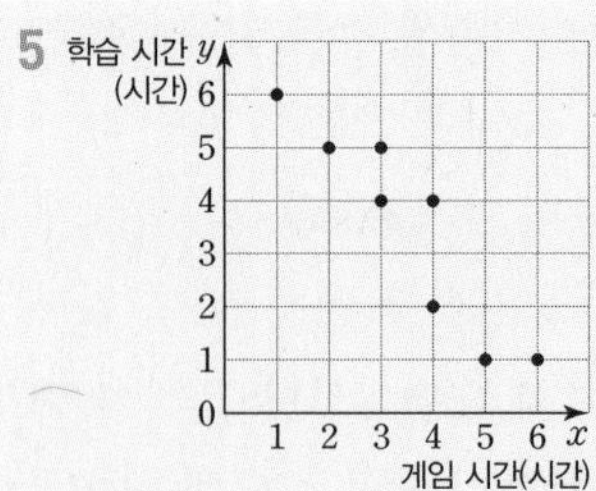

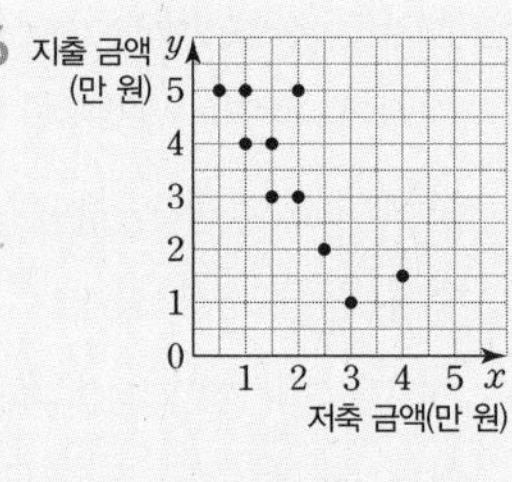

7 (1) 7명 (2) 4명 (3) 8명 (4) 3명 (5) 6명 (6) 4명 (7) $\frac{1}{3}$

8 (1) 2점 (2) 4곳 (3) 6곳 (4) 3곳 (5) 4점 (6) $\frac{3}{10}$

9 (1) 170 cm (2) 6명 (3) 5명 (4) 3명 (5) 128 cm (6) $\frac{1}{5}$

10 (1) A (2) D (3) 많은

11 (1) A (2) B (3) 많이

7 (1) x가 1.0보다 작거나 같은 점의 개수이므로 구하는 학생 수는 7명이다.

(2) y가 1.2보다 큰 점의 개수이므로 구하는 학생 수는 4명이다.

(3) x가 0.9보다 크거나 같고 1.5보다 작은 점의 개수이므로 구하는 학생 수는 8명이다.

(4) x, y가 모두 1.5 이상인 점의 개수이므로 구하는 학생 수는 3명이다.

(5) 대각선 위의 점의 개수이므로 구하는 학생 수는 6명이다.

(6) 대각선 위쪽에 있는 점의 개수이므로 구하는 학생 수는 4명이다.

(7) 대각선 아래쪽에 있는 점의 개수는 5이므로 구하는 비율은 $\frac{5}{15}=\frac{1}{3}$

8 (1) x의 값이 가장 작은 점의 순서쌍은 (1, 2)이므로 구하는 안전성 평점은 2점이다.

(2) x가 4보다 크거나 같은 점의 개수이므로 구하는 식당 수는 4곳이다.

(3) y가 4보다 작은 점의 개수이므로 구하는 식당 수는 6곳이다.

(4) x, y가 모두 2보다 작거나 같은 점의 개수이므로 구하는 식당 수는 3곳이다.

(5) $y=5$일 때의 x의 값은 3, 5이므로 구하는 평균은 $\frac{3+5}{2}=4$(점)

(6) 대각선 위의 점의 개수는 3이므로 구하는 비율은 $\frac{3}{10}$이다.

9 (1) x의 값이 가장 작은 점의 순서쌍은 (8, 170)이므로 구하는 제자리멀리뛰기 기록은 170 cm이다.

(2) y가 160보다 큰 점의 개수이므로 구하는 학생 수는 6명이다.

(3) x가 9보다 작거나 같은 점의 개수이므로 구하는 학생 수는 5명이다.

(4) x가 10보다 크거나 같고 11보다 작은 점의 개수는 6이고, 이 중 y가 150보다 작거나 같은 점의 개수는 3이다. 따라서 구하는 학생 수는 3명이다.

(5) x가 11보다 크거나 같은 점의 y의 값은
130, 120, 130, 120, 140
따라서 구하는 평균은
$\frac{130+120+130+120+140}{5}=128(\text{cm})$

(6) x가 9보다 작거나 같고 y가 160보다 크거나 같은 점의 개수는 4이므로 구하는 비율은 $\frac{4}{20}=\frac{1}{5}$

10 (1) A, B, C, D, E 중에서 A가 대각선 위쪽에서 가장 멀리 떨어져 있으므로 용돈에 비하여 저축액이 많다.

(2) A, B, C, D, E 중에서 D가 대각선 아래쪽에서 가장 멀리 떨어져 있으므로 용돈에 비하여 저축액이 적다.

11 (1) A, B, C, D, E 중에서 A가 대각선 위쪽에서 가장 멀리 떨어져 있으므로 작년에 비하여 올해 홈런을 많이 쳤다.

(2) A, B, C, D, E 중에서 B가 대각선 아래쪽에서 가장 멀리 떨어져 있으므로 올해에 비하여 작년에 홈런을 많이 쳤다.

09 상관관계

본문 124쪽

1 ㄱ, ㅂ	2 ㄷ, ㄹ	3 ㄴ, ㅁ	4 ㅂ
5 ㄷ	6 △	7 ○	8 △
9 ×	10 ○	11 △	12 ×
13 ○			

☺ ②, ③, ①

14 ㄷ	15 ㄴ	16 ㄴ	17 ㄱ

18 (1) ㄴ, ㅁ (2) ㄱ, ㄹ (3) ㄷ

19 (1) ○ (2) × (3) × (4) ○

20 (1) ○ (2) × (3) ○ (4) ○

21 (1) × (2) ○ (3) × (4) ○

22 (1) ○ (2) ○ (3) × (4) ×

23 (1) × (2) ○ (3) ○ (4) × (5) ○

24 (1) ○ (2) ○ (3) × (4) × (5) ○

☺ 증가, 감소

1 x의 값이 증가함에 따라 y의 값도 대체로 증가하는 산점도이므로 ㄱ, ㅂ이다.

2 x의 값이 증가함에 따라 y의 값은 대체로 감소하는 산점도이므로 ㄷ, ㄹ이다.

3 x의 값이 증가함에 따라 y의 값이 증가하는지 감소하는지 분명하지 않은 산점도이므로 ㄴ, ㅁ이다.

4 x의 값이 증가함에 따라 y의 값도 대체로 증가하는 산점도 중 점들이 한 직선에 가장 가까이 모여 있는 산점도이므로 ㅂ이다.

5 x의 값이 증가함에 따라 y의 값은 대체로 감소하는 산점도 중 점들이 한 직선에 가장 가까이 모여 있는 산점도이므로 ㄷ이다.

16 x의 값이 증가함에 따라 y의 값도 대체로 증가하므로 양의 상관관계이다.

17 필기구의 수와 수학 성적 사이에는 상관관계가 없으므로 알맞은 것은 ㄱ이다.

TEST 5. 통계

본문 128쪽

1 11회	2 ③	3 ②
4 5명	5 ③	6 ④

1 $(\text{평균})=\frac{9+13+8+10+15}{5}=\frac{55}{5}=11(\text{회})$

2 변량을 작은 값부터 크기순으로 나열하면
5, 5, 7, 8, 10, 11, 14
변량의 개수가 홀수이므로 중앙값은 8이고, 자료의 변량 중에서 5가 가장 많이 나타나므로 최빈값은 5이다.
따라서 $a=8$, $b=5$이므로 $a+b=13$

3 평균이 4이므로 $\frac{2+a+4+b+6}{5}=4$

따라서 $a+b=8$

각 변량의 편차가 -2, $a-4$, 0, $b-4$, 2이고 분산이 $(\sqrt{2})^2=2$이므로

$\frac{(-2)^2+(a-4)^2+0^2+(b-4)^2+2^2}{5}=2$

$a^2+b^2-8(a+b)=-30$, $a^2+b^2-8\times8=-30$

따라서 $a^2+b^2=34$

4 도서관을 9회 방문한 학생이 3명, 10회 방문한 학생이 2명이므로 구하는 학생 수는

$3+2=5$(명)

5 x의 값이 3보다 크거나 같고 y의 값이 3보다 크거나 같은 점의 개수가 6이므로 구하는 학생 수는 6명이다.

따라서 $\frac{6}{24}\times100=25(\%)$

6 x의 값이 감소함에 따라 y의 값은 대체로 증가하므로 음의 상관관계이다.

따라서 알맞은 것은 ④이다.

국 어

[6~7] 다음 글을 읽고, 물음에 답하시오.

아버지 제삿날이 돌아왔습니다. 동생이 형을 초대하였습니다. 형은 동생이 큰 부자가 된 것을 보고 그 까닭을 물었습니다. 동생은 사실대로 이야기를 해 주었습니다.

그러자 욕심이 생긴 형은 동생에게 감나무를 빌려 달라고 사정하였습니다. 동생은 형에게 감나무를 빌려주었습니다. 가을이 되자 또 까마귀들이 날아와 감을 먹었습니다. 형도 동생과 같이 말했습니다. 그리고 형은 아주 큰 자루를 만들었습니다. 까마귀 우두머리는 형도 그 산으로 데려다주었습니다. 형은 무척 기뻤습니다. 자기가 동생보다 더 큰 부자가 될 것이라고 생각했습니다. 형은 큰 자루에 금을 꾹꾹 채워 넣고, 그것도 모자라 옷 속에도, 입속에도, 그리고 귓구멍 속에도 가득 채워 넣었습니다. 까마귀가 말하였습니다.

"다 담았어요? 그러면 제 등에 오르세요. 제가 당신 집까지 데려다줄게요."

까마귀가 날아올랐습니다. 그런데 금 자루가 너무 무거워 형은 까마귀 등에서 떨어지고 말았습니다. 까마귀는 형을 금 산 위에 놓아두고 혼자 날아갔습니다.

[8~10] 다음 글을 읽고, 물음에 답하시오.

[   ]: 이번 주 학급 회의 주제를 무엇으로 정하면 좋을지 말씀해 주십시오.

김영이 친구가 의견을 발표해 주십시오.

회의 참여자 1: 요즘 교실이 많이 지저분합니다. 그래서 "깨끗한 교실을 만들자."를 주제로 제안합니다.

사회자: 박지희 친구도 의견을 발표해 주십시오.

회의 참여자 2: 지난주에 복도에서 뛰다가 다친 친구를 봤습니다. 저는 "학교생활을 안전하게 하자."를 주제로 제안합니다.

사회자: 이제 어떤 주제로 할지 표결을 하겠습니다. 참석자의 반이 넘는 수가 찬성하는 것으로 주제를 정하겠습니다.

두 주제 가운데에서 첫 번째 주제에 찬성하시는 분은 손을 들어 주십시오. 두 번째 주제에 찬성하시는 분은 손을 들어 주십시오.

27명 가운데 18명이 두 번째 주제를 선택했습니다. 이번 주 학급 회의 주제는 "학교생활을 안전하게 하자."입니다.

국 어

[11~13] 다음 글을 읽고, 물음에 답하시오.

"수아야, 오늘이 무슨 ㉠요일인지 알지? 가족 봉사 활동 가기로 한 일요일이잖아. 얼른 일어나."

나는 다시 이불을 뒤집어썼지만 곧 엄마에게 빼앗기고 말았다.

우리 가족이 간 곳은 할머니, 할아버지 들이 계시는 요양원이었다.

뭘 해야 할까 두리번거리고 있을 때 안경 쓴 할머니가 나에게 오라고 손짓을 했다.

"여기 책 좀 읽어 줄래? 내가 이래 봬도 예전에는 문학 소녀여서 책을 많이 읽었는데 요즘은 눈이 침침해서 글씨가 잘 안 보이는구나."

할머니는 낡은 책 한 권을 내미셨다. ㉡다른 책이 없어서 같은 책만 스무 번을 넘게 읽으셨다고 했다.

할머니는 눈을 ㉢감고 책 읽는 내 목소리에 귀를 기울이셨다.

11 위 글에서 ㉠'요일'에 포함되는 낱말이 아닌 것은? ( )

[14~15] 다음 글을 읽고, 물음에 답하시오.

존경하는 김하영 선생님께

선생님, 안녕하세요? 저는 전지우입니다. 그동안 잘 지내셨습니까? 선생님께 고마운 마음을 전하려고 이렇게 글을 쓰게 되었습니다.

지난 체험학습에서 도자기를 만들 때였습니다. 저는 진흙 반죽을 물레 위에 놓고 그릇 모양을 만들려고 했습니다. 그런데 생각처럼 잘되지 않았습니다. 만들고 나니 상상했던 모양과 너무 달라서 당황스러웠습니다.

제가 속상해서 어찌할 바를 모를 때 선생님께서 오셨습니다. 그리고 어떻게 모양을 내는지 시범을 보여 주셨습니다. 저는 선생님을 따라서 다시해 보았습니다. 그랬더니 신기하게도 그릇 모양이 잘 만들어졌습니다.

그날 만든 그릇은 지금도 제 책상 위에 놓여 있습니다. 이 그릇을 보면 친절하게 가르쳐 주시던 선생님 모습이 생각납니다.

선생님, 제 마음에 드는 그릇을 만들도록 도와주셔서 고맙습니다. 안녕히 계세요.

20○○년 9월 24일

제자 전지우 올림

[16~17] 다음 글을 읽고, 물음에 답하시오.

가 (효과음) 딩동딩동
(효과음) 문 열리는 소리
신유 어머니: (밝은 목소리로) 안녕? 어서 와라. 신유 친구들이구나. 반갑다.
나 현관(집에 들어갈 때)
지혜: (성급하게) 안녕하세요? 그런데 신유는 어디 갔나요? 어? 신유야, 생일 축하해!
원우: 야! 신유야, 생일 축하해! 하하하.
(효과음) 삐링삐링
다 식탁(음식을 먹을 때)
신유 어머니: (따뜻한 목소리로) 이렇게 신유의 생일을 축하하러 우리 집에 와 줘서 고맙구나. 손 씻고 식탁에 앉으렴.
원우, 지혜, 현영: ㉠야, 맛있겠다!
원우: 내가 닭 다리 먹어야지!
(효과음) 삐링삐링

16 위 상황에서 신유네 집에 들어갈 때에 친구들이 지켜야 할 대화 예절로 알맞은 것은? .... (   )

18 다음 문장에서 밑줄 친 것에 해당하는 것은? .... (   )

수아는 친절합니다.

① 누가 ② 무엇이
③ 어찌하다 ④ 어떠하다

[19~20] 다음 글을 읽고, 물음에 답하시오.

김효은 학생에게
안녕하세요?
김효은 학생의 편지를 잘 읽었습니다.
아름다운 상수리가 댐 건설로 겪게 될 어려움을 잘 압니다. 하지만 상수리 주변에 사는 주민들이 홍수로 겪는 정신적·물질적 피해는 해마다 늘어나고 있습니다.
만강에 댐을 건설하면 여름철에 폭우로 생기는 문제를 막을 수 있습니다. 비가 내리는 대로 내버려 두면, 강 하류에서는 강물이 넘쳐서 논밭이 빗물에 잠기기도 합니다.

[21~22] 다음 글을 읽고, 물음에 답하시오.

문화재를 개방해야 합니다. 문화재를 직접 관람하면 옛 조상이 살았던 때를 생생하게 느낄 수 있습니다. 저는 가족과 함께 고인돌 유적지를 보러 갔습니다. 거대한 고인돌이 생생하게 기억에 남았습니다. 누리집에서 고인돌에 대한 정보를 찾아보았고, 학교 도서관에서 고인돌에 대한 책을 빌려 읽기도 했습니다.

또 문화재를 개방해야만 문화재 훼손을 막을 수 있습니다. 20○○년 7월 ○○일 신문 기사를 보니 고궁 가운데 한 곳인 ○○궁에 곰팡이가 번식했다는 내용이 있었습니다. 장마인데 문을 닫고만 있어서 바람이 통하지 않아 곰팡이가 궁궐 안으로 퍼진 것입니다. 사람들이 드나들면서 바람이 통하게 하면 이와 같은 문제는 해결될 것입니다.

문화재를 개방하면 자신이 체험한 문화재를 보호하려고 노력하는 사람이 늘어날 것입니다. 어디에 있는지도 모르는 유물이 아니라 우리 곁에 있는 문화재가 되어야 합니다. 우리가 함께 가꾸고 보존해 나간다고 생각한 뒤에 힘을 모으면 '살아 있는' 문화재가 될 것입니다.

[23~25] 다음 글을 읽고, 물음에 답하시오.

지하 주차장

지하 주차장으로 / 차 가지러 내려간 아빠
한참 만에 / 차 몰고 나와 한다는 말이

내려가고 내려가고 또 내려갔는데 글쎄, 계속 지하로 계단이 있는 거야! 그러다 아이쿠, 발을 헛디뎠는데 아아아…… 이상한 나라의 앨리스처럼 깊은 동굴 속으로 끝없이 떨어지지 않겠니? 정신을 차려 보니까 호빗이 사는 마을이었어. 호박처럼 생긴 집들이 미로처럼 뒤엉켜 있는데 갑자기 흰머리 간달프가 나타나 말하더구나. 이 새 자동차가 네 자동차냐? 내가 말했지. 아닙니다, 제 자동차는 10년 다 된 고물 자동차입니다. 오호, 정직한 사람이구나. 이 새 자동차를…….

에이, 아빠! / 차 어디에 세워 놨는지 몰라서 그랬죠?
[　　　] 찾느라 / 온 지하 주차장 헤매고 다닌 거
다 알아요. / 피이!

23 지하 주차장에서 아빠께 일어난 일은? …… (　　　)

바른답·알찬풀이 55쪽

초등학교 5학년 기초학력 진단검사

수 학

(   ) 초등학교　　5학년 (   ) 반　　(   ) 번　　이름 (   )

※ 검사지의 문항 수(25문항)와 면수(4면)를 확인하시오.
※ 답안지에 학교명, 반, 번호, 이름을 정확히 쓰시오.

1 다음이 설명하는 수는? ································ (   )

10000이 7개, 100이 2개, 1이 5개인 수

① 725　　② 50207
③ 70025　　④ 70205

4  안에 알맞은 수는? ································ (   )

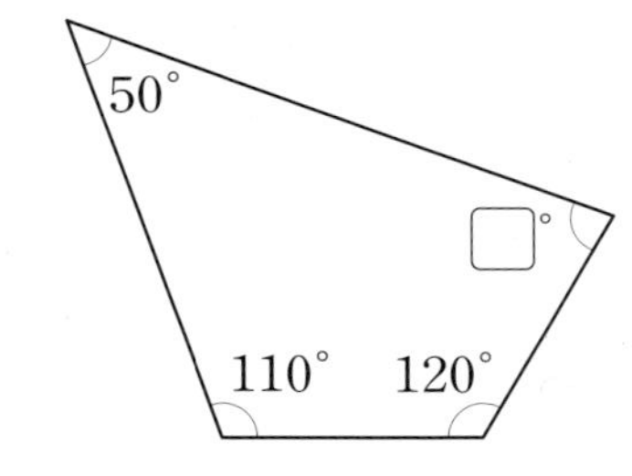

① 75　　② 80
③ 85　　④ 90

7 위쪽으로 뒤집었을 때의 모양이 처음 모양과 같은 것은? ············ (　　)

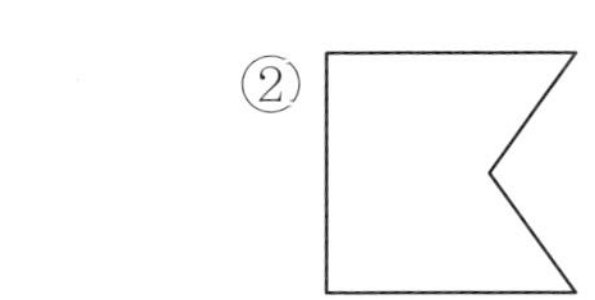

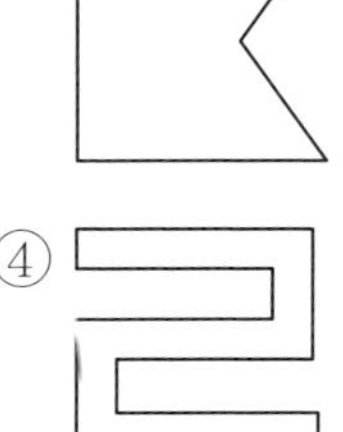

① ② ③ ④

8 도형을 주어진 방향으로 돌렸을 때 서로 같은 것끼리 짝 지은 것은? ············ (　　)

① ② ③ ④

10 민재네 농장에서 기르고 있는 동물을 조사하여 나타낸 막대그래프이다. 민재네 농장에서 기르고 있는 동물은 모두 몇 마리인가? ············ (　　)

기르고 있는 동물 수

소
돼지
오리
양
동물 / 동물 수: 0, 10, 20 (마리)

① 58마리　② 60마리
③ 62마리　④ 64마리

9 다음은 주영이네 반 학생들이 좋아하는 과일을 조사하여 나타낸 막대그래프이다. 설명으로 옳은 것은? ( )

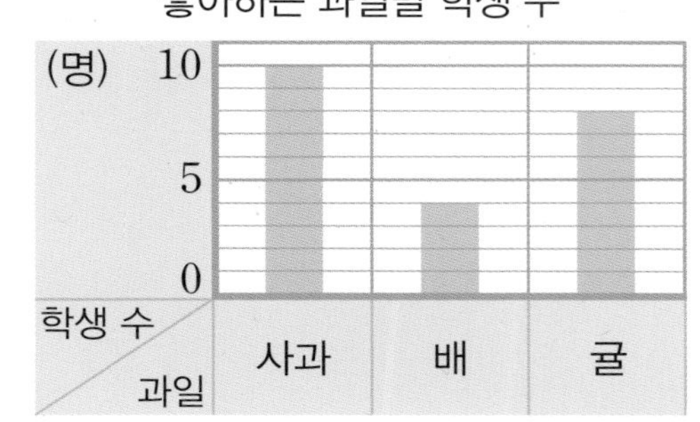

① 가로는 학생 수를 나타낸다.
② 세로는 과일의 종류를 나타낸다.
③ 배를 좋아하는 학생이 가장 많다.
④ 막대의 길이는 좋아하는 과일별 학생 수를 나타낸다.

11 ( )

3 — 9 — 27 — 81 — □

① 125　② 162
③ 243　④ 289

12 바둑돌의 배열을 보고 다섯째에 올 모양에서 바둑돌의 수는? ( )

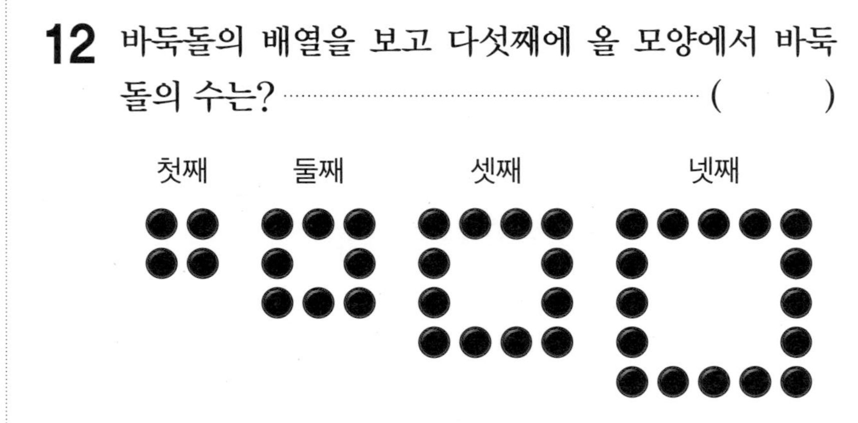

① 16개　② 20개
③ 24개　④ 28개

2 다음 중 십만의 자리 숫자가 가장 큰 것은? ( )

① 254816 ② 462537
③ 3792900 ④ 8016302

3 다음 중 예각은 모두 몇 개인가? ( )

100°	20°	90°	160°	70°

① 2개 ② 3개
③ 4개 ④ 5개

178	316	245
20	30	40

① 5340 ② 6320
③ 7120 ④ 7350

6 색종이 325장을 25명에게 똑같이 나누어 주려고 한다. 한 명에게 몇 장씩 나누어 주어야 하는가? ( )

① 11장 ② 12장
③ 13장 ④ 14장

( )

문화재를 [ ]해야 하는가

① 개방 ② 발굴
③ 이용 ④ 훼손

22 위 글에서 글쓴이의 주장은? ( )

① 문화재를 보존해야 한다.
② 문화재를 개방해야 한다.
③ 문화재 탐방을 다녀야 한다.
④ 문화재에 대해 더 연구해야 한다.

① 차에서 깜빡 잠이 드셨다.
② 계단을 내려가다가 발목을 다치셨다.
③ 아는 사람을 만나서 인사를 나누셨다.
④ 차를 세워 둔 곳이 기억나지 않아 찾아다니셨다.

24 아빠께서 가셨다고 한 곳이 아닌 곳은? ( )

① 동굴 속 ② 슈퍼마켓
③ 지하로 가는 계단 ④ 호빗이 사는 마을

25 위 글의 빈칸에 들어갈 알맞은 말은? ( )

① 차 ② 집
③ 간달프 ④ 앨리스

♣ 수고하였습니다. ♣
답안지에 답을 정확히 표기하였는지 확인하시오.

① 웃어른께 귓속말로 인사한다.
② 웃어른께 바른 자세로 인사한다.
③ 웃어른께 친근한 예사말로 인사한다.
④ 웃어른께 최대한 큰 소리로 인사한다.

17 **위 상황에서 ㉠을 대화 예절에 맞게 고쳐 말한 것은?** ······ (　　)

① 음식이 제 입에는 맞지 않네요.
② 정말 직접 이 음식을 다 하셨어요?
③ 수고했습니다. 다음에는 매콤한 음식을 만들어 주세요.
④ 아주머니, 맛있는 음식을 준비해 주셔서 고맙습니다. 맛있게 먹겠습니다.

잃을 만큼 위험합니다. 하지만 댐을 건설하면 홍수로 인한 이런 피해를 막을 수 있습니다.

상수리에 댐을 건설해야 합니다. 우리는 상수리 마을 주민들에게 피해가 가지 않도록 주민들이 이사하는 데 모든 지원을 아끼지 않을 것입니다. 댐 건설에는 상수리 마을 주민들의 협조가 필요합니다. 김효은 학생도 이러한 점을 잘 이해해 주시기를 바랍니다.

20○○년 10월 ○○일
댐 건설 기관 담당자 드림

19 **위 편지를 받을 사람은?** ······ (　　)

① 김효은　② 구청 직원
③ 마을 어른들　④ 댐 건설 기관 담당자

20 **위 편지를 쓴 사람의 의견은?** ······ (　　)

① 만강에 다리를 놓아야 한다.
② 상수리에 댐을 건설해야 한다.
③ 상수리의 자연을 보호해야 한다.
④ 주민들이 홍수로 겪는 피해를 조사해야 한다.

③ 수요일 ④ 금요일

12 **위 글의 ㉡'다른'과 뜻이 반대인 것은?** ······ (　　　)

① 가다 ② 같다
③ 쉽다 ④ 가지다

13 **위 글에서 ㉢'감고'의 뜻으로 알맞은 것은?**
······ (　　　)

① 머리나 몸을 물로 씻다.
② 눈커풀을 내려 눈동자를 덮다.
③ 석탄의 빛깔과 같이 다소 밝고 짙다.
④ 어떤 물체를 다른 물체에 말거나 빙 두르다.

14 **위 글에 대한 설명으로 알맞지 않은 것은?**
······ (　　　)

① 편지 형식의 글이다.
② 글을 쓴 날짜가 적혀 있다.
③ 부탁하는 내용이 담겨 있다.
④ 마음을 나타내는 표현을 넣어 썼다.

15 **위 글에서 글쓴이가 마음을 전하려고 사용한 표현은?** ······ (　　　)

① 고맙습니다.
② 안녕하세요?
③ 잘 지내셨습니까?
④ 잘되지 않았습니다.

① 형　　② 동생
③ 아버지　　④ 까마귀

7 위 이야기에 나타난 형의 성격은? ………… (　　)

① 성실하다.
② 정직하다.
③ 부지런하다.
④ 욕심이 많다.

① 사회자　　② 기록자
③ 회의 참여자 1　　④ 회의 참여자 2

9 위 글에 해당하는 회의 절차는? ………… (　　)

① 폐회　　② 개회
③ 결과 발표　　④ 주제 선정

10 위 글의 내용으로 보아, 학급 회의 주제로 채택된 것은? ………… (　　)

① 약속을 어기지 말자.
② 깨끗한 교실을 만들자.
③ 학교생활을 안전하게 하자.
④ 친구들과 사이좋게 지내자.

고개를 빼끔
얄밉게 숨겨 두었던
㉠파란 손을 내밉니다.

1 위 글에서 꽃씨의 눈을 뜨게 만든 것은? ( )

① 겨울 ② 고개
③ 봄비 ④ 손가락

2 위 글에서 ㉠이 뜻하는 것은? ( )

① 새싹 ② 벌레
③ 아이들 ④ 나무들

3 내는 이는? ( )

① 개 ② 닭
③ 사람 ④ 매미

4 다음 중 매미가 소리를 내게 도와주는 것이 아닌 것은? ( )

① 입 ② 발음막
③ 발음근 ④ 공기주머니

5 위 글의 ㉠~㉣ 중 중심 문장은? ( )

① ㉠ ② ㉡
③ ㉢ ④ ㉣

◈ 기초학력 진단평가란?

매년 학기 초에 실시하는 검사로
지난 학년에 배운 학습 내용을 점검하여
기본적인 학습 수준을 진단하는 평가입니다.

바른답·알찬풀이 55쪽

초등학교 5학년 기초학력 진단검사

국 어

(　　　　　　) 초등학교　5학년 (　　) 반　(　　) 번　이름 (　　　　　　)

※ 검사지의 문항 수(25문항)와 면수(5면)를 확인하시오.
※ 답안지에 학교명, 반, 번호, 이름을 정확히 쓰시오.

[1~2] 다음 글을 읽고, 물음에 답하시오.

꽃씨

몰래
겨울을 녹이면서
봄비가 내려와 앉으면
꽃씨는
땅속에 살짝 돌아누우며
눈을 뜹니다.
봄을 기다리는 아이들은
쏘옥
손가락을 집어넣어 봅니다.

[3~5] 다음 글을 읽고, 물음에 답하시오.

개나 닭은 사람과 같이 성대를 울려 소리를 내지만 다양한 소리를 내지는 못합니다. ㉠왜냐하면 성대나 입과 혀의 생김새가 사람과 다르기 때문입니다. 그래서 몇 가지 소리만 낼 수 있습니다. 동물들은 대개 서로를 부르거나 위협하기 위해서 소리를 냅니다.

㉡매미는 발음근으로 소리를 냅니다. 매미는 수컷만 소리를 낼 수 있고, 암컷은 소리를 내지 못합니다. ㉢매미의 배에 있는 발음막, 발음근, 공기주머니는 매미가 소리를 내게 도와줍니다. 그런데 암컷은 발음근이 발달되어 있지 않고 발음막이 없어서 소리를 낼 수 없답니다. ㉣수컷은 발음근을 당겨서 발음막을 움푹 들어가게 한 다음 '딸깍' 하고 소리를 냅니다. 이 소리가 커지고 반복되면 '찌이이' 하고 소리가 납니다.

기초학력 진단평가
모의평가

초등 5학년

수 학

13 □ 안에 알맞은 수는? ( )

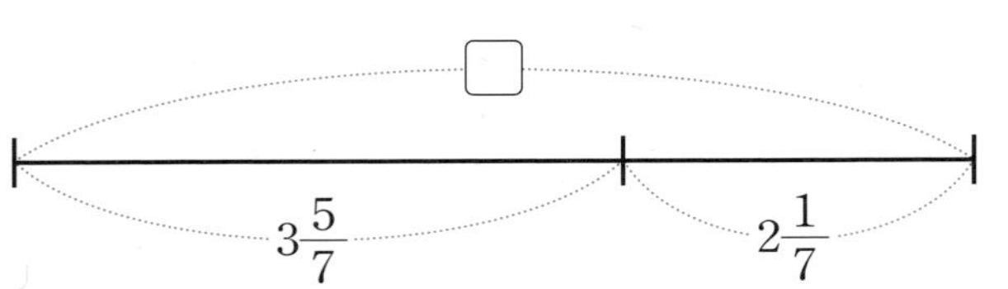

① $5\frac{4}{7}$ ② $5\frac{6}{7}$

③ $6\frac{1}{7}$ ④ $6\frac{6}{7}$

14 가장 큰 수와 가장 작은 수의 차는? ( )

$1\frac{4}{9}$	$\frac{8}{9}$	$2\frac{1}{9}$

16 다음 중 둔각삼각형은? ( )

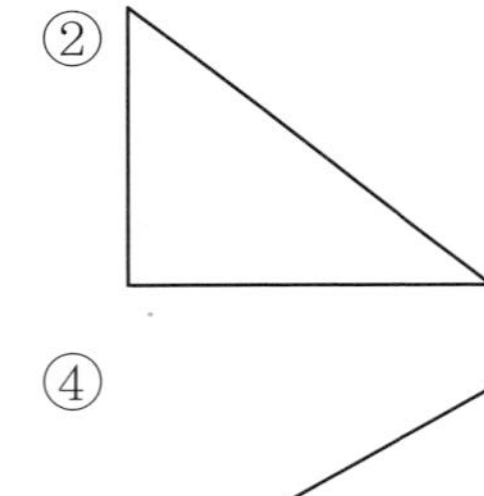

① ② ③ ④

17 2.079에 대한 설명으로 <u>틀린</u> 것은? ( )

① 소수 세 자리 수이다.

② 이 점 칠구라고 읽는다.

③ 2는 일의 자리 숫자이다.

④ 9가 나타내는 수는 0.009이다.

수 학

20 직선 가와 직선 나는 서로 평행하다. 평행선 사이의 거리를 나타내는 선분을 모두 찾은 것은? ( )

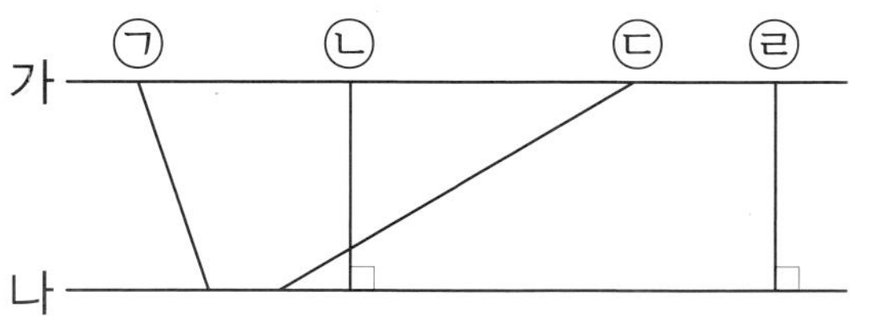

① ㉠, ㉡　② ㉠, ㉢
③ ㉡, ㉢　④ ㉡, ㉣

21 다음 도형 중 사다리꼴의 수는? ( )

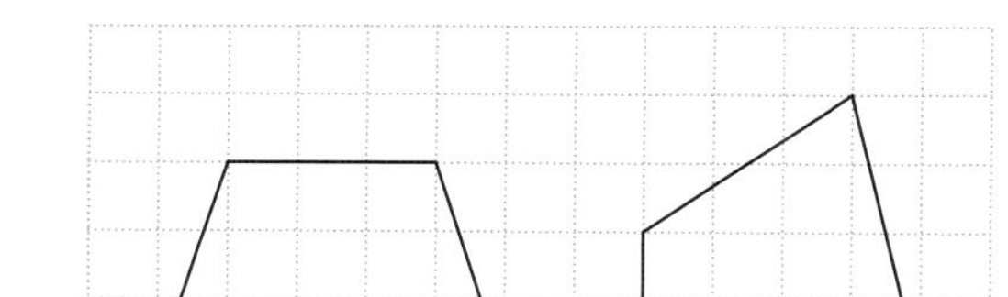

23 지호가 사용하고 있는 비누의 무게를 4일마다 재어 나타낸 꺾은선그래프이다. 설명이 <u>틀린</u> 것은? ( )

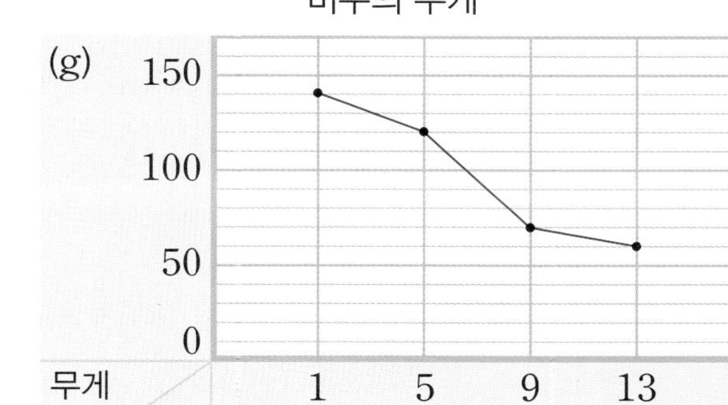

① 세로 눈금 한 칸은 10 g을 나타낸다.
② 꺾은선은 비누의 무게를 잰 날짜를 나타낸다.
③ 5일과 9일 사이에 비누를 가장 많이 사용했다.
④ 13일 이후에는 비누의 무게가 더 줄어들 것이다.

24 다음 중 다각형이 <u>아닌</u> 도형은? ( )

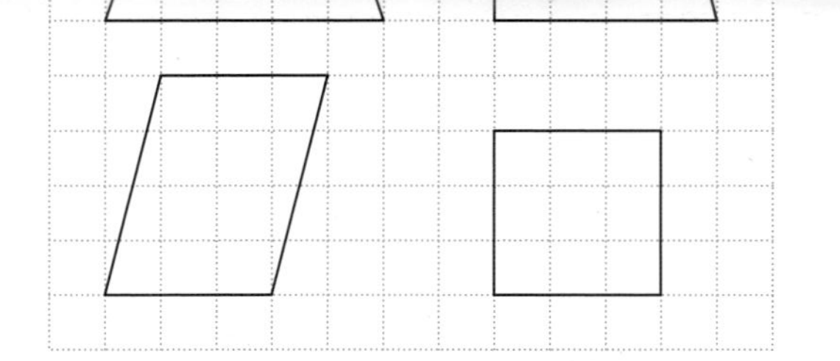

① 1개　　② 2개

③ 3개　　④ 4개

22 조건을 모두 만족하는 사각형의 이름은?

(　　)

- 마주 보는 두 쌍의 변이 평행하다.
- 네 각이 모두 직각이다.
- 네 변의 길이가 모두 같다.

① 평행사변형　　② 마름모

③ 직사각형　　④ 정사각형

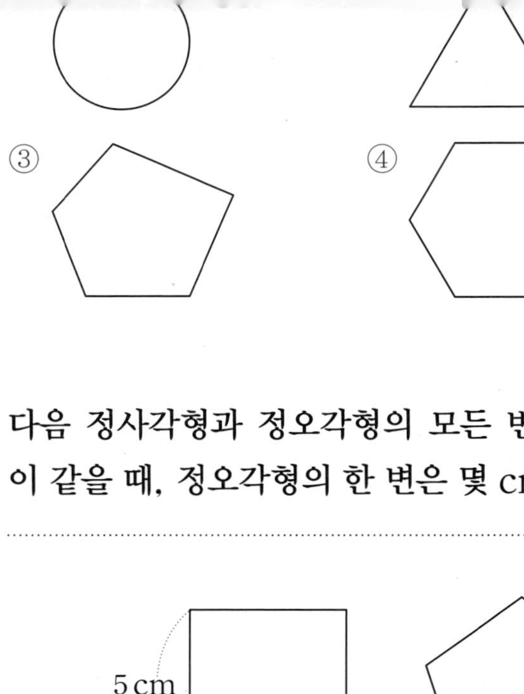

25 다음 정사각형과 정오각형의 모든 변의 길이의 합이 같을 때, 정오각형의 한 변은 몇 cm인가?

(　　)

5 cm

① 3 cm　　② 4 cm

③ 5 cm　　④ 6 cm

♣ 수고하였습니다. ♣
답안지에 답을 정확히 표기하였는지 확인하시오.

① $1\frac{2}{9}$　② $1\frac{5}{9}$

③ $1\frac{8}{9}$　④ $2\frac{2}{9}$

15 □ 안에 알맞은 수는? ·················· (　　　)

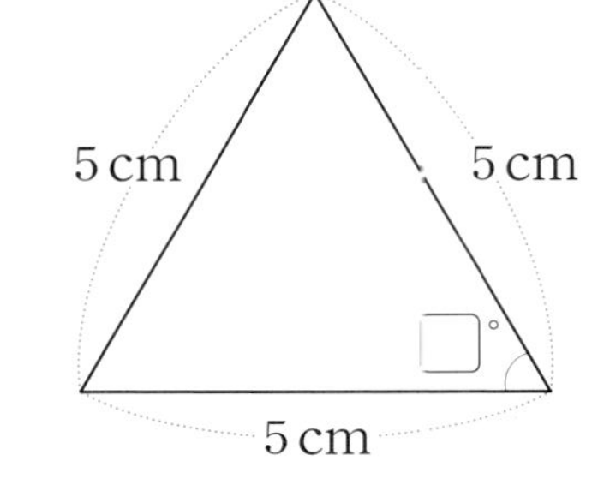

① 30　② 45

③ 60　④ 75

18 127의 $\frac{1}{100}$인 수와 4.8의 합은? ·················· (　　　)

① 5.07　② 5.35

③ 6.07　④ 6.7

19 다음이 설명하는 수는? ·················· (　　　)

1.35보다 0.55만큼 더 작은 수

① 0.8　② 0.85

③ 0.9　④ 0.95

2 다음 지도를 보고 알 수 있는 정보로 알맞지 <u>않은</u> 것은? ( )

① 산의 이름
② 하천의 위치
③ 고장의 역사
④ 땅의 높낮이

4 중심지의 특징으로 알맞지 <u>않은</u> 것은? ( )

① 논과 밭이 많다.
② 교통이 편리하다.
③ 크고 작은 건물이 많다.
④ 여러 가지 시설이 있다.

조선의 제4대 왕으로, 훈민정음을 창제하였다.

① 세종 ② 김만덕
③ 이순신 ④ 정약용

6 문화유산의 종류가 나머지와 <u>다른</u> 하나는? ( )

① ▲ 수원 화성

② ▲ 부여 정림사지 오층 석탑

③ ▲ 숭례문

④  
▲ 남도 판소리

9 다음 그림에 나타난 역사적 인물 조사 방법으로 알맞은 것은? ( )

① 위인전 읽기 ② 현장 답사하기
③ 인터넷 검색하기 ④ 영상으로 알아보기

③ 보건소　　④ 우체국

12 다음 그림에 나타난 지역 문제로 알맞은 것은? ( )

① 안전 문제　　② 주차 문제
③ 시설 부족 문제　　④ 환경 오염 문제

① 나무를 가꾼다.
② 버섯을 재배한다.
③ 김과 미역을 기른다.
④ 논과 밭에서 곡식을 기른다.

15 도시에서 주로 볼 수 있는 시설로 알맞지 <u>않은</u> 것은? ( )

① 공장　　② 목장
③ 회사　　④ 백화점

공연 등을 볼 수 있다.

① 소득을 올릴 수 있다.
② 자연환경이 깨끗해진다.
③ 편의 시설을 이용할 수 있다.
④ 대형 상점가를 이용할 수 있다.

18 **현명한 선택을 하기 위해 고려해야 할 선택 기준으로 알맞지 않은 것은?** ( )

① 모양이 예쁜가?
② 가격이 적당한가?
③ 자주 사용하는가?
④ 친구들이 가지고 있는가?

20 **다음은 상품의 원산지를 정리한 표입니다. 다른 나라에서 온 상품으로 알맞은 것은?** ( )

상품	원산지
김치	전라남도 여수시
소고기	미국
감귤	제주특별자치도
곶감	경상북도 상주시

① 감귤
② 곶감
③ 김치
④ 소고기

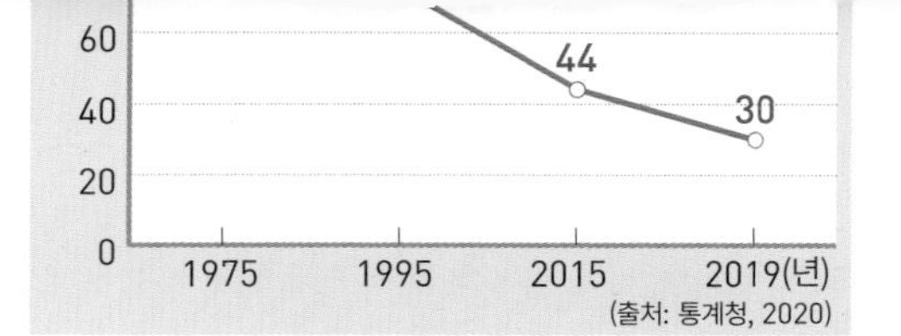

▲ 출생아 수의 변화

① 고령화 ② 세계화
③ 저출산 ④ 정보화

23 **정보화의 영향으로 달라진 생활 모습으로 알맞은 것은?** ( )

① 물건을 사기 위해 가게에 간다.
② 은행 업무를 보기 위해 은행에 간다.
③ 모둠 과제를 하기 위해 도서관에 간다.
④ 과제에 필요한 자료를 인터넷에서 검색한다.

25 **편견과 차별을 없애기 위한 노력으로 알맞지 <u>않은</u> 것은?** ( )

① 서로 다른 문화를 존중한다.
② 상대방의 입장에서 생각한다.
③ 한쪽으로 치우치는 생각을 갖도록 한다.
④ 다양한 문화를 체험할 수 있는 자리를 마련한다.

♣ 수고하였습니다. ♣
답안지에 답을 정확히 표기하였는지 확인하시오.

2 다음은 퇴적암이 만들어지는 과정을 나타낸 것이다. (　　) 안에 들어갈 내용으로 옳은 것은? ··· (　　　)

> (가) 퇴적물이 흐르는 물에 운반되어 큰 호수나 바다 밑바닥에 쌓인다.
> (나) 위쪽에 쌓인 퇴적물이 누르는 힘 때문에 아래쪽 퇴적물 (　　　　　　　　　　)
> (다) 물에 녹아 있는 물질이 퇴적물 알갱이 사이를 채우고 알갱이들을 붙여 굳어져 퇴적암이 된다.

① 알갱이 사이가 좁아진다.
② 알갱이 사이가 넓어진다.
③ 알갱이의 크기가 커진다.
④ 알갱이의 크기가 작아진다.

4 다음은 탈지면을 깐 페트리 접시 두 개에 각각 강낭콩을 올려놓고 한쪽 페트리 접시에만 물을 주면서 약 일주일 뒤에 관찰한 모습이다. 이 실험에서 다르게 한 조건으로 옳은 것은? ··························· (　　　)

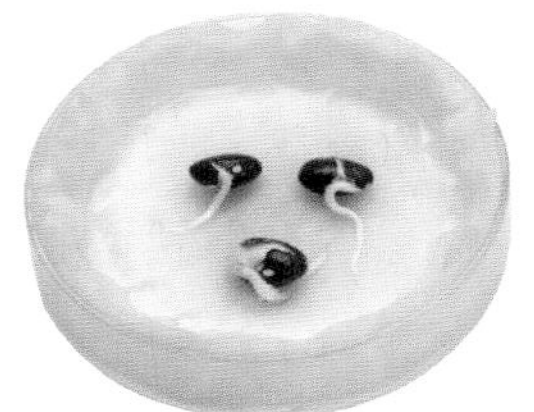
▲ 물을 준 강낭콩의 일주일 뒤 모습

▲ 물을 주지 않은 강낭콩의 일주일 뒤 모습

① 물
② 온도
③ 햇빛
④ 공기

초등학교 5학년 기초학력 진단검사

과 학

(　　　　　　　　) 초등학교　5학년 (　　) 반　(　　) 번　이름 (　　　　　　　　)

※ 검사지의 문항 수(25문항)와 면수(5면)를 확인하시오.
※ 답안지에 학교명, 반, 번호, 이름을 정확히 쓰시오.

1 오른쪽 지층에 대한 설명으로 옳지 않은 것은? ······ (　　)

① 줄무늬가 있다.
② 여러 개의 층이 쌓여 있다.
③ 지층을 이루는 각 층의 색깔이 다르다.
④ 지층을 이루는 각 층의 두께가 일정하다.

3 다음과 같은 화석에 대한 설명으로 옳은 것은? ······ (　　)

(가)

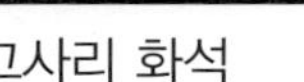

▲ 고사리 화석

(나)

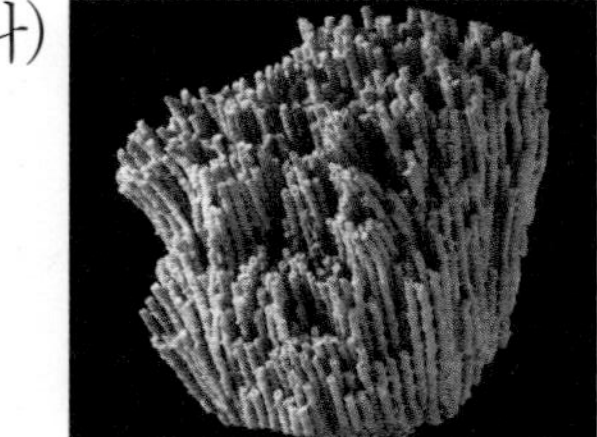

▲ 산호 화석

① (가)는 동물 화석이다.
② (가)와 (나)는 육지에 살았던 생물의 화석이다.
③ (가)가 발견된 곳은 덥고 비가 오지 않는 사막이었을 것이다.
④ (나)가 발견된 곳은 과거에 따뜻하고 얕은 바다였을 것이다.

사 회

21 다음 글에 나타난 경제적 교류의 대상으로 알맞은 것은? ( )

> 전라남도 고흥군과 서울특별시 노원구는 자매결연을 하여 교류하고 있다.

① 개인과 기업 ② 지역과 지역
③ 지역과 국가 ④ 국가와 국가

22 다음 그래프와 관련 있는 사회 변화 모습으로 알맞은 것은? ( )

(만 명)
100
87
—○— 출생아 수

24 다음 그림에 나타난 편견의 모습으로 알맞은 것은? ( )

① 나이에 대한 편견
② 성별에 대한 편견
③ 장애에 대한 편견
④ 종교에 대한 편견

사 회

16 도시에서 발생하는 문제로 알맞지 <u>않은</u> 것은? ( )

① 차가 너무 많다.
② 살 집이 부족하다.
③ 환경 오염이 심하다.
④ 젊은 사람들이 도시를 떠나고 있다.

17 다음과 같은 지역 축제가 촌락 사람들에게 주는 도움으로 알맞은 것은? ( )

충청남도 금산군은 특산품인 인삼을 이용하여 매년 금산 인삼 축제를 개최한다. 금산 인삼 축제

19 생활에 필요한 것을 자연에서 얻는 생산 활동으로 알맞은 것은? ( )

①

▲ 벼농사 짓기

②

▲ 선풍기 만들기

③

▲ 공연하기

④

▲ 김치 만들기

사　회

10 공공 기관이 <u>아닌</u> 것은? ………………………… (　　　)

① 구청　② 백화점
③ 소방서　④ 우체국

11 다음과 같은 일을 하는 공공 기관은? ……… (　　　)

- 주민들이 건강하게 살 수 있도록 도움을 준다.
- 감염병과 질병을 예방하고 치료하기 위해 노력한다.

13 주민 참여 방법으로 알맞지 <u>않은</u> 것은? …… (　　　)

① 서명 운동하기
② 공청회 참여하기
③ 주민 회의 참여하기
④ 공공 기관 견학하기

14 다음 사진의 촌락에 사는 사람들이 주로 하는 일로 알맞은 것은? ………………………………… (　　　)

사 회

5 다음과 같은 까닭으로 사람들이 모이는 중심지는? ( )

공장이나 회사에서 일하기 위해 사람들이 모인다.

① 관광의 중심지
② 교통의 중심지
③ 산업의 중심지
④ 상업의 중심지

7 다음과 같은 문화유산 소개 자료로 알맞은 것은? ( )

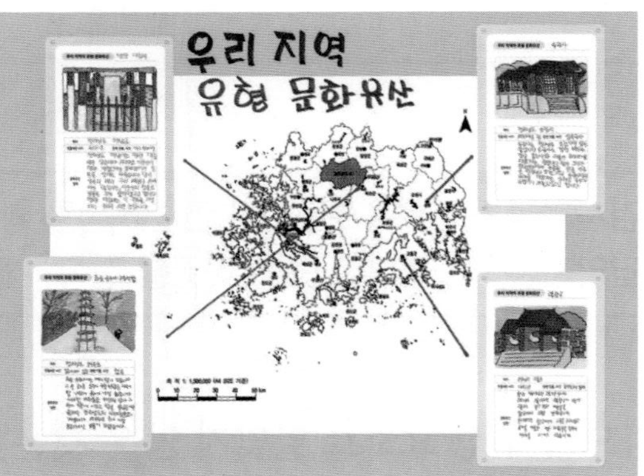

① 문화유산 모형
② 문화유산 신문
③ 문화유산 안내도
④ 문화유산 소개 영상

바른답·알찬풀이 56쪽

초등학교 5학년 기초학력 진단검사

사 회

(　　　　　　　) 초등학교　5학년 (　　) 반　(　　) 번　이름 (　　　　　　)

※ 검사지의 문항 수(25문항)와 면수(5면)를 확인하시오.
※ 답안지에 학교명, 반, 번호, 이름을 정확히 쓰시오.

1 지도의 구성 요소로 알맞지 않은 것은? ······ (　　　)

① 기호
② 날씨
③ 등고선
④ 방위표

3 다음 지도에 나타난 대구광역시의 위치를 알맞게 설명한 것은? ······ (　　　)

① 경상북도의 동쪽에 있다.
② 서울특별시의 서쪽에 있다.

5 **다음은 강낭콩의 한살이 과정이다. 이에 대한 설명으로 옳지 <u>않은</u> 것은?** ( )

① (가) 과정에서 본잎이 나온 뒤에 떡잎이 나온다.
② (나) 과정에서 줄기가 길어지고 굵어진다.
③ (다)의 꽃이 진 자리에 (라)의 꼬투리가 생긴다.
④ (라)의 꼬투리 속에 있는 씨가 땅에 떨어지면 새로운 한살이가 시작된다.

6 **다음은 여러 가지 식물을 한살이 과정에 따라 구분한 것이다. 이에 대한 설명으로 옳은 것은?** ( )

(㉠) 식물	(㉡) 식물

8 **오른쪽은 가위의 무게를 클립의 개수로 나타내기 위해 양팔저울의 한쪽 저울접시에 가위를 올려놓고, 다른 쪽 저울접시에 클립을 하나씩 올려놓는 모습이다. 이 양팔저울의 수평을 잡는 방법으로 옳은 것은?** ( )

① 저울접시에서 클립을 다시 내려놓는다.
② 가위를 올려놓은 저울접시에 클립을 올린다.
③ 양팔저울이 수평을 잡을 때까지 클립을 더 올린다.
④ 양팔저울이 수평을 잡을 때까지 클립을 올려놓은 저울접시를 받침점 쪽으로 옮긴다.

9 **다음은 용수철에 걸어 놓은 추의 무게에 따라 용수**

과 학

11 다음과 같은 좁쌀, 콩, 팥의 혼합물을 체로 분리하려고 한다. 이 혼합물을 분리하는 데 이용하는 성질로 옳은 것은? (단, 알갱이의 크기는 콩>팥>좁쌀 순으로 크다.) ( )

① 알갱이의 크기
② 알갱이의 색깔
③ 알갱이의 무게
④ 철로 된 물체가 자석에 붙는 성질

13 식물 잎의 분류 기준으로 알맞지 <u>않은</u> 것은? ( )

① 잎의 크기가 큰가?
② 잎에 털이 나 있는가?
③ 잎의 끝 모양이 뾰족한가?
④ 잎의 전체적인 모양이 길쭉한가?

14 선인장의 특징에 대한 설명으로 옳지 <u>않은</u> 것은? ( )

① 줄기가 굵고 통통하다.
② 잎에 물을 많이 저장할 수 있다.
③ 줄기의 껍질이 두꺼워 강한 햇빛을 견딘다.

12 다음과 같이 물에 녹인 소금과 모래의 혼합물을 거름 장치로 거를 때 거름종이에 남는 물질과 거름종이를 빠져나오는 물질을 순서대로 알맞게 짝 지은 것은? ( )

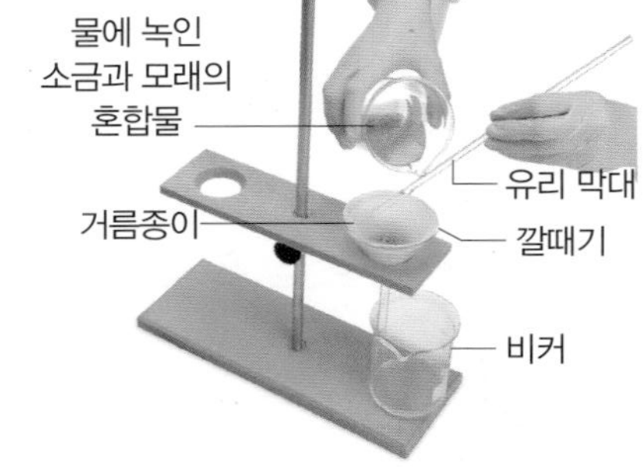

① 물, 모래
② 소금, 모래
③ 소금물, 모래
④ 모래, 소금물

④ 잎은 물이 빠져나가는 것을 줄일 수 있게 변하였다.

15 다음과 같은 연잎의 특징을 모방하여 만든 것으로 옳은 것은? ( )

① 가시철조망
② 찍찍이 테이프
③ 빗물을 모으는 장치
④ 물에 젖지 않는 옷감

벼, 강아지풀, 나팔꽃	개나리, 은행나무, 민들레

① ㉠ 식물은 여러 해 동안 살아간다.
② ㉡ 식물은 한 해 동안 한살이를 마친다.
③ ㉠ 식물은 ㉡ 식물보다 한살이 기간이 짧다.
④ ㉡ 식물은 어느 정도 자랄 때까지 해마다 열매를 맺는다.

7 **다음은 나무판자의 왼쪽 3에 나무 도막 ㉠을 올려놓아 나무판자가 기울어 있는 모습이다. 나무판자의 수평을 잡기 위해 나무 도막 ㉠과 무게가 같은 나무 도막 ㉡을 올려놓아야 할 위치는?** ( )

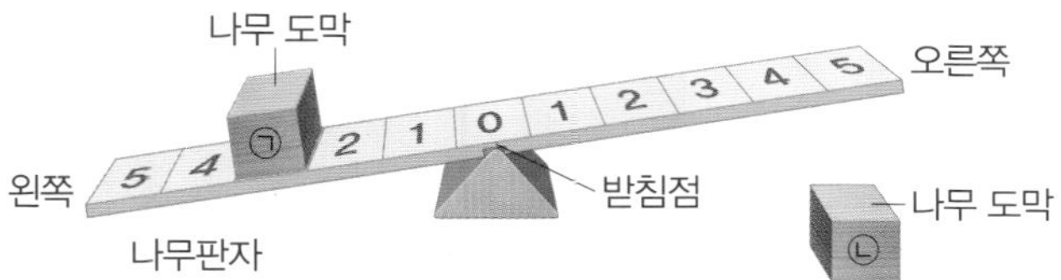

① 받침점 위 0
② 나무판자의 오른쪽 2
③ 나무판자의 오른쪽 3
④ 나무판자의 왼쪽 1과 2 사이

철이 늘어난 길이를 나타낸 표이다. ( ) 안에 들어갈 용수철이 늘어난 길이로 알맞은 것은? ( )

추의 무게(g중)	0	30	60	90	120
용수철이 늘어난 길이(cm)	0	4	8	( )	16

① 10 ② 11
③ 12 ④ 14

10 **혼합물에 대한 설명으로 옳지 <u>않은</u> 것은?** ( )

① 혼합물에서 원하는 물질을 분리할 수 있다.
② 흙탕물, 잡곡, 감귤주스, 우유는 혼합물이다.
③ 일상생활에서 볼 수 있는 물질은 대부분 혼합물이다.
④ 혼합물은 두 가지 이상의 물질이 섞여 성질이 변한 물질이다.

과 학

[16~17] 다음과 같이 플라스틱 시험관에 물을 반 정도 넣고 물의 높이를 표시한 다음, 얼린 후에 얼음의 높이를 표시하고 다시 녹인 후에 물의 높이를 표시하였다. 물음에 답하시오.

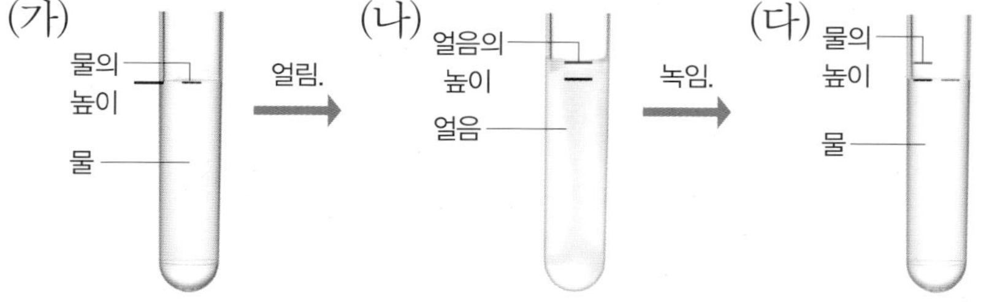

16 위 실험을 통해 알 수 있는 사실로 옳은 것은? ( )

① 물이 얼 때와 얼음이 녹을 때 부피가 변한다.
② 물이 얼 때와 얼음이 녹을 때 무게가 변한다.
③ 물이 얼 때와 얼음이 녹을 때 부피와 무게가 모두 변한다.
④ 물이 얼 때와 얼음이 녹을 때 부피와 무게가 모두 변하지 않는다.

18 다음은 우리 주변에서 볼 수 있는 현상이다. 두 현상에서 공통적으로 일어나는 물의 상태 변화는? ( )

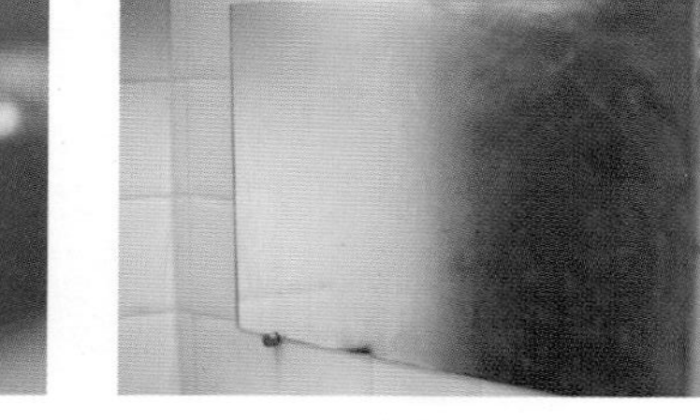

▲ 맑은 날 이른 아침 풀잎에 물방울이 맺힘.

▲ 욕실의 차가운 거울 표면에 물방울이 맺힘.

① 증발 ② 끓음
③ 응결 ④ 전도

19 그림자가 생기는 조건을 옳게 말한 친구는? ( )

과 학

21 오른쪽과 같은 글자판을 거울 앞에 세워 두었다. 거울에 비친 모습으로 옳은 것은? .... (　　)

거울

① 거울
②
③
④

22 화산 분출물에 대한 설명으로 옳은 것은? (　　)

① 용암은 고체 상태의 화산 분출물이다.
② 화산재는 액체 상태의 화산 분출물이다.
③ 화산 가스는 기체 상태의 화산 분출물이다.

24 오른쪽은 지진에 대해 알아보기 위해 양손으로 우드록을 수평 방향으로 미는 모습이다. 이 실험에 대한 설명으로 옳은 것은? ··· (　　)

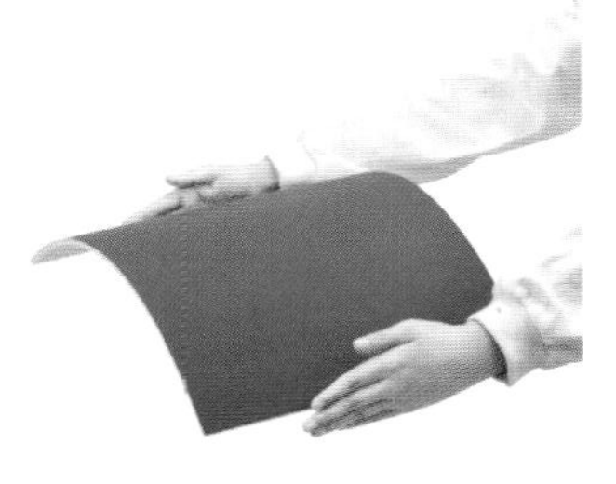

① 우드록은 화산을 나타낸다.
② 우드록을 양손으로 밀면 우드록에는 변화가 없다.
③ 실제 땅은 우드록 실험보다 짧은 시간 동안 힘을 받아 끊어진다.
④ 우드록을 양손으로 미는 힘은 지구 내부에서 작용하는 힘을 나타낸다.

④ 화산 분출물은 화산 활동이 일어날 때 분출되는 물질이다.

23 **다음은 화강암과 현무암의 모습을 순서 없이 나타낸 것이다. 이에 대한 설명으로 옳은 것은?** (　　)

① (가)는 화강암이다.
② (나)는 현무암이다.
③ (가)는 (나)보다 알갱이의 크기가 작다.
④ (가)와 (나)는 모두 화산 암석 조각이 뭉쳐져서 만들어진다.

25 **물을 아껴 써야 하는 까닭으로 옳은 것은?** (　　)

① 물이 순환하기 때문이다.
② 물은 한 번만 이용할 수 있기 때문이다.
③ 우리가 이용할 수 있는 물은 충분하기 때문이다.
④ 한 번 쓴 물을 다시 이용할 수 있을 때까지는 시간과 비용이 많이 들기 때문이다.

♣ 수고하였습니다. ♣
답안지에 답을 정확히 표기하였는지 확인하시오.

17 다음은 위 (가)~(다)에서 시험관의 무게를 각각 측정한 결과이다. (   ) 안에 들어갈 알맞은 무게는? (   )

구분	(가)	(나)	(다)
무게(g)	15.8	15.8	( )

① 15.0 ② 15.8
③ 16.0 ④ 16.2

① 승현: 빛이 없어도 그림자가 생기게 할 수 있어.
② 서영: 빛만 있으면 물체에 빛을 비추지 않아도 그림자가 생겨.
③ 인하: 물체가 있어도 빛이 없으면 물체의 그림자가 생기지 않아.
④ 수아: 빛과 스크린이 있으면 물체가 없어도 스크린에 그림자가 생겨.

20 거울을 향해 손전등 빛을 비추었을 때 빛이 나아가는 모습으로 옳은 것은? (   )

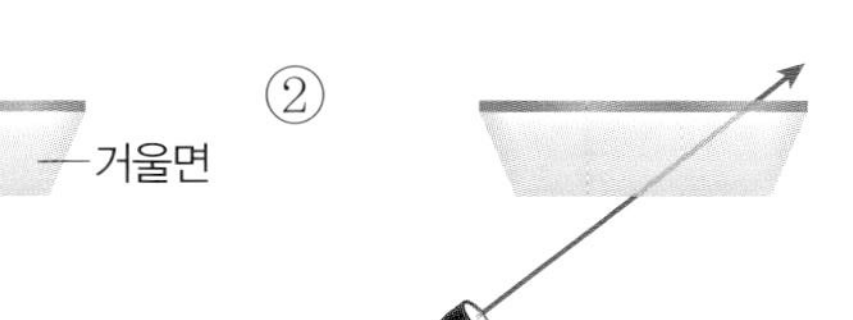
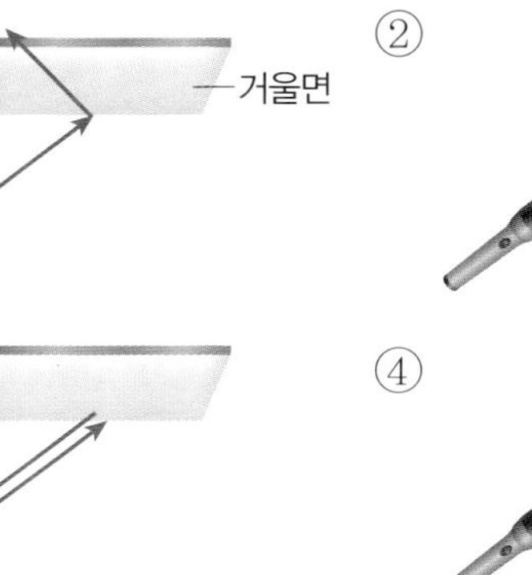

초등 교과 학습의 달성도를 측정하는
단원평가

어떤 학교, 어떤 교과서라도
초코 전과목 단원평가 한 권이면 충분합니다!

WRITERS

미래엔콘텐츠연구회
No.1 Content를 개발하는 교육 콘텐츠 연구회

COPYRIGHT

인쇄일 2024년 4월 8일(1판2쇄)
발행일 2024년 1월 1일

펴낸이 신광수
펴낸곳 (주)미래엔
등록번호 제16-67호

융합콘텐츠개발실장 황은주
개발책임 정은주 **개발** 김지민, 송승아, 마성희, 윤민영, 박누리, 이신성, 한솔, 백경민, 김현경, 강유진

디자인실장 손현지
디자인책임 김기욱 **디자인** 윤지혜

CS본부장 강윤구
제작책임 강승훈

ISBN 979-11-6841-612-3

* 본 도서는 저작권법에 의하여 보호받는 저작물로, 협의 없이 복사, 복제할 수 없습니다.
* 파본은 구입처에서 교환 가능하며, 관련 법령에 따라 환불해 드립니다.
단, 제품 훼손 시 환불이 불가능합니다.

초코 전과목 단원평가

국어 · 수학 · 사회 · 과학

5·1

개념 확장

최상위수학

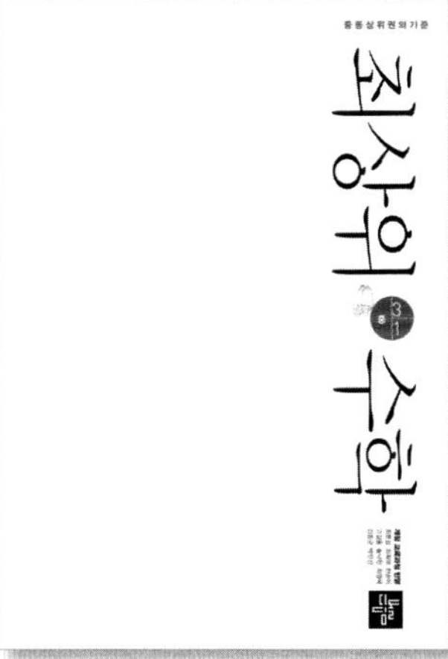

수학적 사고력 확장을 위한
심화 학습 교재

심화 완성

개념부터 심화까지

수학은 개념이다 

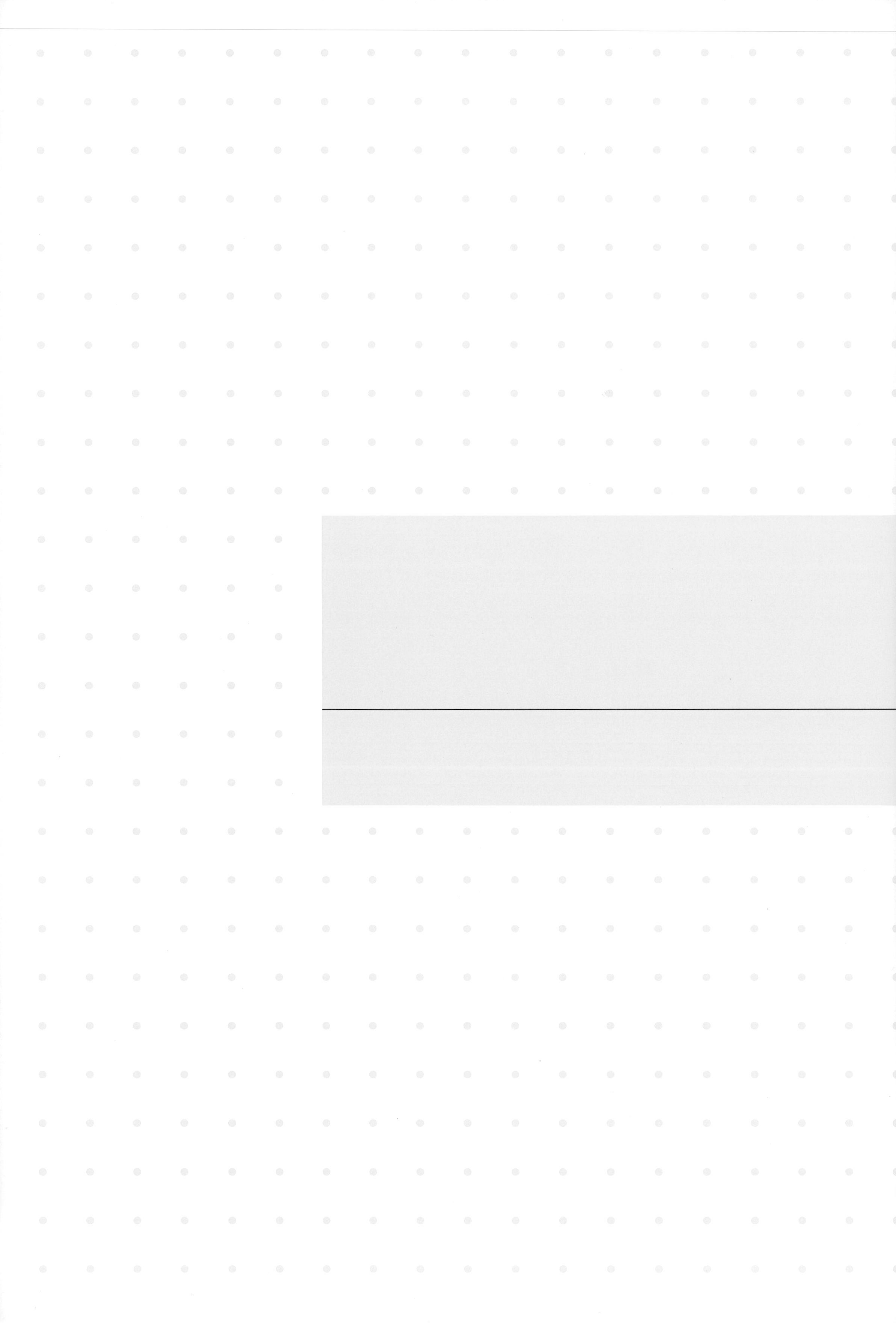